工学结合·基于工作过程导向的项目化创新系列教材
国家示范性高等职业教育土建类"十三五"规划教材

# 建筑与装饰
# 工程量清单计价

JIANZHU

YU ZHUANGSHI
GONGCHENGLIANG

QINGDAN JIJIA

U0278752

主　编　张金玉
副主编　高新琦　柳婷婷
　　　　王雅婧　吴海瑛
　　　　吴　佳
主　审　姚文青　韩小平

华中科技大学出版社
http://www.hustp.com

## 内 容 提 要

本书依据《建设工程工程量清单计价规范》GB 50500—2013、《房屋建筑与装饰工程工程量计算规范》GB 50854—2013、《上海市建设工程工程量清单计价应用规则》等,用图解的方式对房屋建筑与装饰工程各分项的工程量计算方法进行了较为详细的解释说明,内容较为全面,针对性较强。

本书适合高等职业院校工程造价、建筑经济管理等相关专业学生使用,也适用于有工程造价专业技能提升方面需求的专业人员,也可作为相关职业资格考试方面的辅助资料使用。

为了方便教学,本书还配有电子课件等教学资源包,任课教师和学生可以登录"我们爱读书"网(www.ibook4us.com)免费注册并浏览,任课教师可以发邮件至 husttujian@163.com 免费索取。

**图书在版编目(CIP)数据**

建筑与装饰工程量清单计价/张金玉主编.—武汉:华中科技大学出版社,2018.2(2023.1重印)
国家示范性高等职业教育土建类"十三五"规划教材
ISBN 978-7-5680-3576-7

Ⅰ.①建… Ⅱ.①张… Ⅲ.①建筑工程-工程造价-高等职业教育-教材 ②建筑装饰-工程造价-高等职业教育-教材 Ⅳ.①TU723.3

中国版本图书馆 CIP 数据核字(2018)第 034485 号

**建筑与装饰工程量清单计价**
Jianzhu yu Zhuangshi Gongchengliang Qingdan Jijia

张金玉　主编

策划编辑:康　序
责任编辑:段亚萍
责任监印:朱　玢
出版发行:华中科技大学出版社(中国·武汉)　　电话:(027)81321913
　　　　　武汉市东湖新技术开发区华工科技园　　邮编:430223
录　　排:武汉正风天下文化发展有限公司
印　　刷:武汉市首壹印务有限公司
开　　本:787 mm×1092 mm　1/16
印　　张:20.5
字　　数:524 千字
版　　次:2023 年 1 月第 1 版第 4 次印刷
定　　价:48.00 元

# 前言

——o o o

2013 年，我国住房和城乡建设部发布了《建设工程工程量清单计价规范》GB 50500—2013（以下简称 13 计价规范）和《房屋建筑与装饰工程工程量计算规范》GB 50854—2013 等 10 册工程计量规范，对工程量清单计价的主要要求与工程量计算规则进行了分离，形成了开放的工程量计算规则体系，标志着我国工程量清单计价模式的基本确立与日趋成熟。为更好地推动工程量清单计价模式在上海建设工程市场中的应用与实施，2014 年 10 月，上海市住房和城乡建设管理委员会出台了《上海市建设工程工程量清单计价应用规则》，进一步为工程量清单计价模式在上海建设工程市场中的应用做出了规范与指导。2016 年 3 月，国家税务总局发布了《营业税改征增值税试点实施办法》，于是建筑业响应国家政策的指导全面展开"营改增"改革。上述这些政策与法规的出台与颁布对工程造价控制工作都具有直接而深远的影响。

因此，为了便于大家对 13 计价规范和《房屋建筑与装饰工程工程量计算规范》GB 50854—2013 的理解，推进其实施，帮助广大工程造价专业人员提高实际操作水平，并且结合上海地区实际，帮助大家更好地掌握对工程造价工作中"计价"方面知识的理解，提高工程造价计价方面的实践操作能力，特编写本书。本书依据 13 计价规范、《房屋建筑与装饰工程工程量计算规范》GB 50854—2013、《上海市建设工程工程量清单计价应用规则》等，用图解的方式对房屋建筑与装饰工程各分项的工程量计算方法进行了较为详细的解释说明，内容较为全面，针对性较强，并根据上海地区的相关文件在书中对上海地区的特殊规定等做出了补充，对于上海地区补充文件的内容与国标规范不同的地方，书中做出了注解，因此在工程计量部分的讲解内容并不影响上海地区以外的工程项目应用。也就是说，从工程计量方面来讲，本书适用于全国各地的工程项目计量工作。在工程造价计价方面，例如招标控制价的编制及投标报价的编制，这两个价格中因为规费部分要根据省市级相关文件规定计算，因此本书在规费部分的讲解是依托于上海地区的取费文件进行的，如果是上海地区以外的工程项目，应特别留意工程所在地的相关文件规定，以免对工程造价控制工作带来不便。此外，对于"综合单价"的计算这一项内容，本书是根据上海地区的规定，即企业管理费和利润的计算是以"人工费"为基数进行的，如果其他地区文件规定不同，应注意按工程所在地的文件规定进行计算。

本书适合高等职业院校工程造价、建筑经济管理等相关专业学生使用，也适用于有工程造价专业技能提升方面需求的专业人员，也可作为相关职业资格考试方面的辅助资料使用。

本书在编写过程中受到了很多领导和同事的关心和帮助，在此向大家表示诚挚的谢意！书中插图均由上海城建职业学院高新琦老师绘制，付出了辛苦的劳动；柳婷婷、王雅婧、吴海瑛、吴佳四位老师在资料收集与整理等方面做出了很多工作，在此一并表示感谢！特别感谢上海申元工程投资咨询有限公司姚文青总工程师,以及原上海城市管理职业技术学院韩小平老师对本书的编写提出的高屋建瓴的宝贵意见,是他们对本书进行了全面的审查和把关,提升了本书的质量!

为了方便教学,本书还配有电子课件等教学资源包,任课教师和学生可以登录"我们爱读书"网(www.ibook4us.com)免费注册并浏览,任课教师可以发邮件至 husttujian@163.com 免费索取。

工程量清单计价模式正在健康发展时期,相关规定和政策随时可能出台,加之作者的水平有限,因此书中难免有不当之处,敬请广大读者批评指正!

编　者

2017 年 12 月

# 目录

● ● ●

# 工程量清单计价概述

## 任务 1　工程量清单计价的基本概念

### 一、工程量清单计价的概念

工程量清单计价方法是一种区别于定额计价模式的新计价模式，是一种主要由市场定价的计价模式，是由建设产品的买方和卖方在建设市场上根据供求状况、信息状况进行自由竞价，从而最终能够签订工程合同价格的方法。因此，可以说工程量清单的计价方法是在建设市场建立、发展和完善过程中的必然产物。

工程量清单计价模式是招标人按照国家颁发的工程量清单计价规范、相应专业工程工程量计算规范及规定格式提供表格，由投标人依据企业自身的条件和市场价格对工程量清单自主报价的工程造价计价模式。工程量清单计价模式是国际通行的计价方法，为了使我国工程造价管理与国际接轨，逐步向市场化过渡，我国自 2003 年在全国范围内开始逐步推广建设工程工程量清单计价法，至 2008 年推出新版建设工程工程量清单计价规范，2013 年再次进行修改、完善，推出 2013 版建设工程工程量清单计价规范，标志着我国工程量清单计价方法的应用逐渐完善。因此可以说，从定额计价方法到工程量清单计价方法的演变是伴随着我国建设产品价格的市场化过程进行的，其对规范我国建设工程发承包及实施阶段的计价行为起到了良好的推动作用。

### 二、工程量清单计价规范与计算规范概述

2013 版工程量清单计价与计算规范包括《建设工程工程量清单计价规范》GB 50500—2013、《房屋建筑与装饰工程工程量计算规范》GB 50854—2013、《仿古建筑工程工程量计算规范》GB 50855—2013、《通用安装工程工程量计算规范》GB 50856—2013、《市政工程工程量计算规范》GB 50857—2013、《园林绿化工程工程量计算规范》GB 50858—2013、《构筑物工程工程量计算规范》GB 50860—2013、《矿山工程工程量计算规范》GB 50859—2013、《城市轨道交通工程工程量计算规范》GB 50861—2013、《爆破工程工程量计算规范》GB 50862—2013 十册专业工程计算规范，并于 2013 年 7 月 1 日正式实施。

《建设工程工程量清单计价规范》GB 50500—2013 包括总则、术语、一般规定、工程量清单编制、规费、税金、招标控制价、投标报价、合同价款约定、工程计量、合同价款调整、合同价款期中支付、竣工结算与支付、合同解除的价款结算与支付、合同价款争议的解决、工程造价鉴定、工程计价资料与档案、工程计价表格及附录。

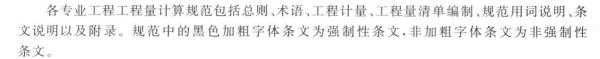
各专业工程工程量计算规范包括总则、术语、工程计量、工程量清单编制、规范用词说明、条文说明以及附录。规范中的黑色加粗字体条文为强制性条文,非加粗字体条文为非强制性条文。

### 三、工程量清单计价的适用范围

工程量清单计价适用于建设工程发承包及其实施阶段的计价活动。使用国有资金投资的建设工程发承包,必须采用工程量清单计价;非国有资金投资的建设工程,宜采用工程量清单计价;不采用工程量清单计价的建设工程,应执行计价规范中除工程量清单等专门性规定以外的其他规定。

国有资金投资的项目包括使用国有资金和国家融资投资的工程建设项目。

(1)国有资金投资的工程建设项目包括:①使用各级财政预算资金的项目;②使用纳入财政管理的各种政府性专项建设基金的项目;③使用国有企业事业单位自有资金,并且国有资产投资者实际拥有控制权的项目。

(2)国家融资投资的工程建设项目包括:①使用国家发行债券所筹资金的项目;②使用国家对外借款或者担保所筹资金的项目;③使用国家政策性贷款的项目;④国家授权投资主体融资的项目;⑤国家特许的融资项目。

# 任务2　工程量清单计价的作用及基本方法

## 一、工程量清单计价的作用

### 1. 提供一个平等的竞争条件

采用施工图预算来投标报价,由于涉及图纸的缺陷,不同施工企业的人员理解不一,计算出的工程量也不同,报价就更相去甚远,也容易产生纠纷。而工程量清单报价就为投标者提供了一个平等竞争的条件,相同的工程量,由企业根据自身的实力来填不同的单价。投标人的这种自主报价,使得企业的优势体现到投标报价中,可在一定程度上规范建筑市场秩序,确保工程质量。

### 2. 满足市场经济条件下竞争的需要

招标投标过程就是竞争的过程,招标人提供工程量清单,投标人根据自身情况确定综合单价,利用单价与工程量逐项计算每个项目的合价,再分别填入工程量清单表内,计算出投标总价。单价成了决定性的因素,定高了不能中标,定低了又要承担过大的风险。单价的高低直接取决于企业管理水平和技术水平的高低,这种局面促成了企业整体实力的竞争,有利于我国建设市场的快速发展。

### 3. 有利于提高工程计价效率,能真正实现快速报价

采用工程量清单计价方式,避免了传统计价方式下招标人与投标人在工程量计算上的重复工作,各投标人以招标人提供的工程量清单为统一平台,结合自身的管理水平和施工方案进行报价,促进了各投标人企业定额的完善和工程造价信息的积累和整理,体现了现代工程建设中快速报价的要求。

**4. 有利于工程款的拨付和工程造价的最终结算**

中标后,业主要与中标单位签订施工合同,中标价就是确定合同价的基础,投标清单上的综合单价就成了拨付工程款的依据。业主根据施工企业完成的工程量,可以很容易地确定进度款的拨付额。工程竣工后,根据设计变更、工程量增减等,业主也很容易确定工程的最终造价,可在某种程度上减少业主与施工单位之间的纠纷。

**5. 有利于业主对投资的控制**

采用现在的施工图预算形式,业主对因设计变更、工程量的增减所引起的工程造价变化不敏感,往往等到竣工结算时才知道这些变更对项目投资的影响有多大,但此时常常是为时已晚。而采用工程量清单计价的方式则可对投资变化一目了然,在欲进行设计变更时,能马上知道它对工程造价的影响,业主就能根据投资情况来决定是否变更或进行方案比较,以决定最恰当的处理方式。

## 二、工程量清单计价的基本方法与程序

工程量清单计价的基本过程可以描述为:在统一的工程量清单项目设置的基础上,制定工程量清单计量规则,根据具体工程的施工图纸计算出各个清单项目的工程量,再根据各种渠道所获得的工程造价信息和经验数据计算得到工程造价。这一基本的计算过程如图1-1所示。

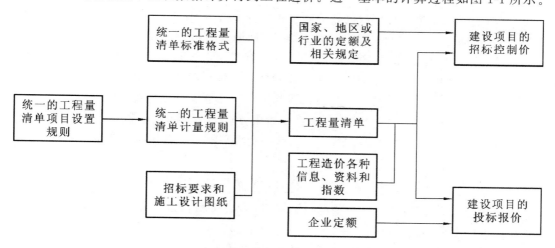

**图1-1 工程量清单计价过程示意**

## 三、工程量清单计价方法与定额计价方法的联系

工程造价的计价就是指按照规定的计算程序和方法,用货币的数量表示建设项目(包括拟建、在建和已建的项目)的价值。无论是定额计价方法还是清单计价方法,都是一种从下而上的分部组合计价方法。

工程造价计价的基本原理就在于项目的分解与组合。建设项目是兼具单件性与多样性的集合体。每一个建设项目的建设都需要按业主的特定需要进行单独设计、单独施工,不能批量生产和按整个项目确定价格,只能采用特殊的计价程序和计价方法,即将整个项目进行分解,划分为可以按有关技术经济参数测算价格的基本构造要素(或称分部、分项工程),这样就很容易

计算出基本构造要素的费用。一般来说,分解构造层次越多,基本子项也越细,计算也更精确。

任何一个建设项目都可以分解为一个或几个单项工程,任何一个单项工程都是由一个或几个单位工程所组成,作为单位工程的各类建筑工程和安装工程仍然是一个比较复杂的综合实体,还需要进一步分解。就建筑工程来说,又可以细分为土石方工程、砖石砌筑工程、混凝土及钢筋混凝土工程、木结构工程、楼地面工程等分部工程。分解成分部工程后,虽然每一部分都包括不同的结构和装修内容,但是从工程计价的角度来看,还需要把分部工程按照不同的施工方法、不同的构造及不同的规格,加以更为细致的分解,划分为更简单细小的部分。经过这样逐步分解到分项工程后,就可以得到基本构造要素了。找到了适当的计量单位及当时当地的单价,就可以采取一定的计价方法,进行分项分部组合汇总,计算出某工程的工程总造价。

在我国,工程造价计价的主要思路也是将建设项目细分至最基本的构成单位(如分项工程),用其工程量与相应单价相乘后汇总,即为整个建设工程造价。

工程造价计价的基本原理是:

$$建筑安装工程造价 = \sum[单位工程基本构造要素(分项工程)工程量 \times 相应单价] \quad (1-1)$$

无论是定额计价还是清单计价,式(1-1)都同样有效,只是公式中的各要素有不同的含义:

(1)单位工程基本构造要素即分项工程项目,定额计价时,是按工程定额划分的分项工程项目;清单计价时是指清单项目。

(2)工程量是指根据工程项目的划分和工程量计算规则,按照施工图或其他设计文件计算的分项工程实物量。工程实物量是计价的基础,不同的计价依据有不同的计算规则。目前,工程量计算规则包括两大类:①国家标准《建设工程工程量清单计价规范》各附录中规定的计算规则;②各类工程定额规定的计算规则,如上海市建筑和装饰工程预算定额中规定的计算规则。

(3)工程单价是指完成单位工程基本构造要素的工程量所需要的基本费用。

① 工程定额计价方法下的分项工程单价是指概、预算定额基价,通常是指工料单价,仅包括人工、材料、机械台班费用,是人工、材料、机械台班定额消耗量与其相应的市场价的乘积。用公式表示:

$$定额分项工程单价 = \sum(定额消耗量 \times 相应单价) \quad (1-2)$$

定额消耗量包括人工消耗量、各种材料消耗量、各类机械台班消耗量。消耗量的大小决定定额水平。定额水平的高低,只有在两种及两种以上的定额相比较的情况下,才能区别。对于消耗相同生产要素的同一分项工程,消耗量越大,定额水平越低;反之,则越高。但是,有些工程项目(单位工程或分项工程),因为在编制定额时采用的施工方法、技术装备不同,而使不同定额分析出来的消耗量之间没有可比性,则可以同一水平的生产要素单价分别乘以不同定额的消耗量,经比较确定。

相应单价是指生产要素单价,是某一时点上的人工、材料、机械台班单价。同一时点上的工、料、机单价的高低,反映出不同的管理水平。在同一时期内,人工、材料、机械台班单价越高,则表明该企业的管理技术水平越低;人工、材料、机械台班单价越低,则表明该企业的管理技术水平越高。

② 工程量清单计价方法下的分项工程单价是指综合单价,包括人工费、材料费、机械台班费,还包括企业管理费、利润和风险因素。综合单价应该是根据企业定额和相应生产要素的市场价格来确定。

## 四、工程量清单计价方法与定额计价方法的区别

工程量清单计价方法与定额计价方法相比有一些重大区别,这些区别也体现出了工程量清单计价方法的特点。

**1. 两种模式最大的差别在于体现了我国建设市场发展过程中的不同定价阶段**

(1)我国建筑产品价格市场化经历了"国家定价—国家指导价—国家调控价"三个阶段。定额计价是以概预算定额、各种费用定额为基础依据,按照规定的计算程序确定工程造价的特殊计价方法。因此,利用工程建设定额计算工程造价就价格形成而言,介于国家定价和国家指导价之间。在工程定额计价模式下,工程价格或直接由国家决定,或是由国家给出一定的指导性标准,承包商可以在该标准的允许幅度内实现有限竞争。例如在我国的招投标制度中,一度严格限定投标人的报价必须在限定标底的一定范围内波动,超出此范围即为废标,这一阶段的工程招标投标价格即属于国家指导性价格,体现出在国家宏观计划控制下的市场有限竞争。

(2)工程量清单计价模式则反映了市场定价阶段。在该阶段中,工程价格是在国家有关部门间接调控和监督下,由工程承包发包双方根据工程市场中建筑产品供求关系变化自主确定工程价格。其价格的形成可以不受国家工程造价管理部门的直接干预,而此时的工程造价是根据市场的具体情况,有竞争形成、自发波动和自发调节的特点。

**2. 两种模式的主要计价依据及其性质不同**

(1)工程定额计价模式的主要计价依据为国家、省、有关专业部门制定的各种定额,其性质为指导性,定额的项目划分一般按施工工序分项,每个分项工程项目所含的工程内容一般是单一的。

(2)工程量清单计价模式的主要计价依据为"清单计价规范",其性质是含有强制性条文的国家标准,清单的项目划分一般是按"综合实体"进行分项的,每个分项工程一般包含多项工程内容。

**3. 编制工程量的主体不同**

在定额计价方法中,建设工程的工程量由招标人和投标人分别按图计算。而在清单计价方法中,工程量由招标人统一计算或委托有关工程造价咨询资质单位统一计算,工程量清单是招标文件的重要组成部分,各投标人根据招标人提供的工程量清单,根据自身的技术装备、施工经验、企业成本、企业定额、管理水平自主填写单价与合价。

**4. 单价与报价的组成不同**

定额计价方法的单价包括人工费、材料费、机械台班费,而清单计价方法采用综合单价形式,综合单价包括人工费、材料费、机械使用费、管理费、利润,并考虑风险因素。工程量清单计价方法的报价除包括定额计价方法的报价外,还包括预留金、材料购置费和零星工作项目费等。

**5. 适用阶段不同**

从目前我国现状来看,工程定额主要用于在项目建设前期各阶段对建设投资的预测和估计,在工程建设交易阶段,工程定额通常只能作为建设产品价格形成的辅助依据,而工程量清单计价依据主要适用于合同价格形成以后及后续的合同价格管理阶段。体现出我国对工程造价的一词两义采用了不同的管理方法。

**6. 合同价格的调整方式不同**

定额计价方法形成的合同价格,其主要调整方式有:变更签证、定额解释、政策性调整。而工程量清单计价方法在一般情况下单价是相对固定的,减少了在合同实施过程中的调整活口。通常情况下,如果清单项目的数量没有增减,能够保证合同价格基本没有调整,保证了其稳定性,也便于业主进行资金准备和筹划。

**7. 工程量清单计价把施工措施性消耗单列并纳入了竞争的范畴**

定额计价未区分施工实体性消耗和施工措施性损耗,而工程量清单计价把施工措施与工程实体项目进行分离,这项改革的意义在于突出了施工措施费用的市场竞争性。工程量清单计价规范的工程量计算规则的编制原则一般是以工程实体的净尺寸计算,也没有包含工程量合理损耗,这一特点也就是定额计价的工程量计算规则与工程量清单计价规范的工程量计算规则的本质区别。

# 招标工程量清单的编制

## 任务1　招标工程量清单的相关概念

### 一、工程量清单的含义

工程量清单(bills of quantities,BQ),是指载明建设工程分部分项工程项目、措施项目、其他项目的名称和相应数量以及规费、税金项目等内容的明细清单。

### 二、招标工程量清单的含义

招标工程量清单(BQ for tendering),是指招标人依据国家标准、招标文件、设计文件以及施工现场实际情况编制的,随招标文件发布供投标报价的工程量清单,包括其说明和表格。

### 三、招标工程量清单的一般规定

(1)招标工程量清单应由具有编制能力的招标人或受其委托,具有相应资质的工程造价咨询人编制。

(2)招标工程量清单必须作为招标文件的组成部分,其准确性和完整性应由招标人负责。

(3)招标工程量清单是工程量清单计价的基础,应作为编制招标控制价、投标报价、计算或调整工程量、索赔等的依据之一。

(4)招标工程量清单应以单位(项)工程为单位编制,应由分部分项工程项目清单、措施项目清单、其他项目清单、规费和税金项目清单组成。

### 四、招标工程量清单的编制依据

(1)国家标准《建设工程工程量清单计价规范》及专业工程工程量清单计算规范;

(2)国家、行业或本市建设行政管理部门颁发的工程定额和计价办法;

(3)建设工程设计文件及相关资料;

(4)与建设工程有关的标准、规范、技术资料;

(5)拟定的招标文件;

(6)施工现场情况、地勘水文资料、工程特点及常规施工方案;

(7)《上海市建设工程工程量清单计价应用规则》;

(8)其他相关资料。

## 五、招标工程量清单的相关表格形式

(1)封面,如图 2-1 所示。

（工程名称）

# 招标工程量清单

（编制单位）

（建设单位或工程造价咨询人或招标代理机构名称）

年　月　日

图 2-1　封面

（2）扉页，如图2-2所示。

工程报建号：

_____工程

# 工程量清单

招标人：_____

（单位盖章）

工程造价咨询人

招标代理机构：_____

（单位盖章）

法定代表人
或其授权人：_____

（签字或盖章）

法定代表人
或其授权人：_____

（签字或盖章）

编制人：_____

（造价人员签字盖专用章）

复核人：_____

（造价工程师签字盖专用章）

编制时间：　　年　月　日

复核时间：　　年　月　日

图2-2　扉页

（3）总说明，如图 2-3 所示。

# 总说明

工程名称：                                                          第　页共　页

图 2-3　总说明

（4）分部分项工程量清单表，如表 2-1 所示。

**表 2-1 分部分项工程项目清单与计价表**

工程名称：　　　　　　　　标段：　　　　　　　　　　　　第　页 共　页

| 序号 | 项目编码 | 项目名称 | 项目特征描述 | 工程内容 | 计量单位 | 工程量 | 金额/元 | | | | 备注 |
|---|---|---|---|---|---|---|---|---|---|---|---|
| | | | | | | | 综合单价 | 合价 | 其中 | | |
| | | | | | | | | | 人工费 | 材料及工程设备暂估价 | |
| | | | | | | | | | | | |
| | | | | | | | | | | | |
| | | | | | | | | | | | |
| | | | | | | | | | | | |
| | | | | | | | | | | | |
| | | | | | | | | | | | |
| | | | | | | | | | | | |
| | | | | | | | | | | | |
| | | | | | | | | | | | |
| | | | | | | | | | | | |
| | 本页小计 | | | | | | | | | | |
| | 合计 | | | | | | | | | | |

注：按照规费计算要求，须在表中填写人工费；招标人需以书面形式打印综合单价分析表的，请在备注栏内打√。

（5）分部分项工程量清单综合单价分析表，如表 2-2 所示。

### 表 2-2　分部分项工程量清单综合单价分析表

工程名称：　　　　　　　　　　　　　　　　　　　　　　　　　　　页码：

单体工程名称：　　　　　　　　标段：　　　　　　　　　　　　第　页共　页

| 项目编码 | | 项目名称 | | 工程数量 | | 计量单位 | |
|---|---|---|---|---|---|---|---|
| 清单综合单价组成明细 | | | | | | | |

| 定额编号 | 定额名称 | 定额单位 | 数量 | 单价/元 | | | | 合价/元 | | | |
|---|---|---|---|---|---|---|---|---|---|---|---|
| | | | | 人工费 | 材料费 | 机械费 | 管理费和利润 | 人工费 | 材料费 | 机械费 | 管理费和利润 |
| | | | | | | | | | | | |
| | | | | | | | | | | | |

| 人工单价 | 小计 | | | |
|---|---|---|---|---|
| 元/工日 | 未计价材料费 | | | |
| 清单项目综合单价 | | | | |

| 材料费明细 | 主要材料名称、规格、型号 | 单位 | 数量 | 单价/元 | 合价/元 | 暂估单价/元 | 暂估合价/元 |
|---|---|---|---|---|---|---|---|
| | | | | | | | |
| | | | | | | | |
| | | | | | | | |
| | 其他材料费 | | | — | | — | |
| | 材料费小计 | | | — | | — | |

注：1.不使用上海市或行业建设行政管理部门发布的计价依据，可不填定额项目、编号等；2.招标文件提供了暂估单价的材料及工程设备，按暂估的单价填入表内"暂估单价"栏及"暂估合价"栏；3.所有分部分项工程量清单项目，均须编制电子文档形式综合单价分析表。

（6）措施项目清单与计价相关表格，如表 2-3～表 2-6 所示。

### 表 2-3　措施项目清单与计价汇总表

工程名称：　　　　　　　标段：　　　　　　　　　　　　　　第　页共　页

| 序　号 | 项目名称 | 金额/元 |
|---|---|---|
| 1 | 整体措施项目（总价措施费） | |
| 1.1 | 安全防护、文明施工费 | |
| 1.2 | 其他措施项目费 | |
| 2 | 单项措施费（单价措施费） | |
| | 合计 | |

表 2-4  安全防护、文明施工清单与计价明细表

工程名称：　　　　　　　　　标段：　　　　　　　　　　　　　　　　　　　　第　页共　页

| 序号 | 项目编码 | 名称 | 计量单位 | 项目名称 | 工作内容及包含范围 | 金额/元 |
|---|---|---|---|---|---|---|
| | | 环境保护 | 项 | | | |
| | | 文明施工 | | | | |
| | | 临时设施 | | | | |
| | | 安全施工 | | | | |
| 合计 | | | | | | |

## 表 2-5　其他措施项目清单与计价表

工程名称：　　　　　　　　　　　　　　　　　　　　　　　　　　　页码：

标段：　　　　　　　　　　　　　　　　　　　　　　　　　　　　第　页共　页

| 序　号 | 项目编码 | 项 目 名 称 | 工作内容、说明及包含范围 | 金额/元 |
|---|---|---|---|---|
| 1 | | 夜间施工费 | | |
| 2 | | 非夜间施工照明费 | | |
| 3 | | 二次搬运费 | | |
| 4 | | 冬雨季施工 | | |
| 5 | | 地上、地下设施、建筑物的临时保护设施 | | |
| 6 | | 已完工程及设备保护 | | |
| … | … | | | |
| 合计 | | | | |

注：1.最高投标限价根据工程造价管理部门的有关规定编制；2.投标报价根据拟建工程实际情况进行；3.措施项目费用应考虑企业管理费、利润和规费因素。

## 表 2-6　单价措施项目清单与计价表

工程名称：　　　　　　标段：　　　　　　　　　　　　　　　　第　页共　页

| 序号 | 项目编码 | 项目名称 | 项目特征描述 | 工程内容 | 计量单位 | 工程量 | 金额/元 | | |
|---|---|---|---|---|---|---|---|---|---|
| | | | | | | | 综合单价 | 合价 | 其中人工费 |
| | | | | | | | | | |
| | | | | | | | | | |
| | | | | | | | | | |
| | | | | | | | | | |
| | | | | | | | | | |
| | | | | | | | | | |
| | | | | | | | | | |
| | | | | | | | | | |
| | | | | | | | | | |
| | | | | | | | | | |
| | | | | | | | | | |
| | | | | | | | | | |
| | | | | | | | | | |
| 本页小计 | | | | | | | | | |
| 合计 | | | | | | | | | |

注：按照规费计算要求，须在表中填写人工费；招标人需以书面形式打印综合单价分析表的，请在备注栏内打√。

（7）其他项目清单汇总表，如表2-7所示。

表 2-7　其他项目清单汇总表

工程名称：　　　　　　　　标段：　　　　　　　　　　　　　　　第　页共　页

| 序　号 | 项目名称 | 金额/元 | 备　注 |
|---|---|---|---|
| 1 | 暂列金额 | | 填写合计数<br>（详见暂列金额明细表） |
| 2 | 暂估价 | | |
| 2.1 | 材料及工程设备暂估价 | — | 详见材料及工程设备暂估价表 |
| 2.2 | 专业工程暂估价 | | 填写合计数<br>（详见专业工程暂估价表） |
| 3 | 计日工 | — | 详见计日工表 |
| 4 | 总承包服务费 | | 填写合计数<br>（详见总承包服务费计价表） |
| … | … | | |
| | 合计 | | |

注：材料及工程设备暂估价此处不汇总，材料及工程设备暂估价进入清单项目综合单价。

（8）暂列金额明细表，如表2-8所示。

表 2-8　暂列金额明细表

工程名称：　　　　　　　　标段：　　　　　　　　　　　　　　　第　页共　页

| 序　号 | 项目名称 | 计量单位 | 暂定金额/元 | 备　注 |
|---|---|---|---|---|
| 1 | | | | |
| 2 | | | | |
| 3 | | | | |
| 4 | | | | |
| 5 | | | | |
| 6 | | | | |
| 7 | | | | |
| 8 | | | | |
| 9 | | | | |
| 10 | | | | |
| 11 | | | | |
| | 合计 | | | |

注：此表由招标人填写，在不能详列的情况下，可只列暂列金额总额，投标人应将上述暂列金额计入投标总价中。

（9）材料及工程设备暂估价表，如表2-9所示。

### 表2-9　材料及工程设备暂估价表

工程名称：　　　　　　　　标段：　　　　　　　　　　　　第　页共　页

| 序　号 | 项目清单编号 | 名　称 | 规格型号 | 单　位 | 数　量 | 拟发包（采购）方式 | 发包（采购）人 | 单价/元 | 合价/元 |
|---|---|---|---|---|---|---|---|---|---|
| | | | | | | | | | |
| | | | | | | | | | |
| | | | | | | | | | |
| | | | | | | | | | |
| | | | | | | | | | |
| | | | | | | | | | |
| | | | | | | | | | |
| | | | | | | | | | |

　　注：1.此表由招标人根据清单项目的拟用材料，按照表格要求填写，投标人应将上述材料及工程设备暂估价计入工程量清单综合单价报价中；2.材料包括原材料、燃料、构配件等。

（10）专业工程暂估价表，如表2-10所示。

### 表2-10　专业工程暂估价表

工程名称：　　　　　　　　标段：　　　　　　　　　　　　第　页共　页

| 序　号 | 项目名称 | 拟发包（采购）方式 | 发包（采购）人 | 金额/元 |
|---|---|---|---|---|
| | | | | |
| | | | | |
| | | | | |
| | | | | |
| | | | | |
| | | | | |
| | | | | |
| | 合计 | | | |

　　注：此表由招标人填写，投标人应将上述专业工程暂估价计入投标总价中。

（11）计日工表，如表 2-11 所示。

**表 2-11　计日工表**

工程名称：　　　　　　　　标段：　　　　　　　　　　　　　　　　第　页共　页

| 编　号 | 项目名称 | 单　位 | 数　量 | 综合单价 | 合　价 |
|--------|----------|--------|--------|----------|--------|
| 一 | 人工 | | | | |
| 1 | | | | | |
| 2 | | | | | |
| 3 | | | | | |
| … | … | | | | |
| 人工小计 | | | | | |
| 二 | 材料 | | | | |
| 1 | | | | | |
| 2 | | | | | |
| 3 | | | | | |
| … | … | | | | |
| 材料小计 | | | | | |
| 三 | 施工机械 | | | | |
| 1 | | | | | |
| 2 | | | | | |
| 3 | | | | | |
| … | … | | | | |
| 施工机械小计 | | | | | |
| 总计 | | | | | |

注：此表由投标人根据以往工程施工案例及工程实际情况填报，综合单价应考虑企业管理费、利润和规费因素。

（12）总承包服务费计价表,如表 2-12 所示。

**表 2-12  总承包服务费计价表**

工程名称：　　　　　　　　　　标段：　　　　　　　　　　　　　　第　页共　页

| 序　号 | 项目名称 | 项目价值/元 | 服务内容 | 费率/(%) | 金额/元 |
|---|---|---|---|---|---|
| 1 | 发包人发包专业工程 | | | | |
| 2 | 发包人供应材料 | | | | |
| … | … | | | | |
| | | | | | |
| | | | | | |
| | | | | | |
| | | | | | |
| | | | | | |
| | | | | | |
| 合计 | | | | | |

注：此表由招标人按项目名称及服务内容填写,供投标人自主报价,计入投标总价中。

（13）规费、税金项目清单与计价表,如表 2-13 所示。

**表 2-13  规费、税金项目清单与计价表**

工程名称：　　　　　　　　　　标段：　　　　　　　　　　　　　　第　页共　页

| 序　号 | 项目名称 | 计算基础 | 费率/(%) | 金额/元 |
|---|---|---|---|---|
| 1 | 规费 | | | |
| 1.1 | 社会保险费 | 以分部分项工程、单项措施和专业暂估价的人工费之和为基数 | | |
| 1.2 | 住房公积金 | 以分部分项工程、单项措施和专业暂估价的人工费之和为基数 | | |
| … | … | | | |
| 2 | 税金 | 以分部分项工程费、措施项目费、其他项目费、规费之和为基数 | 11 | |
| | | | | |
| | | | | |
| | | | | |
| 合计 | | | | |

（14）主要人工、材料、机械及工程设备数量与计价一览表，如表 2-14 所示。

表 2-14　主要人工、材料、机械及工程设备数量与计价一览表

工程名称：　　　　　　　　　　　标段：　　　　　　　　　　　　　　　　　　　　第　页共　页

| 序　号 | 项目编码 | 人工、材料、机械及工程设备名称 | 规格型号 | 单　位 | 数　量 | 金额/元 | |
|---|---|---|---|---|---|---|---|
| | | | | | | 单价 | 合价 |
| | | | | | | | |
| | | | | | | | |
| | | | | | | | |
| | | | | | | | |
| | | | | | | | |
| | | | | | | | |
| | | | | | | | |
| | | | | | | | |
| | | | | | | | |
| | | | | | | | |
| | | | | | | | |

注：此表应作为合同附件中计价风险调整合同价款依据，由投标人填写。

（15）发包人通过公开招标方式确定的材料和工程设备一览表，如表 2-15 所示。

表 2-15　发包人通过公开招标方式确定的材料和工程设备一览表

工程名称：　　　　　　　　　　　标段：　　　　　　　　　　　　　　　　　　　　第　页共　页

| 序号 | 材料（工程设备）名称、规格、型号 | 单　位 | 数　量 | 单价/元 | 交货方式 | 送达地点 | 备　注 |
|---|---|---|---|---|---|---|---|
| | | | | | | | |
| | | | | | | | |
| | | | | | | | |
| | | | | | | | |
| | | | | | | | |
| | | | | | | | |
| | | | | | | | |
| | | | | | | | |
| | | | | | | | |
| | | | | | | | |

注：此表由招标人填写，供投标人在投标报价、确定总承包服务费时参考。

# 任务 2　分部分项工程项目清单的编制

## 一、分部分项工程项目清单的相关概念

（1）分部分项工程（work sections and trades）。分部工程是单项或单位工程的组成部分，是按结构部位、路段长度及施工特点或施工任务将单项或单位工程划分为若干分部的工程；分项工程是分部工程的组成部分，是按不同施工方法、材料、工序及路线长度等将分部工程划分为若干个分项或项目的工程。

（2）分部分项工程项目清单必须载明项目编码、项目名称、项目特征、计量单位和工程量。

（3）分部分项工程项目清单必须根据相关工程现行国家计量规范规定的项目编码、项目名称、项目特征、计量单位和工程量计算规则进行编制。

## 二、项目编码

（1）项目编码（item code）。项目编码是指分部分项工程和措施项目清单名称的阿拉伯数字标识。

（2）工程量清单的项目编码，应采用十二位阿拉伯数字表示，一至九位应按国家计算规范和本市补充计算规则的规定设置，十至十二位应根据拟建工程的工程量清单项目名称和项目特征设置，同一招标工程的项目编码不得有重码。

其中，十二位阿拉伯数字共分为五级，一、二、三、四级编码全国统一；第五级编码应根据拟建工程的工程量清单项目名称设置。各级编码代表的含义如下：①第一级表示工程分类顺序码（分二位），如房屋建筑与装饰工程为 01；②第二级表示专业工程顺序码（分二位）；③第三级表示分部工程顺序码（分二位）；④第四级表示分项工程项目顺序码（分三位）；⑤第五级表示工程量清单项目顺序码（分三位）。

项目编码结构如图 2-4 所示（以房屋建筑与装饰工程为例）。

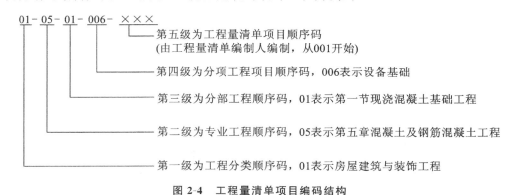

图 2-4　工程量清单项目编码结构

当同一标段（或合同段）的一份工程项目清单中含有多个单位工程且工程项目清单是以单位工程为编制对象时，应特别注意对项目编码十至十二位的设置不得有重号的规定。例如一个标段（或合同段）的工程项目清单中含有三个单位工程，每一单位工程中都有项目特征相同的实

心砖墙砌体,在工程项目清单中又需反映三个不同单位工程的实心砖墙砌体工程量时,则第一个单位的实心砖墙的项目编码为 010401003001,第二个单位工程的实心砖墙的项目编码应为 010401003002,第三个单位工程的实心砖墙的项目编码应为 010401003003,并分别列出各单位工程实心砖墙的工程量。

(3)若编制工程量清单时出现国家计算规范和上海市补充计算规则未规定的项目,编制人应做补充,并报上海市工程造价管理部门备案。

① 补充项目的编码由各专业代码(0×)与 B 和三位阿拉伯数字组成,并应从 0×B001 起顺序编制,同一招标工程的项目不得重码,如房屋建筑和装饰工程的第一项补充项目编码为 01B001,以此类推。

② 补充的工程量清单需附有补充的项目名称、项目特征、计量单位、工程量计算规则、工作内容。不能计量的措施项目,需附有补充的项目名称、工作内容及包含范围。

(4)上海市补充计算规则中的项目编码应由"沪"和九位编码组成。

## 三、项目名称

工程量清单的项目名称应按国家计算规范和本市补充计算规则的项目名称,结合拟建工程的实际确定。工程量计算规范附录表中的"项目名称"为分项工程项目名称,是形成分部分项工程项目清单项目名称的基础,在编制分部分项工程项目清单时可予以适当调整或细化,例如"墙面一般抹灰"这一分项工程在形成分部分项工程项目清单项目名称时可以细化为"外墙面抹灰""内墙面抹灰"等。清单项目名称应表达详细、准确。工程量计算规范中的分项工程项目名称如有缺陷,招标人可做补充,并报上海市工程造价管理机构备案。

## 四、项目特征

项目特征(item description)是指构成分部分项工程项目、措施项目自身价值的本质特征。工程量清单项目特征应按国家计算规范和上海市补充计算规则规定的项目特征,结合拟建工程项目的实际予以描述。项目特征描述应达到规范、简洁、准确,按拟建工程的实际要求,以满足确定综合单价的需要为前提。对采用标准图集或施工图纸能够全部或部分满足项目特征描述要求的,可采用详见××图集或××图号的方式作为补充说明。

项目特征是对项目的准确描述,是确定一个清单项目综合单价不可缺少的重要依据,是区分清单项目的依据,是履行合同义务的基础。分部分项工程量清单的项目特征应按工程量计算规范附录中规定的项目特征,结合技术规范、标准图集、施工图纸,按照工程结构、使用材质及规格或安装位置等,予以详细而准确的表述和说明。凡项目特征中未描述到的其他独有特征,由清单编制人视项目具体情况确定,以准确描述清单项目为准。

在工程量计算规范附录中还有关于各清单项目"工程内容"的描述。工程内容是指完成清单项目可能发生的具体工作和操作程序,但应注意的是,在编制分部分项工程量清单时,工程内容通常无须描述,因为在计价规范中,工程量清单项目与工程量计算规则、工程内容有一一对应关系,当采用计价规范这一标准时,工程内容均有规定。

例如,工程量计算规范在"石挡土墙"的"项目特征"及"工程内容"栏内均包含有"勾缝",但两者的性质完全不同。"项目特征"栏的勾缝体现的是石挡土墙的实体特征,是个名词,体现的是用什么材料勾缝。而"工程内容"栏内的勾缝表述的是操作工序或称操作行为,在此处是个动词,体现的是怎么做。因此,如果需要勾缝,就必须在项目特征中描述,而不能因工程内容中有而不描述,否则,将视为清单项目漏项,而可能在施工中引起索赔。在进行项目特征描述时,需掌握以下要点:

(1)必须描述的内容:①涉及正确计量的内容,如门窗洞口尺寸或框外围尺寸;②涉及结构要求的内容,如混凝土构件的混凝土的强度等级;③涉及材质要求的内容,如油漆的品种、钢材的材质等;④涉及安装方式的内容,如管道工程中钢管的连接方式。

(2)可不描述的内容:①对计量计价没有实质影响的内容;②应由投标人根据施工方案确定的内容;③应由施工措施解决的内容。

(3)可不详细描述的内容:①无法准确描述的内容,如土壤类别,可考虑将土壤类别描述为综合,注明由投标人根据地勘资料自行确定土壤类别,决定报价;②施工图纸、标准图集标注明确的,对这些项目可描述为见××图集××页号及节点大样等;③清单编制人在项目特征描述中应注明由投标人自定的,如土方工程中的"取土运距"、"弃土运距"等。

总之,清单项目特征的描述,应根据计价规范附录中有关项目特征的要求,结合技术规范、标准图集、施工图纸,按照工程结构、使用材质及规格或安装位置等,予以详细而准确的表述和说明。凡是体现项目本质区别的特征和对报价有实质影响的内容都必须描述,这一点是无可置疑的。可以说离开了清单项目特征的准确描述,清单项目就将没有生命力。

## 五、计量单位

工程量清单的计量单位应按国家计算规范和上海市补充计算规则中规定的计量单位确定。计量单位应采用基本单位,除各专业另有特殊规定外均按以下单位计量:

(1)以重量计算的项目——吨或千克(t 或 kg),其中以"t"为单位,应保留小数点后三位数字,第四位小数四舍五入;以"kg"为单位,应保留小数点后两位数字,第三位小数四舍五入。

(2)以体积计算的项目——立方米(m³),应保留小数点后两位数字,第三位小数四舍五入。

(3)以面积计算的项目——平方米(m²),应保留小数点后两位数字,第三位小数四舍五入。

(4)以长度计算的项目——米(m),应保留小数点后两位数字,第三位小数四舍五入。

(5)以自然计量单位计算的项目——个、套、块、樘、组、台……应取整数。

(6)没有具体数量的项目——宗、项……应取整数。

各专业有特殊计量单位的,另外加以说明,当计量单位有两个或两个以上时,应根据所编工程量清单项目的特征要求,选择最适宜表现该项目特征并方便计量的单位,在同一个建设项目(或标段、合同段)中,有多个单位工程的相同项目计量单位必须保持一致。如 010506001 直形楼梯其工程量计量单位可以为"m³"也可以是"m²",由于工程量计算手段的进步,对于混凝土楼梯其体积也是很容易计算的,在工程量计算规范中增加了以"m³"为单位计算,可以根据实际情况进行选择,但一旦选定必须保持一致。

## 六、工程量

工程量清单中所列工程量应按国家计算规范(《房屋建筑与装饰工程工程量计算规范》GB

50854—2013)和上海市补充计算规则中规定的工程量计算规则计算。工程量主要通过工程量计算规则计算得到。工程量计算规则是指对清单项目工程量的计算规定。除另有说明外,所有清单项目的工程量应以实体工程量为准,并以完成后的净值计算;投标人投标报价时,应在单价中考虑施工中的各种损耗和需要增加的工程量。

## 七、工程量计算的方法

工程量计算是指建设工程项目以工程设计图纸、施工组织设计或施工方案及有关技术经济文件为依据,按照相关工程国家标准的计算规则、计量单位等规定,进行的工程量的计算活动,在工程建设中简称工程计量。

### (一)工程量计算的原则

(1)列项要正确,严格按照规范规定的工程量计算规则计算工程量,避免错算。

(2)工程量计算单位必须与工程量计算规范中规定的计量单位相一致。

(3)计算口径要一致。根据施工图列出的工程量清单项目的口径必须与工程量计算规范中相应清单项目的口径相一致。

(4)按图纸,结合建筑物的具体情况进行计算。要结合施工图纸尽量做到结构按楼层,内装修按楼层分房间,外装修按施工层分立面计算,或按施工方案的要求分段计算,或按使用的材料不同分别进行计算。这样,在计算工程量时既可避免漏项,又可为安排施工进度和编制资源计划提供数据。

(5)工程量计算精度要统一,要满足规范要求。

### (二)工程量计算顺序

为了避免漏算或重算,提高计算的准确程度,工程量的计算应按照一定的顺序进行。具体的计算顺序应根据具体工程和个人的习惯来确定,一般有以下几种顺序:

**1.单位工程计算顺序**

单位工程计算顺序一般按工程量计算规范清单列项顺序计算,即按照计价规范上的分章或分部分项工程顺序来计算工程量。

**2.单个分部分项工程计算顺序**

(1)按照顺时针方向计算法,即先从平面图的左上角开始,自左至右,然后再由上而下,最后转回到左上角为止,这样按顺时针方向转圈依次进行计算。例如,计算外墙、地面、天棚等分部分项工程量,都可以按照此顺序进行。

(2)按"先横后竖、先上后下、先左后右"计算法,即在平面图上从左上角开始,按"先横后竖、先上后下,先左后右"的顺序计算工程量。例如,房屋的条形基础土方、砖石基础、砖墙砌筑、门窗过梁、墙面抹灰等分部分项工程,均可按这种顺序计算工程量。

(3)按图纸分项编号顺序计算法,即按照图纸上所标注结构构件、配件的编号顺序进行计算。例如,计算混凝土构件、门窗、屋架等分部分项工程量,均可以按照此顺序进行。

按一定顺序计算工程量的目的是防止漏项少算或重复多算的现象发生,只要能实现这一目的,采用哪种顺序方法计算都可以。

# 任务3 房屋建筑与装饰工程分部分项工程量计算[①]

## 一、土石方工程

### (一)土方工程清单项目

土方工程如表 2-16 所示。

表 2-16 土方工程(编号:010101)

| 项目编码 | 项目名称 | 项目特征 | 计量单位 | 工程量计算规则 | 工作内容 |
|---|---|---|---|---|---|
| 010101001 | 平整场地 | 1. 土壤类别;<br>2. 弃土运距;<br>3. 取土运距 | m² | 按设计图示尺寸以建筑物首层建筑面积计算 | 1. 土方挖填;<br>2. 场地找平;<br>3. 场内运输 |
| 010101002 | 挖一般土方 | 1. 土壤类别;<br>2. 挖土深度;<br>3. 弃土运距 | m³ | 按设计图示尺寸以体积计算 | 1. 土方开挖;<br>2. 基底钎探;<br>3. 场内运输 |
| 010101003 | 挖沟槽土方 | | | 按设计图示尺寸以基础垫层底面积乘以挖土深度计算 | |
| 010101004 | 挖基坑土方 | | | | |
| 010101005 | 冻土开挖 | 1. 冻土厚度;<br>2. 弃土运距 | | 按设计图示尺寸开挖面积乘厚度以体积计算 | 1. 爆破;<br>2. 开挖;<br>3. 清理;<br>4. 运输 |
| 010101006 | 挖淤泥、流砂 | 1. 挖掘深度;<br>2. 弃淤泥、流砂距离 | | 按设计图示位置、界限以体积计算 | 1. 开挖;<br>2. 场内运输 |
| 010101007 | 管沟土方 | 1. 土壤类别;<br>2. 管外径;<br>3. 挖沟深度;<br>4. 回填要求 | 1. m;<br>2. m³ | 1. 以米计量,按设计图示以管道中心线长度计算。<br>2. 以立方米计量,按设计图示管底垫层面积乘以挖土深度计算;无管底垫层按管外径的水平投影面积乘以挖土深度计算。不扣除各类井的长度,井的土方并入 | 1. 排地表水;<br>2. 土方开挖;<br>3. 围护(挡土板)、支承<br>4. 运输;<br>5. 回填 |
| 沪 010101008 | 暗挖土方(逆作法) | 1. 土壤类别;<br>2. 基础类型;<br>3. 挖土深度;<br>4. 取土方式;<br>5. 弃土运距 | m³ | 按设计图示尺寸以基础垫层底面积乘以挖土深度计算 | 1. 土方开挖;<br>2. 基底钎探;<br>3. 垂直与水平运输 |

[①] 房屋建筑与装饰工程分部分项工程量计算规则部分,主要参考《房屋建筑与装饰工程工程量计算规范》GB 50854—2013 附录的计算规则,同时根据《上海市建设工程工程量清单计价应用规则》沪建管〔2014〕872 号文件,调整并补充了上海市部分项目计算规范。

**1. 土方工程共性问题的说明**

（1）挖土方如需截桩头,应按桩基工程相关项目列项。

（2）桩间挖土不扣除桩的体积,并在项目特征中加以描述。

（3）弃、取土运距可以不描述,但应注明由投标人根据施工现场实际情况自行考虑,决定报价。

（4）土壤的分类应按表2-17确定,如土壤类别不能准确划分,招标人可注明为"综合",由投标人根据地勘报告决定报价。

（5）土方体积应按挖掘前的天然密实体积计算。

（6）挖沟槽、基坑、一般土方如遇有桩基或有支承时,应在项目特征中加以描述。

（7）挖沟槽、基坑、一般土方因工作面和放坡增加的工程量（管沟工作面增加的工程量）,不并入各土方工程量中,增加的土方应计入综合单价中。

表2-17　土壤分类表

| 土壤分类 | 土壤名称 | 开挖方法 |
|---|---|---|
| 一、二类土 | 粉土、砂土（粉砂、细砂、中砂、粗砂、砾砂）、粉质黏土、弱中盐渍土、软土（淤泥质土、泥炭、泥炭质土）、软塑红黏土、冲填土 | 用锹,少许用镐、条锄开挖。机械能全部直接铲挖满载者 |
| 三类土 | 黏土、碎石土（圆砾、角砾）混合土、可塑红黏土、硬塑红黏土、强盐渍土、素填土、压实填土 | 主要用镐、条锄,少许用锹开挖。机械需部分刨松方能铲挖满载者或可直接铲挖但不能满载者 |
| 四类土 | 碎石土（卵石、碎石、漂石、块石）、坚硬红黏土、超盐渍土、杂填土 | 全部用镐、条锄挖掘,少许用撬棍挖掘。机械须普遍刨松方能铲挖满载者 |

注:本表土的名称及其含义按国家标准《岩土工程勘察规范（2009年版）》GB 50021—2001定义。

土方体积应按挖掘前的天然密实体积计算。如需按天然密实体积折算时,应按表2-18所示系数计算。

表2-18　土方体积折算系数表

| 天然密实度体积 | 虚方体积 | 夯实后体积 | 松填体积 |
|---|---|---|---|
| 0.77 | 1.00 | 0.67 | 0.83 |
| 1.00 | 1.30 | 0.87 | 1.08 |
| 1.15 | 1.50 | 1.00 | 1.25 |
| 0.92 | 1.20 | 0.80 | 1.00 |

注:1.虚方指未经碾压、堆积时间少于1年的土壤;2.本表按《全国统一建筑工程预算工程量计算规则》GJDGZ 101—1995整理;3.设计密实度超过规定的,填方体积按工程设计要求执行;无设计要求按各省、自治区、直辖市或行业建设行政主管部门规定的系数执行。

根据《房屋建筑与装饰工程工程量计算规范》GB 50854—2013的规定,挖沟槽、基坑、一般土方因工作面和放坡增加的工程量(管沟工作面增加的工程量)是否并入各土方工程量中,应按各省、自治区、直辖市或行业主管部门的规定实施,如并入各土方工程量中,办理工程结算时,按经发包人认可的施工组织设计规定计算,编制工程量清单时,可按表 2-19～表 2-21 规定计算。具体到上海地区,根据《上海市建设工程工程量清单计价应用规则》沪建管〔2014〕872 号文件的规定,"挖沟槽、基坑、一般土方因工作面和放坡增加的工程量(管沟工作面增加的工程量),不并入各土方工程量中,增加的土方应计入综合单价中",因此在编制工程项目清单时,应注意不同地区建设工程项目清单编制中的差别。

表 2-19　放坡系数表

| 土 壤 类 别 | 放坡起点/m | 人工挖土 | 机械挖土 | | |
|---|---|---|---|---|---|
| | | | 在坑内作业 | 在坑上作业 | 顺沟槽在坑上作业 |
| 一、二类土 | 1.20 | 1:0.5 | 1:0.33 | 1:0.75 | 1:0.5 |
| 三类土 | 1.50 | 1:0.33 | 1:0.25 | 1:0.67 | 1:0.33 |
| 四类土 | 2.00 | 1:0.25 | 1:0.10 | 1:0.33 | 1:0.25 |

注:1.沟槽、基坑中土类别不同时,分别按其放坡起点、放坡系数,依不同土类别厚度加权平均计算;2.计算放坡时,在交接处的重复工程量不予扣除,原槽、坑作基础垫层时,放坡自垫层上表面开始计算。

表 2-20　基础施工所需工作面宽度计算表

| 基 础 材 料 | 每边各增加工作面宽度/mm |
|---|---|
| 砖基础 | 200 |
| 浆砌毛石、条石基础 | 150 |
| 混凝土基础垫层支模板 | 300 |
| 混凝土基础支模板 | 300 |
| 基础垂直面做防水层 | 1 000(防水层面) |

注:本表按《全国统一建筑工程预算工程量计算规则》GJDGZ 101—1995 整理。

表 2-21　管沟施工每侧所需工作面宽度计算表

| 管道结构宽/mm ＼ 管沟材料 | ≤500 | ≤1 000 | ≤2 500 | ＞2 500 |
|---|---|---|---|---|
| 混凝土及钢筋混凝土管道/mm | 400 | 500 | 600 | 700 |
| 其他材质管道/mm | 300 | 400 | 500 | 600 |

注:1.本表按《全国统一建筑工程预算工程量计算规则》GJDGZ 101—1995 整理;2.管道结构宽,有管座的按基础外缘,无管座的按管道外径。

**2. 土方工程清单项目解析**

1）平整场地（编码 010101001）

（1）特征描述：①土壤类别；②弃土运距；③取土运距。

（2）计算规则：按设计图示尺寸以建筑物首层建筑面积计算，单位为 m²。

（3）工作内容：①土方挖填；②场地找平；③场内运输。

（4）清单项目说明：首层建筑面积应按《建筑工程建筑面积计算规范》GB/T 50353—2013 的规定计算。

建筑场地厚度在±300 mm 以内的挖、填、运、找平，应按平整场地项目编码列项。

**例 2-1** 已知：单层建筑平面图、结构平面图、墙身剖面图、基础平面图及基础剖面图 如图 2-5～图 2-9 所示（室外地坪为－0.300 m）；±0.00 以下 50 处的防潮层为 60 厚钢筋细石混凝土；防潮层以下为 MU15 砼实心灰砂砖（DM10 干粉砂浆砌筑）；防潮层以上为空心灰砂砖（DM5 干粉砂浆砌筑）；基础中有构造柱若干根；钢砼带基和垫层均采用现浇非泵送砼浇捣，混凝土强度等级分别为 C30、C20，碎石粒径为 5～40；土壤类别综合取定；采用液压挖掘机（0.5 m³）挖土，手推车运土，场内堆放 50 m；人工回填土为夯填，设室内地坪结构层（垫层、找平层、面层）厚度为 18 cm。编制该工程土方部分的分部分项工程量清单。

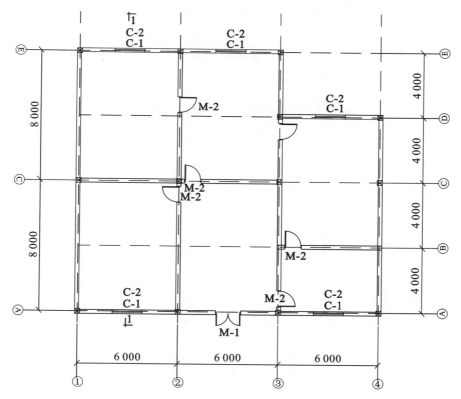

图 2-5 某建筑一层平面图

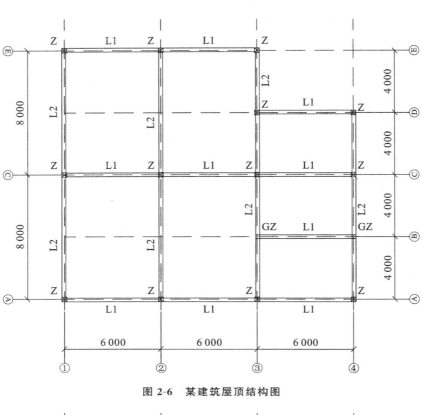

图 2-6　某建筑屋顶结构图

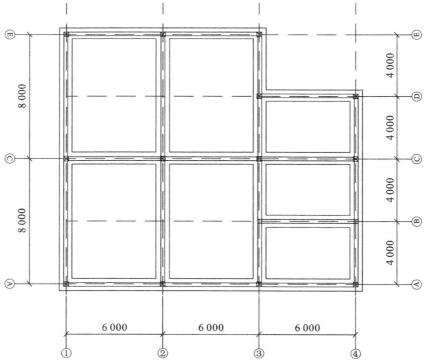

图 2-7　某建筑基础平面图

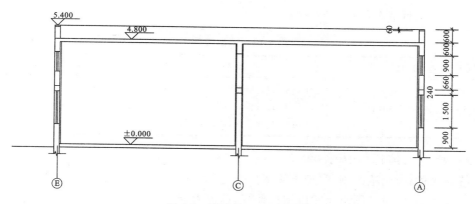

图 2-8　某建筑 1—1 剖面图

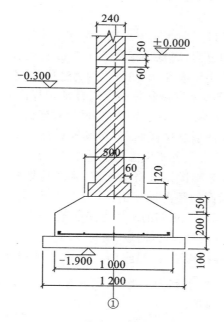

图 2-9　某建筑基础剖面图

图注：(1) Z 柱断面为 350 mm×350 mm；GZ 柱断面为 240 mm×240 mm；L1 断面为 300 mm×350 mm；L2 断面为 300 mm×400 mm；GL 断面为 240 mm×120 mm。

(2) M-1：1.5 m×2.4 m。M-2：0.9 m×2.1 m。C-1：1.8 m×1.5 m。C-2：1.8 m×0.9 m。

(3) 内外墙身厚 240 mm；屋面板厚 120 mm。

(4) 所有墙体中均加一道圈梁，QL 断面为 240 mm×240 mm；梁底标高+2.4 m。

**解**　计算过程如表 2-22 所示。

表 2-22　计算过程

| 分部分项工程 | 位　置 | 规　格 | 计算表达式 | 结　果 |
|---|---|---|---|---|
| 平整场地 | 见图 | $S_{平整}$ | (18+0.35)×(16+0.35)−6×4 | 276.02 m² |

编制的工程项目清单如表 2-23 所示。

表 2-23 项目清单

| 项目编码 | 项目名称 | 项目特征 | 计量单位 | 工程量 |
|---|---|---|---|---|
| 010101001001 | 平整场地 | 1. 土壤类别:综合取定。<br>2. 弃土运距:由投标人自定。<br>3. 取土运距:由投标人自定 | m² | 276.02 |

2) 挖一般土方(编码 010101002)

(1) 特征描述:①土壤类别;②挖土深度;③弃土运距。

(2) 计算规则:按设计图示尺寸以体积计算,单位为 m³。

(3) 工作内容:①土方开挖;②基底钎探;③场内运输。

(4) 清单项目说明:

① 厚度在±300 mm 以外的竖向布置挖土或山坡切土应按挖一般土方项目编码列项。

沟槽、基坑、一般土方的划分为:底宽小于或等于 7 m 且底长大于 3 倍底宽的为沟槽;底长小于或等于 3 倍底宽且底面积小于或等于 150 m² 的为基坑;超出上述范围的则为一般土方。

② 挖土方平均厚度应按自然地面测量标高至设计地坪标高间的平均厚度确定。因地形起伏变化很大,不能提供平均挖土厚度时,应提供方格网法或断面法(横截面法)施工的设计文件。

所谓方格网法是根据地形图以及横截面图,将场地划分成边长相等的方格网,并在方格网上注明标高,并据此计算加以汇总。方格网法对于地势较平缓地区,计算精度较高。

断面法即横截面法是根据地形图以及横截面图,将场地划分成若干个互相平行的横断面,然后按横断面以及与其相邻断面的距离计算出挖、填土方量,最后加以汇总。断面法适用于地形起伏变化较大或狭长地带,每两个相邻的断面之间的距离可以不相等,视地形变化而定。

③ 设计标高以下的填土应按"土石方回填"项目列项。

④ 本规范中所有的土方体积均按(挖掘前)天然密实土体积计算。

 **例 2-2** 挖某一般土方,类别为三类土,土方开挖长度为 15 m,宽为 20 m,平均挖土深度为 1.4 m。计算土方开挖工程量。

**解** 计算过程如表 2-24 所示。

表 2-24 计算过程

| 分部分项工程 | 位 置 | 规 格 | 计算表达式 | 结 果 |
|---|---|---|---|---|
| 挖一般土方 | 见图 | V | 15×20×1.4 | 420 m³ |

编制的工程项目清单如表 2-25 所示。

表 2-25 项目清单

| 项目编码 | 项目名称 | 项目特征 | 计量单位 | 工程量 |
|---|---|---|---|---|
| 010101002001 | 挖一般土方 | 1. 土壤类别:三类土。<br>2. 挖土深度:1.4 m。<br>3. 弃土运距:由投标人自定 | m³ | 420 |

3）挖沟槽土方（编码 010101003）

（1）特征描述：①土壤类别；②挖土深度；③弃土运距。

（2）计算规则：按设计图示尺寸以基础垫层底面积乘以挖土深度计算，单位为 $m^3$。

（3）工作内容：①土方开挖；②基底钎探；③场内运输。

（4）清单项目说明：

工作内容中包括指定范围内的土方运输。

挖沟槽土方工程量＝垫层底宽×挖土深度×沟槽长度。其中，挖土深度应按基础垫层底表面标高至交付施工场地标高确定，无交付施工场地标高时，应按自然地面标高确定，一般理解为室外地坪到垫层底（基坑底）的高差。

沟槽长度，外墙按图示中心线长度计算；内墙按图示基础垫层底面之间的净长度计算；内外凸出部分（垛、附墙烟囱等）体积并入沟槽土方工程量内计算。

**例 2-3** 根据例 2-1 的已知条件，计算挖沟槽土方工程量。

**解** 计算过程如表 2-26 所示。

表 2-26　计算过程

| 构　件 | 位　置 | 规　格 | 计算表达式 | 结　果 |
|---|---|---|---|---|
| 挖沟槽土方 | | $H$ | 1.9－0.3 | 1.6 m |
| | | $S$ | 1.2×1.6 | 1.92 $m^2$ |
| | | $L_{外中}$ | （6＋6＋6＋8＋8）×2 | 68 m |
| | 1-4/C | $L_{内净}$ | 6＋6＋6－1.2 | 16.8 m |
| | 3-4/B | $L_{内净}$ | 6－1.2 | 4.8 m |
| | 2/A-B | $L_{内净}$ | 8＋8－1.2－1.2 | 13.6 m |
| | 3/A-D | $L_{内净}$ | 4＋4＋4－1.2－1.2 | 9.6 m |
| | | $\sum L$ | 68＋16.8＋4.8＋13.6＋9.6 | 112.8 m |
| | | $V$ | 1.92×112.8 | 216.58 $m^3$ |

编制的工程项目清单如表 2-27 所示。

表 2-27　项目清单

| 项目编码 | 项目名称 | 项目特征 | 计量单位 | 工　程　量 |
|---|---|---|---|---|
| 010101003001 | 挖沟槽土方 | 1. 土壤类别：综合取定。<br>2. 挖土深度：1.6 m。<br>3. 弃土运距：由投标人自定 | $m^3$ | 216.58 |

4）挖基坑土方（编码 010101004）

（1）特征描述：①土壤类别；②挖土深度；③弃土运距。

（2）计算规则：按设计图示尺寸以基础垫层底面积乘以挖土深度计算，单位为 $m^3$。

（3）工作内容：①土方开挖；②基底钎探；③场内运输。

（4）清单项目说明：

　　挖基坑土方工程量＝基坑底面积×挖土深度。其中,挖土深度应按基础垫层底表面标高至交付施工场地标高确定,无交付施工场地标高时,应按自然地面标高确定,一般理解为室外地坪到垫层底(基坑底)的高差。

**例 2-4**　　已知,某基础工程如图 2-10～图 2-13 所示,室内外高差为 450 mm,基础垫层混凝土强度等级为 C10,地圈梁混凝土强度等级为 C20,独立基础混凝土强度等级为 C30,KZ 混凝土强度等级为 C30,计算挖基坑(独立基础)土方工程量。

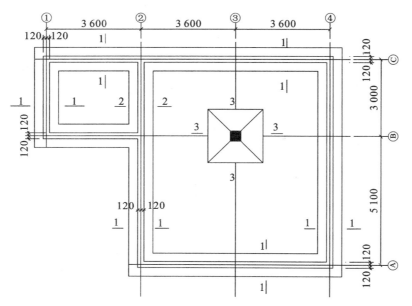

图 2-10　某工程基础平面图

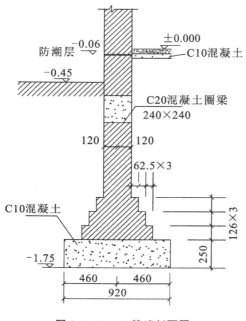

图 2-11　1—1 基础剖面图

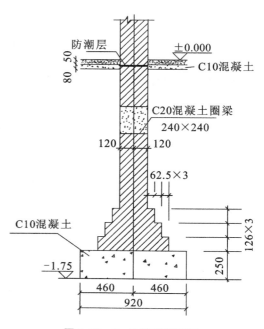

图 2-12　2—2 基础剖面图

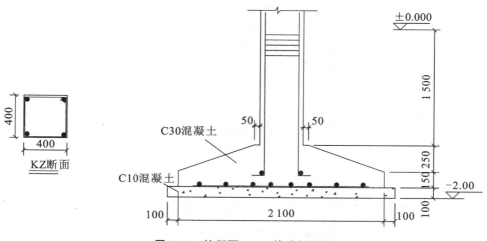

**图 2-13 柱断面、3—3 基础剖面图**

 计算过程如表 2-28 所示。

**表 2-28 计算过程**

| 分部分项工程 | 位　置 | 规　格 | 计算表达式 | 结　果 |
|---|---|---|---|---|
| 挖基坑土方 | 3/B | $H$ | 2.0－0.45 | 1.55 m |
|  |  | $V$ | (2.1＋0.1＋0.1)×(2.1＋0.1＋0.1)×1.55 | 8.20 m³ |

编制的工程项目清单如表 2-29 所示。

**表 2-29 项目清单**

| 项目编码 | 项目名称 | 项目特征 | 计量单位 | 工程量 |
|---|---|---|---|---|
| 010101004001 | 挖基坑土方 | 1. 土壤类别:综合取定。<br>2. 挖土深度:1.55 m。<br>3. 弃土运距:由投标人自定 | m³ | 8.20 |

5)冻土开挖(编码 010101005)

(1)特征描述:①冻土厚度;②弃土运距。

(2)计算规则:按设计图示尺寸开挖面积乘厚度以体积计算,单位为 m³。

(3)工作内容:①爆破;②开挖;③清理;④运输。

(4)清单项目说明:冻土是指在 0 ℃以下且含有冰的土。冻土十分坚硬,需采用爆破方法开挖。由于气候原因,此项目较少在上海地区出现。

6)挖淤泥、流砂(编码 010101006)

(1)特征描述:①挖掘深度;②弃淤泥、流砂距离。

(2)计算规则:按设计图示位置、界限以体积计算,单位为 m³。

(3)工作内容:①开挖;②场内运输。

(4)清单项目说明:

① 挖方出现流砂、淤泥时,如设计未明确,在编制工程量清单时,其工程量可为暂估量,结算时应根据实际情况由发包人与承包人双方现场签证确认工程量。

② 淤泥是一种稀软状不易成形的灰黑色,有臭味,含有半腐朽的植物遗体,置于水中有动植物残体渣滓浮于水面,并常有气泡由水中冒出的泥土。

流砂在坑内抽水时,坑底的土会呈流动状态,随地下水涌出。这种土无承载力,边挖边冒,无法挖深,强挖会掏空邻近地基。挖淤泥、流砂是为基础换土做准备。

③ 施工中,挖方出现淤泥、流砂时,可根据实际情况确定换土的体积,由发包人与承包人双方认证。

7) 管沟土方(编码 010101007)

(1) 特征描述:①土壤类别;②管外径;③挖沟深度;④回填要求。

(2) 计算规则:按设计图示以管道中心线长度计算,单位为 m;或按设计图示管底垫层面积乘以挖土深度计算,无管底垫层按管外径的水平投影面积乘以挖土深度计算,不扣除各类井的长度,井的土方并入,单位为 m³。

(3) 工作内容:①排地表水;②土方开挖;③围护(挡土板)、支撑;④运输;⑤回填。

(4) 清单项目说明:管沟土方项目适用于管道(给排水、工业、电力、通信)、光(电)揽沟(包括人(手)孔、接口坑)及连接井(检查井)等。有管沟设计时,平均深度以沟垫层底面标高至交付施工场地标高计算;无管沟设计时,直埋管深度应按管底外表面标高至交付施工场地标高的平均高度计算。

8) 暗挖土方(逆作法)(编码沪 010101008)

(1) 特征描述:①土壤类别;②基础类型;③挖土深度;④取土方式;⑤弃土运距。

(2) 计算规则:按设计图示尺寸以基础垫层底面积乘以挖土深度计算,单位为 m³。

(3) 工作内容:①土方开挖;②基底钎探;③垂直与水平运输。

(4) 清单项目说明:本项目为上海地区补充清单项目,根据《上海市建设工程工程量清单计价应用规则》沪建管〔2014〕872 号文件设置。

## (二)石方工程清单项目

石方工程如表 2-30 所示。

表 2-30  石方工程(编号:010102)

| 项目编码 | 项目名称 | 项目特征 | 计量单位 | 工程量计算规则 | 工作内容 |
|---|---|---|---|---|---|
| 010102001 | 挖一般石方 | 1. 岩石类别;<br>2. 开凿深度;<br>3. 弃碴运距 | m³ | 按设计图示尺寸以体积计算 | 1. 排地表水;<br>2. 凿石;<br>3. 运输 |
| 010102002 | 挖沟槽石方 | | | 按设计图示尺寸沟槽底面积乘以挖石深度以体积计算 | |
| 010102003 | 挖基坑石方 | | | 按设计图示尺寸基坑底面积乘以挖石深度以体积计算 | |
| 010102004 | 挖管沟石方 | 1. 岩石类别;<br>2. 管外径;<br>3. 挖沟深度 | 1. m;<br>2. m³ | 1. 以米计量,按设计图示以管道中心线长度计算;<br>2. 以立方米计量,按设计图示截面积乘以长度计算 | 1. 排地表水;<br>2. 凿石;<br>3. 回填;<br>4. 运输 |

### 1. 石方工程共性问题的说明

（1）弃碴运距可以不描述，但应注明由投标人根据施工现场实际情况自行考虑，决定报价。

（2）岩石的分类应按表 2-31 确定。

（3）石方体积应按挖掘前的天然密实体积计算。

表 2-31　岩石分类表

| 岩石分类 | | 代表性岩石 | 开挖方法 |
|---|---|---|---|
| 极软岩 | | 1. 全风化的各种岩石；<br>2. 各种半成岩 | 部分用手凿工具，部分用爆破法开挖 |
| 软质岩 | 软岩 | 1. 强风化的坚硬岩或较硬岩；<br>2. 中等风化-强风化的较软岩；<br>3. 未风化-微风化的页岩、泥岩、泥质砂岩等 | 用风镐和爆破法开挖 |
| | 较软岩 | 1. 中等风化-强风化的坚硬岩或较硬岩；<br>2. 未风化-微风化的凝灰岩、千枚岩、泥灰岩、砂质泥岩等 | 用爆破法开挖 |
| 硬质岩 | 较硬岩 | 1. 微风化的坚硬岩；<br>2. 未风化-微风化的大理岩、板岩、石灰岩、白云岩、钙质砂岩等 | 用爆破法开挖 |
| | 坚硬岩 | 未风化-微风化的花岗岩、闪长岩、辉绿岩、玄武岩、安山岩、片麻岩、石英岩、石英砂岩、硅质砾岩、硅质石灰岩等 | 用爆破法开挖 |

注：本表依据国家标准《工程岩体分级标准》GB 50218—2014 和《岩土工程勘察规范（2009 年版）》GB 50021—2001 整理。

### 2. 石方工程清单项目解析

1）挖一般石方（编码 010102001）

（1）特征描述：①岩石类别；②开凿深度；③弃碴运距。

（2）计算规则：按设计图示尺寸以体积计算，单位为 $m^3$。

（3）工作内容：①排地表水；②凿石；③运输。

（4）清单项目说明：

① 挖石应按自然地面测量标高至设计地坪标高的平均厚度确定。基础石方开挖深度应按基础垫层底表面标高至交付施工场地标高确定，无交付施工场地标高时，应按自然地面标高确定。

② 厚度在 ±300 mm 以外的竖向布置挖石或山坡凿石应按表中挖一般石方项目编码列项。

③ 底宽小于或等于 7 m 且底长大于 3 倍底宽的为沟槽；底长小于或等于 3 倍底宽且底面积小于或等于 150 $m^2$ 的为基坑；超出上述范围的则为一般石方。

**例 2-5**　已知某工程挖一般石方，岩石类别为软岩，底长 20.8 m，底宽 10.4 m，高度 15.1 m，计算石方开挖工程量。

**解** 计算过程如表 2-32 所示。

表 2-32 计算过程

| 分部分项工程 | 位 置 | 规 格 | 计算表达式 | 结 果 |
|---|---|---|---|---|
| 挖一般石方 | | $V$ | $20.8 \times 10.4 \times 15.1$ | $3\,266.43\ \text{m}^3$ |

编制的工程项目清单如表 2-33 所示。

表 2-33 项目清单

| 项目编码 | 项目名称 | 项目特征 | 计量单位 | 工 程 量 |
|---|---|---|---|---|
| 010102001001 | 挖一般石方 | 1. 岩石类别：软岩。<br>2. 开凿深度：15.1 m。<br>3. 弃碴运距：由投标人自定 | $\text{m}^3$ | 3 266.43 |

2) 挖沟槽石方(编码 010102002)

(1) 特征描述：①岩石类别；②开凿深度；③弃碴运距。

(2) 计算规则：按设计图示尺寸沟槽底面积乘以挖石深度以体积计算，单位为 $\text{m}^3$。

(3) 工作内容：①排地表水；②凿石；③运输。

(4) 清单项目说明：石方开挖深度按垫层底面标高至交付施工场地标高确定。如无此标高，应按自然地面标高确定，一般可以理解为室外地坪到垫层底(基坑底)的高差。

3) 挖基坑石方(编码 010102003)

(1) 特征描述：①岩石类别；②开凿深度；③弃碴运距。

(2) 计算规则：按设计图示尺寸基坑底面积乘以挖石深度以体积计算，单位为 $\text{m}^3$。

(3) 工作内容：①排地表水；②凿石；③运输。

(4) 清单项目说明：石方开挖深度按垫层底面标高至交付施工场地标高确定。如无此标高，应按自然地面标高确定，一般可以理解为室外地坪到垫层底(基坑底)的高差。

4) 挖管沟石方(编码 010102004)

(1) 特征描述：①岩石类别；②管外径；③挖沟深度。

(2) 计算规则：按设计图示以管道中心线长度计算，单位为 m；或按设计图示截面积乘以长度以体积计算，单位为 $\text{m}^3$。

(3) 工作内容：①排地表水；②凿石；③回填；④运输。

(4) 清单项目说明：管沟石方项目适用于管道(给排水、工业、电力、通信)、光(电)缆沟(包括人(手)孔、接口坑)及连接井(检查井)等。以米计量时，必须描述管外径。有管沟设计时，平均深度以沟垫层底面标高至交付施工场地标高计算；无管沟设计时，直埋管深度应按管底外表面标高至交付施工场地标高的平均高度计算。

## (三)回填方工程清单项目

回填如表 2-34 所示。

表 2-34　回填（编号：010103）

| 项目编码 | 项目名称 | 项目特征 | 计量单位 | 工程量计算规则 | 工作内容 |
|---|---|---|---|---|---|
| 010103001 | 回填方 | 1. 密实度要求；<br>2. 填方材料品种；<br>3. 填方粒径要求；<br>4. 填方来源、运距 | m³ | 按设计图示尺寸以体积计算<br>　1. 场地回填：回填面积乘平均回填厚度。<br>　2. 室内回填：主墙间面积乘回填厚度，不扣除间隔墙。<br>　3. 基础回填：按挖方清单项目工程量减去自然地坪以下埋设的基础体积（包括基础垫层及其他构筑物） | 1. 场内运输；<br>2. 回填；<br>3. 压实 |
| 010103002 | 余方弃置 | 1. 废弃料品种；<br>2. 运距 | | 按挖方清单项目工程量减利用回填方体积（正数）计算 | 土方装卸、运输至弃置点 |
| 沪 010103003 | 缺土购置 | 1. 土方来源；<br>2. 运距 | m³ | 按挖方清单项目工程量减利用回填方体积（负数）计算 | 1. 土方购置；<br>2. 取料点装土；<br>3. 运输至缺土点；<br>4. 卸土 |
| 沪 010103004 | 淤泥、流砂外运 | 1. 废弃料品种；<br>2. 淤泥、流砂装料点至弃置点或运距 | m³ | 按设计图示位置、界限以体积计算 | 淤泥、流砂由装料点运输至弃置点 |
| 沪 010103005 | 废泥浆外运 | 泥浆排运起点至卸点或运距 | m³ | 按设计图示尺寸成孔（成槽）部分的体积计算 | 1. 装卸泥浆、运输；<br>2. 清理场地 |

回填方工程清单项目解析：

1）回填方（编码 010103001）

（1）特征描述：①密实度要求；②填方材料品种；③填方粒径要求；④填方来源、运距。

（2）计算规则：按设计图示尺寸以体积计算，单位为 m³。其中包括：①场地回填——回填面积乘以平均回填厚度；②室内回填——主墙间面积乘以回填厚度，不扣除间隔墙。

③基础回填——挖方清单项目工程量减去自然地坪以下埋设的基础体积（包括基础垫层及其他构筑物）。

（3）工作内容：①场内运输；②回填；③压实。

（4）清单项目说明：

① 填方密实度要求，在无特殊要求情况下，项目特征可描述为满足设计和规范的要求。

② 填方材料品种可以不描述，但应注明由投标人根据设计要求验方后方可填入，并符合相关工程的质量规范要求。

③ 填方粒径要求，在无特殊要求情况下，项目特征可以不描述。

④ 如需买土回填，应在项目特征填方来源中描述，并注明买土方数量。

⑤"主墙"指墙身结构厚度在 120 mm 以上(不含 120 mm)的各类墙体。

2)余方弃置(编码 010103002)

(1)特征描述:①废弃料品种;②运距。

(2)计算规则:按挖方清单项目工程量减利用回填方体积(正数)计算,单位为 m³。

(3)工作内容:余方点装料运输至弃置点。

(4)清单项目说明:余方弃置是指将施工场地中多余的、不合格的土石方运输到施工场地外弃置。

3)缺土购置(编码沪 010103003)

(1)特征描述:①土方来源;②运距。

(2)计算规则:按挖方清单项目工程量减利用回填方体积(负数)计算,单位为 m³。

(3)工作内容:①土方购置;②取料点装土;③运输至缺土点;④卸土。

(4)清单项目说明:本项目为上海地区补充清单项目,根据《上海市建设工程工程量清单计价应用规则》沪建管〔2014〕872 号文件设置。当挖方清单项目工程量减利用回填方体积为正数时,按照"余方弃置"清单项目编码列项;当挖方清单项目工程量减利用回填方体积为负数时,按照"缺土购置"清单项目编码列项。

4)淤泥、流砂外运(编码沪 010103004)

(1)特征描述:①废弃料品种;②淤泥、流砂装料点至弃置点或运距。

(2)计算规则:按设计图示位置、界限以体积计算,单位为 m³。

(3)工作内容:将淤泥、流砂由装料点运输至弃置点。

(4)清单项目说明:本项目为上海地区补充清单项目,根据《上海市建设工程工程量清单计价应用规则》沪建管〔2014〕872 号文件设置。

5)废泥浆外运(编码沪 010103005)

(1)特征描述:泥浆排运起点至卸点或运距。

(2)计算规则:按设计图示尺寸成孔(成槽)部分的体积计算,单位为 m³。

(3)工作内容:①装卸泥浆、运输;②清理场地。

(4)清单项目说明:本项目为上海地区补充清单项目,根据《上海市建设工程工程量清单计价应用规则》沪建管〔2014〕872 号文件设置。

## 二、地基处理与边坡支护工程

### (一)地基处理工程清单项目

地基处理如表 2-35 所示。

表 2-35　地基处理(编号:010201)

| 项目编码 | 项目名称 | 项目特征 | 计量单位 | 工程量计算规则 | 工作内容 |
|---|---|---|---|---|---|
| 010201001 | 换填垫层 | 1. 材料种类及配比;<br>2. 压实系数;<br>3. 掺加剂品种 | m³ | 按设计图示尺寸以体积计算 | 1. 分层铺填;<br>2. 碾压、振密或夯实;<br>3. 材料运输 |

续表

| 项目编码 | 项目名称 | 项目特征 | 计量单位 | 工程量计算规则 | 工作内容 |
|---|---|---|---|---|---|
| 010201002 | 铺设土工合成材料 | 1. 部位；<br>2. 品种；<br>3. 规格 | $m^2$ | 按设计图示尺寸以面积计算 | 1. 挖填锚固沟；<br>2. 铺设；<br>3. 固定；<br>4. 运输 |
| 010201003 | 预压地基 | 1. 排水竖井种类、断面尺寸、排列方式、间距、深度；<br>2. 预压方法；<br>3. 预压荷载、时间；<br>4. 砂垫层厚度 | $m^2$ | 按设计图示处理范围以面积计算 | 1. 设置排水竖井、盲沟、滤水管；<br>2. 铺设砂垫层、密封膜；<br>3. 堆载、卸载或抽气设备安拆、抽真空；<br>4. 材料运输 |
| 010201004 | 强夯地基 | 1. 夯击能量；<br>2. 夯击遍数；<br>3. 夯击点布置形式、间距；<br>4. 地耐力要求；<br>5. 夯填材料种类 | $m^2$ | 按设计图示处理范围以面积计算 | 1. 铺设夯填材料；<br>2. 强夯；<br>3. 夯填材料运输 |
| 010201005 | 振冲密实（不填料） | 1. 地层情况；<br>2. 振密深度；<br>3. 孔距 | $m^2$ | 按设计图示处理范围以面积计算 | 1. 振冲加密；<br>2. 泥浆运输 |
| 010201006 | 振冲桩（填料） | 1. 地层情况；<br>2. 空桩长度、桩长；<br>3. 桩径；<br>4. 填充材料种类 | 1. m；<br>2. $m^3$ | 1. 以米计量，按设计图示尺寸以桩长计算；<br>2. 以立方米计量，按设计桩截面积乘以桩长以体积计算 | 1. 振冲成孔、填料、振实；<br>2. 材料运输；<br>3. 泥浆运输 |
| 010201007 | 砂石桩 | 1. 地层情况；<br>2. 空桩长度、桩长；<br>3. 桩径；<br>4. 成孔方法；<br>5. 材料种类、级配 | 1. m；<br>2. $m^3$ | 1. 以米计量，按设计图示尺寸以桩长（包括桩尖）计算；<br>2. 以立方米计量，按设计桩截面积乘以桩长（包括桩尖）以体积计算 | 1. 成孔；<br>2. 填充、振实；<br>3. 材料运输 |
| 010201008 | 水泥粉煤灰碎石桩 | 1. 地层情况；<br>2. 空桩长度、桩长；<br>3. 桩径；<br>4. 成孔方法；<br>5. 混合料强度等级 | m | 按设计图示尺寸以桩长（包括桩尖）计算 | 1. 成孔；<br>2. 混合料制作、灌注、养护；<br>3. 材料运输 |

续表

| 项目编码 | 项目名称 | 项目特征 | 计量单位 | 工程量计算规则 | 工作内容 |
|---|---|---|---|---|---|
| 010201009 | 深层搅拌桩 | 1. 地层情况；<br>2. 空桩长度、桩长；<br>3. 桩截面尺寸；<br>4. 水泥强度等级、掺量 | m | 按设计图示尺寸以桩长计算 | 1. 预搅下钻、水泥浆制作、喷浆搅拌提升成桩；<br>2. 材料运输 |
| 010201010 | 粉喷桩 | 1. 地层情况；<br>2. 空桩长度、桩长；<br>3. 桩径；<br>4. 粉体种类、掺量；<br>5. 水泥强度等级、石灰粉要求 | | | 1. 预搅下钻、喷粉搅拌提升成桩；<br>2. 材料运输 |
| 010201011 | 夯实水泥土桩 | 1. 地层情况；<br>2. 空桩长度、桩长；<br>3. 桩径；<br>4. 成孔方法；<br>5. 水泥强度等级；<br>6. 混合料配比 | | 按设计图示尺寸以桩长(包括桩尖)计算 | 1. 成孔、夯底；<br>2. 水泥土拌和、填料、夯实；<br>3. 材料运输 |
| 010201012 | 高压喷射注浆桩 | 1. 地层情况；<br>2. 空桩长度、桩长；<br>3. 桩截面；<br>4. 注浆类型、方法；<br>5. 水泥强度等级 | | 按设计图示尺寸以桩长计算 | 1. 成孔；<br>2. 水泥浆制作、高压喷射注浆；<br>3. 材料运输 |
| 010201013 | 石灰桩 | 1. 地层情况；<br>2. 空桩长度、桩长；<br>3. 桩径；<br>4. 成孔方法；<br>5. 掺和料种类、配合比 | | 按设计图示尺寸以桩长(包括桩尖)计算 | 1. 成孔；<br>2. 混合料制作、运输、夯填 |
| 010201014 | 灰土(土)挤密桩 | 1. 地层情况；<br>2. 空桩长度、桩长；<br>3. 桩径；<br>4. 成孔方法；<br>5. 灰土级配 | m | | 1. 成孔；<br>2. 灰土拌和、运输、填充、夯实 |
| 010201015 | 柱锤冲扩桩 | 1. 地层情况；<br>2. 空桩长度、桩长；<br>3. 桩径；<br>4. 成孔方法；<br>5. 桩体材料种类、配合比 | | 按设计图示尺寸以桩长计算 | 1. 安、拔套管；<br>2. 冲孔、填料、夯实；<br>3. 桩体材料制作、运输 |

续表

| 项目编码 | 项目名称 | 项目特征 | 计量单位 | 工程量计算规则 | 工作内容 |
|---|---|---|---|---|---|
| 010201016 | 注浆地基 | 1. 地层情况;<br>2. 空钻深度、注浆深度;<br>3. 注浆间距;<br>4. 浆液种类及配比;<br>5. 注浆方法;<br>6. 水泥强度等级 | 1. m<br>2. m³ | 1. 以米计量,按设计图示尺寸以钻孔深度计算;<br>2. 以立方米计量,按设计图示尺寸以加固体积计算 | 1. 成孔;<br>2. 注浆导管制作、安装;<br>3. 浆液制作、压浆;<br>4. 材料运输 |
| 010201017 | 褥垫层 | 1. 厚度;<br>2. 材料品种及比例 | 1. m²<br>2. m³ | 1. 以平方米计量,按设计图示尺寸以铺设面积计算;<br>2. 以立方米计量,按设计图示尺寸以体积计算 | 材料拌和、运输、铺设、压实 |
| 沪010201018 | 树根桩 | 1. 地层情况;<br>2. 桩径;<br>3. 骨料品种、规格;<br>4. 水泥强度等级 | m³ | 按设计图示桩截面面积乘以设计桩长以体积计算 | 1. 钻机就位、移位;<br>2. 成孔;<br>3. 填骨料;<br>4. 注浆;<br>5. 材料场内运输 |
| 沪010201019 | 型钢水泥土搅拌墙 | 1. 地层情况;<br>2. 桩长;<br>3. 桩截面尺寸;<br>4. 水泥强度等级、掺量百分比;<br>5. 插拔型钢(摊销或租赁) | | 按设计图示尺寸以体积计算 | 1. 桩基就位;<br>2. 钻桩孔;<br>3. 喷浆下沉、提升;<br>4. 插拔型钢 |

**1. 地基处理工程共性问题的说明**

(1)地层情况按表2-27和表2-31的规定,并根据岩土工程勘察报告按单位工程各地层所占比例(包括范围值)进行描述。对无法准确描述的地层情况,可注明由投标人根据岩土工程勘察报告自行决定报价。

(2)项目特征中的桩长应包括桩尖,空桩长度=孔深-桩长,孔深为自然地面至设计桩底的深度。

(3)高压喷射注浆类型包括旋喷、摆喷、定喷,高压喷射注浆方法包括单管法、双重管法、三重管法。

(4)如采用泥浆护壁成孔,工作内容包括土方、废泥浆外运,如采用沉管灌注成孔,工作内容包括桩尖制作、安装。

**2. 地基处理工程清单项目解析**

1)换填垫层(编码010201001)

(1)特征描述:①材料种类及配比;②压实系数;③掺加剂品种。

（2）计算规则：按设计图示尺寸以体积计算，单位为 $m^3$。

（3）工作内容：①分层铺填；②碾压、振密或夯实；③材料运输。

（4）清单项目说明：当建筑物基础下的持力层比较软弱、不能满足上部结构荷载对地基的要求时，常采用换填垫层来处理，即将基础下一定范围内的土层挖去，然后回填以强度较大的砂、砾石或灰土等，并分层夯实至设计要求的密实程度，作为地基的持力层。

2）铺设土工合成材料（编码 010201002）

（1）特征描述：①部位；②品种；③规格。

（2）计算规则：按设计图示尺寸以面积计算，单位为 $m^2$。

（3）工作内容：①挖填锚固沟；②铺设；③固定；④运输。

（4）清单项目说明：土工合成材料是土木工程应用的合成材料的总称，作为一种土木工程材料，它是以人工合成的聚合物（如塑料、化纤、合成橡胶等）为原料，制成各种类型的产品，置于土体内部、表面或各种土体之间，发挥加强或保护土体的作用。

3）预压地基（编码 010201003）

（1）特征描述：①排水竖井种类、断面尺寸、排列方式、间距、深度；②预压方法；③预压荷载、时间；④砂垫层厚度。

（2）计算规则：按设计图示处理范围以面积计算，单位为 $m^2$。

（3）工作内容：①设置排水竖井、盲沟、滤水管；②铺设砂垫层、密封膜；③堆载、卸载或抽气设备安拆、抽真空；④材料运输。

（4）清单项目说明：预压地基是在原状土上加载，使土中水排出，以实现土的预先固结，减少建筑物地基后期沉降和提高地基承载力。按加载方法的不同，分为堆载预压、真空预压、降水预压三种。

4）强夯地基（编码 010201004）

（1）特征描述：①夯击能量；②夯击遍数；③夯击点布置形式、间距；④地耐力要求；⑤夯填材料种类。

（2）计算规则：按设计图示处理范围以面积计算，单位为 $m^2$。

（3）工作内容：①铺设夯填材料；②强夯；③夯填材料运输。

（4）清单项目说明：强夯地基是指用起重机械（起重机或起重机配三脚架、龙门架）将大吨位（一般为 8～30 t）的夯锤起吊到 6～30 m 高度后，自由落下，给地基土以强大的冲击能量的夯击，使土中出现冲击波和很大的冲击应力，迫使土层空隙压缩，土体局部液化，在夯击点周围产生裂隙，形成良好的排水通道，孔隙水和气体逸出，使土重新排列，经时效压密达到固结，从而提高地基承载力，降低其压缩性的一种有效的地基加固方法。

5）振冲密实（不填料）（编码 010201005）

（1）特征描述：①地层情况；②振密深度；③孔距。

（2）计算规则：按设计图示处理范围以面积计算，单位为 $m^2$。

（3）工作内容：①振冲加密；②泥浆运输。

（4）清单项目说明：振冲密实（不填料），一般仅适用于处理黏粒含量小于 10% 的粗砂和中砂地基，是利用振冲器强烈振动和压力水灌入土层深处，使松砂地基加密，提高地基强度的加固技术。

对于预压地基、强夯地基和振冲密实（不填料）项目的工程量按设计图示处理范围以面积计算，即根据每个点位所代表的范围乘以点数计算，如图 2-14 所示。

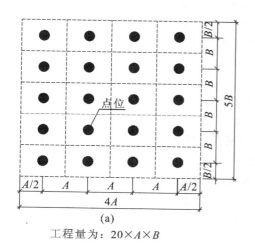

工程量为：$20 \times A \times B$

(a)

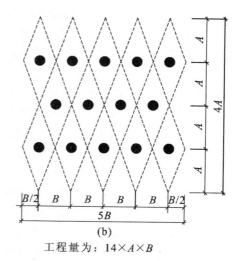

工程量为：$14 \times A \times B$

(b)

图 2-14　工程量计算示意图

6）振冲桩（编码 010201006）

（1）特征描述：①地层情况；②空桩长度、桩长；③桩径；④填充材料种类。

（2）计算规则：按设计图示尺寸以桩长计算，单位为 m；或按设计桩截面积乘以桩长以体积计算，单位为 $m^3$。

（3）工作内容：①振冲成孔、填料、振实；②材料运输；③泥浆运输。

（4）清单项目说明：振冲桩是指在天然软弱地基中，通过振冲器借助其自重、水平振动力和高压水，将黏性土变成泥浆水排出孔外，形成略大于振冲器直径的孔，再向孔中灌入碎石料，并在振冲器的侧向力作用下，将碎石挤入周围土中，形成具有密实度高和直径大的桩体。振冲桩与黏性土（作为桩间土）构成复合地基而共同工作，其作用是改变地基排水条件，加速地震时超孔隙水压力的消散，有利于地基抗震和防止液化。

7）砂石桩（编码 010201007）

（1）特征描述：①地层情况；②空桩长度、桩长；③桩径；④成孔方法；⑤材料种类、级配。

（2）计算规则：按设计图示尺寸以桩长（包括桩尖）计算，单位为 m；或按设计桩截面积乘以桩长（包括桩尖）以体积计算，单位为 $m^3$。

（3）工作内容：①成孔；②填充、振实；③材料运输。

（4）清单项目说明：振动沉管砂石桩是振动沉管砂桩和振动沉管碎石桩的简称。振动沉管砂石桩就是在振动机的振动作用下，把套管打入规定的设计深度，夯管入土后，挤密了套管周围土体，然后投入砂石，再排砂石于土中，振动密实成桩，多次循环后就成为砂石桩。也可采用锤击沉管方法。桩与桩间土形成复合地基，从而提高地基的承载力和防止砂土振动液化，也可用于增大软弱黏性土的整体稳定性。其处理深度可达 10 m 左右。

8）水泥粉煤灰碎石桩（编码 010201008）

（1）特征描述：①地层情况；②空桩长度、桩长；③桩径；④成孔方法；⑤混合料强度等级。

（2）计算规则：按设计图示尺寸以桩长（包括桩尖）计算，单位为 m。

（3）工作内容：①成孔；②混合料制作、灌注、养护；③材料运输。

（4）清单项目说明：水泥粉煤灰碎石桩（即 CFG 桩），是由碎石、石屑、砂、粉煤灰掺水泥加水拌和，用各种成桩机械制成的可变强度桩。通过调整水泥掺量即配比，其强度等级在 C15～C25

之间变化,是介于刚性桩与柔性桩之间的一种桩型。水泥粉煤灰碎石桩和桩间土一起,通过褥垫层形成水泥粉煤灰碎石桩复合地基共同工作,故可根据复合地基性状和计算进行工程设计。水泥粉煤灰碎石桩一般不用计算配筋,并且还可利用工业废料粉煤灰和石屑作掺合料,进一步降低了工程造价。

9)深层搅拌桩(编码 010201009)

(1)特征描述:①地层情况;②空桩长度、桩长;③桩截面尺寸;④水泥强度等级、掺量。

(2)计算规则:按设计图示尺寸以桩长计算,单位为 m。

(3)工作内容:①预搅下钻、水泥浆制作、喷浆搅拌提升成桩;②材料运输。

(4)清单项目说明:深层搅拌桩是利用水泥作为固化剂,通过特制的深层搅拌机械,在地基深处就地将软土或砂等和固化剂(浆液或粉体)强制拌和,利用固化剂和软土之间所产生的一系列物理—化学反应,使软土硬结成具有整体性的并具有一定承载力的复合地基。深层搅拌桩适宜于加固各种成因的淤泥质土、黏土和粉质黏土等,用于增加软土地基的承载能力,减少沉降量,提高边坡的稳定性和各种坑槽工程施工时的挡水帷幕。

10)粉喷桩(编码 010201010)

(1)特征描述:①地层情况;②空桩长度、桩长;③桩径;④粉体种类、掺量;⑤水泥强度等级、石灰粉要求。

(2)计算规则:按设计图示尺寸以桩长计算,单位为 m。

(3)工作内容:①预搅下钻、粉喷搅拌提升成桩;②材料运输。

(4)清单项目说明:粉喷桩属于深层搅拌法加固地基方法的一种形式,也称加固土桩。深层搅拌法是加固饱和软黏土地基的一种新颖方法,它是利用水泥、石灰等材料作为固化剂的主剂,通过特制的搅拌机械就地将软土和固化剂(浆液状和粉体状)强制搅拌,利用固化剂和软土之间所产生的一系列物理—化学反应,使软土硬结成具有整体性、水稳性和一定强度的优质地基。粉喷桩就是采用粉体固化剂来进行软基搅拌处理的方法。粉喷桩最适合于加固各种成因的饱和软黏土,目前国内常用于加固淤泥、淤泥质土、粉土和含水量较高的黏性土。

11)夯实水泥土桩(编码 010201011)

(1)特征描述:①地层情况;②空桩长度、桩长;③桩径;④成孔方法;⑤水泥强度等级;⑥混合料配比。

(2)计算规则:按设计图示尺寸以桩长(包括桩尖)计算,单位为 m。

(3)工作内容:①成孔、夯底;②水泥土拌和、填料、夯实;③材料运输。

(4)清单项目说明:夯实水泥土桩是用人工或机械成孔,选用相对单一的土质材料,与水泥按一定配比,在孔外充分拌和和均匀制成水泥土,分层向孔内回填并强力夯实,制成均匀的水泥土桩。桩、桩间土和褥垫层一起形成复合地基。夯实水泥土桩作为中等黏结强度桩,不仅适用于地下水位以上淤泥质土、素填土、粉土、粉质黏土等地基加固,对地下水位以下情况,在进行降水处理后,采取夯实水泥土桩进行地基加固,也是行之有效的一种方法。夯实水泥土桩通过两方面作用使地基强度提高:一是成桩夯实过程中挤密桩间土,使桩周土强度有一定程度的提高;二是水泥土本身夯实成桩,且水泥与土混合后可产生离子交换等一系列物理—化学反应,使桩体本身有较高强度,具有水硬性。处理后的复合地基强度和抗变形能力有明显提高。

12)高压喷射注浆桩(编码 010201012)

(1)特征描述:①地层情况;②空桩长度、桩长;③桩截面;④注浆类型、方法;⑤水泥强度等级。

(2)计算规则:按设计图示尺寸以桩长计算,单位为 m。

（3）工作内容：①成孔；②水泥浆制作、高压喷射注浆；③材料运输。

（4）清单项目说明：高压喷射注浆就是利用钻机钻孔，把带有喷嘴的注浆管插至土层的预定位置后，以高压设备使浆液成为20 MPa以上的高压射流，从喷嘴中喷射出来冲击破坏土体。部分细小的土料随着浆液冒出水面，其余土粒在喷射流的冲击力、离心力和重力等作用下，与浆液搅拌混合，并按一定的浆土比例有规律地重新排列。浆液凝固后，便在土中形成一个固结体与桩间土一起构成复合地基，从而提高地基承载力，减少地基的变形，达到地基加固的目的。高压喷射注浆类型包括旋喷、摆喷、定喷，高压喷射注浆方法包括单管法、双重管法、三重管法。

13）石灰桩（编码010201013）

（1）特征描述：①地层情况；②空桩长度、桩长；③桩径；④成孔方法；⑤掺和料种类、配合比。

（2）计算规则：按设计图示尺寸以桩长（包括桩尖）计算，单位为m。

（3）工作内容：①成孔；②混合料制作、运输、夯填。

（4）清单项目说明：石灰桩是以生石灰为主要固化剂与粉煤灰或火山灰、炉渣、矿渣、黏性土等掺和料按一定的比例均匀混合后，在桩孔中经机械人工分层振压或夯实所形成的密实桩体。为提高桩身强度，还可掺和石膏、水泥等外加剂。

14）灰土（土）挤密桩（编码010201014）

（1）特征描述：①地层情况；②空桩长度、桩长；③桩径；④成孔方法；⑤灰土级配。

（2）计算规则：按设计图示尺寸以桩长（包括桩尖）计算，单位为m。

（3）工作内容：①成孔；②灰土拌和、运输、填充、夯实。

（4）清单项目说明：灰土（土）挤密桩法是在基础底面形成若干个桩孔，然后将灰土（土）填入并分层夯实，以提高地基的承载力或水稳性。灰土挤密桩法和土挤密桩法适宜处理地下水位以上的湿陷性黄土、素填土和杂填土等地基，可处理的地基深度为5～15 m。当以消除地基土的湿陷性为主要目的时，宜选用土挤密桩法。当以提高地基土的承载力或增强其水稳性为主要目的时，宜选用灰土挤密桩法。当地基土的含水量大于24%、饱和度大于65%时，不宜选用灰土挤密桩法或土挤密桩法。

15）柱锤冲扩桩（编码010201015）

（1）特征描述：①地层情况；②空桩长度、桩长；③桩径；④成孔方法；⑤桩体材料种类、配合比。

（2）计算规则：按设计图示尺寸以桩长计算，单位为m。

（3）工作内容：①安、拔套管；②冲孔、填料、夯实；③桩体材料制作、运输。

（4）清单项目说明：柱锤冲扩桩法是指反复将柱状重锤提高到高处使其自由下落冲击成孔，然后分层填料夯实形成扩大桩体，与桩间土组成复合地基的处理方法。该方法施工简便，振动及噪声小。适用于处理杂填土、粉土、黏性土、素填土、黄土等地基，对地下水位以下饱和松软土层应通过现场试验确定其适用性。地基处理深度不宜超过6 m，复合地基承载力特征值不宜超过160 kPa。

16）注浆地基（编码010201016）

（1）特征描述：①地层情况；②空钻深度、注浆深度；③注浆间距；④浆液种类及配比；⑤注浆方法；⑥水泥强度等级。

（2）计算规则：按设计图示尺寸以钻孔深度计算，单位为m；或按设计图示尺寸以加固体积计算，单位为m³。

（3）工作内容：①成孔；②注浆导管制作、安装；③浆液制作、压浆；④材料运输。

（4）清单项目说明：注浆地基是指将配置好的化学浆液或水泥浆液，通过压浆泵、灌浆管均匀注入各种介质的裂缝或孔隙中，以填充、渗进和挤密等方式，驱走裂缝、孔隙中的水分和气体，并填充其位置，硬化后将岩土胶结成一个整体，形成一个强度大、压缩性低、抗渗性高和稳定性良好的新的岩土体，从而改善地基的物理化学性质的施工工艺。该工艺在地基处理中的应用领域十分广泛，主要用于截水、堵漏和加固地基。

17）褥垫层（编码 010201017）

（1）特征描述：①厚度；②材料品种及比例。

（2）计算规则：按设计图示尺寸以铺设面积计算，单位为 m²；或按设计图示尺寸以体积计算，单位为 m³。

（3）工作内容：材料拌和、运输、铺设、压实。

（4）清单项目说明：褥垫层是 CFG 复合地基中解决地基不均匀的一种方法。如建筑物一边在岩石地基上，一边在黏土地基上时，采用在岩石地基上加褥垫层（级配砂石）来解决。

**例 2-6** 某幢别墅工程基底为可塑黏土，不能满足设计承载力要求，采用水泥粉煤灰碎石桩进行地基处理，桩径为 400 mm，桩体强度等级为 C20，桩数为 52 根，设计桩长为 10 m，桩端进入硬塑黏土层不少于 1.5 m，桩顶在地面以下 1.5 m～2 m，水泥粉煤灰碎石桩采用振动沉管灌注桩施工，桩顶采用 200 mm 厚人工级配砂石（砂：碎石＝3：7，最大粒径为 30 mm）作为褥垫层，如图 2-15 和图 2-16 所示，试列出该工程地基处理分部分项工程量清单。

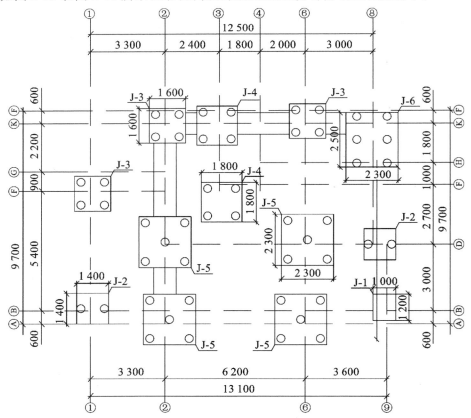

**图 2-15 某幢别墅水泥粉煤灰碎石桩平面图**

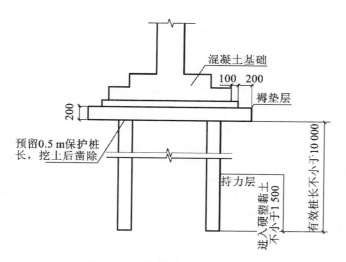

图 2-16　水泥粉煤灰碎石桩详图

**解**　计算过程如表 2-36 所示。

表 2-36　计算过程

| 分部分项工程 | 位　置 | 规　格 | 计算表达式 | 结　果 |
|---|---|---|---|---|
| 水泥粉煤灰碎石桩 | 见图 | $L$ | 52×10 | 520 m |
| 褥垫层 | J-1 | $S$ | 1.8×1.6×1 | 2.88 m² |
| | J-2 | $S$ | 2.0×2.0×2 | 8.00 m² |
| | J-3 | $S$ | 2.2×2.2×3 | 14.52 m² |
| | J-4 | $S$ | 2.4×2.4×2 | 11.52 m² |
| | J-5 | $S$ | 2.9×2.9×4 | 33.64 m² |
| | J-6 | $S$ | 2.9×3.1×1 | 8.99 m² |
| | 合计 | $S$ | 2.88+8.00+14.52+11.52+33.64+8.99 | 79.55 m² |
| 截（凿）桩头 | 见图 | $n$ | $n=52$ 根 | 52 根 |

编制的分部分项工程项目清单如表 2-37 所示。

表 2-37　项目清单

| 序　号 | 项目编码 | 项目名称 | 项目特征 | 计量单位 | 工　程　量 |
|---|---|---|---|---|---|
| 1 | 010201008001 | 水泥粉煤灰碎石桩 | 1. 地层情况：三类土。<br>2. 空桩长度、桩长：1.5 m～2 m、10 m。<br>3. 桩径：400 mm。<br>4. 成孔方法：振动沉管。<br>5. 混合料强度等级：C20 | m | 520 |

| 序　号 | 项目编码 | 项目名称 | 项目特征 | 计量单位 | 工　程　量 |
|---|---|---|---|---|---|
| 2 | 010201017001 | 褥垫层 | 1. 厚度：200 mm。<br>2. 材料品种及比例：人工级配砂石（最大粒径30 mm），砂∶碎石＝3∶7 | m² | 79.55 |
| 3 | 010301004001 | 截（凿）桩头 | 1. 桩类型：水泥粉煤灰碎石桩。<br>2. 桩头截面、高度：400 mm、0.5 m。<br>3. 混凝土强度等级：C20。<br>4. 有无钢筋：无 | 根 | 52 |

## （二）基坑与边坡支护工程清单项目

基坑与边坡支护如表2-38所示。

**表 2-38　基坑与边坡支护（编码：010202）**

| 项目编码 | 项目名称 | 项目特征 | 计量单位 | 工程量计算规则 | 工作内容 |
|---|---|---|---|---|---|
| 010202001 | 地下连续墙 | 1. 地层情况；<br>2. 导墙类型、截面；<br>3. 墙体厚度；<br>4. 成槽深度；<br>5. 混凝土种类、强度等级；<br>6. 接头形式 | m³ | 按设计图示墙中心线长乘以厚度乘以槽深以体积计算 | 1. 导墙挖填、制作、安装、拆除；<br>2. 挖土成槽、固壁、清底置换；<br>3. 混凝土制作、运输、灌注、养护；<br>4. 接头处理；<br>5. 泥浆池、泥浆沟 |
| 010202002 | 咬合灌注桩 | 1. 地层情况；<br>2. 桩长；<br>3. 桩径；<br>4. 混凝土种类、强度等级；<br>5. 部位 | 1. m；<br>2. 根 | 1. 以米计量，按设计图示尺寸以桩长计算；<br>2. 以根计量，按设计图示数量计算 | 1. 成孔、固壁；<br>2. 混凝土制作、运输、灌注、养护；<br>3. 套管压拔；<br>4. 泥浆池、泥浆沟 |
| 010202003 | 圆木桩 | 1. 地层情况；<br>2. 桩长；<br>3. 材质；<br>4. 尾径；<br>5. 桩倾斜度 | | 1. 以米计量，按设计图示尺寸以桩长（包括桩尖）计算；<br>2. 以根计量，按设计图示数量计算 | 1. 工作平台搭拆；<br>2. 桩机移位；<br>3. 桩靴安装；<br>4. 沉桩 |
| 010202004 | 预制钢筋混凝土板桩 | 1. 地层情况；<br>2. 送桩深度、桩长；<br>3. 桩截面；<br>4. 沉桩方法；<br>5. 连接方式；<br>6. 混凝土强度等级 | | | 1. 工作平台搭拆；<br>2. 桩机移位；<br>3. 沉桩；<br>4. 板桩连接 |

续表

| 项目编码 | 项目名称 | 项目特征 | 计量单位 | 工程量计算规则 | 工作内容 |
|---|---|---|---|---|---|
| 010202005 | 型钢桩 | 1. 地层情况或部位；<br>2. 送桩深度、桩长；<br>3. 规格型号；<br>4. 桩倾斜度；<br>5. 防护材料种类；<br>6. 是否拔出 | 1. t；<br>2. 根 | 1. 以吨计量，按设计图示尺寸以质量计算；<br>2. 以根计量，按设计图示数量计算 | 1. 工作平台搭拆；<br>2. 桩机移位；<br>3. 打(拔)桩；<br>4. 接桩；<br>5. 刷防护材料 |
| 010202006 | 钢板桩 | 1. 地层情况；<br>2. 桩长；<br>3. 板桩厚度 | 1. t；<br>2. m² | 1. 以吨计量，按设计图示尺寸以质量计算；<br>2. 以平方米计量，按设计图示墙中心线长乘以桩长以面积计算 | 1. 工作平台搭拆；<br>2. 桩机移位；<br>3. 打拔钢板桩 |
| 010202007 | 锚杆(锚索) | 1. 地层情况；<br>2. 锚杆(锚索)类型、部位；<br>3. 钻孔深度；<br>4. 钻孔直径；<br>5. 杆体材料品种、规格、数量；<br>6. 预应力；<br>7. 浆液种类、强度等级 | 1. m；<br>2. 根 | 1. 以米计量，按设计图示尺寸以钻孔深度计算；<br>2. 以根计量，按设计图示数量计算 | 1. 钻孔、浆液制作、运输、压浆；<br>2. 锚杆(锚索)制作、安装；<br>3. 张拉锚固；<br>4. 锚杆(锚索)施工平台搭设、拆除 |
| 010202008 | 土钉 | 1. 地层情况；<br>2. 钻孔深度；<br>3. 钻孔直径；<br>4. 置入方法；<br>5. 杆体材料品种、规格、数量；<br>6. 浆液种类、强度等级 | | | 1. 钻孔、浆液制作、运输、压浆；<br>2. 土钉制作、安装；<br>3. 土钉施工平台搭设、拆除 |
| 010202009 | 喷射混凝土、水泥砂浆 | 1. 部位；<br>2. 厚度；<br>3. 材料种类；<br>4. 混凝土(砂浆)类别、强度等级 | m² | 按设计图示尺寸以面积计算 | 1. 修整边坡；<br>2. 混凝土(砂浆)制作、运输、喷射、养护；<br>3. 钻排水孔、安装排水管；<br>4. 喷射施工平台搭设、拆除 |

续表

| 项目编码 | 项目名称 | 项目特征 | 计量单位 | 工程量计算规则 | 工作内容 |
|---|---|---|---|---|---|
| 010202010 | 钢筋混凝土支承 | 1. 部位；<br>2. 混凝土种类；<br>3. 混凝土强度等级 | m³ | 按设计图示尺寸以体积计算 | 混凝土制作、运输、浇筑、振捣、养护 |
| 010202011 | 钢支承 | 1. 部位；<br>2. 钢材品种、规格；<br>3. 探伤；<br>4. 施加预应力 | t | 按设计图示尺寸以质量计算。不扣除孔眼质量,焊条、铆钉、螺栓等不另增加质量 | 1. 支承、铁件制作（摊销、租赁）；<br>2. 支承、铁件安装；<br>3. 探伤；<br>4. 刷漆；<br>5. 施加预应力；<br>6. 拆除；<br>7. 运输 |
| 沪 010202013 | 塑料排水板 | 1. 地层情况；<br>2. 打入深度 | m | 按设计图示尺寸以长度计算 | 1. 桩机移位；<br>2. 安装管靴、沉设导管；<br>3. 打拔导管；<br>4. 切割排水板；<br>5. 场内运输 |

**1. 基坑与边坡支护工程共性问题的说明**

（1）地层情况按表 2-27 和表 2-31 的规定,并根据岩土工程勘察报告按单位工程各地层所占比例（包括范围值）进行描述。对无法准确描述的地层情况,可注明由投标人根据岩土工程勘察报告自行决定报价。

为避免描述内容与实际地质情况有差异而造成重新组价,可采用以下方法处理:第一种方法是描述各类土石的比例及范围值;第二种方法是分不同土石类别分别列项;第三种方法是直接描述为"详勘察报告"。

（2）土钉置入方法包括钻孔置入、打入或射入等。

（3）混凝土种类指清水混凝土、彩色混凝土等,如在同一地区既使用预拌（商品）混凝土,又允许现场搅拌混凝土时,也应注明（下同）。

（4）地下连续墙和喷射混凝土（砂浆）的钢筋网、咬合灌注桩的钢筋笼及钢筋混凝土支承的钢筋制作、安装,按混凝土及钢筋混凝土工程相关项目列项。本分部未列的基坑与边坡支护的排桩按桩基工程相关项目列项。水泥土墙、坑内加固按表 2-35 中相关项目列项。砖、石挡土墙、护坡按砌筑工程相关项目列项。混凝土挡土墙按混凝土及钢筋混凝土工程相关项目列项。

（5）为避免"空桩长度、桩长"的描述引起重新组价,可采用以下方法处理:第一种方法是描述"空桩长度、桩长"的范围值,或描述空桩长度、桩长所占比例及范围值;第二种方法是空桩部分单独列项。

（6）钢筋混凝土支承的钢筋制作、安装,按混凝土及钢筋混凝土工程相关项目列项;模板按措施项目列项。

（7）废泥浆外运,按土石方工程相关项目列项。

**2. 基坑与边坡支护工程清单项目解析**

1）地下连续墙（编码 010202001）

（1）特征描述:①地层情况;②导墙类型、截面;③墙体厚度;④成槽深度;⑤混凝土种类、强度等级;⑥接头形式。

（2）计算规则:按设计图示墙中心线长乘以厚度乘以槽深以体积计算,单位为 $m^3$。

（3）工作内容:①导墙挖填、制作、安装、拆除;②挖土成槽、固壁、清底置换;③混凝土制作、运输、灌注、养护;④接头处理;⑤泥浆池、泥浆沟。

（4）清单项目说明:地下连续墙是基础工程地下连续墙在地面上采用一种挖槽机械,沿着深开挖工程的周边轴线,在泥浆护壁条件下,开挖出一条狭长的深槽,清槽后,在槽内吊放钢筋笼,然后用导管法灌筑水下混凝土筑成一个单元槽段,如此逐段进行,在地下筑成一道连续的钢筋混凝土墙壁,作为截水、防渗、承重、挡水结构。

2）钢板桩（编码 010202006）

（1）特征描述:①地层情况;②桩长;③板桩厚度。

（2）计算规则:以吨计量,按设计图示尺寸以质量计算,单位为 t;或者以平方米计量,按设计图示墙中心线长乘以桩长以面积计算,单位为 $m^2$。

（3）工作内容:①工作平台搭拆;②桩机移位;③打拔钢板桩。

（4）清单项目说明:钢板桩是一种边缘带有联动装置,且这种联动装置可以自由组合以便形成一种连续紧密的挡土或者挡水墙的钢结构体。

3）锚杆（锚索）（编码 010202007）

（1）特征描述:①地层情况;②锚杆（锚索）类型、部位;③钻孔深度;④钻孔直径;⑤杆体材料品种、规格、数量;⑥预应力;⑦浆液种类、强度等级。

（2）计算规则:以米计量,按设计图示尺寸以钻孔深度计算,单位为 m;或者以根计量,按设计图示数量计算,单位为根。

（3）工作内容:①钻孔、浆液制作、运输、压浆;②锚杆（锚索）制作、安装;③张拉锚固;④锚杆（锚索）施工平台搭设、拆除。

（4）清单项目说明:

锚杆作为深入地层的受拉构件,它一端与工程构筑物连接,另一端深入地层中,整根锚杆分为自由段和锚固段,自由段是指将锚杆头处的拉力传至锚固体的区域,其功能是对锚杆施加预应力;锚固段是指水泥浆体将预应力筋与土层黏结的区域,其功能是将锚固体与土层的黏结摩擦作用增大,增加锚固体的承压作用,将自由段的拉力传至土体深处。

锚索:吊桥中在边孔将主缆进行锚固时,要将主缆分为许多股钢束分别锚于锚锭内,这些钢束便称之为锚索。锚索是通过外端固定于坡面,另一端锚固在滑动面以内的稳定岩体中穿过边坡滑动面的预应力钢绞线,直接在滑面上产生抗滑阻力,增大抗滑摩擦阻力,使结构面处于压紧状态,以提高边坡岩体的整体性,从而从根本上改善岩体的力学性能,有效地控制岩体的位移,促使其稳定,达到整治顺层、滑坡及危岩、危石的目的。

4）土钉（编码 010202008）

（1）特征描述：①地层情况；②钻孔深度；③钻孔直径；④置入方法；⑤杆体材料品种、规格、数量；⑥浆液种类、强度等级。

（2）计算规则：以米计量，按设计图示尺寸以钻孔深度计算，单位为 m；或者以根计量，按设计图示数量计算，单位为根。

（3）工作内容：①钻孔、浆液制作、运输、压浆；②土钉制作、安装；③土钉施工平台搭设、拆除。

（4）清单项目说明：

① 土钉支护是以土钉作为主要受力构件的边坡支护技术。它由密集的土钉群、被加固的原位土体、喷射的混凝土面层（含钢筋网）组成，又称土钉墙。施工通常采用土层中钻孔，插入变形钢筋并沿孔全长注浆（水泥浆或水泥砂浆）填孔，而后在边坡外喷射混凝土面层并加方格钢筋网。常用施工工艺：定位—钻孔—插钢筋—注浆—喷射混凝土。土钉墙适用于地下水位以上或经人工降水后的人工填土、黏性土和砂土的基坑支承或边坡加固，不宜用于含水丰富的粉、细沙层、砂砾石层和淤泥质土。

② 土钉支护与锚杆支护的区别：锚杆安装后，一般施加预应力，主动约束挡土结构的变位，而土钉通常不施预应力，须借助土体产生少量变位而使土钉受力工作。二者的受力状态不同，结构上要求也不同。

③ 土钉支护的钢筋网锚杆等材料应按相关材料项目编码列项。

5）喷射混凝土、水泥砂浆（编码 010202009）

（1）特征描述：①部位；②厚度；③材料种类；④混凝土（砂浆）类别、强度等级。

（2）计算规则：按设计图示尺寸以面积计算，单位为 m²。

（3）工作内容：①修整边坡；②混凝土（砂浆）制作、运输、喷射、养护；③钻排水孔、安装排水管；④喷射施工平台搭设、拆除。

（4）清单项目说明：喷射混凝土、水泥砂浆是用压力喷枪涂灌筑细石混凝土、水泥砂浆的施工法。常用于灌筑隧道内衬、墙壁、天棚等薄壁结构或其他结构的衬里以及钢结构的保护层。

6）钢支承（编码 010202011）

（1）特征描述：①部位；②钢材品种、规格；③探伤；④施加预应力。

（2）计算规则：按设计图示尺寸以质量计算。不扣除孔眼质量，焊条、铆钉、螺栓等不另增加质量，单位为 t。

（3）工作内容：①支承、铁件制作（摊销、租赁）；②支承、铁件安装；③探伤；④刷漆；⑤施加预应力；⑥拆除；⑦运输。

（4）清单项目说明：钢支承一般情况是倾斜的连接构件，最常见的是人字形和交叉形状的，截面形式可以是钢管、H 型钢、角钢等，作用是增强结构的稳定性。

**例 2-7**　某边坡工程采用土钉支护，根据岩土工程勘察报告，地层为带块石的碎石土，土钉成孔直径为 90 mm，采用 1 根 HRB335、直径 25 的钢筋作为杆体，成孔深度均为 10.0 m，土钉入射倾角为 15°，杆筋送入钻孔后，灌注 M30 水泥砂浆。混凝土面板采用 C20 喷射混凝土，厚度为 120 mm，如图 2-17 和图 2-18 所示，试列出该边坡分部分项工程量清单（不考虑挂网及锚杆、喷射平台等内容）。

**解**　计算过程如表 2-39 所示。

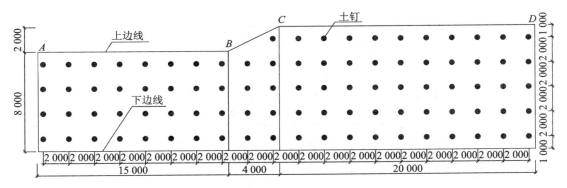

图 2-17　*AD* 段边坡立面图

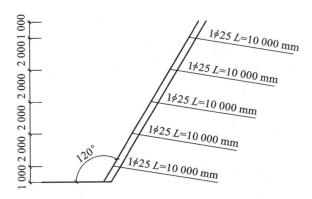

图 2-18　*AD* 段边坡剖面图

表 2-39　计算过程

| 分部分项工程 | 位　置 | 规　格 | 计算表达式 | 结　果 |
|---|---|---|---|---|
| 土钉 | 见图 | $n$ | $n=91$ 根 | 91 根 |
| 喷射混凝土 | AB 段 | $S$ | $S=8\div\sin\dfrac{\pi}{3}\times15$ | 138.56 m² |
| | BC 段 | $S$ | $S=(10+8)\div2\div\sin\dfrac{\pi}{3}\times4$ | 41.57 m² |
| | CD 段 | $S$ | $S=10\div\sin\dfrac{\pi}{3}\times20$ | 230.94 m² |
| | 合计 | $S$ | $138.56+41.57+230.94$ | 411.07 m² |

编制的分部分项工程项目清单如表 2-40 所示。

表 2-40　项目清单

| 序　号 | 项目编码 | 项目名称 | 项目特征 | 计量单位 | 工　程　量 |
|---|---|---|---|---|---|
| 1 | 010202008001 | 土钉 | 1. 地层情况:四类土。<br>2. 钻孔深度:10 m。<br>3. 钻孔直径:90 mm。<br>4. 置入方法:钻孔置入。<br>5. 杆体材料品种、规格、数量:1 根 HRB335,直径 25 的钢筋。<br>6. 浆液种类、强度等级:M30 水泥砂浆 | 根 | 91 |

续表

| 序 号 | 项目编码 | 项目名称 | 项目特征 | 计量单位 | 工 程 量 |
|---|---|---|---|---|---|
| 2 | 010202009001 | 喷射混凝土 | 1. 部位:AD段边坡。<br>2. 厚度:120 mm。<br>3. 材料种类:喷射混凝土。<br>4. 混凝土(砂浆)种类、强度等级:C20 | m² | 411.07 |

注:根据规范规定,碎石土为四类土。

# 三、桩基工程

## (一)打桩工程清单项目

打桩如表 2-41 所示。

**表 2-41   打桩(编号:010301)**

| 项目编码 | 项目名称 | 项目特征 | 计量单位 | 工程量计算规则 | 工作内容 |
|---|---|---|---|---|---|
| 010301001 | 预制钢筋混凝土方桩 | 1. 地层情况;<br>2. 送桩深度、桩长;<br>3. 桩截面;<br>4. 桩倾斜度;<br>5. 沉桩方法;<br>6. 接桩方式;<br>7. 混凝土强度等级 | 1. m;<br>2. m³;<br>3. 根 | 1. 以米计量,按设计图示尺寸以桩长(包括桩尖)计算;<br>2. 以立方米计量,按设计图示截面乘以桩长(包括桩尖)以实体积计算;<br>3. 以根计量,按设计图示数量计算 | 1. 构件卸车;<br>2. 工作平台搭拆;<br>3. 构件移位;<br>4. 构件场内驳运;<br>5. 沉桩;<br>6. 接桩;<br>7. 送桩;<br>8. 填充材料 |
| 010301002 | 预制钢筋混凝土管桩 | 1. 地层情况;<br>2. 送桩深度、桩长;<br>3. 桩外径、壁厚;<br>4. 桩倾斜度;<br>5. 沉桩方法;<br>6. 桩尖类型;<br>7. 混凝土强度等级;<br>8. 填充材料种类 | | | 1. 构件卸车;<br>2. 工作平台搭拆;<br>3. 桩机移位;<br>4. 构件场内驳运;<br>5. 沉桩;<br>6. 接桩;<br>7. 送桩;<br>8. 桩尖制作安装;<br>9. 填充材料 |
| 010301003 | 钢管桩 | 1. 地层情况;<br>2. 送桩深度、桩长;<br>3. 材质;<br>4. 管径、壁厚;<br>5. 桩倾斜度;<br>6. 沉桩方法;<br>7. 填充材料种类;<br>8. 防护材料种类 | 1. t;<br>2. 根 | 1. 以吨计量,按设计图示尺寸以质量计算;<br>2. 以根计量,按设计图示数量计算 | 1. 构件卸车;<br>2. 工作平台搭拆;<br>3. 桩机移位;<br>4. 构件场内驳运;<br>5. 沉桩;<br>6. 接桩;<br>7. 送桩;<br>8. 切割钢管、精割盖帽;<br>9. 管内取土;<br>10. 填充材料、刷防护材料 |

续表

| 项目编码 | 项目名称 | 项目特征 | 计量单位 | 工程量计算规则 | 工作内容 |
|---|---|---|---|---|---|
| 010301004 | 截(凿)桩头 | 1. 桩类型；<br>2. 桩头截面、高度；<br>3. 混凝土强度等级；<br>4. 有无钢筋 | 1. m³；<br>2. 根 | 1. 以立方米计量，按设计桩截面乘以桩头长度以体积计算；<br>2. 以根计量，按设计图示数量计算 | 1. 截(切割)桩头；<br>2. 凿平；<br>3. 废料外运 |

**1. 打桩工程共性问题的说明**

(1)地层情况按表2-27和表2-31的规定，并根据岩土工程勘察报告按单位工程各地层所占比例(包括范围值)进行描述。对无法准确描述的地层情况，可注明由投标人根据岩土工程勘察报告自行决定报价。

(2)项目特征中的桩截面、混凝土强度等级、桩类型等可直接用标准图代号或设计桩型进行描述。

(3)预制钢筋混凝土方桩、预制钢筋混凝土管桩项目以成品桩编制，应包括成品桩购置费，如果用现场预制，应包括现场预制桩的所有费用。

(4)打试验桩和打斜桩应按相应项目单独列项，并应在项目特征中注明试验桩或斜桩(斜率)。

(5)预制钢筋混凝土管桩桩顶与承台的连接构造按混凝土及钢筋混凝土工程相关项目列项。

**2. 打桩工程清单项目解析**

1)预制钢筋混凝土方桩(编码010301001)

(1)特征描述：①地层情况；②送桩深度、桩长；③桩截面；④桩倾斜度；⑤沉桩方法；⑥接桩方式；⑦混凝土强度等级。

(2)计算规则：按设计图示尺寸以桩长(包括桩尖)计算，单位为m；或者按设计图示截面积乘以桩长(包括桩尖)以实体积计算，单位为m³；或者按设计图示数量计算，单位为根。

(3)工作内容：①构件卸车；②工作平台搭拆；③构件移位；④构件场内驳运；⑤沉桩；⑥接桩；⑦送桩；⑧填充材料。

(4)清单项目说明：预制钢筋混凝土方桩是采用振动或离心成型、外围截面为正方形的、用作桩基的预制钢筋混凝土构件，此项目在进行清单项目编制时应注意工作内容中所包含的各项内容，防止在编码列项时重复计列，同时在进行组价时也应全面分析工作内容，保证报价的准确性和完整性。

2)预制钢筋混凝土管桩(编码010301002)

(1)特征描述：①地层情况；②送桩深度、桩长；③桩外径、壁厚；④桩倾斜度；⑤沉桩方法；⑥桩尖类型；⑦混凝土强度等级；⑧填充材料种类。

(2)计算规则：按设计图示尺寸以桩长(包括桩尖)计算，单位为m；或者按设计图示截面积乘以桩长(包括桩尖)以实体积计算，单位为m³；或者按设计图示数量计算，单位为根。

(3)工作内容：①构件卸车；②工作平台搭拆；③桩机移位；④构件场内驳运；⑤沉桩；⑥接桩；⑦送桩；⑧桩尖制作安装；⑨填充材料。

(4)清单项目说明：预制钢筋混凝土管桩就是管状的预制钢筋混凝土桩，是在工厂或施工现场制作的,然后运输到施工现场用沉桩设备打入、压入或振入土层中的钢筋混凝土预制空心筒体构件。其主要由圆筒形桩身、端头板和钢套箍等组成。

预制钢筋混凝土管桩桩顶与承台的连接构造按混凝土及钢筋混凝土工程相关项目列项。

3)钢管桩(编码 010301003)

(1)特征描述:①地层情况;②送桩深度、桩长;③材质;④管径、壁厚;⑤桩倾斜度;⑥沉桩方法;⑦填充材料种类;⑧防护材料种类。

(2)计算规则:按设计图示尺寸以质量计算,单位为 t;或者按设计图示数量计算,单位为根。

(3)工作内容:①构件卸车;②工作平台搭拆;③桩机移位;④构件场内驳运;⑤沉桩;⑥接桩;⑦送桩;⑧切割钢管、精割盖帽;⑨管内取土;⑩填充材料、刷防护材料。

(4)清单项目说明:钢管桩是适用于码头港口建设中的基础,其直径范围一般为 400~2 000 mm,最常用的是 1 800 mm。

钢管桩通常是由钢管、企口楔槽、企口楔销构成,钢管直径的左端管壁上竖向连接企口槽,企口槽的横断面为一边开口的方框形,在企口槽的侧面设有加强筋,钢管直径的右端管壁上且偏半径位置竖向连接有企口销,企口销的槽断面为工字形。

4)截(凿)桩头(编码 010301004)

(1)特征描述:①桩类型;②桩头截面、高度;③混凝土强度等级;④有无钢筋。

(2)计算规则:按设计桩截面乘以桩头长度以体积计算,单位为 m³;或者按设计图示数量计算,单位为根。

(3)工作内容:①截(切割)桩头;②凿平;③废料外运。

(4)清单项目说明

桩基施工的时候,为了保证桩头质量,灌注的混凝土一般都要高出桩顶设计标高 500 mm。而凿桩头则是基础施工时将桩基顶部的多余部分凿掉,使它们的顶标高符合设计要求。

截桩头,则是指预制桩在打桩过程中,将没有打下去且高出设计标高的那部分桩体截去的情况。

## (二)灌注桩工程清单项目

灌注桩如表 2-42 所示。

表 2-42　灌注桩(编号:010302)

| 项目编码 | 项目名称 | 项目特征 | 计量单位 | 工程量计算规则 | 工作内容 |
|---|---|---|---|---|---|
| 010302001 | 泥浆护壁成孔灌注桩 | 1. 地层情况;<br>2. 空桩长度、桩长;<br>3. 桩径;<br>4. 成孔方法;<br>5. 护筒类型、长度;<br>6. 混凝土种类、强度等级 | 1. m;<br>2. m³;<br>3. 根 | 1. 以米计量,按设计图示尺寸以桩长(包括桩尖)计算;<br>2. 以立方米计量,按不同截面在桩上范围内以体积计算;<br>3. 以根计量,按设计图示数量计算 | 1. 护筒埋设;<br>2. 成孔、固壁;<br>3. 混凝土制作、运输、灌注、养护;<br>4. 泥浆池、泥浆沟 |

续表

| 项目编码 | 项目名称 | 项目特征 | 计量单位 | 工程量计算规则 | 工作内容 |
|---|---|---|---|---|---|
| 010302002 | 沉管灌注桩 | 1. 地层情况；<br>2. 空桩长度、桩长；<br>3. 复打长度；<br>4. 桩径；<br>5. 沉管方法；<br>6. 桩尖类型；<br>7. 混凝土种类、强度等级 | 1. m；<br>2. m³；<br>3. 根 | 1. 以米计量，按设计图示尺寸以桩长（包括桩尖）计算；<br>2. 以立方米计量，按不同截面在桩上范围内以体积计算；<br>3. 以根计量，按设计图示数量计算 | 1. 打（沉）拔钢管；<br>2. 桩尖制作、安装；<br>3. 混凝土制作、运输、灌注、养护 |
| 010302003 | 干作业成孔灌注桩 | 1. 地层情况；<br>2. 空桩长度、桩长；<br>3. 桩径；<br>4. 扩孔直径、高度；<br>5. 成孔方法；<br>6. 混凝土种类、强度等级 | | | 1. 成孔、扩孔；<br>2. 混凝土制作、运输、灌注、振捣、养护 |
| 010302004 | 挖孔桩土（石）方 | 1. 地层情况；<br>2. 挖孔深度；<br>3. 弃土（石）运距 | m³ | 按设计图示尺寸（含护壁）截面积乘以挖空深度以立方米计算 | 1. 排地表水；<br>2. 挖土、凿石；<br>3. 基底钎探；<br>4. 运输 |
| 010302005 | 人工挖孔灌注桩 | 1. 桩芯长度；<br>2. 桩芯直径、扩底直径、扩底高度；<br>3. 护壁厚度、高度；<br>4. 护壁混凝土种类、强度等级；<br>5. 桩芯混凝土种类、强度等级 | 1. m³；<br>2. 根 | 1. 以立方米计量，按桩芯混凝土体积计算；<br>2. 以根计量，按设计图示数量计算 | 1. 护壁制作；<br>2. 混凝土制作、运输、灌注、振捣、养护 |
| 010302006 | 钻孔压浆桩 | 1. 地层情况；<br>2. 空钻长度、桩长；<br>3. 钻孔直径；<br>4. 水泥强度等级 | 1. m；<br>2. 根 | 1. 以米计量，按设计图示尺寸以桩长计算；<br>2. 以根计量，按设计图示数量计算 | 钻孔、下注浆管、投放骨料、浆液制作、运输、压浆 |
| 010302007 | 灌注桩后压浆 | 1. 注浆导管材料、规格；<br>2. 注浆导管长度；<br>3. 单孔注浆量；<br>4. 水泥强度等级 | 孔 | 按设计图示以注浆孔数计算 | 1. 注浆导管制作、安装；<br>2. 浆液制作、运输、压浆 |

**1. 灌注桩共性问题的说明**

(1)地层情况按表2-27和表2-31的规定,并根据岩土工程勘察报告按单位工程各地层所占比例(包括范围值)进行描述。对无法准确描述的地层情况,可注明由投标人根据岩土工程勘察报告自行决定报价。

(2)项目特征中的桩长应包括桩尖,空桩长度=孔深-桩长,孔深为自然地面至设计桩底的深度。

(3)项目特征中的桩截面(桩径)、混凝土强度等级、桩类型等可直接用标准图代号或设计桩型进行描述。

(4)混凝土种类指清水混凝土、彩色混凝土、水下混凝土等,如在同一地区既使用预拌(商品)混凝土,又允许现场搅拌混凝土,也应注明(下同)。

(5)混凝土灌注桩的钢筋笼制作、安装,按混凝土及钢筋混凝土工程相关项目列项。

(6)废泥浆外运,按土石方工程相关项目列项。

**2. 灌注桩清单项目解析**

1)泥浆护壁成孔灌注桩(编码010302001)

(1)特征描述:①地层情况;②空桩长度、桩长;③桩径;④成孔方法;⑤护筒类型、长度;⑥混凝土种类、强度等级。

(2)计算规则:按设计图示尺寸以桩长(包括桩尖)计算,单位为m;或者按不同截面在桩上范围内以体积计算,单位为m³;或者按设计图示数量计算,单位为根。

(3)工作内容:①护筒埋设;②成孔、固壁;③混凝土制作、运输、灌注、养护;④泥浆池、泥浆沟。

(4)清单项目说明:泥浆护壁成孔灌注桩是指在泥浆护壁条件下成孔,采用水下灌注混凝土的桩。其常用方法包括冲击钻成孔、冲抓锥成孔、回旋钻成孔、潜水钻成孔、泥浆护壁的旋挖成孔等。

2)沉管灌注桩(编码010302002)

(1)特征描述:①地层情况;②空桩长度、桩长;③复打长度;④桩径;⑤沉管方法;⑥桩尖类型;⑦混凝土种类、强度等级。

(2)计算规则:按设计图示尺寸以桩长(包括桩尖)计算,单位为m;或者按不同截面在桩上范围内以体积计算,单位为m³;或者按设计图示数量计算,单位为根。

(3)工作内容:①打(沉)拔钢管;②桩尖制作、安装;③混凝土制作、运输、灌注、养护。

(4)清单项目说明:沉管灌注桩又称为打拔管灌注桩,它利用沉桩设备,将带有钢筋混凝土桩靴的钢管沉入土中,形成桩孔,然后放入钢筋骨架并浇筑混凝土,随之拔出套管,利用拔管时的振动将混凝土捣实,便形成所需要的灌注桩。其沉管方法包括锤击沉管法、振动沉管法、振动冲击沉管法、内夯沉管法等。

3)干作业成孔灌注桩(编码010302003)

(1)特征描述:①地层情况;②空桩长度、桩长;③桩径;④扩孔直径、高度;⑤成孔方法;⑥混凝土种类、强度等级。

(2)计算规则:按设计图示尺寸以桩长(包括桩尖)计算,单位为m;或者按不同截面在桩上范围内以体积计算,单位为m³;或者按设计图示数量计算,单位为根。

（3）工作内容：①成孔、扩孔；②混凝土制作、运输、灌注、振捣、养护。

（4）清单项目说明：干作业成孔灌注桩是指在地下水位以上地层可采用机械或人工成孔并灌注混凝土的成桩工艺。干作业成孔灌注具有施工振动小、噪声低、环境污染少的优点。

干作业成孔灌注桩是不用泥浆或套管护壁措施而直接排出土成孔的灌注桩，是在没有地下水的情况下进行施工的方法。目前干作业成孔的灌注桩常用的有螺旋钻孔灌注桩、螺旋钻孔扩孔灌注桩、机动洛阳铲挖孔灌注桩及人工挖孔灌注桩四种。

4）人工挖孔灌注桩（编码 010302005）

（1）特征描述：①桩芯长度；②桩芯直径、扩底直径、扩底高度；③护壁厚度、高度；④护壁混凝土种类、强度等级；⑤桩芯混凝土种类、强度等级。

（2）计算规则：按桩芯混凝土体积计算，单位为 m³；或者按设计图示数量计算，单位为根。

（3）工作内容：①护壁制作；②混凝土制作、运输、灌注、振捣、养护。

（4）清单项目说明：人工挖孔灌注桩是指桩孔采用人工挖掘方法进行成孔，然后安放钢筋笼，浇筑混凝土而成的桩。为了确保人工挖孔灌注桩施工过程中的安全，施工时必须考虑预防孔壁坍塌和流砂现象的发生，制订合理的护壁措施。护壁方法可以采用现浇混凝土护壁、喷射混凝土护壁、砖砌体护壁、沉井护壁、钢套管护壁、型钢或木板桩工具式护壁等多种。

5）钻孔压浆桩（编码 010302006）

（1）特征描述：①地层情况；②空钻长度、桩长；③钻孔直径；④水泥强度等级。

（2）计算规则：按设计图示尺寸以桩长计算，单位为 m；或者，按设计图示数量计算，单位为根。

（3）工作内容：钻孔、下注浆管、投放骨料、浆液制作、运输、压浆。

（4）清单项目说明：钻孔压浆桩是一种能在地下水位高、流砂、塌孔等各种复杂条件下进行成孔、成桩，且能使桩体与周围土体致密结合的钢筋混凝土桩。其施工工艺为：钻孔到预定深度，通过钻杆中心孔经钻头的喷嘴向孔内高压喷注制备好的水泥浆液（水灰比 0.56～0.62），至浆液达到地下水位以上或没有塌孔危险的高度为止，提出全部钻杆后向孔内放入钢筋笼，并放入至少一根直通孔底的注浆管，然后投入粗骨料至孔口，最后通过注浆管向孔内多次高压注浆，直至浆液到孔口为止。

6）灌注桩后压浆（编码 010302007）

（1）特征描述：①注浆导管材料、规格；②注浆导管长度；③单孔注浆量；④水泥强度等级。

（2）计算规则：按设计图示以注浆孔数计算，单位为孔。

（3）工作内容：①注浆导管制作、安装；②浆液制作、运输、压浆。

（4）清单项目说明：灌注桩后压浆技术是压浆技术与灌注桩技术的有机结合，其主要有桩端后压浆和桩周后压浆两种。所谓后压浆，就是在桩身混凝土达到预定强度后，用压浆泵将水泥浆通过预置于桩身中的压浆管压入桩周或桩端土层中，利用浆液对桩端土层及桩周土进行压密固结、渗透、填充，使之形成高强度新土层及局部扩颈，提高桩端桩侧阻力，以提高桩的承载力，减少桩顶沉降量。

**例 2-8**　某工程采用人工挖孔灌注桩基础，设计情况如图 2-19 所示，桩数 10 根，桩端进入中风化泥岩不少于 1.5 m，护壁混凝土采用现场搅拌，强度等级为 C25，桩芯采用商品混凝土，强度等级为 C25，土方采用场内转运。

地层情况自上而下为:卵石层(四类土),厚5 m~7 m;强风化泥岩(极软岩),厚3 m~5 m;以下为中风化泥岩(软岩),厚1.5 m。根据以上背景资料,编制桩基础分部分项工程量清单。

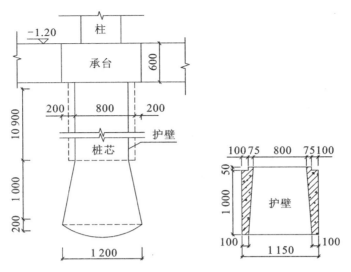

图2-19 某桩基工程示意图

解 计算过程如表2-43所示。

表2-43 计算过程

| 分部分项工程 | 位 置 | 规 格 | 计算表达式 | 结 果 |
|---|---|---|---|---|
| 挖孔桩土(石)方 | 直芯 | $V$ | $V=\pi\times\left(\dfrac{1.15}{2}\right)^2\times10.9$ | 11.32 m³ |
| | 扩大头 | $V$ | $V=\dfrac{1}{3}\times1\times(\pi\times0.4^2+\pi\times0.6^2+\pi\times0.4\times0.6)$ | 0.8 m³ |
| | 扩大头球冠 | $V$ | $V=\pi\times0.2^2\times\left(R-\dfrac{0.2}{3}\right)$ <br> $R=\dfrac{0.6^2+0.2^2}{2\times0.2}=1$ <br> $V=3.14\times0.2^2\times\left(1-\dfrac{0.2}{3}\right)=0.12$ | 0.12 m³ |
| | 合计 | $V$ | $(11.32+0.8+0.12)\times10$ | 122.40 m³ |
| 人工挖孔灌注桩 | 护桩壁C20 混凝土 | $V$ | $V=\pi\times\left[\left(\dfrac{1.15}{2}\right)^2-\left(\dfrac{0.875}{2}\right)^2\right]\times10.9\times10$ | 47.65 m³ |
| | 桩芯混凝土 | $V$ | $V=122.4-47.65$ | 74.75 m³ |

编制的分部分项工程项目清单如表2-44所示。

表 2-44　项目清单

| 序 号 | 项目编码 | 项目名称 | 项目特征 | 计量单位 | 工 程 量 |
|---|---|---|---|---|---|
| 1 | 010302004001 | 挖孔桩土(石)方 | 1. 土石类别:四类土厚 5 m～7 m,极软岩厚 3 m～5 m,软岩厚 1.5 m。<br>2. 挖孔深度:12.1 m。<br>3. 弃土(石)运距:场内转运。 | m³ | 122.40 |
| 2 | 010302005001 | 人工挖孔灌注桩 | 1. 桩芯长度:12.1 m。<br>2. 桩芯直径:800 mm。扩底直径:1 200 mm。扩底高度:1 000 mm。<br>3. 护壁厚度:175 mm/100 mm。护壁高度:10.9 m。<br>4. 护壁混凝土种类、强度等级:现场搅拌 C25。<br>5. 桩芯混凝土种类、强度等级:商品混凝土 C25 | m³ | 74.75 |

**例 2-9**　某工程采用排桩进行桩基支护,排桩采用旋挖钻孔灌注桩进行施工。场地地面标高为 495.50～496.10,旋挖桩桩径为 1 000 mm,桩长为 20 m,采用水下商品混凝土 C30,桩顶标高为 493.5,桩数为 206 根,超灌高度不小于 1 m。根据地质情况,采用 5 mm 厚钢护筒,护筒长度不小于 3 m。根据地质资料和设计情况,一、二类土约占 25%,三类土约占 20%,四类土约占 55%。根据以上资料,编制该排桩分部分项工程量清单。

**解**　计算过程如表 2-45 所示。

表 2-45　计算过程

| 分部分项工程 | 位　置 | 规　格 | 计算表达式 | 结　果 |
|---|---|---|---|---|
| 泥浆护壁成孔灌注桩(旋挖桩) | | $n$ | $n=206$ 根 | 206 根 |
| 截(凿)桩头 | | $V$ | $\pi\times0.5^2\times1\times206$ | 161.79 m³ |

编制的分部分项工程项目清单如表 2-46 所示。

表 2-46　项目清单

| 序 号 | 项目编码 | 项目名称 | 项目特征 | 计量单位 | 工 程 量 |
|---|---|---|---|---|---|
| 1 | 010302001001 | 泥浆护壁成孔灌注桩(旋挖桩) | 1. 地层情况:一、二类土约占 25%,三类土约占 20%,四类土约占 55%。<br>2. 空桩长度:2 m～2.6 m。桩长:20 m。<br>3. 桩径:1 000 mm。<br>4. 成孔方法:旋挖钻孔。<br>5. 护筒类型、长度:5 mm 厚钢护筒,不小于 3 m。<br>6. 混凝土种类、强度等级:水下商品混凝土 C30 | 根 | 206 |
| 2 | 010301004001 | 截(凿)桩头 | 1. 桩类型:旋挖桩。<br>2. 桩头截面、高度:1 000 mm、不小于 1 m。<br>3. 混凝土强度等级:C30。<br>4. 有无钢筋:有 | m³ | 161.79 |

# 四、砌筑工程

## （一）砖砌体清单项目

砖砌体如表 2-47 所示。

表 2-47　砖砌体（编号：010401）

| 项目编码 | 项目名称 | 项目特征 | 计量单位 | 工程量计算规则 | 工作内容 |
|---|---|---|---|---|---|
| 010401001 | 砖基础 | 1. 砖品种、规格、强度等级；<br>2. 基础类型；<br>3. 砂浆强度等级；<br>4. 防潮层材料种类 | m³ | 按设计图示尺寸以体积计算。<br>　　包括附墙垛基础宽出部分体积，扣除地梁（圈梁）、构造柱所占体积，不扣除基础大放脚T形接头处的重叠部分及嵌入基础内的钢筋、铁件、管道、基础砂浆防潮层和单个面积不大于 0.3 m² 的孔洞所占体积，靠墙暖气沟的挑檐不增加。<br>　　基础长度：外墙按外墙中心线，内墙按内墙净长线计算 | 1. 砂浆制作、运输；<br>2. 砌砖；<br>3. 防潮层铺设；<br>4. 材料运输 |
| 010401002 | 砖砌挖孔桩护壁 | 1. 砖品种、规格、强度等级；<br>2. 砂浆强度等级 | | 按设计图示尺寸以立方米计算 | 1. 砂浆制作、运输；<br>2. 砌砖；<br>3. 材料运输 |
| 010401003 | 实心砖墙 | 1. 砖品种、规格、强度等级；<br>2. 墙体类型；<br>3. 砂浆强度等级、配合比 | | 按设计图示尺寸以体积计算。<br>　　扣除门窗、洞口、嵌入墙内的钢筋混凝土柱、梁、圈梁、挑梁、过梁及凹进墙内的壁龛、管槽、暖气槽、消火栓箱所占体积，不扣除梁头、板头、檩头、垫木、木楞头、沿椽木、木砖、门窗走头、砖墙内加固钢筋、木筋、铁件、钢管及单个面积不大于 0.3 m² 的孔洞所占的体积。凸出墙面的腰线、挑檐、压顶、窗台线、虎头砖、门窗套的体积亦不增加。凸出墙面的砖垛并入墙体体积内计算。 | 1. 砂浆制作、运输；<br>2. 砌砖；<br>3. 刮缝；<br>4. 砖压顶砌筑；<br>5. 材料运输 |
| 010401004 | 多孔砖墙 | | | | |

续表

| 项目编码 | 项目名称 | 项目特征 | 计量单位 | 工程量计算规则 | 工作内容 |
|---|---|---|---|---|---|
| 010401005 | 空心砖墙 | 1. 砖品种、规格、强度等级；<br>2. 墙体类型；<br>3. 砂浆强度等级、配合比 | m³ | 1. 墙长度：外墙按中心线、内墙按净长计算。<br>2. 墙高度：<br>(1) 外墙：斜（坡）屋面无檐口天棚者算至屋面板底；有屋架且室内外均有天棚者算至屋架下弦底另加 200 mm。<br>无天棚者算至屋架下弦底另加 300 mm，出檐宽度超过 600 mm 时按实砌高度计算；与钢筋混凝土楼板隔层者算至板顶。平屋顶算至钢筋混凝土板底。<br>(2) 内墙：位于屋架下弦者，算至屋架下弦底；无屋架者算至天棚底另加 100 mm；有钢筋混凝土楼板隔层者算至楼板顶；有框架梁时算至梁底。<br>(3) 女儿墙：从屋面板上表面算至女儿墙顶面（如有混凝土压顶算至压顶下表面）。<br>(4) 内、外山墙：按其平均高度计算。<br>3. 框架间墙：不分内外墙按墙体净尺寸以体积计算。<br>4. 围墙：高度算至压顶上表面（如有混凝土压顶算至压顶下表面），围墙柱并入围墙体积内 | 1. 砂浆制作、运输；<br>2. 砌砖；<br>3. 刮缝；<br>4. 砖压顶砌筑；<br>5. 材料运输 |
| 010401006 | 空斗墙 | 1. 砖品种、规格、强度等级；<br>2. 墙体类型；<br>3. 砂浆强度等级、配合比 | m³ | 按设计图示尺寸以空斗墙外形体积计算。墙角、内外墙交接处、门窗洞口立边、窗台砖、屋檐处的实砌部分体积并入空斗墙体积内 | 1. 砂浆制作、运输；<br>2. 砌砖；<br>3. 装填充料；<br>4. 刮缝；<br>5. 材料运输 |
| 010401007 | 空花墙 | | | 按设计图示尺寸以空花部分外形体积计算，不扣除空洞部分体积 | |

| 项 目 编 码 | 项目名称 | 项 目 特 征 | 计 量 单 位 | 工程量计算规则 | 工 作 内 容 |
|---|---|---|---|---|---|
| 010401008 | 填充墙 | 1. 砖品种、规格、强度等级；<br>2. 墙体类型；<br>3. 填充材料种类及厚度；<br>4. 砂浆强度等级、配合比 | m³ | 按设计图示尺寸以填充墙外形体积计算 | 1. 砂浆制作、运输；<br>2. 砌砖；<br>3. 装填充料；<br>4. 刮缝；<br>5. 材料运输 |
| 010401009 | 实心砖柱 | 1. 砖品种、规格、强度等级；<br>2. 柱类型；<br>3. 砂浆强度等级、配合比 | | 按设计图示尺寸以体积计算。扣除混凝土及钢筋混凝土梁垫、梁头、板头所占体积 | 1. 砂浆制作、运输；<br>2. 砌砖；<br>3. 刮缝；<br>4. 材料运输 |
| 010401010 | 多孔砖柱 | | | | |
| 010401011 | 砖检查井 | 1. 井截面、深度；<br>2. 砖品种、规格、强度等级；<br>3. 垫层材料种类、厚度；<br>4. 底板厚度；<br>5. 井盖安装；<br>6. 混凝土强度等级；<br>7. 砂浆强度等级；<br>8. 防潮层材料种类 | 座 | 按设计图示数量计算 | 1. 砂浆制作、运输；<br>2. 铺设垫层；<br>3. 底板混凝土制作、运输、浇筑、振捣、养护；<br>4. 砌砖；<br>5. 刮缝；<br>6. 井池底、壁抹灰；<br>7. 抹防潮层；<br>8. 材料运输 |
| 010401012 | 零星砌砖 | 1. 零星砌砖名称、部位；<br>2. 砖品种、规格、强度等级；<br>3. 砂浆强度等级、配合比 | 1. m³；<br>2. m²；<br>3. m；<br>4. 个 | 1. 以立方米计量，按设计图示尺寸截面积乘以长度计算；<br>2. 以平方米计量，按设计图示尺寸水平投影面积计算；<br>3. 以米计量，按设计图示尺寸长度计算；<br>4. 以个计量，按设计图示数量计算 | 1. 砂浆制作、运输；<br>2. 砌砖；<br>3. 刮缝；<br>4. 材料运输 |
| 010401013 | 砖散水、地坪 | 1. 砖品种、规格、强度等级；<br>2. 垫层材料种类、厚度；<br>3. 散水、地坪厚度；<br>4. 面层种类、厚度；<br>5. 砂浆强度等级 | m² | 按设计图示尺寸以面积计算 | 1. 土方挖、运、填；<br>2. 地基找平、夯实；<br>3. 铺设垫层；<br>4. 砌砖散水、地坪；<br>5. 抹砂浆面层 |

续表

| 项目编码 | 项目名称 | 项目特征 | 计量单位 | 工程量计算规则 | 工作内容 |
|---|---|---|---|---|---|
| 010401014 | 砖地沟、明沟 | 1. 砖品种、规格、强度等级；<br>2. 沟截面尺寸；<br>3. 垫层材料种类、厚度；<br>4. 混凝土强度等级；<br>5. 砂浆强度等级 | m | 以米计量，按设计图示以中心线长度计算 | 1. 土方挖、运、填；<br>2. 铺设垫层；<br>3. 底板混凝土制作、运输、浇筑、振捣、养护；<br>4. 砌砖；<br>5. 刮缝、抹灰；<br>6. 材料运输 |

**1. 砖砌体共性问题的说明**

（1）框架外表面的镶贴砖部分，按零星项目编码列项。

（2）空斗墙的窗间墙、窗台下、楼板下、梁头下等的实砌部分，按零星砌砖项目编码列项。

（3）"空花墙"项目适用于各种类型的空花墙，使用混凝土花格砌筑的空花墙，实砌墙体与混凝土花格应分别计算，混凝土花格按混凝土及钢筋混凝土中预制构件相关项目编码列项。

（4）台阶、台阶挡墙、梯带、锅台、炉灶、蹲台、池槽、池槽腿、砖胎模、花台、花池、楼梯栏板、阳台栏板、地垄墙、面积不大于 $0.3 \ m^2$ 的孔洞填塞等，应按零星砌砖项目编码列项。砖砌锅台与炉灶可按外形尺寸以个计算，砖砌台阶可按水平投影面积以平方米计算，小便槽、地垄墙可按长度计算，其他工程以立方米计算。

（5）砖砌体内钢筋加固，应按混凝土及钢筋混凝土工程相关项目列项。

（6）砖砌体勾缝按墙、柱面装饰与隔断、幕墙工程列项。

（7）检查井内的爬梯按混凝土及钢筋混凝土工程相关项目列项；井内的混凝土构件按混凝土及钢筋混凝土工程相关项目中混凝土及钢筋混凝土预制构件编码列项。

（8）如施工图设计标注做法见标准图集，应在项目特征描述中注明标准图集的编码、页号及节点大样。

（9）砖砌构筑物（检查井除外）按构筑物工程计量规范相应项目编码列项。

（10）标准砖尺寸应为 240 mm×115 mm×53 mm。标准砖墙厚度应按表2-48计算。

表2-48 标准砖计算厚度表

| 砖数（厚度） | 1/4 | 1/2 | 3/4 | 1 | $1\frac{1}{2}$ | 2 | $2\frac{1}{2}$ | 3 |
|---|---|---|---|---|---|---|---|---|
| 计算厚度/mm | 53 | 115 | 180 | 240 | 365 | 490 | 615 | 740 |

**2. 砖砌体清单项目解析**

1）砖基础（编码 010401001）

（1）特征描述：①砖品种、规格、强度等级；②基础类型；③砂浆强度等级；④防潮层材料种类。

（2）计算规则：按设计图示尺寸以体积计算，单位为 $m^3$。

包括附墙垛基础宽出部分体积，扣除地梁（圈梁）、构造柱所占体积，不扣除基础大放脚T形接头处的重叠部分及嵌入基础内的钢筋、铁件、管道、基础砂浆防潮层和单个面积不大于 $0.3 \ m^2$ 的孔洞所占体积，靠墙暖气沟的挑檐不增加。

基础长度:外墙按外墙中心线,内墙按内墙净长线计算。

(3)工作内容:①砂浆制作、运输;②砌砖;③防潮层铺设;④材料运输。

(4)清单项目说明:"砖基础"项目适用于各种类型的砖基础:柱基础、墙基础、管道基础等。

基础与墙(柱)身使用同一种材料时,以设计室内地面为界(有地下室者,以地下室室内设计地面为界),以下为基础,以上为墙(柱)身。基础与墙身使用不同材料时,位于设计室内地面高度±300 mm 以内时,以不同材料为分界线;高度在±300 mm 以外时,以设计室内地面为分界线,如图 2-20 所示。

砖、石围墙,以设计室外地坪为界线,以下为基础,以上为墙身。

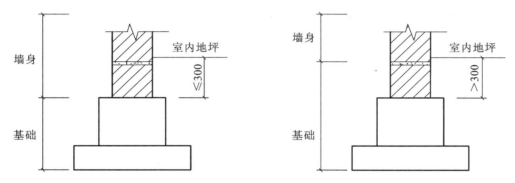

图 2-20　基础与墙身分界示意图

2)砖砌挖孔桩护壁(编码 010401002)

(1)特征描述:①砖品种、规格、强度等级;②砂浆强度等级。

(2)计算规则:按设计图示尺寸以立方米计算,单位为 m³。

(3)工作内容:①砂浆制作、运输;②砌砖;③材料运输。

(4)清单项目说明:砖砌挖孔桩护壁工程量按实砌体积计算。

3)实心砖墙(编码 010401003)、多孔砖墙(编码 010401004)、空心砖墙(编码 010401005)

(1)特征描述:①砖品种、规格、强度等级;②墙体类型;③砂浆强度等级、配合比。

(2)计算规则:按设计图示尺寸以体积计算,单位为 m³。

扣除门窗、洞口、嵌入墙内的钢筋混凝土柱、梁、圈梁、挑梁、过梁及凹进墙内的壁龛、管槽、暖气槽、消火栓箱所占体积,不扣除梁头、板头、檩头、垫木、木楞头、沿椽木、木砖、门窗走头、砖墙内加固钢筋、木筋、铁件、钢管及单个面积不大于 0.3 m² 的孔洞所占的体积。凸出墙面的腰线、挑檐、压顶、窗台线、虎头砖、门窗套的体积亦不增加。凸出墙面的砖垛并入墙体体积内计算。

墙长度:外墙按中心线、内墙按净长计算。

墙高度:

①外墙:斜(坡)屋面无檐口天棚者算至屋面板底;有屋架且室内外均有天棚者算至屋架下弦底另加 200 mm。无天棚者算至屋架下弦底另加 300 mm,出檐宽度超过 600 mm 时按实砌高度计算;与钢筋混凝土楼板隔层者算至板顶。平屋顶算至钢筋混凝土板底。

②内墙:位于屋架下弦者,算至屋架下弦底;无屋架者算至天棚底另加 100 mm;有钢筋混凝土楼板隔层者算至楼板顶;有框架梁时算至梁底。

③女儿墙:从屋面板上表面算至女儿墙顶面(如有混凝土压顶算至压顶下表面)。

④内、外山墙:按其平均高度计算。

框架间墙:不分内外墙按墙体净尺寸以体积计算。

围墙:高度算至压顶上表面(如有混凝土压顶算至压顶下表面),围墙柱并入围墙体积内。

(3)工作内容:①砂浆制作、运输;②砌砖;③刮缝;④砖压顶砌筑;⑤材料运输。

(4)清单项目说明:附墙烟囱、通风道、垃圾道应按设计图示尺寸以体积(扣除孔洞所占体积)计算并入所依附的墙体体积内。当设计规定孔洞内需抹灰时,应按墙、柱面装饰与隔断、幕墙工程相关项目中零星抹灰项目编码列项。

墙身厚度应严格按照构造尺寸计算,标准墙计算厚度参照表2-48。

## (二)砌块砌体清单项目

砌块砌体如表2-49所示。

表 2-49　　砌块砌体(编号:010402)

| 项目编码 | 项目名称 | 项目特征 | 计量单位 | 工程量计算规则 | 工作内容 |
|---|---|---|---|---|---|
| 010402001 | 砌块墙 | 1.砌块品种、规格、强度等级;<br>2.墙体类型;<br>3.砂浆强度等级 | m³ | 按设计图示尺寸以体积计算。<br>扣除门窗、洞口、嵌入墙内的钢筋混凝土柱、梁、圈梁、挑梁、过梁及凹进墙内的壁龛、管槽、暖气槽、消火栓箱所占体积,不扣除梁头、板头、檩头、垫木、木楞头、沿椽木、木砖、门窗走头、砌块墙内加固钢筋、木筋、铁件、钢管及单个面积不大于0.3 m²的孔洞所占的体积。凸出墙面的腰线、挑檐、压顶、窗台线、虎头砖、门窗套的体积亦不增加。凸出墙面的砖垛并入墙体体积内计算。<br>1.墙长度:外墙按中心线、内墙按净长计算。<br>2.墙高度:<br>(1)外墙:斜(坡)屋面无檐口天棚者算至屋面板底;有屋架且室内外均有天棚者算至屋架下弦底另加200 mm;无天棚者算至屋架下弦底另加300 mm,出檐宽度超过600 mm时按实砌高度计算;有钢筋混凝土楼板隔层者算至板顶;平屋面算至钢筋混凝土板底。<br>(2)内墙:位于屋架下弦者,算至屋架下弦底;无屋架者算至天棚底另加100 mm;有钢筋混凝土楼板隔层者算至楼板顶;有框架梁时算至梁底。<br>(3)女儿墙:从屋面板上表面算至女儿墙顶面(如有混凝土压顶算至压顶下表面)。<br>(4)内、外山墙:按其平均高度计算。<br>3.框架间墙:不分内外墙按墙体净尺寸以体积计算。<br>4.围墙:高度算至压顶上表面(如有混凝土压顶算至压顶下表面),围墙柱并入围墙体积内 | 1.砂浆制作、运输;<br>2.砌砖、砌块;<br>3.勾缝;<br>4.材料运输 |
| 010402002 | 砌块柱 | 1.砌块品种、规格、强度等级;<br>2.墙体类型;<br>3.砂浆强度等级 | | 按设计图示尺寸以体积计算;<br>扣除混凝土及钢筋混凝土梁垫、梁头、板头所占体积 | |

砌块砌体共性问题的说明：

（1）砌体内加筋、墙体拉结的制作、安装，应按工程量计算规范中相关项目编码列项。

（2）砌块应上、下错缝排列搭砌，如果搭错缝长度满足不了规定的压搭要求，应采取压砌钢筋网片的措施，具体构造要求按设计规定。若设计无规定，应注明由投标人根据工程实际情况自行考虑；钢筋网片按工程量计算规范中相应编码列项。

（3）砌体垂直灰缝宽大于 30 mm 时，采用 C20 细石混凝土灌实。灌注的混凝土应按工程量计算规范相关项目编码列项。

## （三）石砌体清单项目

石砌体如表 2-50 所示。

表 2-50　石砌体（编号：010403）

| 项目编码 | 项目名称 | 项目特征 | 计量单位 | 工程量计算规则 | 工作内容 |
|---|---|---|---|---|---|
| 010403001 | 石基础 | 1. 石料种类、规格；<br>2. 基础类型；<br>3. 砂浆强度等级 | m³ | 按设计图示尺寸以体积计算，包括附墙垛基础宽出部分体积，不扣除基础砂浆防潮层及单个面积不大于 0.3 m² 的孔洞所占体积，靠墙暖气沟的挑檐不增加体积。基础长度：外墙按中心线，内墙按净长计算 | 1. 砂浆制作、运输；<br>2. 吊装；<br>3. 砌石；<br>4. 防潮层铺设；<br>5. 材料运输 |
| 010403002 | 石勒脚 | | | 按设计图示尺寸以体积计算，扣除单个面积大于 0.3 m² 的孔洞所占的体积 | |
| 010403003 | 石墙 | 1. 石料种类、规格；<br>2. 石表面加工要求；<br>3. 勾缝要求；<br>4. 砂浆强度等级、配合比 | | 按设计图示尺寸以体积计算。扣除门窗、洞口、嵌入墙内的钢筋混凝土柱、梁、圈梁、挑梁、过梁及凹进墙内的壁龛、管槽、暖气槽、消火栓箱所占体积，不扣除梁头、板头、檩头、垫木、木楞头、沿椽木、木砖、门窗走头、石墙内加固钢筋、木筋、铁件、钢管及单个面积不大于 0.3 m² 的孔洞所占的体积。凸出墙面的腰线、挑檐、压顶、窗台线、虎头砖、门窗套的体积亦不增加。凸出墙面的砖垛并入墙体积内计算<br>1. 墙长度：外墙按中心线、内墙按净长计算<br>2. 墙高度：<br>（1）外墙：斜（坡）屋面无檐口天棚者算至屋面板底；有屋架且室内外均有天棚者算至 | 1. 砂浆制作、运输；<br>2. 吊装；<br>3. 砌石；<br>4. 石表面加工；<br>5. 勾缝；<br>6. 材料运输 |

续表

| 项目编码 | 项目名称 | 项目特征 | 计量单位 | 工程量计算规则 | 工作内容 |
|---|---|---|---|---|---|
| 010403003 | 石墙 | 1. 石料种类、规格;<br>2. 石表面加工要求;<br>3. 勾缝要求;<br>4. 砂浆强度等级、配合比 | m³ | 屋架下弦底另加200 mm;无天棚者算至屋架下弦底另加300 mm,出檐宽度超过600 mm时按实砌高度计算;有钢筋混凝土楼板隔层者算至板顶;平屋顶算至钢筋混凝土板底。<br>(2)内墙:位于屋架下弦者,算至屋架下弦底;无屋架者算至天棚底另加100 mm;有钢筋混凝土楼板隔层者算至楼板顶;有框架梁时算至梁底。<br>(3)女儿墙:从屋面板上表面算至女儿墙顶面(如有混凝土压顶算至压顶下表面)。<br>(4)内、外山墙:按其平均高度计算。<br>3. 围墙:高度算至压顶上表面(如有混凝土压顶算至压顶下表面),围墙柱并入围墙体积内 | 1. 砂浆制作、运输;<br>2. 吊装;<br>3. 砌石;<br>4. 石表面加工;<br>5. 勾缝;<br>6. 材料运输 |
| 010403004 | 石挡土墙 | 1. 石料种类、规格;<br>2. 石表面加工要求;<br>3. 勾缝要求;<br>4. 砂浆强度等级、配合比 | m³ | 按设计图示尺寸以体积计算 | 1. 砂浆制作、运输;<br>2. 吊装;<br>3. 砌石;<br>4. 变形缝、泄水孔、压顶抹灰;<br>5. 滤水层;<br>6. 勾缝;<br>7. 材料运输 |
| 010403005 | 石柱 | | | | |
| 010403006 | 石栏杆 | | m | 按设计图示以长度计算 | 1. 砂浆制作、运输;<br>2. 吊装;<br>3. 砌石;<br>4. 石表面加工;<br>5. 勾缝;<br>6. 材料运输 |
| 010403007 | 石护坡 | 1. 垫层材料种类、厚度;<br>2. 石料种类、规格;<br>3. 护坡厚度、高度;<br>4. 石表面加工要求;<br>5. 勾缝要求;<br>6. 砂浆强度等级、配合比 | m³ | 按设计图示尺寸以体积计算 | |
| 010403008 | 石台阶 | | | | 1. 铺设垫层;<br>2. 石料加工;<br>3. 砂浆制作、运输;<br>4. 砌石;<br>5. 石表面加工;<br>6. 勾缝;<br>7. 材料运输 |
| 010403009 | 石坡道 | | m² | 按设计图示以水平投影面积计算 | |

续表

| 项目编码 | 项目名称 | 项目特征 | 计量单位 | 工程量计算规则 | 工作内容 |
|---|---|---|---|---|---|
| 010403010 | 石地沟、明沟 | 1. 沟截面尺寸；<br>3. 土壤类别、运距；<br>4. 垫层材料种类、厚度；<br>5. 石料种类、规格；<br>6. 石表面加工要求；<br>7. 勾缝要求；<br>8. 砂浆强度等级、配合比 | m | 按设计图示以中心线长度计算 | 1. 土方挖、运；<br>2. 砂浆制作、运输；<br>3. 铺设垫层；<br>4. 砌石；<br>5. 石表面加工；<br>6. 勾缝；<br>7. 回填；<br>8. 材料运输 |

石砌体共性问题的说明：

（1）石基础、石勒脚、石墙的划分：基础与勒脚应以设计室外地坪为界。勒脚与墙身应以设计室内地面为界。石围墙内外地坪标高不同时，应以较低地坪标高为界，以下为基础；内外标高之差为挡土墙时，挡土墙以上为墙身。

（2）"石基础"项目适用于各种规格（粗料石、细料石等）、各种材质（砂石、青石等）和各种类型（柱基、墙基、直形、弧形等）的基础。

（3）"石勒脚""石墙"项目适用于各种规格（粗料石、细料石等）、各种材质（砂石、青石、大理石、花岗石等）和各种类型（直形、弧形等）的勒脚和墙体。

（4）"石挡土墙"项目适用于各种规格（粗料石、细料石、块石、毛石、卵石等）、各种材质（砂石、青石、石灰石等）和各种类型（直形、弧形、台阶形等）的挡土墙。

（5）"石柱"项目适用于各种规格、各种材质、各种类型的石柱。

（6）"石栏杆"项目适用于无雕饰的一般石栏杆。

（7）"石护坡"项目适用于各种材质和各种石料（粗料石、细料石、片石、块石、毛石、卵石等）。

（8）"石台阶"项目包括石梯带（垂带），不包括石梯膀，石梯膀应按石挡土墙项目编码列项。

（9）如施工图设计标注做法见标准图集时，应在项目特征描述中注明标准图集的编码、页号及节点大样。

（10）石作工程项目，在使用上要与仿古建筑工程相区别，若是仿古石作项目，应按仿古建筑工程相应项目编码列项。

## （四）垫层清单项目

垫层如表 2-51 所示。

表 2-51　垫层（编号：010404）

| 项目编码 | 项目名称 | 项目特征 | 计量单位 | 工程量计算规则 | 工作内容 |
|---|---|---|---|---|---|
| 010404001 | 垫层 | 垫层材料种类、配合比、厚度 | m³ | 按设计图示尺寸以立方米计算 | 1. 垫层材料的拌制；<br>2. 垫层铺设；<br>3. 材料运输 |

垫层清单项目解析：

（1）特征描述：垫层材料种类、配合比、厚度。

（2）计算规则：按设计图示尺寸以立方米计算，单位为 $m^3$。

（3）工作内容：①垫层材料的拌制；②垫层铺设；③材料运输。

（4）清单项目说明：除混凝土垫层应按混凝土及钢筋混凝土工程相关项目编码列项外，没有包括垫层要求的清单项目应按本表垫层项目编码列项。

■ **例 2-10**　背景资料：(1)某工程±0.00 以下条形基础平面、剖面大样图如图 2-21 所示，室内外高差为 150 mm；(2)基础垫层为原槽浇注，清条石 1 000 mm×300 mm×300 mm，基础使用水泥砂浆 M7.5 砌筑，页岩标砖，砖强度等级 MU7.5，基础为 M5 水泥砂浆砌筑；(3)本工程室外标高为−0.15；(4)垫层为 3：7 灰土，现场拌和。根据背景资料编制基础垫层、石基础、砖基础的分部分项工程量清单。

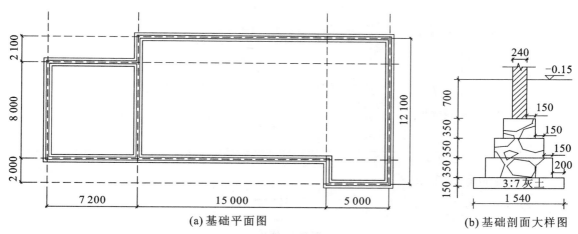

(a) 基础平面图　　　　　　　(b) 基础剖面大样图

**图 2-21　某基础工程示意图**

■ **解**　计算过程如表 2-52 所示。

**表 2-52　计算过程**

| 分部分项工程 | 位　置 | 规　格 | 计算表达式 | 结　果 |
|---|---|---|---|---|
| 垫层 | 见图 | $L_{外}$ | $(27.2+12.1)×2$ | 78.6 m |
| | | $L_{内}$ | $8-1.54$ | 6.46 m |
| | | $V$ | $(78.6+6.46)×1.54×0.15$ | 19.65 $m^3$ |
| 石基础 | 见图 | $L_{外}$ | 78.6 | 78.6 m |
| | | $L_{内1}$ | $8-1.14$ | 6.86 m |
| | | $L_{内2}$ | $8-0.84$ | 7.16 m |
| | | $L_{内3}$ | $8-0.54$ | 7.46 m |
| | 合计 | $V$ | $(78.6+6.86)×1.14×0.35+(78.6+7.16)×0.84×$ $0.35+(78.6+7.46)×0.54×0.35$ | 75.58 $m^3$ |

续表

| 分部分项工程 | 位 置 | 规 格 | 计算表达式 | 结 果 |
|---|---|---|---|---|
| 砖基础 | 见图 | $L_外$ 78.6 | 78.6 | 78.6 m |
| | | $L_内$ 8−0.24 | 8−0.24 | 7.76 m |
| | | V | (78.6＋7.76)×0.24×0.85 | 17.62 m³ |

编制的分部分项工程项目清单如表 2-53 所示。

表 2-53　项目清单

| 序　号 | 项目编码 | 项目名称 | 项目特征 | 计量单位 | 工　程　量 |
|---|---|---|---|---|---|
| 1 | 010404001001 | 垫层 | 垫层材料种类、配合比、厚度:3:7灰土,150 mm | m³ | 19.65 |
| 2 | 010403001001 | 石基础 | 1. 石料种类、规格:清条石、1 000 mm×300 mm×300 mm。<br>2. 基础类型:条形基础。<br>3. 砂浆强度等级:M7.5水泥砂浆 | m³ | 75.58 |
| 3 | 010401001001 | 砖基础 | 1. 砖品种、规格、强度等级:页岩砖、240 mm×115 mm×53 mm、MU7.5。<br>2. 基础类型:条形。<br>3. 砂浆强度等级:M5水泥砂浆 | m³ | 17.62 |

## （五）其他墙体清单项目

其他墙体如表 2-54 所示。

表 2-54　其他墙体(编号:沪 010406)

| 项目编码 | 项目名称 | 项目特征 | 计量单位 | 工程量计算规则 | 工作内容 |
|---|---|---|---|---|---|
| 沪 010406001 | 轻质墙体 | 1. 墙体类型;<br>2. 墙体厚度;<br>3. 材质、规格;<br>4. 砂浆强度等级、配合比;<br>5. 细石混凝土强度等级 | m² | 按设计图示尺寸以面积计算。扣除门窗洞口及单个大于 0.3 m² 的孔洞所占面积 | 1. 材料运输;<br>2. 墙板安装;<br>3. 嵌缝、贴网格布;<br>4. 捣细石混凝土 |
| 沪 010406002 | 轻集料混凝土多孔墙板 | 1. 墙体类型;<br>2. 墙体厚度;<br>3. 材质、规格;<br>4. 砂浆强度等级、配合比 | m² | 按设计图示尺寸以面积计算 | 1. 清理基层;<br>2. 吊运就位、固定;<br>3. 贴网格布等;<br>4. 砂浆制作、运输 |

其他墙体共性问题的说明:

GRC 轻质墙、彩钢夹芯板墙等,按本表轻质墙体项目编码列项。本部分清单项目为上海地区补充清单项目,根据《上海市建设工程工程量清单计价应用规则》沪建管〔2014〕872号文件设置。

# 五、混凝土及钢筋混凝土工程②

## （一）现浇混凝土基础清单项目

现浇混凝土基础如表2-55所示。

表2-55　现浇混凝土基础（编号：010501）

| 项目编码 | 项目名称 | 项目特征 | 计量单位 | 工程量计算规则 | 工作内容 |
|---|---|---|---|---|---|
| 010501001 | 垫层 | 1. 混凝土种类；<br>2. 混凝土强度等级 | m³ | 按设计图示尺寸以体积计算。不扣除伸入承台基础的桩头所占体积 | 混凝土制作、运输、浇筑、振捣、养护 |
| 010501002 | 带形基础 | | | | |
| 010501003 | 独立基础 | | | | |
| 010501004 | 满堂基础 | | | | |
| 010501005 | 桩承台基础 | | | | |
| 010501006 | 设备基础 | 1. 混凝土种类；<br>2. 混凝土强度等级；<br>3. 灌浆材料及其强度等级 | | | |

**1. 现浇混凝土基础共性问题的说明**

如为毛石混凝土基础，项目特征应描述毛石所占比例。

**2. 现浇混凝土基础清单项目解析**

1）垫层（编码010501001）

（1）特征描述：①混凝土种类；②混凝土强度等级。

（2）计算规则：按设计图示尺寸以体积计算。不扣除伸入承台基础的桩头所占体积，单位为m³。

（3）工作内容：混凝土制作、运输、浇筑、振捣、养护。

（4）清单项目说明：基础现浇混凝土垫层项目，按本项目编码列项。

计算带形基础底的垫层工程量时，通常用垫层的截面面积乘以垫层中心线的长度，以体积计算，在确定垫层中心线长度时，应注意，在外墙下的垫层长度通常以垫层中心线的长度计算，内墙下

---

② 在《房屋建筑与装饰工程工程量计算规范》GB 50854—2013中规定："现浇混凝土工程项目'工作内容'中包括模板工程的内容，同时又在措施项目中单列了现浇混凝土模板工程项目。对此，招标人应根据工程实际情况选用。若招标人在措施项目清单中未编列现浇混凝土模板项目清单，即表示现浇混凝土模板项目不单列，现浇混凝土工程项目的综合单价中应包括模板工程费用"，具体到上海地区的相关规定，根据《上海市建设工程工程量清单计价应用规则》沪建管〔2014〕872号文件的规定："将《房屋建筑与装饰工程工程量计算规范》GB 50854、《市政工程工程量计算规范》GB 50857、《通用安装工程工程量计算规范》GB 50856、《仿古建筑工程工程量计算规范》GB 50855、《园林绿化工程工程量计算规范》GB 50858、《城市轨道交通工程工程量计算规范》GB50861、《构筑物工程工程量计算规范》GB50860、《爆破工程工程量计算规范》GB 50862等专业工程项目涉及现浇混凝土清单项目的'工作内容'中模板制作、安装、拆除部分调整列入各专业工程措施项目清单中，各专业工程现浇混凝土清单项目的'工作内容'不再包括模板制作、安装、拆除的内容。"因此，本书根据上海地区的规定调整了"现浇混凝土"项目的工作内容，在工程实际中应特别注意建设工程项目的地域差别。

现浇或预制混凝土和钢筋混凝土构件，不扣除构件内钢筋、螺栓、预埋铁件、张拉孔道所占体积，但应扣除劲性骨架的型钢所占体积。

的垫层长度,应以垫层底面之间的净长计算,而不是基础底面之间的净长,计算时应注意区分。

2) 带形基础(编码010501002)

(1) 特征描述:①混凝土种类;②混凝土强度等级。

(2) 计算规则:按设计图示尺寸以体积计算。不扣除伸入承台基础的桩头所占体积,单位为 m³。

(3) 工作内容:混凝土制作、运输、浇筑、振捣、养护。

(4) 清单项目说明:有肋带形基础、无肋带形基础应按本表中相关项目列项,并注明肋高。有肋带形基础:凡带形基础上部有梁的几何特征,并且基础内配有钢筋,不论配筋形式,均属于有肋式带形钢筋混凝土基础。无肋带形基础:当带形基础上部梁高与梁宽之比超过4∶1时,上部的梁套用墙的清单项目,下部套用无肋式带形基础清单项目。带形基础工程量计算,通常用基础截面面积乘以基础中心线长度,以体积计算,同时应注意分析不同截面的带形基础在相交处可能产生的接头部分的体积,即:

$$V = S \times L + V_{接头} \times n \qquad (2-1)$$

其中,$V$——带形基础工程量(m³);$S$——带形基础截面面积(m²);$L$——带形基础的长度(m,外墙基础长度按外墙带形基础中心线长度,内墙基础长度按内墙带形基础净长);$V_{接头}$——基础交接处的搭接部分体积(例如两个梯形截面带形基础相交,通常会产生楔形体接头);$n$——基础交接处搭接的数量。

常用楔形体体积计算公式如下:

$$V_{楔形体} = \frac{L_{搭接} h}{6} \times (2b + B) \qquad (2-2)$$

其中,$V_{楔形体}$——基础交接处产生的楔形体体积(m³);$L_{搭接}$——楔形体的搭接长度(m);$h$——楔形体的搭接高度(m);$b$——楔形体的上口宽(m);$B$——楔形体的下口宽(m)。

**例 2-11**　如图 2-22 和图 2-23 所示,现浇混凝土带形基础,采用 C30 钢筋混凝土,骨料粒径5~40,计算带形基础工程量(图中基础的轴线均与中心线重合),并编制分部分项工程量清单。

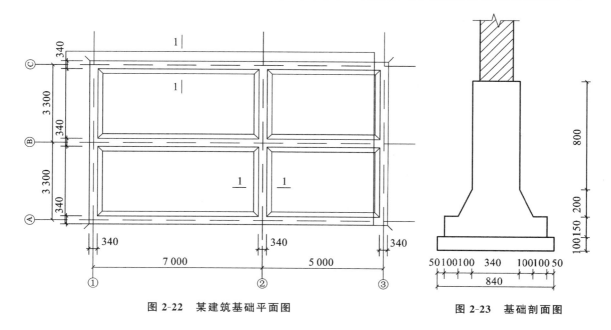

图 2-22　某建筑基础平面图　　　　图 2-23　基础剖面图

**解** 计算过程如表2-56所示。

表 2-56 计算过程

| 分部分项工程 | 位 置 | 规 格 | 计算表达式 | 结 果 |
|---|---|---|---|---|
| 带形基础 | | $S$ | $0.34 \times 0.8 + (1/2) \times (0.34 + 0.1 + 0.34 + 0.1) \times 0.2 + 0.74 \times 0.15$ | 0.471 m² |
| | 外中 | $L_{外中}$ | $(7 + 5 + 3.3 + 3.3) \times 2$ | 37.2 m |
| | 1-3/B | $L_{内净}$ | $7 + 5 - 0.84$ | 11.16 m |
| | 2/A-C | $L_{内净}$ | $6.6 - 0.84 \times 2$ | 4.92 m |
| | | $V$ | $0.471 \times (37.2 + 11.16 + 4.92)$ | 25.09 m³ |
| | | $V_{接头}$ | $[0.34 \times 0.8 \times 0.2 + (1/6) \times 0.1 \times 0.2 \times (2 \times 0.34 + 0.54) + (1/2) \times (0.34 + 0.34 + 0.1 + 0.1) \times 0.2 \times 0.1] \times 6$ | 0.40 m³ |
| | | 合计 | $25.09 + 0.40$ | 25.49 m³ |

编制的分部分项工程项目清单如表2-57所示。

表 2-57 项目清单

| 序 号 | 项目编码 | 项目名称 | 项目特征 | 计量单位 | 工 程 量 |
|---|---|---|---|---|---|
| 1 | 010501002001 | 带形基础 | 1. 混凝土种类:商品混凝土;<br>2. 混凝土强度等级:C30 | m³ | 25.49 |

3）独立基础(编码010501003)

(1)特征描述:①混凝土种类;②混凝土强度等级。

(2)计算规则:按设计图示尺寸以体积计算。不扣除伸入承台基础的桩头所占体积,单位为 m³。

(3)工作内容:混凝土制作、运输、浇筑、振捣、养护。

(4)清单项目说明:独立基础是指现浇钢筋混凝土柱下的单独基础,其特点是柱与基础整浇为一体。独立基础是柱基础的主要形式,按其形式可分为阶梯形和四棱锥台形;计算时,应按材质分别计算,即毛石混凝土和混凝土独立基础应分别以设计图示尺寸的实体积计算。柱子与基础的划分应以柱基的上表面为分界线,以上为柱身,以下为基础。杯形独立基础预留装配柱的孔洞,计算体积时应扣除。

**例 2-12** 如图2-24所示,计算杯形基础工程量,混凝土强度等级C30,骨料粒径5～40,并编制工程量清单。

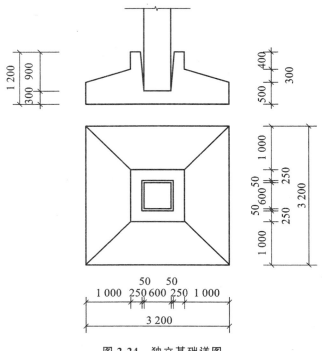

图 2-24　独立基础详图

 **解**　计算过程如表 2-58 所示。

表 2-58　计算过程

| 分部分项工程 | 位　置 | 规　格 | 计算表达式 | 结　果 |
|---|---|---|---|---|
| 杯形基础 | 见图 | $V_底$ | $3.2 \times 3.2 \times 0.5$ | 5.12 m³ |
| | | $V_中$ | $(1/6) \times 0.3 \times [3.2 \times 3.2 + (3.2-2) \times (3.2-2) + (3.2+3.2-2) \times (3.2+3.2-2)]$ | 1.55 m³ |
| | | $V_顶$ | $(3.2-2) \times (3.2-2) \times 0.4$ | 0.58 m³ |
| | | 扣 $V_{杯口}$ | $-(1/6) \times 0.9 \times [0.6 \times 0.6 + (0.6+0.05+0.05) \times (0.6+0.05+0.05) + (0.6+0.6+0.05+0.05) \times (0.6+0.6+0.05+0.05)]$ | −0.38 m³ |
| | | 合计 | $5.12+1.55+0.58-0.38$ | 6.87 m³ |

编制的分部分项工程项目清单如表 2-59 所示。

表 2-59　项目清单

| 序　号 | 项目编码 | 项目名称 | 项目特征 | 计量单位 | 工　程　量 |
|---|---|---|---|---|---|
| 1 | 010501003001 | 独立基础 | 1. 混凝土强度等级:C30。<br>2. 混凝土拌和料要求:5～40。<br>3. 砂浆强度等级:(见结构说明) | m³ | 6.87 |

4)满堂基础(编码 010501004)

(1)特征描述:①混凝土种类;②混凝土强度等级。

(2) 计算规则:按设计图示尺寸以体积计算。不扣除伸入承台基础的桩头所占体积,单位为 m³。

(3) 工作内容:混凝土制作、运输、浇筑、振捣、养护。

(4) 清单项目说明:箱式满堂基础中柱、梁、墙、板按表 2-64、表 2-67、表 2-72、表 2-75 相关项目分别编码列项;箱式满堂基础底板按本表的满堂基础项目列项。

满堂基础分为有梁式及无梁式两种,无梁式满堂基础是指无凸出板面的梁,有梁式满堂基础是指带有凸出板面的梁(上翻梁或下翻梁)。

5) 设备基础(编码 010501006)

(1) 特征描述:①混凝土种类;②混凝土强度等级;③灌浆材料及其强度等级。

(2) 计算规则:按设计图示尺寸以体积计算。不扣除伸入承台基础的桩头所占体积,单位为 m³。

(3) 工作内容:混凝土制作、运输、浇筑、振捣、养护。

(4) 清单项目说明:框架式设备基础中柱、梁、墙、板分别按表 2-64、表 2-67、表 2-72、表 2-75 列项;基础部分按本表相关项目编码列项。

**例 2-13** 如图 2-25 所示,计算某设备基础工程量,混凝土强度等级 C30,骨料粒径 5～40。

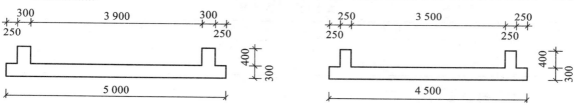

图 2-25 某设备基础详图

**解** 计算过程如表 2-60 所示。

表 2-60 计算过程

| 分部分项工程 | 位 置 | 规 格 | 计算表达式 | 结 果 |
|---|---|---|---|---|
| 设备基础 | 见图 | $V_{底板}$ | $5×4.5×0.3$ | 6.75 m³ |
| | | $V_{凸梁}$ | $0.3×0.4×(4.5-0.5)×2+0.25×0.4×(5-0.5-0.3-0.3)×2$ | 1.74 m³ |
| | | 合计 | $6.75+1.74$ | 8.49 m³ |

编制的工程量清单如表 2-61 所示。

表 2-61 项目清单

| 序 号 | 项目编码 | 项目名称 | 项目特征 | 计量单位 | 工 程 量 |
|---|---|---|---|---|---|
| 1 | 010501006001 | 设备基础 | 1. 混凝土种类:商品混凝土。<br>2. 混凝土强度等级:C30。<br>3. 灌浆材料及其强度等级:(见图纸说明) | m³ | 8.49 |

**例 2-14** 如图 2-26 和图 2-27 所示,计算该三桩承台工程量,现浇混凝土强度等级 C30,骨料粒径 5～40。

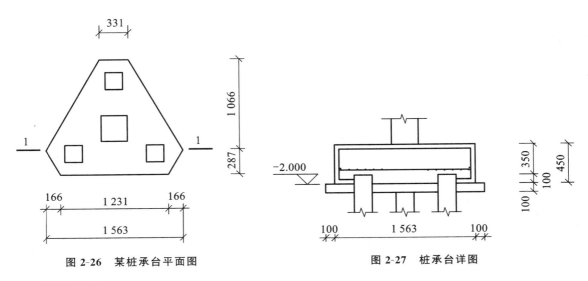

图 2-26  某桩承台平面图

图 2-27  桩承台详图

**解**  计算过程如表 2-62 所示。

表 2-62  计算过程

| 分部分项工程 | 位　置 | 规　格 | 计算表达式 | 结　果 |
|---|---|---|---|---|
| 桩承台 | 见图 | $V$ | $[(0.331+0.166+1.231+0.166) \times 1.066 \times (1/2) + (1.231 + 1.231+0.166+0.166) \times 0.287 \times (1/2)] \times 0.45$ | 0.63 m³ |

编制的分部分项工程项目清单如表 2-63 所示。

表 2-63  项目清单

| 序　号 | 项目编码 | 项目名称 | 项目特征 | 计量单位 | 工　程　量 |
|---|---|---|---|---|---|
| 1 | 010501005001 | 桩承台基础 | 1. 混凝土种类:商品混凝土。<br>2. 混凝土强度等级:C30 | m³ | 0.63 |

## (二)现浇混凝土柱清单项目

现浇混凝土柱如表 2-64 所示。

表 2-64  现浇混凝土柱(编号:010502)

| 项目编码 | 项目名称 | 项目特征 | 计量单位 | 工程量计算规则 | 工作内容 |
|---|---|---|---|---|---|
| 010502001 | 矩形柱 | 1. 混凝土种类;<br>2. 混凝土强度等级 | m³ | 按设计图示尺寸以体积计算。<br>柱高:<br>　1. 有梁板的柱高,应以自柱基上表面(或楼板上表面)至上一层楼板上表面之间的高度计算;<br>　2. 无梁板的柱高,应以自柱基上表面(或楼板上表面)至柱帽下表面之间的高度计算;<br>　3. 框架柱的柱高:应以自柱基上表面至柱顶的高度计算;<br>　4. 构造柱按全高计算,嵌接墙体部分(马牙槎)并入柱身体积;<br>　5. 依附柱上的牛腿和升板的柱帽,并入柱身体积计算 | 混凝土制作、运输、浇筑、振捣、养护 |
| 010502002 | 构造柱 | | | | |
| 010502003 | 异形柱 | 1. 柱形状;<br>2. 混凝土种类;<br>3. 混凝土强度等级 | | | |

**1. 现浇混凝土柱共性问题的说明**

混凝土种类指清水混凝土、彩色混凝土等,如在同一地区既使用预拌(商品)混凝土,又允许现场搅拌混凝土,也应注明(下同)。

**2. 现浇混凝土柱清单项目解析**

1) 矩形柱(编码 010502001)

(1) 特征描述:①混凝土种类;②混凝土强度等级。

(2) 计算规则:按设计图示尺寸以体积计算,单位为 $m^3$。

(3) 工作内容:混凝土制作、运输、浇筑、振捣、养护。

(4) 清单项目说明:

关于柱高的规定如下:①有梁板的柱高,应以自柱基上表面(或楼板上表面)至上一层楼板上表面之间的高度计算;②无梁板的柱高,应以自柱基上表面(或楼板上表面)至柱帽下表面之间的高度计算;③框架柱的柱高,应以自柱基上表面至柱顶的高度计算;④依附柱上的牛腿和升板的柱帽,并入柱身体积计算。

2) 构造柱(编码 010502002)

(1) 特征描述:①混凝土种类;②混凝土强度等级。

(2) 计算规则:按设计图示尺寸以体积计算,单位为 $m^3$。

(3) 工作内容:混凝土制作、运输、浇筑、振捣、养护。

(4) 清单项目说明:构造柱按全高计算,嵌接墙体部分(马牙槎)并入柱身体积。

**例 2-15** 如图 2-28 所示,计算现浇构造柱工程量,混凝土强度等级 C30,骨料粒径 5~40。

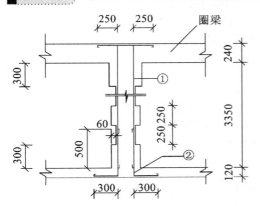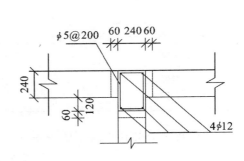

图 2-28 某构造柱详图

**解** 计算过程如表 2-65 所示。

表 2-65 计算过程

| 分部分项工程 | 位　置 | 规　格 | 计算表达式 | 结　果 |
| --- | --- | --- | --- | --- |
| 构造柱 | 见图 | $V$ | 3.35×(0.24×0.36＋0.24×0.03×2＋0.24×0.03) | 0.36 $m^3$ |

编制的分部分项工程项目清单如表 2-66 所示。

表 2-66　项目清单

| 项目编码 | 项目名称 | 项目特征 | 计量单位 | 工 程 量 |
|---|---|---|---|---|
| 010502002001 | 构造柱 | 1. 混凝土种类:商品混凝土。<br>2. 混凝土强度等级:C30 | m³ | 0.36 |

3)异形柱(编码 010502003)

(1)特征描述:①柱形状;②混凝土种类;③混凝土强度等级。

(2)计算规则:按设计图示尺寸以体积计算,单位为 m³。

(3)工作内容:混凝土制作、运输、浇筑、振捣、养护。

(4)清单项目说明:

关于柱高的规定如下:①有梁板的柱高,应以自柱基上表面(或楼板上表面)至上一层楼板上表面之间的高度计算;②无梁板的柱高,应以自柱基上表面(或楼板上表面)至柱帽下表面之间的高度计算;③框架柱的柱高,应以自柱基上表面至柱顶的高度计算;④依附柱上的牛腿和升板的柱帽,并入柱身体积计算。

## (三)现浇混凝土梁清单项目

现浇混凝土梁如表 2-67 所示。

表 2-67　现浇混凝土梁(编号:010503)

| 项目编码 | 项目名称 | 项目特征 | 计量单位 | 工程量计算规则 | 工作内容 |
|---|---|---|---|---|---|
| 010503001 | 基础梁 | 1. 混凝土种类;<br>2. 混凝土强度等级 | m³ | 按设计图示尺寸以体积计算。伸入墙内的梁头、梁垫并入梁体积内。<br>梁长:<br>1. 梁与柱连接时,梁长算至柱侧面。<br>2. 主梁与次梁连接时,次梁长算至主梁侧面 | 混凝土制作、运输、浇筑、振捣、养护 |
| 010503002 | 矩形梁 | | | | |
| 010503003 | 异形梁 | | | | |
| 010503004 | 圈梁 | | | | |
| 010503005 | 过梁 | | | | |
| 010503006 | 弧形、拱形梁 | | | | |

**1. 现浇混凝土梁共性问题的说明**

混凝土种类指清水混凝土、彩色混凝土等,如在同一地区既使用预拌(商品)混凝土,又允许现场搅拌混凝土,也应注明(下同)。

梁(单梁、框架梁、圈梁、过梁)与板整体现浇时,梁高算至板底。

**2. 现浇混凝土梁清单项目解析**

基础梁(编码 010503001),矩形梁(编码 010503002),异形梁(编码 010503003),圈梁(编码 010503004),过梁(编码 010503005),弧形、拱形梁(编码 010503006):

(1)特征描述:①混凝土种类;②混凝土强度等级。

(2)计算规则:按设计图示尺寸以体积计算。伸入墙内的梁头、梁垫并入梁体积内,单位为 m³。

(3)工作内容:混凝土制作、运输、浇筑、振捣、养护。

（4）清单项目说明：

关于梁长的规定如下：①梁与柱连接时，梁长算至柱侧面；②主梁与次梁连接时，次梁长算至主梁侧面。

基础梁一般是指在地基土层上的梁，其主要作用是与基础相连，将上部荷载传递到地基上，提高基础整体性。

异形梁与矩形梁的区别主要在于断面形状的不同，只有当断面形状为非矩形时才会被称为异形梁。圈梁常见于砖混结构，一般位于砌体墙顶部并形成封闭，能起到使承重墙整体受力的作用。此外，当墙体超过一定高度时，在墙高中部位置也会加设一道圈梁以起到建筑加固的作用。过梁一般位于门窗洞口上方，左右两端会分别伸入墙体内一定长度，伸入长度通常为每边各 250 mm，过梁的宽度一般同墙厚。弧形、拱形梁主要指的是其在平面和立面视角时所表现出来的形状，平面上为弧形的即为弧形梁，立面上为拱形的即为拱形梁。

**例 2-16**　如图 2-29 和图 2-30 所示，求现浇花篮梁工程量，混凝土强度等级 C30，骨料粒径 5～40。

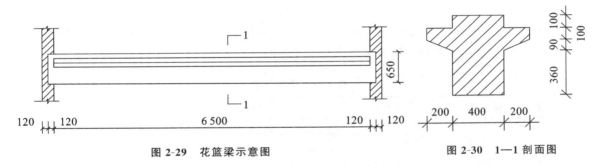

图 2-29　花篮梁示意图　　　　图 2-30　1—1 剖面图

**解**　计算过程如表 2-68 所示。

表 2-68　计算过程

| 分部分项工程 | 位　置 | 规　格 | 计算表达式 | 结　果 |
|---|---|---|---|---|
| 花篮梁 | 见图 | $V_1$ | $0.4 \times 0.65 \times (6.5 + 0.12 + 0.12)$ | 1.75 m³ |
| | | $V_2$ | $\frac{1}{2} \times (0.1 + 0.1 + 0.09) \times 0.2 \times 2 \times 6.5$ | 0.38 m³ |
| | | 合计 | $1.75 + 0.38$ | 2.13 m³ |

编制的分部分项工程项目清单如表 2-69 所示。

表 2-69　项目清单

| 序　号 | 项目编码 | 项目名称 | 项目特征 | 计量单位 | 工　程　量 |
|---|---|---|---|---|---|
| 1 | 010503003001 | 异形梁 | 1. 混凝土种类：商品混凝土。<br>2. 混凝土强度等级：C30 | m³ | 2.13 |

**例 2-17**　如图 2-31 所示，计算基础梁工程量，混凝土强度等级 C30，骨料粒径 5～40。

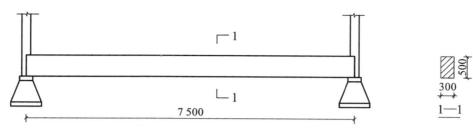

图 2-31 某基础梁详图

 计算过程如表 2-70 所示。

表 2-70 计算过程

| 分部分项工程 | 位 置 | 规 格 | 计 算 表 达 式 | 结 果 |
|---|---|---|---|---|
| 基础梁 | 见图 | S | 0.3×0.5 | 0.15 m² |
| | | L | 7.5 | 7.5 m |
| | | V | 0.15×7.5 | 1.13 m³ |

编制的分部分项工程项目清单如表 2-71 所示。

表 2-71 项目清单

| 序 号 | 项目编码 | 项目名称 | 项目特征 | 计量单位 | 工程量 |
|---|---|---|---|---|---|
| 1 | 010503001001 | 基础梁 | 1. 混凝土种类:商品混凝土。<br>2. 混凝土强度等级:C30 | m³ | 1.13 |

## （四）现浇混凝土墙清单项目

现浇混凝土墙如表 2-72 所示。

表 2-72 现浇混凝土墙(编号:010504)

| 项目编码 | 项目名称 | 项目特征 | 计量单位 | 工程量计算规则 | 工作内容 |
|---|---|---|---|---|---|
| 010504001 | 直形墙 | 1. 混凝土种类;<br>2. 混凝土强度等级 | m³ | 按设计图示尺寸以体积计算。扣除门窗洞口及单个面积大于 0.3 m² 的孔洞所占体积,墙垛及突出墙面部分并入墙体体积计算内 | 混凝土制作、运输、浇筑、振捣、养护 |
| 010504002 | 弧形墙 | | | | |
| 010504003 | 短肢剪力墙 | | | | |
| 010504004 | 挡土墙 | | | | |

**1. 现浇混凝土墙共性问题的说明**

各肢截面高度与厚度之比的最大值不大于 4 的剪力墙按柱项目编码列项。

**2. 现浇混凝土墙清单项目解析**

直形墙(编码 010504001)、弧形墙(编码 010504002)、短肢剪力墙(编码 010504003)、挡土墙(编码 010504004):

（1）特征描述:①混凝土种类;②混凝土强度等级。

（2）计算规则：按设计图示尺寸以体积计算，单位为 $m^3$，扣除门窗洞口及单个面积大于 $0.3\ m^2$ 的孔洞所占体积，墙垛及突出墙面部分并入墙体体积计算内。

（3）工作内容：混凝土制作、运输、浇筑、振捣、养护。

（4）清单项目说明：

直形墙和弧形墙适用于电梯井。短肢剪力墙是指截面厚度不大于 300 mm、各肢截面高度与厚度之比的最大值大于 4 但不大于 8 的剪力墙。挡土墙是指支承路地基填土或山坡土体，防止填土或土体变形失稳的构筑物。在挡土墙横断面中，与被支承土体直接接触的部位称为墙背；与墙背相对的，临空的部位称为墙面；与地基直接接触的部位称为基底；与基底相对的、墙的顶面称为墙顶；基底的前端称为墙趾；基底的后端称为墙踵。

**例 2-18** 如图 2-32 所示，现浇钢筋混凝土电梯墙，墙厚 200 mm，层高为 3.3 m，混凝土强度等级 C30，骨料粒径 5～40，计算钢筋混凝土电梯墙工程量。

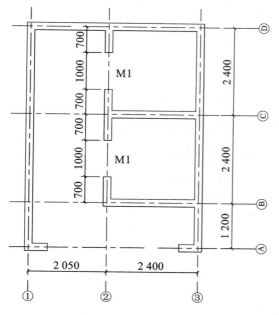

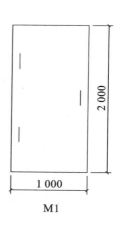

M1

图 2-32　某电梯井平面图

**解**　计算过程如表 2-73 所示。

表 2-73　计算过程

| 分部分项工程 | 位　　置 | 规　格 | 计算表达式 | 结　　果 |
|---|---|---|---|---|
| 电梯墙 | 2-3/D | V | $2.4\times0.2\times3.3$ | 1.58 $m^3$ |
| | 2-3/C | V | $(2.4-0.2)\times0.2\times3.3$ | 1.45 $m^3$ |
| | 2-3/B | V | $2.4\times0.2\times3.3$ | 1.58 $m^3$ |
| | 2/B-D | V | $(2.4+2.4)\times0.2\times3.3-2\times1\times0.2\times2$ | 2.37 $m^3$ |
| | 3/B-D | V | $(2.4+2.4)\times0.2\times3.3$ | 3.17 $m^3$ |
| | | 合计 | $1.58+1.45+1.58+2.37+3.17$ | 10.15 $m^3$ |

编制的分部分项工程项目清单如表 2-74 所示。

**表 2-74　项目清单**

| 序　号 | 项目编码 | 项目名称 | 项目特征 | 计量单位 | 工　程　量 |
|---|---|---|---|---|---|
| 1 | 010504001001 | 直形墙 | 1. 混凝土种类:商品混凝土。<br>2. 混凝土强度等级:C30 | m³ | 10.15 |

## （五）现浇混凝土板清单项目

现浇混凝土板如表 2-75 所示。

**表 2-75　现浇混凝土板(编号:010505)**

| 项目编码 | 项目名称 | 项目特征 | 计量单位 | 工程量计算规则 | 工 作 内 容 |
|---|---|---|---|---|---|
| 010505001 | 有梁板 | 1. 混凝土种类;<br>2. 混凝土强度等级 | m³ | 按设计图示尺寸以体积计算,不扣除单个面积不大于 0.3 m² 的柱、垛以及孔洞所占体积;<br>压形钢板混凝土楼板扣除构件内压形钢板所占体积;<br>有梁板(包括主、次梁与板)按梁、板体积之和计算,无梁板按板和柱帽体积之和计算,各类板伸入墙内的板头并入板体积内,薄壳板的肋、基梁并入薄壳体积内计算 | 混凝土制作、运输、浇筑、振捣、养护 |
| 010505002 | 无梁板 | | | | |
| 010505003 | 平板 | | | | |
| 010505004 | 拱板 | | | | |
| 010505005 | 薄壳板 | | | | |
| 010505006 | 栏板 | | | | |
| 010505007 | 天沟(檐沟)、挑檐板 | | | 按设计图示尺寸以体积计算 | |
| 010505008 | 雨篷、悬挑板、阳台板 | | | 按设计图示尺寸以墙外部分体积计算。包括伸出墙外的牛腿和雨篷反挑檐的体积 | |
| 010505009 | 空心板 | | | 按设计图示尺寸以体积计算。空心板(GBF 高强薄壁蜂巢芯板等)应扣除空心部分体积 | |
| 010505010 | 其他板 | | | 按设计图示尺寸以体积计算 | |

**1. 现浇混凝土板共性问题的说明**

现浇挑檐、天沟板、雨篷、阳台与板(包括屋面板、楼板)连接时,以外墙外边线为分界线;与圈梁(包括其他梁)连接时,以梁外边线为分界线。外边线以外为挑檐、天沟、雨篷或阳台。

### 2. 现浇混凝土板清单项目解析

1）有梁板（编码 010505001）、无梁板（编码 010505002）、平板（编码 010505003）、薄壳板（编码 010505005）

（1）特征描述：①混凝土种类；②混凝土强度等级。

（2）计算规则：按设计图示尺寸以体积计算，不扣除单个面积不大于 $0.3 \, m^2$ 的柱、垛以及孔洞所占体积，单位为 $m^3$。压形钢板混凝土楼板扣除构件内压形钢板所占体积。有梁板（包括主、次梁与板）按梁、板体积之和计算，无梁板按板和柱帽体积之和计算，各类板伸入墙内的板头并入板体积内，薄壳板的肋、基梁并入薄壳体积内计算。

（3）工作内容：混凝土制作、运输、浇筑、振捣、养护。

（4）清单项目说明：有梁板的梁（包括主、次梁）与板构成一体并至少有三边是以承重梁支承的，工程量按梁、板体积总和计算。

无梁板是指将板直接支承在墙和柱上，不设置梁的板，柱帽包含在板内。其工程量按板与柱帽的体积之和计算。

平板是指无柱支承、又不是现浇梁板结构，直接由墙（包括钢筋混凝土墙）支承的现浇钢筋混凝土板。其工程量按图示尺寸的体积计算。

薄壳板属于薄壳结构，薄壳结构为曲面的薄壁结构，按曲面生成的形式分筒壳、圆顶筒壳、双曲扁壳和双曲抛物面壳等，材料大多采用钢筋混凝土。

**例 2-19** 图 2-33～图 2-35 所示为某项工程的二层楼板示意图，板直接由柱支承，板厚度为 200 mm，楼板四周支承在墙上，柱子的断面尺寸为 400 mm×400 mm，墙厚 200 mm，柱帽及其他尺寸如图所示，计算该现浇混凝土无梁板的工程量，混凝土强度等级 C30，骨料粒径 5～40。

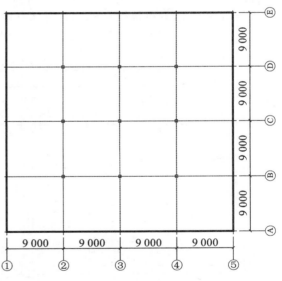

图 2-33 某楼板结构示意图

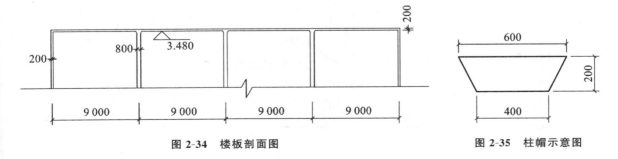

图 2-34 楼板剖面图

图 2-35 柱帽示意图

**解** 计算过程如表 2-76 所示。

表 2-76 计算过程

| 分部分项工程 | 位 置 | 规 格 | 计算表达式 | 结 果 |
|---|---|---|---|---|
| 无梁板 | 1-5/A-E | $V_板$ | $(9×4+0.2)×(9×4+0.2)×0.2$ | 262.09 m³ |
| | | $V_{柱帽}$ | $(1/6)×0.2×[0.6×0.6+0.4×0.4+(0.6+0.4)×(0.6+0.4)]×9$ | 0.46 m³ |
| | | 合计 | $262.09+0.46$ | 262.55 m³ |

编制的分部分项工程项目清单如表 2-77 所示。

表 2-77 项目清单

| 序 号 | 项目编码 | 项目名称 | 项目特征 | 计量单位 | 工 程 量 |
|---|---|---|---|---|---|
| 1 | 010505002001 | 无梁板 | 1. 混凝土种类:商品混凝土。<br>2. 混凝土强度等级:C30 | m³ | 262.55 |

**例 2-20** 如图 2-36 所示,某现浇混凝土有梁板,板面标高为 3.2 m,板厚 150 mm,混凝土强度等级为 C30,骨料粒径 5～40,计算该有梁板工程量。

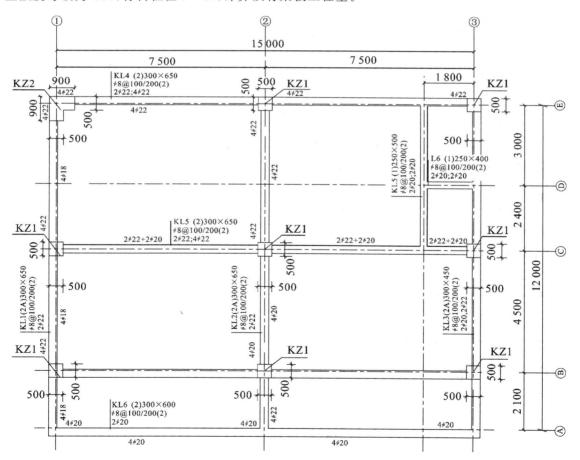

图 2-36 有梁板结构示意图

**解** 计算过程如表 2-78 所示。

表 2-78 计算过程

| 分部分项工程 | 位 置 | 规 格 | 计 算 表 达 式 | 结 果 |
|---|---|---|---|---|
| 有梁板 | 1-3/A-E | $V_{板}$ | $(15+0.5)×(12+0.5)×0.15-0.5×0.5×0.15×10-(0.9×0.9-0.4×0.4)×0.15$ | 28.59 m³ |
| | 1-3/E | $V_{KL4}$ | $0.3×(0.65-0.15)×(15-0.9+0.25-0.5-0.25)$ | 2.04 m³ |
| | 2-3/D | $V_{L6}$ | $0.25×(0.4-0.15)×(3.0-0.125-0.25)$ | 0.16 m³ |
| | 1-3/C | $V_{KL5}$ | $0.3×(0.65-0.15)×(15-0.25-0.5-0.25)$ | 2.1 m³ |
| | 1-3/B | $V_{KL4}$ | $0.3×(0.65-0.15)×(15-0.25-0.5-0.25)$ | 2.1 m³ |
| | 1-3/A | $V_{KL6}$ | $0.3×(0.6-0.15)×(15+0.25-0.25)$ | 2.03 m³ |
| | 1/A-E | $V_{KL1}$ | $0.3×(0.65-0.15)×(12-0.9+0.25-0.5-0.5)$ | 1.55 m³ |
| | 2/A-E | $V_{KL2}$ | $0.3×(0.65-0.15)×(12-0.25-0.5-0.5-0.05)$ | 1.60 m³ |
| | 2-3/C-E | $V_{L5}$ | $0.25×(0.5-0.15)×(2.4+3.0-0.05-0.15)$ | 0.46 m³ |
| | 3/A-E | $V_{KL3}$ | $0.3×(0.45-0.15)×(12-0.25-0.25-0.5-0.5)$ | 0.9 m³ |
| | | 合计 | $28.59+2.04+0.16+2.1+2.1+2.03+1.55+1.60+0.46+0.9$ | 41.53 m³ |

编制的分部分项工程项目清单如表 2-79 所示。

表 2-79 项目清单

| 序 号 | 项目编码 | 项目名称 | 项 目 特 征 | 计量单位 | 工 程 量 |
|---|---|---|---|---|---|
| 1 | 010505001001 | 有梁板 | 1. 混凝土种类:商品混凝土。<br>2. 混凝土强度等级:C30 | m³ | 41.53 |

2)天沟(檐沟)、挑檐板(编码 010505007)

(1)特征描述:①混凝土种类;②混凝土强度等级。

(2)计算规则:按设计图示尺寸以体积计算,单位为 m³。

(3)工作内容:混凝土制作、运输、浇筑、振捣、养护。

(4)清单项目说明:现浇挑檐、天沟板、雨篷、阳台与板(包括屋面板、楼板)连接时,以外墙外边线为分界线;与圈梁(包括其他梁)连接时,以梁外边线为分界线。外边线以外为挑檐、天沟、雨篷或阳台,如图 2-37 所示。

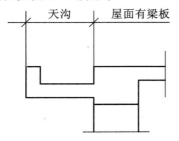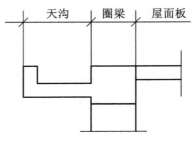

图 2-37 天沟与屋面板分界示意图

**例 2-21** 如图 2-38 和图 2-39 所示,计算现浇挑檐天沟混凝土工程量,混凝土强度等级 C30,骨料粒径 5～40。

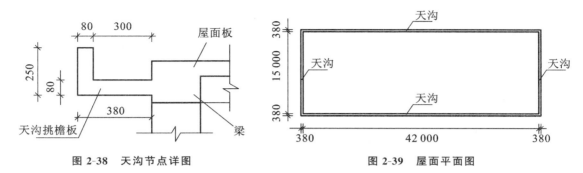

图 2-38 天沟节点详图　　　　　　　图 2-39 屋面平面图

**解** 计算过程如表 2-80 所示。

表 2-80 计算过程

| 分部分项工程 | 位　置 | 规　格 | 计算表达式 | 结　果 |
|---|---|---|---|---|
| 挑檐天沟 | 见图 | V | $(0.25\times0.08+0.3\times0.08)\times[(42+15)\times2+0.38\times4]$ | 5.08 m³ |

编制的分部分项工程项目清单如表 2-81 所示。

表 2-81 项目清单

| 序　号 | 项目编码 | 项目名称 | 项目特征 | 计量单位 | 工　程　量 |
|---|---|---|---|---|---|
| 1 | 010505007001 | 天沟、挑檐板 | 1. 混凝土种类:商品混凝土。<br>2. 混凝土强度等级:C30 | m³ | 5.08 |

**例 2-22** 如图 2-40 和图 2-41 所示,计算现浇雨篷工程量,混凝土强度等级 C30,骨料粒径 5～40。

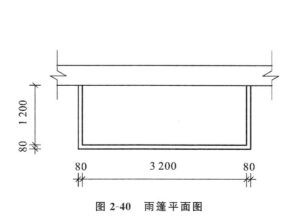

图 2-40 雨篷平面图　　　　　　　图 2-41 雨篷剖面图

**解** 计算过程如表 2-82 所示。

表 2-82　计算过程

| 分部分项工程 | 位　置 | 规　格 | 计算表达式 | 结　果 |
|---|---|---|---|---|
| 雨篷 | 见图 | $V_板$ | $(3.2+0.08+0.08)×(1.2+0.08)×0.08$ | 0.34 m³ |
| | | $V_反挑檐$ | $0.4×0.08×(1.2+0.04+3.2+0.04+0.04+1.2+0.04)$ | 0.18 m³ |
| | | $V_合计$ | $0.34+0.18$ | 0.52 m³ |

编制的分部分项工程项目清单如表 2-83 所示。

表 2-83　项目清单

| 项目编码 | 项目名称 | 项目特征 | 计量单位 | 工程量 |
|---|---|---|---|---|
| 010505008001 | 雨篷板 | 1. 混凝土种类:商品混凝土。<br>2. 混凝土强度等级:C30 | m³ | 0.52 |

## (六)现浇混凝土楼梯清单项目

现浇混凝土楼梯如表 2-84 所示。

表 2-84　现浇混凝土楼梯(编号:010506)

| 项目编码 | 项目名称 | 项目特征 | 计量单位 | 工程量计算规则 | 工作内容 |
|---|---|---|---|---|---|
| 010506001 | 直形楼梯 | 1. 混凝土种类;<br>2. 混凝土强度等级 | 1. m²;<br>2. m³ | 1. 以平方米计量,按设计图示尺寸以水平投影面积计算。不扣除宽度不大于 500 mm 的楼梯井,伸入墙内部分不计算;<br>2. 以立方米计量,按设计图示尺寸以体积计算 | 混凝土制作、运输、浇筑、振捣、养护 |
| 010506002 | 弧形楼梯 | | | | |

**1. 现浇混凝土楼梯共性问题的说明**

整体楼梯(包括直形楼梯、弧形楼梯)水平投影面积包括休息平台、平台梁、斜梁和楼梯的连接梁。当整体楼梯与现浇楼板无梯梁连接时,以楼梯的最后一个踏步边缘加 300 mm 为界。

**2. 现浇混凝土楼梯清单项目解析**

直形楼梯(编码 010506001)、弧形楼梯(编码 010506002):

(1)特征描述:①混凝土种类;②混凝土强度等级。

(2)计算规则:以平方米计量,按设计图示尺寸以水平投影面积计算,单位为 m²,不扣除宽度不大于 500 mm 的楼梯井,伸入墙内部分不计算;或者按设计图示尺寸以体积计算,单位为 m³。

(3)工作内容:混凝土制作、运输、浇筑、振捣、养护。

(4)清单项目说明:整体楼梯(包括直形楼梯、弧形楼梯)水平投影面积包括休息平台、平台梁、斜梁和楼梯的连接梁。当整体楼梯与现浇楼板无梯梁连接时,以楼梯的最后一个踏步边缘加 300 mm 为界,如图 2-42 所示。

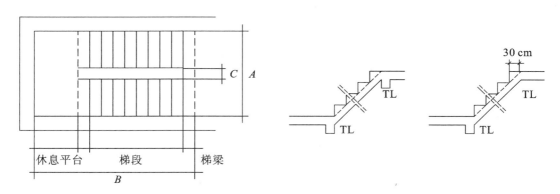

**图 2-42　楼梯示意图**

**例 2-23**　如图 2-43 所示,计算现浇混凝土楼梯工程量,混凝土强度等级 C30,骨料粒径5～40。

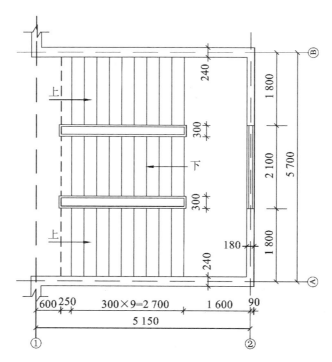

**图 2-43　某现浇楼梯平面示意图**

**解**　计算过程如表 2-85 所示。

**表 2-85　计算过程**

| 分部分项工程 | 位　置 | 规　格 | 计算表达式 | 结　果 |
|---|---|---|---|---|
| 现浇楼梯 | 1-2/A-B | S | $(5.15-0.6-0.09)\times(5.7-0.24)$ | 24.35 m² |

编制的分部分项工程项目清单如表 2-86 所示。

表 2-86　项目清单

| 序　号 | 项目编码 | 项目名称 | 项目特征 | 计量单位 | 工程量 |
|---|---|---|---|---|---|
| 1 | 010506001001 | 直形楼梯 | 1. 混凝土种类:商品混凝土。<br>2. 混凝土强度等级:C30 | m² | 24.35 |

## （七）现浇混凝土其他构件清单项目

现浇混凝土其他构件如表 2-87 所示。

表 2-87　现浇混凝土其他构件(编号:010507)

| 项目编码 | 项目名称 | 项目特征 | 计量单位 | 工程量计算规则 | 工作内容 |
|---|---|---|---|---|---|
| 010507001 | 散水、坡道 | 1. 垫层材料种类、厚度;<br>2. 面层厚度;<br>3. 混凝土种类;<br>4. 混凝土强度等级;<br>5. 变形缝填塞材料种类 | m² | 按设计图示尺寸以水平投影面积计算。不扣除单个面积不大于 0.3 m² 的孔洞所占面积 | 1. 地基夯实;<br>2. 铺设垫层;<br>3. 混凝土制作、运输、浇筑、振捣、养护;<br>4. 变形缝填塞 |
| 010507002 | 室外地坪 | 1. 地坪厚度;<br>2. 混凝土强度等级 | | | |
| 010507003 | 电缆沟、地沟 | 1. 土壤类别;<br>2. 沟截面净空尺寸;<br>3. 垫层材料种类、厚度;<br>4. 混凝土种类;<br>5. 混凝土强度等级;<br>6. 防护材料种类 | m | 按设计图示以中心线长度计算 | 1. 挖填、运土石方;<br>2. 铺设垫层;<br>3. 混凝土制作、运输、浇筑、振捣、养护;<br>4. 刷防护材料 |
| 010507004 | 台阶 | 1. 踏步高、宽;<br>2. 混凝土种类;<br>3. 混凝土强度等级 | 1. m²;<br>2. m³ | 1. 以平方米计量,按设计图示尺寸水平投影面积计算;<br>2. 以立方米计量,按设计图示尺寸以体积计算 | 混凝土制作、运输、浇筑、振捣、养护 |
| 010507005 | 扶手、压顶 | 1. 断面尺寸;<br>2. 混凝土种类;<br>3. 混凝土强度等级 | 1. m;<br>2. m³ | 1. 以米计量,按设计图示的中心线延长米计算;<br>2. 以立方米计量,按设计图示尺寸以体积计算 | 混凝土制作、运输、浇筑、振捣、养护 |
| 010507006 | 化粪池、检查井 | 1. 部位;<br>2. 混凝土强度等级;<br>3. 防水、抗渗要求 | | 1. 按设计图示尺寸以体积计算; | 混凝土制作、运输、浇筑、振捣、养护 |
| 010507007 | 其他构件 | 1. 构件的类型;<br>2. 构件规格;<br>3. 部位;<br>4. 混凝土种类;<br>5. 混凝土强度等级 | 1. m³;<br>2. 座 | 2. 以座计量,按设计图示数量计算 | |

**1．现浇混凝土其他构件共性问题的说明**

架空式混凝土台阶,按现浇楼梯计算。

**2．现浇混凝土其他构件清单项目解析**

1）散水、坡道(编码 010507001)

(1) 特征描述:①垫层材料种类、厚度;②面层厚度;③混凝土种类;④混凝土强度等级;⑤变形缝填塞材料种类。

(2) 计算规则:按设计图示尺寸以水平投影面积计算,单位为 m²,不扣除单个面积不大于 0.3 m² 的孔洞所占面积。

(3) 工作内容:①地基夯实;②铺设垫层;③混凝土制作、运输、浇筑、振捣、养护;④变形缝填塞。

(4) 清单项目说明:应特别注意清单项目的工作内容,在编制清单项目时,防止重复列项,在编制项目报价时,应注意综合单价中的单价构成。

2）电缆沟、地沟(编码 010507003)

(1) 特征描述:①土壤类别;②沟截面净空尺寸;③垫层材料种类、厚度;④混凝土种类;⑤混凝土强度等级;⑥防护材料种类。

(2) 计算规则:按设计图示以中心线长度计算,单位为 m。

(3) 工作内容:①挖填、运土石方;②铺设垫层;③混凝土制作、运输、浇筑、振捣、养护;④刷防护材料。

(4) 清单项目说明:应特别注意清单项目的工作内容,在编制清单项目时,防止重复列项,在编制项目报价时,应注意综合单价中的单价构成。

3）台阶(编码 010507004)

(1) 特征描述:①踏步高、宽;②混凝土种类;③混凝土强度等级。

(2) 计算规则:按设计图示尺寸水平投影面积计算,单位为 m²;或者按设计图示尺寸以体积计算,单位为 m³。

(3) 工作内容:混凝土制作、运输、浇筑、振捣、养护。

(4) 清单项目说明:架空式混凝土台阶,按现浇楼梯计算。楼梯台阶与楼地面分界线以最后一个踏步边缘加 300 mm 计算。

4）其他构件(编码 010507007)

(1) 特征描述:①构件的类型;②构件规格;③部位;④混凝土种类;⑤混凝土强度等级。

(2) 计算规则:按设计图示尺寸以体积计算,单位为 m³;或者,按设计图示数量计算,单位为座。

(3) 工作内容:混凝土制作、运输、浇筑、振捣、养护。

(4) 清单项目说明:现浇混凝土小型池槽、垫块、门框等,应按本表其他构件项目编码列项。

**例 2-24** 如图 2-44～图 2-47 所示,分别计算图中台阶、散水、坡道的工程量。

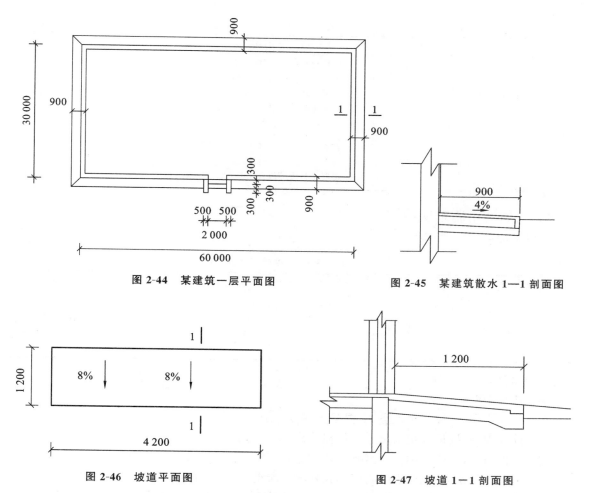

图 2-44　某建筑一层平面图　　　　图 2-45　某建筑散水 1—1 剖面图

图 2-46　坡道平面图　　　　　　图 2-47　坡道 1—1 剖面图

**解**　计算过程如表 2-88 所示。

表 2-88　计算过程

| 分部分项工程 | 位　置 | 规　格 | 计算表达式 | 结　果 |
|---|---|---|---|---|
| 台阶 | 见图 | S | 2×0.3×3 | 1.8 m² |
| 散水 | 见图 | S | 0.9×[(60+30)×2+0.9×4]−0.9×(2+0.5+0.5) | 162.54 m² |
| 坡道 | 见图 | S | 1.2×4.2 | 5.04 m² |

编制的分部分项工程项目清单如表 2-89 所示。

表 2-89　项目清单

| 序　号 | 项目编码 | 项目名称 | 项目特征 | 计量单位 | 工　程　量 |
|---|---|---|---|---|---|
| 1 | 010507001001 | 散水 | 1. 垫层材料种类、厚度:(按图中说明描述)。<br>2. 面层厚度:(按图中说明描述)。<br>3. 混凝土种类:商品混凝土。<br>4. 混凝土强度等级:(按图中说明描述)。<br>5. 变形缝填塞材料种类:(按图中说明描述) | m² | 162.54 |

续表

| 序　号 | 项目编码 | 项目名称 | 项目特征 | 计量单位 | 工　程　量 |
|---|---|---|---|---|---|
| 2 | 010507001002 | 坡道 | 1. 垫层材料种类、厚度:(按图中说明描述)。<br>2. 面层厚度:(按图中说明描述)。<br>3. 混凝土种类:商品混凝土。<br>4. 混凝土强度等级:(按图中说明描述)。<br>5. 变形缝填塞材料种类:(按图中说明描述) | m² | 5.04 |
| 3 | 010507004001 | 台阶 | 1. 踏步高、宽:踏步高150,踏步宽300。<br>2. 混凝土种类:商品混凝土。<br>3. 混凝土强度等级:C30 | m² | 1.8 |

## (八)后浇带清单项目

后浇带如表 2-90 所示。

表 2-90　后浇带(编号:010508)

| 项目编码 | 项目名称 | 项目特征 | 计量单位 | 工程量计算规则 | 工作内容 |
|---|---|---|---|---|---|
| 010508001 | 后浇带 | 1. 混凝土种类;<br>2. 混凝土强度等级 | m³ | 按设计图示尺寸以体积计算 | 混凝土制作、运输、浇筑、振捣、养护及混凝土交接面、钢筋等的清理 |

后浇带清单项目解析:

后浇带(编码 010508001):

(1)特征描述:①混凝土种类;②混凝土强度等级。

(2)计算规则:按设计图示尺寸以体积计算,单位为 m³。

(3)工作内容:混凝土制作、运输、浇筑、振捣、养护及混凝土交接面、钢筋等的清理。

(4)清单项目说明:混凝土后浇带单独列项。所谓后浇带指的是在建筑施工中为防止现浇钢筋混凝土结构由于温度、收缩不均可能产生的有害裂缝,按照设计或施工规范要求,在基础底板、墙、梁相应位置留设临时施工缝,将结构暂时划分为若干部分,经过构件内部收缩,在若干时间后再浇捣该施工缝混凝土,将结构连成整体。后浇带的留置宽度一般为 700~1 200 mm,现常见的有 800 mm、1 000 mm、1 200 mm 三种。后浇带的接缝形式有平直缝、阶梯缝、槽口缝和 X 形缝四种形式。

**例 2-25**　图 2-48 所示为某现浇钢筋混凝土后浇带示意图,混凝土强度等级 C30,骨料粒径 5~40,板长 6 m,宽 3 m,厚度为 100 mm,计算后浇带工程量。

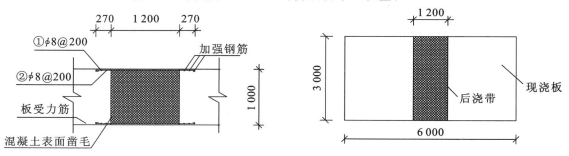

图 2-48　某建筑后浇带示意图

**解** 计算过程如表2-91所示。

表2-91 计算过程

| 分部分项工程 | 位 置 | 规 格 | 计算表达式 | 结 果 |
|---|---|---|---|---|
| 后浇带 | 见图 | V | 1.2×0.1×3.0 | 0.36 m³ |

编制的分部分项工程项目清单如表2-92所示。

表2-92 项目清单

| 序 号 | 项目编码 | 项目名称 | 项目特征 | 计量单位 | 工 程 量 |
|---|---|---|---|---|---|
| 1 | 010508001001 | 后浇带 | 1. 混凝土种类:商品混凝土。<br>2. 混凝土强度等级:C30 | m³ | 0.36 |

## (九)预制混凝土柱清单项目

预制混凝土柱如表2-93所示。

表2-93 预制混凝土柱(编号:010509)

| 项目编码 | 项目名称 | 项目特征 | 计量单位 | 工程量计算规则 | 工作内容 |
|---|---|---|---|---|---|
| 010509001 | 矩形柱 | 1. 图代号;<br>2. 单件体积;<br>3. 安装高度;<br>4. 混凝土强度等级;<br>5. 砂浆(细石混凝土)强度等级、配合比 | 1. m³;<br>2. 根 | 1. 以立方米计量,按设计图示尺寸以体积计算;<br>2. 以根计量,按设计图示尺寸以数量计算 | 1. 模板制作、安装、拆除、堆放、运输及清理模内杂物、刷隔离剂等;<br>2. 混凝土制作、运输、浇筑、振捣、养护;<br>3. 构件运输、安装;<br>4. 砂浆制作、运输;<br>5. 接头灌缝、养护 |
| 010509002 | 异形柱 | | | | |

**1. 预制混凝土柱共性问题的说明**

《房屋建筑与装饰工程工程量计算规范》GB 50854—2013对预制混凝土构件按现场制作编制项目,"工作内容"中包括模板工程,不再另列。若采用成品预制混凝土构件,构件成品价(包括模板、钢筋、混凝土等所有费用)应计入综合单价中。后续预制混凝土构件也遵循相同规定,应予以注意。此外,在编制清单项目时,如以根为单位进行计量,则必须在项目特征中描述单件体积。

预制混凝土构件或预制钢筋混凝土构件,如施工图设计标注做法见标准图集时,项目特征注明标准图集的编码、页号及节点大样即可。

**2. 预制混凝土柱清单项目解析**

矩形柱(编码010509001)、异形柱(编码010509002):

(1)特征描述:①图代号;②单件体积;③安装高度;④混凝土强度等级;⑤砂浆(细石混凝土)强度等级、配合比。

（2）计算规则：按设计图示尺寸以体积计算，单位为 m³。或者，按设计图示尺寸以数量计算，单位为根。

（3）工作内容：①模板制作、安装、拆除、堆放、运输及清理模内杂物、刷隔离剂等；②混凝土制作、运输、浇筑、振捣、养护；③构件运输、安装；④砂浆制作、运输；⑤接头灌缝、养护。

（4）清单项目说明：预制构件指的是预先制作完成的混凝土构件，施工现场施工的重点在于对预制构件进行装配、固定。预制构件的混凝土和钢筋量可直接查询对应的预制构件图集。非预制构件可以按现浇构件方式计算。

**例 2-26** 如图 2-49 所示，计算预制工字形柱工程量。

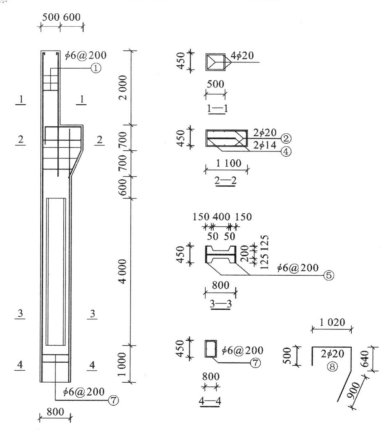

图 2-49 某预制工字形柱示意图

**解** 计算过程如表 2-94 所示。

表 2-94 计算过程

| 分部分项工程 | 位　置 | 规　格 | 计算表达式 | 结　果 |
|---|---|---|---|---|
| 工字形柱 | 见图 | V | $0.5\times0.45\times2+1.1\times0.45\times1.4-0.3\times0.7\times(1/2)\times0.45+5.6\times0.8\times0.45-4\times(0.4+0.5)\times0.125$ | 2.66 m³ |

编制的分部分项工程项目清单如表 2-95 所示。

表2-95 项目清单

| 序　号 | 项目编码 | 项目名称 | 项目特征 | 计量单位 | 工　程　量 |
|---|---|---|---|---|---|
| 1 | 010509002001 | 异形柱 | 1. 图代号:(按图说明)。<br>2. 单件体积:2.66 m³。<br>3. 安装高度:(见图)。<br>4. 混凝土强度等级:(见说明)。<br>5. 砂浆(细石混凝土)强度等级、配合比:(见说明) | m³ | 2.66 |

或者可以编制为表2-96所示的分部分项工程项目清单:

表2-96 项目清单

| 序　号 | 项目编码 | 项目名称 | 项目特征 | 计量单位 | 工　程　量 |
|---|---|---|---|---|---|
| 1 | 010509002001 | 异形柱 | 1. 图代号:(按图说明)。<br>2. 单件体积:2.66 m³。<br>3. 安装高度:(见图)。<br>4. 混凝土强度等级:(见说明)。<br>5. 砂浆(细石混凝土)强度等级、配合比:(见说明) | 根 | 1 |

## (十)预制混凝土梁清单项目

预制混凝土梁如表2-97所示。

表2-97 预制混凝土梁(工厂制品)(编号:010510)

| 项目编码 | 项目名称 | 项目特征 | 计量单位 | 工程量计算规则 | 工作内容 |
|---|---|---|---|---|---|
| 010510001 | 矩形梁 | 1. 图集、图纸名称;<br>2. 构件代号、名称;<br>3. 单件体积;<br>4. 安装高度;<br>5. 构件混凝土强度等级;<br>6. 砂浆(细石混凝土)强度等级、配合比 | 1. m³;<br>2. 根 | 1. 以立方米计量,按设计图示尺寸以体积计算;<br>2. 以根计量,按设计图示尺寸以数量计算 | 1. 构件卸车;<br>2. 构件驳运、安装;<br>3. 校正、固定;<br>4. 接头灌缝、养护 |
| 010510002 | 异形梁 | | | | |
| 010510003 | 过梁 | | | | |
| 010510004 | 拱形梁 | | | | |
| 010510005 | 鱼腹式吊车梁 | | | | |
| 010510006 | 其他梁 | | | | |

**1. 预制混凝土梁共性问题的说明**

《房屋建筑与装饰工程工程量计算规范》GB 50854—2013对预制混凝土构件按现场制作编制项目,"工作内容"中包括模板工程,不再另列。若采用成品预制混凝土构件,构件成品价(包括模板、钢筋、混凝土等所有费用)应计入综合单价中。后续预制混凝土构件也遵循相同规定,应予以注意。此外,在编制清单项目时,如以根为单位进行计量,则必须在项目特征中描述单件体积。装配整体式混凝土住宅体系中的预制叠合梁,按本表中相应项目编码列项。

预制混凝土构件或预制钢筋混凝土构件,如施工图设计标注做法见标准图集,项目特征注明标准图集的编码、页号及节点大样即可。

**2. 预制混凝土梁清单项目解析**

鱼腹式吊车梁（编码 010510005）

（1）特征描述：①图集、图纸名称；②构件代号、名称；③单件体积；④安装高度；⑤构件混凝土强度等级；⑥砂浆（细石混凝土）强度等级、配合比。

（2）计算规则：按设计图示尺寸以体积计算，单位为 m³；或者按设计图示尺寸以数量计算，单位为根。

（3）工作内容：①构件卸车；②构件驳运、安装；③校正、固定；④接头灌缝、养护。

（4）清单项目说明：鱼腹式吊车梁也是梁的一种，该梁中间截面大，逐步向两端减小，形状好像鱼腹，简称鱼腹梁，其目的是增大抗弯强度、节约材料。

## （十一）预制混凝土屋架清单项目

预制混凝土屋架如表 2-98 所示。

表 2-98　预制混凝土屋架（工厂制品）（编号：010511）

| 项目编码 | 项目名称 | 项目特征 | 计量单位 | 工程量计算规则 | 工作内容 |
|---|---|---|---|---|---|
| 010511001 | 折线型 | 1. 图集、图纸名称；<br>2. 构件代号、名称；<br>3. 单件体积；<br>4. 安装高度；<br>5. 构件混凝土强度等级；<br>6. 砂浆（细石混凝土）强度等级、配合比 | 1. m³；<br>2. 榀 | 1. 以立方米计量，按设计图示尺寸以体积计算；<br>2. 以榀计量，按设计图示尺寸以数量计算 | 1. 构件卸车；<br>2. 构件驳运、安装；<br>3. 校正、固定；<br>4. 接头灌缝、养护 |
| 010511002 | 组合 | | | | |
| 010511003 | 薄腹 | | | | |
| 010511004 | 门式刚架 | | | | |
| 010511005 | 天窗架 | | | | |

**1. 预制混凝土屋架共性问题的说明**

《房屋建筑与装饰工程工程量计算规范》GB 50854—2013 对预制混凝土构件按现场制作编制项目，"工作内容"中包括模板工程，不再另列。若采用成品预制混凝土构件，构件成品价（包括模板、钢筋、混凝土等所有费用）应计入综合单价中。后续预制混凝土构件也遵循相同规定，应予以注意。在编制清单项目时，如以榀为单位进行计量，则必须在项目特征中描述单件体积。三角形屋架按表中折线型屋架项目编码列项。

预制混凝土构件或预制钢筋混凝土构件，如施工图设计标注做法见标准图集，项目特征注明标准图集的编码、页号及节点大样即可。

**2. 预制混凝土屋架清单项目解析**

折线型屋架的每一榀均由一段段混凝土杆件拼接而成，分别为上弦杆、竖腹杆、斜腹杆、下弦杆，它具有外形合理、自重较轻的特点，适用于非卷材防水屋面的中型厂房。

组合屋架是指混凝土与钢结构的组合，上弦为钢筋混凝土或预应力混凝土构件，下弦为型钢或钢筋。屋架杆件少，兼具自重轻、受力明确、构造简单、施工方便的特点。

薄腹屋架是指顶部拱起的屋架，其构造形式相比折线型屋架更加简单，一般只有上弦杆、竖腹杆、下弦杆三部分，无斜腹杆，适用于采用横向天窗或井式天窗的厂房。

门式刚架通常用于跨度为 9~36 m、柱距为 6 m、柱高为 4.5~9 m、吊车起重量较小的单层工业房屋或公共建筑(超市、娱乐体育设施、车站候车室等)。其刚架可采用变截面,采用变截面时根据需要可改变腹板的高度和厚度及翼缘的宽度,做到材尽其用。

天窗架指的是采用横向天窗的屋架上方设置的具有通风、采光效果的屋架构造。

## (十二)预制混凝土板清单项目

预制混凝土板如表 2-99 所示。

表 2-99    预制混凝土板(工厂制品)(编号:010512)

| 项目编码 | 项目名称 | 项目特征 | 计量单位 | 工程量计算规则 | 工作内容 |
|---|---|---|---|---|---|
| 010512001 | 平板 | 1. 图集、图纸名称;<br>2. 构件代号、名称;<br>3. 单件体积;<br>4. 安装高度;<br>5. 构件混凝土强度等级;<br>6. 砂浆(细石混凝土)强度等级、配合比 | 1. m³;<br>2. 块 | 1. 以立方米计量,按设计图示尺寸以体积计算。不扣除单个面积小于或等于 300 mm×300 mm 的孔洞所占体积,扣除空心板空洞体积;<br>2. 以块计量,按设计图示尺寸以数量计算 | 1. 构件卸车;<br>2. 构件驳运、安装;<br>3. 校正、固定;<br>4. 接头灌缝、养护 |
| 010512002 | 空心板 | | | | |
| 010512003 | 槽形板 | | | | |
| 010512004 | 网架板 | | | | |
| 010512005 | 折线板 | | | | |
| 010512006 | 带肋板 | | | | |
| 010512007 | 大型板 | | | | |
| 010512008 | 沟盖板、井盖板、井圈 | 1. 图集、图纸名称;<br>2. 构件代号、名称;<br>3. 单件体积;<br>4. 构件混凝土强度等级;<br>5. 砂浆(细石混凝土)强度等级、配合比 | 1. m³;<br>2. 块(套) | 1. 以立方米计量,按设计图示尺寸以体积计算;<br>2. 以块计量,按设计图示尺寸以数量计算 | |

**1. 预制混凝土板共性问题的说明**

《房屋建筑与装饰工程工程量计算规范》GB 50854—2013 对预制混凝土构件按现场制作编制项目,"工作内容"中包括模板工程,不再另列。若采用成品预制混凝土构件时,构件成品价(包括模板、钢筋、混凝土等所有费用)应计入综合单价中。后续预制混凝土构件也遵循相同规定,应予以注意。在编制清单项目时,如以块、套计量,必须描述单件体积。

不带肋的预制遮阳板、雨篷板、挑檐板、拦板等,应按平板项目编码列项。

预制 F 形板、双 T 形板、单肋板和带反挑檐的雨篷板、挑檐板、遮阳板等,应按带肋板项目编码列项。

预制大型墙板、大型楼板、大型屋面板等,按大型板项目编码列项。

装配整体式混凝土住宅体系中的预制叠合楼板,按表中相应项目编码列项。预制叠合外墙板、预制外墙板、预制女儿墙板按表中大型板项目编码列项。

预制混凝土构件或预制钢筋混凝土构件,如施工图设计标注做法见标准图集,项目特征注明标准图集的编码、页号及节点大样即可。

**2. 预制混凝土板清单项目解析**

将板的横截面做成空心的板一般称为空心板。常见的预制空心板,跨度为 2.4~6 m,板厚为 120 mm 或 180 mm,板宽为 600 mm、900 mm、1 200 mm 等,圆孔直径当板厚为 120 mm 时为 83 mm,当板厚为 180 mm 时为 140 mm。

槽形板是一种梁板结合的构件。实心板的两侧设有纵肋,相当于小梁,用来承受板的荷载。为便于搁置和提高板的刚度,在板的两端常设端肋封闭。跨度较大的板,为提高刚度,还应在板的中部增设横肋。槽形板有预应力和非预应力两种。

网架板是一种新型绿色环保建筑材料,最常见的就是 CL 网架板,这是一种由钢筋焊接网架形成的保温夹芯板,极大地降低成本,减低损耗,适用于各种热工设计分区的不同抗震等级的民用建筑。

折线板就是断面为起伏折叠的板,一般用作大型体育场或构筑物的屋面板,或是建筑物的雨篷等。

带肋板形似梁与板的组合体,板中会有如梁一般向上或向下凸出的混凝土带,板与这些混凝土带形成的整体就被称为预制混凝土板中的带肋板。

### (十三)预制混凝土楼梯清单项目

预制混凝土楼梯如表 2-100 所示。

表 2-100　预制混凝土楼梯(工厂制品)(编号:010513)

| 项目编码 | 项目名称 | 项目特征 | 计量单位 | 工程量计算规则 | 工作内容 |
| --- | --- | --- | --- | --- | --- |
| 010513001 | 楼梯 | 1. 图集、图纸名称;<br>2. 构件代号、名称、类型;<br>3. 单件体积;<br>4. 构件混凝土强度等级;<br>5. 砂浆(细石混凝土)强度等级、配合比 | 1. m³;<br>2. 段 | 1. 以立方米计量,按设计图示尺寸以体积计算。扣除空心踏步板空洞体积;<br>2. 以段计量,按设计图示数量计算 | 1. 构件卸车;<br>2. 构件驳运、安装;<br>3. 校正、固定;<br>4. 接头灌缝、养护 |

预制混凝土楼梯共性问题的说明:

《房屋建筑与装饰工程工程量计算规范》GB 50854—2013 对预制混凝土构件按现场制作编制项目,"工作内容"中包括模板工程,不再另列。若采用成品预制混凝土构件,构件成品价(包括模板、钢筋、混凝土等所有费用)应计入综合单价中。后续预制混凝土构件也遵循相同规定,应予以注意。在编制清单项目时,如以段计量,必须描述单件体积。

装配整体式混凝土住宅体系中的预制楼梯段,按本表项目编码列项。

预制混凝土构件或预制钢筋混凝土构件,如施工图设计标注做法见标准图集,项目特征注明标准图集的编码、页号及节点大样即可。

### (十四)其他预制构件清单项目

其他预制构件如表 2-101 所示。

表2-101　其他预制构件（编号：010514）

| 项目编码 | 项目名称 | 项目特征 | 计量单位 | 工程量计算规则 | 工作内容 |
|---|---|---|---|---|---|
| 010514001 | 垃圾道、通风道、烟道 | 1. 图集、图纸名称；<br>2. 构件代号、名称；<br>3. 单件体积；<br>4. 构件混凝土强度等级；<br>5. 砂浆（细石混凝土）强度等级、配合比 | 1. m³；<br>2. m²；<br>3. 根（块、套） | 1. 以立方米计量，按设计图示尺寸以体积计算。不扣除单个面积小于或等于300 mm×300 mm的孔洞所占体积，扣除烟道、垃圾道、通风道的孔洞所占体积；<br>2. 以平方米计量，按设计图示尺寸以面积计算。不扣除单个面积小于或等于300 mm×300 mm的孔洞所占面积；<br>3. 以根（块、套）计量，按设计图示尺寸以数量计算 | 1. 构件卸车；<br>2. 构件驳运、安装；<br>3. 校正、固定；<br>4. 灌缝、养护 |
| 010514002 | 其他构件 | | | | |

其他预制构件共性问题的说明：

《房屋建筑与装饰工程工程量计算规范》GB 50854—2013对预制混凝土构件按现场制作编制项目，"工作内容"中包括模板工程，不再另列。若采用成品预制混凝土构件，构件成品价（包括模板、钢筋、混凝土等所有费用）应计入综合单价中。

在编制清单项目时，如以根（块、套）计量，必须描述单件体积。预制混凝土小型池槽、压顶、扶手、垫块、隔热板、花格等，以及按表中其他构件项目编码列项的，可不描述单件体积。

混凝土小型构件如为现场预制，应在工作内容中予以描述。装配整体式混凝土住宅体系中的预制阳台板、预制空调板按表中其他构件项目编码列项。

预制混凝土构件或预制钢筋混凝土构件，如施工图设计标注做法见标准图集，项目特征注明标准图集的编码、页号及节点大样即可。

**例2-27**　如图2-50所示，计算该通风道的工程量，混凝土强度等级C30，骨料粒径5～40。

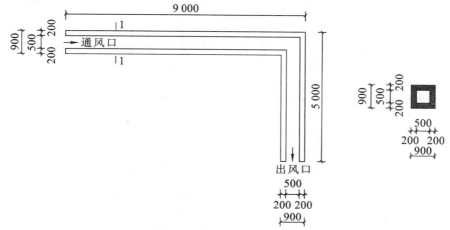

图2-50　某通风道示意图

**解** 计算过程如表 2-102 所示。

表 2-102　计算过程

| 分部分项工程 | 位　置 | 规　格 | 计算表达式 | 结　果 |
|---|---|---|---|---|
| 通风道 | 见图 | $V$ | $(0.9 \times 0.9 - 0.5 \times 0.5) \times (9 + 5 - 0.9)$ | 7.34 m³ |

编制的分部分项工程项目清单如表 2-103 所示。

表 2-103　项目清单

| 序　号 | 项目编码 | 项目名称 | 项目特征 | 计量单位 | 工　程　量 |
|---|---|---|---|---|---|
| 1 | 010514001001 | 通风道 | 1. 单件体积：7.34 m³。<br>2. 混凝土强度等级：C30 | m³ | 7.34 |

## （十五）钢筋工程清单项目

钢筋工程如表 2-104 所示。

表 2-104　钢筋工程（编号：010515）

| 项目编码 | 项目名称 | 项目特征 | 计量单位 | 工程量计算规则 | 工作内容 |
|---|---|---|---|---|---|
| 010515001 | 现浇构件钢筋 | 钢筋种类、规格 | | 按设计图示钢筋（网）长度（面积）乘单位理论质量计算 | 1. 钢筋制作、运输；<br>2. 钢筋安装；<br>3. 焊接（绑扎） |
| 010515002 | 预制构件钢筋 | | | | |
| 010515003 | 钢筋网片 | | | | 1. 钢筋网制作、运输；<br>2. 钢筋网安装；<br>3. 焊接（绑扎） |
| 010515004 | 钢筋笼 | | t | | 1. 钢筋笼制作、运输；<br>2. 钢筋笼安装；<br>3. 焊接（绑扎） |
| 010515005 | 先张法预应力钢筋 | 1. 钢筋种类、规格；<br>2. 锚具种类 | | 按设计图示钢筋长度乘单位理论质量计算 | 1. 钢筋制作、运输；<br>2. 钢筋张拉 |
| 010515006 | 后张法预应力钢筋 | 1. 钢筋种类、规格；<br>2. 钢丝种类、规格；<br>3. 钢绞线种类、规格；<br>4. 锚具种类；<br>5. 砂浆强度等级 | | 按设计图示钢筋（丝束、绞线）长度乘单位理论质量计算。<br>1. 低合金钢筋两端均采用螺杆锚具时，钢筋长度按孔道长度减 0.35 m 计算，螺杆另行计算。<br>2. 低合金钢筋一端采用镦头插片，另一端采用螺杆锚具 | 1. 钢筋、钢丝、钢绞线制作、运输；<br>2. 钢筋、钢丝、钢绞线安装；<br>3. 预埋管孔道铺设；<br>4. 锚具安装；<br>5. 砂浆制作、运输；<br>6. 孔道压浆、养护 |

续表

| 项目编码 | 项目名称 | 项目特征 | 计量单位 | 工程量计算规则 | 工作内容 |
|---|---|---|---|---|---|
| 010515007 | 预应力钢丝 | | | 时,钢筋长度按孔道长度计算,螺杆另行计算。<br><br>3.低合金钢筋一端采用镦头插片,另一端采用帮条锚具时,钢筋按增加0.15 m计算;两端均采用帮条锚具时,钢筋长度按孔道长度增加0.3 m计算。<br><br>4.低合金钢筋采用后张混凝土自锚时,钢筋长度按孔道长度增加0.35 m计算。<br><br>5.低合金钢筋(钢绞线)采用JM、XM、QM型锚具,孔道长度小于或等于20 m时,钢筋长度按增加1 m计算;孔道长度大于20 m时,钢筋长度按增加1.8 m计算。<br><br>6.碳素钢丝采用锥形锚具,孔道长度小于或等于20 m时,钢丝束长度按孔道长度增加1 m计算;孔道长度大于20 m时,钢丝束长度按孔道长度增加1.8 m计算。<br><br>7.碳素钢丝采用镦头锚具时,钢丝束长度按孔道长度增加0.35 m计算 | 1.钢筋、钢丝、钢绞线制作、运输;<br>2.钢筋、钢丝、钢绞线安装;<br>3.预埋管孔道铺设;<br>4.锚具安装;<br>5.砂浆制作、运输;<br>6.孔道压浆、养护 |
| 010515008 | 预应力钢绞线 | 1.钢筋种类、规格;<br>2.钢丝种类、规格;<br>3.钢绞线种类、规格;<br>4.锚具种类;<br>5.砂浆强度等级 | t | | |
| 010515009 | 支承钢筋(铁马) | 1.钢筋种类;<br>2.规格 | | 按钢筋长度乘单位理论质量计算 | 钢筋制作、焊接、安装 |
| 010515010 | 声测管 | 1.材质;<br>2.规格型号 | | 按设计图示尺寸以质量计算 | 1.检测管截断、封头;<br>2.套管制作、焊接;<br>3.定位、固定 |

**1. 钢筋工程共性问题的说明**

现浇构件中伸出构件的锚固钢筋应并入钢筋工程量内。除设计(包括规范规定)标明的搭接外,其他施工搭接不计算工程量,在综合单价中综合考虑。

**2. 钢筋工程项目解析**

1) 现浇构件钢筋(编码 010515001)

(1) 特征描述:钢筋种类、规格。

(2) 计算规则:按设计图示钢筋(网)长度(面积)乘单位理论质量计算,单位为 t。

(3) 工作内容:①钢筋制作、运输;②钢筋安装;③焊接(绑扎)。

(4) 清单项目说明:现浇构件钢筋指现浇钢筋混凝土结构构件内的钢筋工程量,如现浇混凝土基础内所用的钢筋量、现浇混凝土梁内所用的钢筋量;在编制工程量清单时,应将当前工程中所有的现浇钢筋混凝土构件内所有钢筋明细进行汇总,同时在项目特征描述中注明其钢筋种类(级别或牌号)、规格(直径),以 t 为单位计算,同时保留 3 位小数。钢筋构造及各构件钢筋排布规则,应参考现行图集规范,如 16G 系列图集和 12G 系列图集等资料。

2) 支承钢筋(铁马)(编码 010515009)

(1) 特征描述:①钢筋种类;②规格。

(2) 计算规则:按钢筋长度乘单位理论质量计算,单位为 t。

(3) 工作内容:钢筋制作、焊接、安装。

(4) 清单项目说明:支承钢筋(铁马)主要指在钢筋工程施工过程中,为了保证钢筋工程的质量符合设计及规范的要求,需要采取一些施工方法,如在基础、板中增加马凳筋,剪力墙中增加梯子筋,柱构件中增加定位框等。现浇构件中固定位置的支承钢筋、双层钢筋用的"铁马"在编制工程量清单时,如果设计未明确,其工程量可为暂估量,结算时按现场签证数量计算。

3) 声测管(编码 010515010)

(1) 特征描述:①材质;②规格型号。

(2) 计算规则:按设计图示尺寸以质量计算,单位为 t。

(3) 工作内容:①检测管截断、封头;②套管制作、焊接;③定位、固定。

(4) 清单项目说明:声测管是灌注桩进行超声检测法时探头进入桩身内部的通道,它是灌注桩超声检测系统的重要组成部分,它在桩内的预埋方式及其在桩的横截面上的布置形式,将直接影响检测结果。因此,需检测的桩应在设计时将声测管的布置和埋置方式标入图纸,在施工时应严格控制埋置的质量,以确保检测工作顺利进行。

## (十六)螺栓、铁件清单项目

螺栓、铁件如表 2-105 所示。

表 2-105 螺栓、铁件(编号:010516)

| 项目编码 | 项目名称 | 项目特征 | 计量单位 | 工程量计算规则 | 工作内容 |
|---|---|---|---|---|---|
| 010516001 | 螺栓 | 1. 螺栓种类;<br>2. 规格 | t | 按设计图示尺寸以质量计算 | 1. 螺栓、铁件制作、运输;<br>2. 螺栓、铁件安装 |
| 010516002 | 预埋铁件 | 1. 钢材种类;<br>2. 规格;<br>3. 铁件尺寸 | | | |

续表

| 项目编码 | 项目名称 | 项目特征 | 计量单位 | 工程量计算规则 | 工 作 内 容 |
|---|---|---|---|---|---|
| 010516003 | 机械连接 | 1. 连接方式；<br>2. 螺纹套筒种类；<br>3. 规格 | 个 | 按数量计算 | 1. 钢筋套丝；<br>2. 套筒连接 |
| 沪010516004 | 钢筋电渣压力焊接头 | 钢筋种类、规格 | 个 | 按数量计算 | 1. 接头清理；<br>2. 焊接固定 |
| 沪010516005 | 植筋 | 1. 材料种类；<br>2. 材料规格；<br>3. 植入深度；<br>4. 植筋胶品种 | 根 | 按设计图示数量计算 | 1. 定位、钻孔、清孔；<br>2. 钢筋加工成型；<br>3. 注胶植筋；<br>4. 抗拔试验；<br>5. 养护 |

**1. 螺栓、铁件共性问题的说明**

编制工程量清单时，如果设计未明确，其工程数量可为暂估量，实际工程量按现场签证数量计算。

**2. 螺栓、铁件清单项目解析**

1）螺栓（编码 010516001）

（1）特征描述：①螺栓种类；②规格。

（2）计算规则：按设计图示尺寸以质量计算，单位为 t。

（3）工作内容：①螺栓、铁件制作、运输；②螺栓、铁件安装。

（4）清单项目说明：螺栓在设备安装中用来固定设备，提前在设备基础上把螺栓预埋在混凝土中，后期在设备安装或管道安装时起固定作用。在编制工程量清单时，应将当前工程中所有相同规格的螺栓进行汇总，同时在项目特征描述中注明其种类、规格，以 t 为单位计算，保留 3 位小数。

2）预埋铁件（编码 010516002）

（1）特征描述：①钢材种类；②规格；③铁件尺寸。

（2）计算规则：按设计图示尺寸以质量计算，单位为 t。

（3）工作内容：①螺栓、铁件制作、运输；②螺栓、铁件安装。

（4）清单项目说明：预埋铁件指预先埋入的钢铁结构件，一般仅指埋入混凝土结构中者，也称为"预埋件"。预埋铁件一部分埋入混凝土中起到锚固定位作用，露出来的剩余部分用来连接混凝土的附属结构，如幕墙、钢结构支架等。在编制工程量清单时，应将当前工程中所有同规格的预埋铁件进行汇总，同时在项目特征描述中注明其钢材种类、规格、铁件尺寸，以 t 为单位计算，保留 3 位小数。

3）机械连接（编码 010516003）

（1）特征描述：①连接方式；②螺纹套筒种类；③规格。

（2）计算规则：按数量计算，单位为个。

（3）工作内容：①钢筋套丝；②套筒连接。

（4）清单项目说明：机械连接是钢筋连接接头的一种工艺，一般包含镦粗直螺纹连接、滚压直螺纹连接、锥螺纹连接、套管挤压连接四种形式。在编制工程量清单时，应将当前工程中所有相同连接形式、相同规格的机械接头数量进行汇总，同时在项目特征中注明其连接方式、螺纹套筒种类、规格，以个为单位计算。

4）植筋（编码沪 010516005）

（1）特征描述：①材料种类；②材料规格；③植入深度；④植筋胶品种。

（2）计算规则：按设计图示数量计算，单位为根。

（3）工作内容：①定位、钻孔、清孔；②钢筋加工成型；③注胶植筋；④抗拔试验；⑤养护。

（4）清单项目说明：植筋是指建筑工程化学法植筋胶植筋，简称植筋，又叫种筋，是建筑结构抗震加固工程上的一种钢筋后锚固利用结构胶锁键握紧力作用的连接技术，是结构植筋加固与重型荷载紧固应用的最佳选择。"植筋"技术是一项针对混凝土结构较简捷、有效的连接与锚固技术；可植入普通钢筋，也可植入螺栓式锚筋。现已广泛应用于已有建筑物的加固改造工程，如：施工中漏埋钢筋或钢筋偏离设计位置的补救，构件加大截面加固的补筋，上部结构扩跨、顶升对梁、柱的接长，房屋加层接柱和高层建筑增设剪力墙的植筋等。

# 六、金属结构工程③

## （一）钢网架清单项目

钢网架如表 2-106 所示。

表 2-106　钢网架（编码：010601）

| 项目编码 | 项目名称 | 项目特征 | 计量单位 | 工程量计算规则 | 工作内容 |
|---|---|---|---|---|---|
| 010601001 | 钢网架 | 1. 钢材品种、规格；<br>2. 网架节点形式、连接方式；<br>3. 网架跨度、安装高度；<br>4. 探伤要求；<br>5. 防火要求 | t | 按设计图示尺寸以质量计算。不扣除孔眼的质量，焊条、铆钉等不另增加质量 | 1. 构件卸车；<br>2. 构件场内驳运；<br>3. 拼装；<br>4. 安装；<br>5. 探伤；<br>6. 补刷油漆 |

钢网架清单项目解析：

双层板型网架结构、单层和双层壳型网架结构均按钢网架列项。球节点钢网架制作工程量按钢网架整个重量计算，即钢杆件、球节点、支座等重量之和，不扣除球节点开孔所占重量。

## （二）钢屋架、钢托架、钢桁架、钢桥架清单项目

钢屋架、钢托架、钢桁架、钢桥架如表 2-107 所示。

---

③　对于金属构件的切边，不规则及多边形钢板发生的损耗在综合单价中考虑；防火要求指耐火极限。

表 2-107　钢屋架、钢托架、钢桁架、钢桥架（编码：010602）

| 项目编码 | 项目名称 | 项目特征 | 计量单位 | 工程量计算规则 | 工作内容 |
|---|---|---|---|---|---|
| 010602001 | 钢屋架 | 1. 钢材品种、规格；<br>2. 单榀质量；<br>3. 屋架跨度、安装高度；<br>4. 螺栓种类；<br>5. 探伤要求；<br>6. 防火要求 | 1. 榀；<br>2. t | 1. 以榀计量，按设计图示数量计算。<br>2. 以吨计量，按设计图示尺寸以质量计算。不扣除孔眼的质量，焊条、铆钉、螺栓等不另增加质量 | 1. 构件卸车；<br>2. 构件场内驳运；<br>3. 拼装；<br>4. 安装；<br>5. 探伤；<br>6. 补刷油漆 |
| 010602002 | 钢托架 | 1. 钢材品种、规格；<br>2. 单榀质量；<br>3. 安装高度；<br>4. 螺栓种类；<br>5. 探伤要求；<br>6. 防火要求 | t | 按设计图示尺寸以质量计算。不扣除孔眼的质量，焊条、铆钉、螺栓等不另增加质量 | |
| 010602003 | 钢桁架 | | | | |
| 010602004 | 钢桥架 | 1. 桥架类型；<br>2. 钢材品种、规格；<br>3. 单榀质量；<br>4. 安装高度；<br>5. 螺栓种类；<br>6. 探伤要求 | t | 按设计图示尺寸以质量计算。不扣除孔眼的质量，焊条、铆钉、螺栓等不另增加质量 | |

钢屋架、钢托架、钢桁架、钢桥架共性问题的说明：

以榀计量，按标准图设计的应注明标准图代号，按非标准图设计的项目特征必须描述单榀屋架的质量。

### （三）钢柱清单项目

钢柱如表 2-108 所示。

表 2-108　钢柱（编码：010603）

| 项目编码 | 项目名称 | 项目特征 | 计量单位 | 工程量计算规则 | 工作内容 |
|---|---|---|---|---|---|
| 010603001 | 实腹钢柱 | 1. 柱类型；<br>2. 钢材品种、规格；<br>3. 单根柱质量；<br>4. 螺栓种类；<br>5. 探伤要求；<br>6. 防火要求 | t | 按设计图示尺寸以质量计算。不扣除孔眼的质量，焊条、铆钉、螺栓等不另增加质量，依附在钢柱上的牛腿及悬臂梁等并入钢柱工程量内 | 1. 构件卸车；<br>2. 构件场内驳运；<br>3. 拼装；<br>4. 安装；<br>5. 探伤；<br>6. 补刷油漆 |
| 010603002 | 空腹钢柱 | | | | |
| 010603003 | 钢管柱 | 1. 钢材品种、规格；<br>2. 单根柱质量；<br>3. 螺栓种类；<br>4. 探伤要求；<br>5. 防火要求 | | 按设计图示尺寸以质量计算。不扣除孔眼的质量，焊条、铆钉、螺栓等不另增加质量，钢管柱上的节点板、加强环、内衬管、牛腿等并入钢管柱工程量内 | |

**1．钢柱共性问题的说明**

（1）型钢混凝土柱浇筑钢筋混凝土，其混凝土和钢筋应按混凝土及钢筋混凝土工程中相关项目编码列项。

（2）高层金属构件的劲性钢柱、非劲性钢柱，按本表相应项目列项，并在项目特征中予以描述。劲性钢构件类型是指十字形、T形、L形、H形及异形组合。非劲性构件类型是指箱形、圆管形及异形组合。

（3）大跨度金属构件中的钢柱，按本表相应项目列项。并在项目特征中予以描述。

**2．钢柱清单项目解析**

1）实腹钢柱（编码 010603001）、空腹钢柱（编码 010603002）

（1）特征描述：①柱类型；②钢材品种、规格；③单根柱质量；④螺栓种类；⑤探伤要求；⑥防火要求。

（2）计算规则：按设计图示尺寸以质量计算。不扣除孔眼的质量，焊条、铆钉、螺栓等不另增加质量，依附在钢柱上的牛腿及悬臂梁等并入钢柱工程量内，单位为 t。

（3）工作内容：①构件卸车；②构件场内驳运；③拼装；④安装；⑤探伤；⑥补刷油漆。

（4）清单项目说明：实腹钢柱具有整体的截面，空腹钢柱截面分为两肢或多肢，各肢间用缀条或缀板联系，当荷载较大、柱身较宽时钢材用量较省，常用的工字钢、H形钢、槽钢及焊制截面等柱按此列项。实腹钢柱类型指十字形、T形、L形、H形等。空腹钢柱类型指箱形、格构等。

2）钢管柱（编码 010603003）

（1）特征描述：①钢材品种、规格；②单根柱质量；③螺栓种类；④探伤要求；⑤防火要求。

（2）计算规则：按设计图示尺寸以质量计算，不扣除孔眼的质量，焊条、铆钉、螺栓等不另增加质量，钢管柱上的节点板、加强环、内衬管、牛腿等并入钢管柱工程量内，单位为 t。

（3）工作内容：①构件卸车；②构件场内驳运；③拼装；④安装；⑤探伤；⑥补刷油漆。

（4）清单项目说明：焊接钢管柱、无缝钢管柱、焊接螺旋钢管柱均按此列项。

**例 2-28**　某工程空腹钢柱如图 2-51 所示（最底层钢板为—12 mm 厚），共 2 根，加工厂制作，运输到现场拼装、安装、进行超声波探伤，耐火极限为二级。钢材单位理论质量如表 2-109 所示，试列出该工程空腹钢柱的分部分项工程量清单。

表 2-109　钢材单位理论质量表

| 规　　格 | 单位质量 | 备　　注 |
|---|---|---|
| ⊏100b×（320×90） | 43.25 kg/m | 槽钢 |
| ∟100×100×8 | 12.28 kg/m | 角钢 |
| ∟140×140×10 | 21.49 kg/m | 角钢 |
| —12 | 94.20 kg/m | 钢板 |

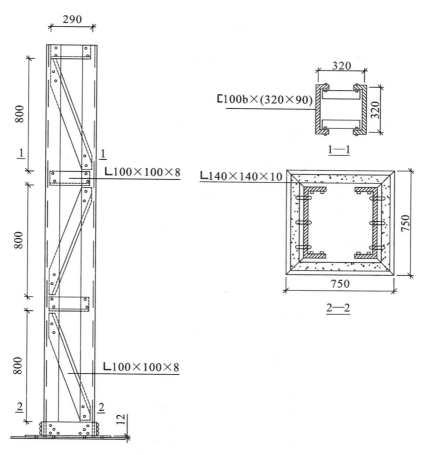

**图 2-51 某空腹钢柱示意图**

**解** 计算过程如表 2-110 所示。

表 2-110 计算过程

| 分部分项工程 | 位 置 | 规 格 | 计算表达式 | 结 果 |
|---|---|---|---|---|
| 空腹钢柱 | ⊏100b×(320×90) | $G_1$ | 2.97×2×43.25×2 | 513.81 kg |
| | ∟100×100×8 | $G_2$ | $(0.29×6+\sqrt{0.8^2+0.29^2}×6)×12.28×2$ | 168.13 kg |
| | ∟140×140×10 | $G_3$ | (0.32+0.14×2)×4×21.49×2 | 103.15 kg |
| | —12 | $G_4$ | 0.75×0.75×94.20×2 | 105.98 kg |
| | 合计 | $G$ | 513.81+168.13+103.15+105.98 | 0.891 t |

编制的分部分项工程项目清单如表 2-111 所示。

表 2-111　项目清单

| 序　号 | 项目编码 | 项目名称 | 项目特征 | 计量单位 | 工　程　量 |
|---|---|---|---|---|---|
| 1 | 010603002001 | 空腹钢柱 | 1. 柱类型:简易箱形。<br>2. 钢材品种、规格:槽钢、角钢、钢板,规格见详图。<br>3. 单根柱质量:0.45 t。<br>4. 螺栓种类:普通螺栓。<br>5. 探伤要求:超声波探伤。<br>6. 防火要求:耐火极限为二级 | t | 0.891 |

注:防火要求指耐火极限。

## (四)钢梁清单项目

钢梁如表 2-112 所示。

表 2-112　钢梁(编码:010604)

| 项目编码 | 项目名称 | 项目特征 | 计量单位 | 工程量计算规则 | 工作内容 |
|---|---|---|---|---|---|
| 010604001 | 钢梁 | 1. 梁类型;<br>2. 钢材品种、规格;<br>3. 单根质量;<br>4. 螺栓种类;<br>5. 安装高度;<br>6. 探伤要求;<br>7. 防火要求 | t | 按设计图示尺寸以质量计算。不扣除孔眼的质量,焊条、铆钉、螺栓等不另增加质量,制动梁、制动板、制动桁架、车挡并入钢吊车梁工程量内 | 1. 构件卸车;<br>2. 构件场内驳运;<br>3. 拼装;<br>4. 安装;<br>5. 探伤;<br>6. 补刷油漆 |
| 010604002 | 钢吊车梁 | 1. 钢材品种、规格;<br>2. 单根质量;<br>3. 螺栓种类;<br>4. 安装高度;<br>5. 探伤要求;<br>6. 防火要求 | | | |

钢梁共性问题的说明:

(1)梁类型指 H 形、L 形、T 形、箱形、格构式等。

(2)型钢混凝土梁浇筑钢筋混凝土,其混凝土和钢筋应按混凝土及钢筋混凝土工程中相关项目编码列项。

(3)高层金属构件中的劲性钢梁、非劲性钢梁,按本表相应项目列项,并在项目特征中予以描述。劲性钢构件类型是指十字形、T 形、L 形、H 形及异形组合。非劲性构件类型是指箱形、圆管形及异形组合。

(4)大跨度金属构件中的钢梁,按本表相应项目列项,并在项目特征中予以描述。

**例 2-29**　　如图 2-52 所示,计算该槽形钢梁的工程量,已知 C25a 的理论质量为 27.4 kg/m。

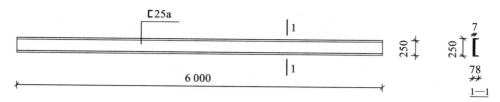

图 2-52　槽形钢梁示意图

**解**　计算过程如表 2-113 所示。

表 2-113　计算过程

| 分部分项工程 | 位　置 | 规　格 | 计算表达式 | 结　果 |
|---|---|---|---|---|
| 钢梁 | 见图 | $G$ | 27.4×6.0/1 000 | 0.164 t |

编制的分部分项工程项目清单如表 2-114 所示。

表 2-114　项目清单

| 序　号 | 项目编码 | 项目名称 | 项目特征 | 计量单位 | 工　程　量 |
|---|---|---|---|---|---|
| 1 | 010604001001 | 钢梁 | 1. 梁类型:槽形钢梁。<br>2. 钢材品种、规格:(按图纸说明描述)。<br>3. 单根质量:0.164 t。<br>4. 螺栓种类:(按图纸说明描述)。<br>5. 安装高度:(按图纸说明描述)。<br>6. 探伤要求:(按图纸说明描述)。<br>7. 防火要求:(按图纸说明描述) | t | 0.164 |

## （五）钢板楼板、墙板清单项目

钢板楼板、墙板如表 2-115 所示。

表 2-115　钢板楼板、墙板(编码:010605)

| 项目编码 | 项目名称 | 项目特征 | 计量单位 | 工程量计算规则 | 工作内容 |
|---|---|---|---|---|---|
| 010605001 | 钢板楼板 | 1. 钢材品种、规格;<br>2. 钢板厚度;<br>3. 螺栓种类;<br>4. 防火要求 | m² | 按设计图示尺寸以铺设水平投影面积计算。不扣除单个面积小于或等于 0.3 m² 的柱、垛及孔洞所占面积 | 1. 构件卸车;<br>2. 构件场内驳运;<br>3. 拼装;<br>4. 安装;<br>5. 探伤;<br>6. 补刷油漆 |
| 010605002 | 钢板墙板 | 1. 钢材品种、规格;<br>2. 钢板厚度、复合板厚度;<br>3. 螺栓种类;<br>4. 复合板夹芯材料种类、层数、型号、规格;<br>5. 防火要求 | | 按设计图示尺寸以铺挂展开面积计算。不扣除单个面积小于或等于 0.3 m² 的梁、孔洞所占面积,包角、包边、窗台泛水等不另加面积 | |

| 项目编码 | 项目名称 | 项目特征 | 计量单位 | 工程量计算规则 | 工作内容 |
|---|---|---|---|---|---|
| 沪 010605003 | 钢筋桁架式组合楼板 | 1. 钢材品种、规格；<br>2. 压型钢板厚度；<br>3. 螺栓种类；<br>4. 钢筋；<br>5. 防火要求 | m² | 按设计图示尺寸以铺设水平投影面积计算。不扣除单个面积小于或等于 0.3 m² 的柱、垛及孔洞所占面积 | 1. 构件卸车；<br>2. 构件场内驳运；<br>3. 安装 |

**1. 钢板楼板、墙板共性问题的说明**

(1) 钢板楼板上浇筑钢筋混凝土，其混凝土和钢筋应按混凝土及钢筋混凝土工程中相关项目编码列项。

(2) 压型钢楼板按本表中钢板楼板项目编码列项。

**2. 钢板楼板、墙板清单项目解析**

1) 钢板楼板（编码 010605001）

(1) 特征描述：①钢材品种、规格；②钢板厚度；③螺栓种类；④防火要求。

(2) 计算规则：按设计图示尺寸以铺设水平投影面积计算，不扣除单个面积小于或等于 0.3 m² 的柱、垛及孔洞所占面积，单位为 m²。

(3) 工作内容：①构件卸车；②构件场内驳运；③拼装；④安装；⑤探伤；⑥补刷油漆。

(4) 清单项目说明：钢板楼板以 0.8～1.5 m 厚热镀锌钢板经冷弯而成，作为钢楼板，一般与钢筋混凝土结合成一个整体承受荷载，压型钢板与混凝土结合成组合楼板，可省去木模板并可作为承重结构。同时为加强压型钢板与混凝土的结合力，宜在钢板上预焊栓钉或压制双向加劲肋。

2) 钢板墙板（编码 010605002）

(1) 特征描述：①钢材品种、规格；②钢板厚度、复合板厚度；③螺栓种类；④复合板夹芯材料种类、层数、型号、规格；⑤防火要求。

(2) 计算规则：按设计图示尺寸以铺挂展开面积计算，不扣除单个面积小于或等于 0.3 m² 的梁、孔洞所占面积，包角、包边、窗台泛水等不另加面积，单位为 m²。

(3) 工作内容：①构件卸车；②构件场内驳运；③拼装；④安装；⑤探伤；⑥补刷油漆。

(4) 清单项目说明：常见钢板墙板有波形、双曲波形、肋形、V 形、加劲型等，压型板用作工业厂房屋面板、墙板时，在一般无保温要求的情况下，每平方米用钢量为 5～11 kg，有保温要求时，可用矿棉板、玻璃棉、泡沫塑料等作绝热材料。

## （六）钢构件清单项目

钢构件如表 2-116 所示。

**表 2-116　钢构件（编码:010606）**

| 项目编码 | 项目名称 | 项目特征 | 计量单位 | 工程量计算规则 | 工作内容 |
|---|---|---|---|---|---|
| 010606001 | 钢支承、钢拉条 | 1. 钢材品种、规格；<br>2. 构件类型；<br>3. 安装高度；<br>4. 螺栓种类；<br>5. 探伤要求；<br>6. 防火要求 | t | 按设计图示尺寸以质量计算,不扣除孔眼的质量,焊条、铆钉、螺栓等不另增加质量 | 1. 拼装；<br>2. 安装；<br>3. 探伤；<br>4. 补刷油漆 |
| 010606002 | 钢檩条 | 1. 钢材品种、规格；<br>2. 构件类型；<br>3. 单根质量；<br>4. 安装高度；<br>5. 螺栓种类；<br>6. 探伤要求；<br>7. 防火要求 | | | |
| 010606003 | 钢天窗架 | 1. 钢材品种、规格；<br>2. 单榀质量；<br>3. 安装高度；<br>4. 螺栓种类；<br>5. 探伤要求；<br>6. 防火要求 | | | |
| 010606004 | 钢挡风架 | 1. 钢材品种、规格；<br>2. 单榀质量；<br>3. 螺栓种类；<br>4. 探伤要求；<br>5. 防火要求 | | | |
| 010606005 | 钢墙架 | | | | |
| 010606006 | 钢平台 | 1. 钢材品种、规格；<br>2. 螺栓种类；<br>3. 防火要求 | | | |
| 010606007 | 钢走道 | | | | |
| 010606008 | 钢梯 | 1. 钢材品种、规格；<br>2. 钢梯形式；<br>3. 螺栓种类；<br>4. 防火要求 | | | |
| 010606009 | 钢护栏 | 1. 钢材品种、规格；<br>2. 防火要求 | | | |
| 010606010 | 钢漏斗 | 1. 钢材品种、规格；<br>2. 漏斗、天沟形式；<br>3. 安装高度；<br>4. 探伤要求 | | 按设计图示尺寸以质量计算,不扣除孔眼的质量,焊条、铆钉、螺栓等不另增加质量,依附漏斗或天沟的型钢并入漏斗或天沟工程量内 | |
| 010606011 | 钢板天沟 | | | | |
| 010606012 | 钢支架 | 1. 钢材品种、规格；<br>2. 单付重量；<br>3. 防火要求 | | 按设计图示尺寸以质量计算,不扣除孔眼的质量,焊条、铆钉、螺栓等不另增加质量 | |
| 010606013 | 零星钢构件 | 1. 构件名称；<br>2. 钢材品种、规格 | | | |

**1．钢构件共性问题的说明**

（1）高层金属构件中的钢支承、钢桁架，按本表相应项目列项，并在项目特征中予以描述。高层金属构件的钢桁架类型是指钢桁架、管桁架。

（2）大跨度金属构件中的钢支承、空间钢桁架、钢檩条按本表相应项目列项，并在项目特征中予以描述。

**2．钢构件清单项目解析**

1）钢支承、钢拉条（编码010606001）、钢檩条（编码010606002）、钢天窗架（编码010606003）、钢挡风架（编码010606004）、钢墙架（编码010606005）、钢平台（编码010606006）、钢走道（编码010606007）、钢梯（编码010606008）、钢护栏（编码010606009）

（1）计算规则：按设计图示尺寸以质量计算，不扣除孔眼的质量，焊条、铆钉、螺栓等不另增加质量，单位为 t。

（2）工作内容：①拼装；②安装；③探伤；④补刷油漆。

（3）清单项目说明：

① 钢支承一般情况是倾斜的连接构件，可分为垂直支承、水平支承、柱间支承、箱形支承等，最常见的是人字形和交叉形状的，截面形式可以是钢管、H 形钢、角钢等。

拉条是檩条之间固定的连接杆，有直拉条和斜拉条，一般用直径 $\phi 12$ 的圆钢。

钢支承、钢拉条类型指单式、复式。

② 墙面檩条、墙面檩条刚性拉条、屋面檩条、组合檩条等，截面主要有 C 形钢、Z 形钢，檩条、槽钢、角钢等均列入钢檩条项目中，钢檩条类型指型钢式、格构式。

③ 上悬钢天窗、中悬钢天窗、电动采光排烟侧开型天窗等列入钢天窗架项目中。

④ 天窗挡风架、柱侧挡风架、山墙防风桁架、柱侧挡风架等列入钢挡风架项目中。

⑤ 钢墙架是现代建筑工程中的一种金属结构建材，一般多由型钢制作而成为墙的骨架，并主要包括墙架柱、墙架梁和连接杆件。

⑥ 钢平台和钢走道在现代钢结构项目中的形式多样，功能一应俱全。最大的特点是全组装式结构，设计灵活，可根据不同的现场情况设计并制造符合场地要求、使用功能要求及满足物流要求的钢结构平台、走道。在现代的存储中较为广泛应用，平台结构通常由铺板、主次梁、柱、柱间支承，以及梯子、栏杆等组成并列入此项。

⑦ 普通钢梯、屋面检修钢梯、吊车钢梯、中柱式钢螺旋钢梯、板式钢螺旋钢梯等列入钢梯项目中。

⑧ 活动栏杆、平台栏杆等列入钢护栏项目中。

2）钢漏斗（编码010606010）、钢板天沟（编码010606011）

（1）特征描述：①钢材品种、规格；②漏斗、天沟形式；③安装高度；④探伤要求。

（2）计算规则：按设计图示尺寸以质量计算，不扣除孔眼的质量，焊条、铆钉、螺栓等不另增加质量，依附漏斗或天沟的型钢并入漏斗或天沟工程量内，单位为 t。

（3）工作内容：①拼装；②安装；③探伤；④补刷油漆。

（4）清单项目说明：钢漏斗形式指方形、圆形；天沟形式指矩形沟或半圆形沟。

3）零星钢构件（编码010606013）

（1）特征描述：①构件名称；②钢材品种、规格。

（2）计算规则：按设计图示尺寸以质量计算，不扣除孔眼的质量，焊条、铆钉、螺栓等不另增加质量,单位为 t。

（3）工作内容:①拼装;②安装;③探伤;④补刷油漆。

（4）清单项目说明:加工铁件等小型构件,按零星钢构件项目编码列项。

**例 2-30** 如图 2-53 所示,计算制作钢直梯的工程量,已知 6 mm 厚钢板的理论质量为 47.1 kg/m²,5 mm 厚钢板的理论质量为 39.2 kg/m²。

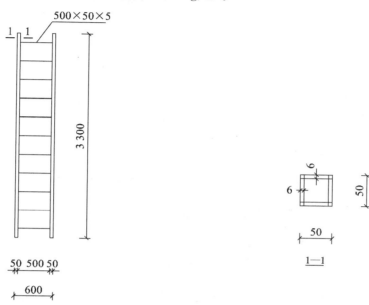

图 2-53 钢直梯示意图

**解** 计算过程如表 2-117 所示。

表 2-117 计算过程

| 分部分项工程 | 位　　置 | 规　　格 | 计算表达式 | 结　　果 |
|---|---|---|---|---|
| 钢直梯 | 见图 | $G_{扶手}$ | $(0.05×2+0.038×2)×3.3×2×47.1/1\,000$ | 0.055 t |
| | | $G_{踏板}$ | $0.5×0.05×11×39.2/1\,000$ | 0.011 t |
| | | 合计 | $0.055+0.011$ | 0.066 t |

编制的分部分项工程项目清单如表 2-118 所示。

表 2-118 项目清单

| 序　号 | 项目编码 | 项目名称 | 项目特征 | 计量单位 | 工程量 |
|---|---|---|---|---|---|
| 1 | 010606008001 | 钢梯 | 1. 钢材品种、规格:(按图纸说明描述)。<br>2. 钢梯形式:直梯。<br>3. 螺栓种类:(按图纸说明描述)。<br>4. 防火要求:(按图纸说明描述) | t | 0.066 |

## （七）金属制品清单项目

金属制品如表 2-119 所示。

表 2-119　金属制品（编码：010607）

| 项目编码 | 项目名称 | 项目特征 | 计量单位 | 工程量计算规则 | 工作内容 |
|---|---|---|---|---|---|
| 010607001 | 成品空调金属百叶护栏 | 1. 材料品种、规格；<br>2. 边框材质 | m² | 按设计图示尺寸以框外围展开面积计算 | 1. 安装；<br>2. 校正；<br>3. 预埋铁件及安螺栓 |
| 010607002 | 成品栅栏 | 1. 材料品种、规格；<br>2. 边框及立柱型钢品种、规格 | | | 1. 安装；<br>2. 校正；<br>3. 预埋铁件；<br>4. 安螺栓及金属立柱 |
| 010607003 | 成品雨篷 | 1. 材料品种、规格；<br>2. 雨篷宽度；<br>3. 晾衣竿品种、规格 | 1. m；<br>2. m² | 1. 以米计量，按设计图示接触边以米计算；<br>2. 以平方米计量，按设计图示尺寸以展开面积计算 | 1. 安装；<br>2. 校正；<br>3. 预埋铁件及安螺栓 |
| 010607004 | 金属网栏 | 1. 材料品种、规格；<br>2. 边框及立柱型钢品种、规格 | m² | 按设计图示尺寸以框外围展开面积计算 | 1. 安装；<br>2. 校正；<br>3. 安螺栓及金属立柱 |
| 010607005 | 砌块墙钢丝网加固 | 1. 材料品种、规格；<br>2. 加固方式 | | 按设计图示尺寸以面积计算 | 1. 铺贴；<br>2. 锚固 |
| 010607006 | 后浇带金属网 | | | | |

**1. 金属制品共性问题的说明**

抹灰钢丝网加固按表中砌块墙钢丝网加固项目编码列项。

**2. 金属制品清单项目解析**

1）金属网栏（编码 010607004）

（1）特征描述：①材料品种、规格；②边框及立柱型钢品种、规格。

（2）计算规则：按设计图示尺寸以框外围展开面积计算，单位为 m²。

（3）工作内容：①安装；②校正；③安螺栓及金属立柱。

（4）清单项目说明：

网栏主要分为桃型柱网栏、双边丝网栏、双圈网栏、三角折弯网栏、波浪网栏、框架网栏。

桃型柱网栏是一种新型的防护产品，现主要用于发达城市的公路、铁路、住宅小区、桥梁、飞机场、工厂、体育场、绿地等的防护。桃型柱网栏也有很多其他叫法，如桃型柱隔离栅、围栏、护栏网等。它具有美观大方、不受地形起伏限制及安装方便、规格多样等特点。桃型柱网栏产品规格可根据客户要求定做。

双边丝网栏是一种采用冷拔低碳钢丝焊接成网筒状卷边,与网面一体的隔离栅产品,在使用时与连接钢管支柱一起进行固定。此种双边丝网栏通常是编焊而成,主要用于铁路、公路、飞机场、桥梁、小区、工厂、建筑工地、港口、绿地等的美化防护。双边丝网栏又名双边丝护栏网、隔离栅、网栏。具有结构简单,便于运输安装,不受地形起伏限制,特别是对于山地、坡地、多弯地带适应性极强,坚固耐用,价格中等偏低,适合大面积采用的特点。

双圈网栏可用于公路、铁路、桥梁、住宅小区、工厂、建筑工地、飞机场、体育场、港口、绿地的装饰防护。双圈网栏在南方叫双圈隔离栅,在北方叫作双圈护栏网、双圈围栏。其产品具有造型美观、花色多样等特点。双圈网栏规格可按客户要求定做,价格较低。

三角折弯网栏是将焊接的优质丝、片经过加工折弯后组装而成的,折弯既增加美观性,同时增加网片强度,两者兼得。主要应用于学校、小区、公路、铁路、桥梁、飞机场、港口、体育场、建筑工地、公园、绿地、封山护林等地区的防护。另有折弯护栏网、折弯围栏的叫法。三角折弯网栏具有防腐,防老化,抗晒,耐高低温,结构简单,美观实用,便于运输安装,防盗性能好,受实际地形限制小,对于山地、坡地、多弯地带适应性极强,价格适中的特点。

波浪网栏用优质盘条作为原材料,经由镀锌、PVC热缩粉末浸塑保护的焊接式卷网或片网与立柱主要用特制的塑料卡子或高强度不锈钢钢丝卡子连接而成,水平双线(间隔平均分布)的设计加强了围网的坚固程度,而网线的波浪形状则使围网的外形更加美观。主要用于高速公路、飞机场、铁路、小区、工厂、建筑工地、港口码头、绿地、封山护林、畜牧、饲养等的防护。又名荷兰网、波浪护栏网、围栏、护栏网。具有安装方便、牢固、价格低等特点。波浪网栏产品规格可根据客户要求加工定做。

框架网栏是用冷拔低碳钢丝焊接而成的,用连接附件与钢管支柱固定。主要用于厂区围栏、高速公路、铁路、机场、桥梁、飞机场、绿地、小区、建筑工地、码头港口等领域。框架网栏还有框架护栏网、框架围栏的叫法,具有强度高、刚性好、造型美观、安装简便、明亮、坚固耐用、不易褪色等特点。框架网栏产品规格可根据客户要求加工定做。

2)砌块墙钢丝网加固(编码 010607005)

(1)特征描述:①材料品种、规格;②加固方式。

(2)计算规则:按设计图示尺寸以面积计算,单位为 $m^2$。

(3)工作内容:①铺贴;②锚固。

(4)清单项目说明:一般在填充墙与框架梁底和框架柱的交界处,以及两种不同墙体材料(结构墙与砌块墙)交接处及线槽电盒处,为了控制裂缝需布设钢丝网,一般宽 200 mm,缝两边各 100 mm。当抹灰总厚度大于或等于 35 mm 时应采取加强措施:①在抹灰层的中间加钉一层铁丝网;②当厚度大于 50 mm 时,应用 $\phi6$ 钢筋焊成 300 mm×300 mm 的方格网,并用钢筋与主体焊接牢固。

## (八)其他金属结构工程清单项目

其他金属结构工程如表 2-120 所示。

表 2-120　其他金属结构工程（编码：沪 010609）

| 项目编码 | 项目名称 | 项目特征 | 计量单位 | 工程量计算规则 | 工作内容 |
|---|---|---|---|---|---|
| 沪 010609001 | 轻钢结构 | 1. 钢材材质；<br>2. 构件名称、用途；<br>3. 跨度、安装高度；<br>4. 探伤要求；<br>5. 防火要求 | t | 按设计图示尺寸以质量计算。不扣除孔眼的质量，焊条、铆钉、螺栓等不另增加质量 | 1. 构件卸车；<br>2. 构件场内驳运；<br>3. 拼装、安装；<br>4. 搭设操作脚手架；<br>5. 补刷油漆 |

其他金属结构工程清单项目解析：

本项目为上海市补充清单项目。

# 七、木结构工程

## （一）市屋架清单项目

木屋架如表 2-121 所示。

表 2-121　木屋架（编码：010701）

| 项目编码 | 项目名称 | 项目特征 | 计量单位 | 工程量计算规则 | 工作内容 |
|---|---|---|---|---|---|
| 010701001 | 木屋架 | 1. 跨度；<br>2. 材料品种、规格；<br>3. 刨光要求；<br>4. 拉杆及夹板种类；<br>5. 防护材料种类 | 1. 榀；<br>2. m³ | 1. 以榀计量，按设计图示数量计算；<br>2. 以立方米计量，按设计图示的规格尺寸以体积计算 | 1. 构件卸车；<br>2. 运输；<br>3. 安装；<br>4. 刷防护材料 |
| 010701002 | 钢木屋架 | 1. 跨度；<br>2. 木材品种、规格；<br>3. 刨光要求；<br>4. 钢材品种、规格；<br>5. 防护材料种类 | 榀 | 以榀计量，按设计图示数量计算 | |

木屋架共性问题的说明：

（1）由木材制成的桁架式屋盖构件，称之为木屋架。常用的木屋架是方木或圆木连接的豪式木屋架，一般分为三角形和梯形两种。

（2）钢木屋架是指受压杆件如上弦杆及斜杆均采用木材制作，受拉杆件如下弦杆及拉杆均采用钢材制作，拉杆一般用圆钢材料，下弦杆可以采用圆钢或型钢材料的屋架。

（3）屋架的跨度应以上、下弦中心线两交点之间的距离计算。

（4）带气楼的屋架和马尾、折角以及正交部分的半屋架，按相关屋架项目编码列项。

（5）以榀计量，按标准图设计的应注明标准图代号，按非标准图设计的项目特征必须按要求进行描述。

**例 2-31**　某厂房方木屋架如图 2-54 所示，共 4 榀，现场制作，不刨光，拉杆为 φ10 的圆钢，铁件刷防锈漆一遍，轮胎式起重机安装，安装高度 6 m。编制该方木屋架以立方米计量的分部分项工程量清单。

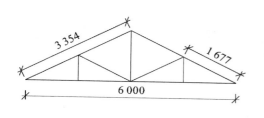 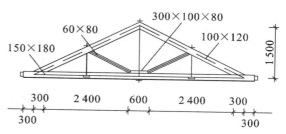

图 2-54　方木屋架示意图

**解**　计算过程如表 2-122 所示。

表 2-122　计算过程

| 分部分项工程 | 位　置 | 规　格 | 计算表达式 | 结　果 |
|---|---|---|---|---|
| 方木屋架 | 下弦杆体积 | V | 0.15×0.18×6.6×4 | 0.713 m³ |
| | 上弦杆体积 | V | 0.10×0.12×3.354×2×4 | 0.322 m³ |
| | 斜撑体积 | V | 0.06×0.08×1.677×2×4 | 0.064 m³ |
| | 元宝垫木体积 | V | 0.30×0.10×0.08×4 | 0.010 m³ |
| | 合计 | V | 0.713+0.322+0.064+0.010 | 1.11 m³ |

编制的分部分项工程项目清单如表 2-123 所示。

表 2-123　项目清单

| 序　号 | 项目编码 | 项目名称 | 项目特征 | 计量单位 | 工程量 |
|---|---|---|---|---|---|
| 1 | 010701001001 | 方木屋架 | 1. 跨度:6.00 m。<br>2. 材料品种、规格:方木、规格见详图。<br>3. 刨光要求:不刨光。<br>4. 拉杆种类:φ10 圆钢。<br>5. 防护材料种类:铁件刷防锈漆一遍 | m³ | 1.11 |

注:依据《房屋建筑与装饰工程工程量计算规范》,屋架的跨度以上、下弦中心线两交点之间的距离计算。

## (二)市构件清单项目

木构件如表 2-124 所示。

表 2-124　木构件(编码:010702)

| 项目编码 | 项目名称 | 项目特征 | 计量单位 | 工程量计算规则 | 工作内容 |
|---|---|---|---|---|---|
| 010702001 | 木柱 | 1. 构件规格尺寸;<br>2. 木材种类;<br>3. 刨光要求;<br>4. 防护材料种类 | m³ | 按设计图示尺寸以体积计算 | 1. 制作;<br>2. 运输;<br>3. 安装;<br>4. 刷防护材料 |
| 010702002 | 木梁 | | | | |
| 010702003 | 木檩 | | 1. m³;<br>2. m | 1. 以立方米计量,按设计图示尺寸以体积计算;<br>2. 以米计量,按设计图示尺寸以长度计算 | 1. 运输;<br>2. 安装;<br>3. 刷防护材料 |

续表

| 项目编码 | 项目名称 | 项目特征 | 计量单位 | 工程量计算规则 | 工作内容 |
|---|---|---|---|---|---|
| 010702004 | 木楼梯 | 1. 楼梯形式;<br>2. 木材种类;<br>3. 刨光要求;<br>4. 防护材料种类 | m² | 按设计图示尺寸以水平投影面积计算。不扣除宽度小于或等于300 mm的楼梯井,伸入墙内部分不计算 | 1. 制作;<br>2. 运输;<br>3. 安装;<br>4. 刷防护材料 |
| 010702005 | 其他木构件 | 1. 构件名称;<br>2. 构件规格尺寸;<br>3. 木材种类;<br>4. 刨光要求;<br>5. 防护材料种类 | 1. m³;<br>2. m | 1. 以立方米计量,按设计图示尺寸以体积计算;<br>2. 以米计量,按设计图示尺寸以长度计算 | 1. 运输;<br>2. 安装;<br>3. 刷防护材料 |

木构件共性问题的说明:

(1)木楼梯的栏杆(栏板)、扶手,应按其他装饰工程中的相关项目编码列项。

(2)以米计量,项目特征必须描述构件规格尺寸。

**例 2-32** 图 2-55 所示为一木楼梯,尺寸如图所示,刷调和漆两遍,求该木楼梯工程量。

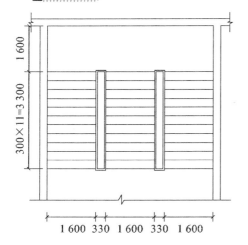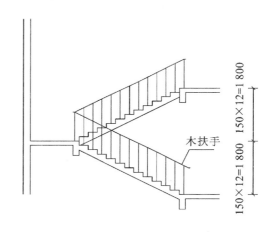

图 2-55 某建筑木楼梯示意图

**解** 计算过程如表 2-125 所示。

表 2-125 计算过程

| 分部分项工程 | 位 置 | 规 格 | 计算表达式 | 结 果 |
|---|---|---|---|---|
| 木楼梯 | 见图 | S | (1.6+0.33+1.6+0.33+1.6)×(3.3+1.6) | 26.75 m² |

编制的分部分项工程项目清单如表 2-126 所示。

表 2-126　项目清单

| 序　号 | 项目编码 | 项目名称 | 项目特征 | 计量单位 | 工 程 量 |
|---|---|---|---|---|---|
| 1 | 010702004001 | 木楼梯 | 1. 楼梯形式:(按图纸说明描述)。<br>2. 木材种类:(按图纸说明描述)。<br>3. 刨光要求:(按图纸说明描述)。<br>4. 防护材料种类:调和漆两遍 | m² | 26.75 |

### （三）屋面市基层清单项目

屋面木基层如表 2-127 所示。

表 2-127　屋面木基层（编码:010703）

| 项目编码 | 项目名称 | 项目特征 | 计量单位 | 工程量计算规则 | 工 作 内 容 |
|---|---|---|---|---|---|
| 010703001 | 屋面木基层 | 1. 椽子断面尺寸及椽距;<br>2. 望板材料种类、厚度;<br>3. 防护材料种类 | m² | 按设计图示尺寸以斜面积计算。不扣除房上烟囱、风帽底座、风道、小气窗、斜沟等所占面积。小气窗的出檐部分不增加面积 | 1. 椽子制作、安装;<br>2. 望板制作、安装;<br>3. 顺水条和挂瓦条制作、安装;<br>4. 刷防护材料 |

屋面木基层共性问题的说明:

屋面木基层包括椽子、屋面板、挂瓦条、顺水条等。屋面系统的木结构是由屋面木基层和木屋架(或钢木屋架)两部分组成的。

# 八、门窗工程

## （一）市门清单项目

木门如表 2-128 所示。

表 2-128　木门（编码:010801）

| 项目编码 | 项目名称 | 项目特征 | 计量单位 | 工程量计算规则 | 工 作 内 容 |
|---|---|---|---|---|---|
| 010801001 | 木质门 | 1. 门代号及洞口尺寸;<br>2. 镶嵌玻璃品种、厚度 | 1. 樘;<br>2. m² | 1. 以樘计量,按设计图示数量计算;<br>2. 以平方米计量,按设计图示尺寸以面积计算 | 1. 门安装;<br>2. 玻璃安装;<br>3. 五金安装 |
| 010801002 | 木质门带套 | | | | |
| 010801003 | 木质连窗门 | | | | |
| 010801004 | 木质防火门 | | | | |
| 010801005 | 木门框 | 1. 门代号及洞口尺寸;<br>2. 框截面尺寸;<br>3. 防护材料种类 | 1. 樘;<br>2. m | 1. 以樘计量,按设计图示数量计算;<br>2. 以米计量,按设计图示框的中心线以延长米计算 | 1. 木门框制作;<br>2. 运输;<br>3. 刷防护材料 |
| 010801006 | 门锁安装 | 1. 锁品种;<br>2. 锁规格 | 个<br>(套) | 按设计图示数量计算 | 安装 |

木门共性问题的说明：

（1）木门应区分镶板木门、企口木板门、实木装饰门、胶合板门、夹板装饰门、木纱门、全玻门（带木质扇框）、木质半玻门（带木质扇框）等项目，分别编码列项。

镶板木门又名冒头门、框档门，是指由边梃、上冒头、中冒头、下冒头组成门扇骨架，内镶门芯板构成的门。

企口木板门是指木板门的拼接面呈凸凹的接头面。

胶合板门又叫夹板门，指门芯板用整块板（例如三夹板）置于门梃双面裁口内，并在门扇的双面用胶粘贴平。胶合板门上按需要也可留出洞口安装玻璃和百叶。胶合板门不宜用于外门和公共浴室等湿度大的房间。

夹板装饰门是中间为轻型骨架双面贴薄板的门。夹板装饰门采用较小的方木作骨架，双面粘贴薄板，四周用小木条镶边，装门锁处另加附加木，夹板装饰门的面板一般为胶合板、硬质纤维板或塑料板，用胶结材料双面胶结。

木纱门指的是带有纱门扇的门。

（2）木门五金应包括折页、插销、门碰珠、弓背拉手、搭机、木螺丝、弹簧折页（自动门）、管子拉手（自由门、地弹门）、地弹簧（地弹门）、角铁、门轧头（地弹门、自由门）等。

（3）木质门带套计量按洞口尺寸以面积计算，不包括门套的面积，但门套应计算在综合单价中。

（4）以樘计量，项目特征必须描述洞口尺寸；以平方米计量，项目特征可不描述洞口尺寸。

（5）单独制作安装木门框按木门框项目编码列项。

（6）连窗门是门和窗连在一起的一个整体，一般窗的距地高度加上窗的高度是等于门的高度的，也就是门顶和窗顶在同一高度，而且连在一起的门窗，俗称门耳窗，也叫门连窗、门带窗等，可分单耳窗和双耳窗。

（7）防火门是为适应建筑防火的要求而发展起来的一种新型门。按耐火极限分，国际 ISO 标准有甲、乙、丙三个等级；按材质区分，目前有钢质防火门、复合玻璃防火门和木质防火门。木质门系用胶合板经化学防火涂料处理。

## （二）金属门清单项目

金属门如表 2-129 所示。

表 2-129　金属门（编码：010802）

| 项目编码 | 项目名称 | 项目特征 | 计量单位 | 工程量计算规则 | 工作内容 |
|---|---|---|---|---|---|
| 010802001 | 金属（塑钢）门 | 1. 门代号及洞口尺寸；<br>2. 门框或扇外围尺寸；<br>3. 门框、扇材质；<br>4. 玻璃品种、厚度 | 1. 樘<br>2. m² | 1. 以樘计量，按设计图示数量计算；<br>2. 以平方米计量，按设计图示尺寸以面积计算 | 1. 门安装；<br>2. 五金安装；<br>3. 玻璃安装 |
| 010802002 | 彩板门 | 1. 门代号及洞口尺寸；<br>2. 门框或扇外围尺寸 | | | |
| 010802003 | 钢质防火门 | 1. 门代号及洞口尺寸；<br>2. 门框或扇外围尺寸；<br>3. 门框、扇材质 | | | 1. 门安装；<br>2. 五金安装 |
| 010802004 | 防盗门 | | | | |

金属门共性问题的说明：

（1）金属门应区分金属平开门、金属推拉门、金属地弹门、全玻门（带金属扇框）、金属半玻门（带扇框）等项目，分别编码列项。

金属平开门是一种靠平开方式关闭或开启的门。

金属推拉门即可左右推拉启闭的门。

金属地弹门，外形美观豪华，采光好，能展示室内的活动，开启灵活，密封性能好，多适用于商场、宾馆大门、银行等公共场合使用。

（2）铝合金门五金包括地弹簧、门锁、拉手、门插、门铰、螺丝等。

（3）金属门五金包括L型执手插锁（双舌）、执手锁（单舌）、门轨头、地锁、防盗门机、门眼（猫眼）、门碰珠、电子锁（磁卡锁）、闭门器、装饰拉手等。

（4）以樘计量，项目特征必须描述洞口尺寸，没有洞口尺寸必须描述门框或扇外围尺寸；以平方米计量，项目特征可不描述洞口尺寸及框、扇的外围尺寸。

（5）以平方米计量，无设计图示洞口尺寸，按门框、扇外围以面积计算。

（6）彩板门是采用0.7～1 mm厚的彩色涂层钢板在液压自动轧机上轧制而成的型钢，组角后形成的各种型号的钢门，有着良好的隔音保温性能。

（7）钢质防火门是指用冷轧薄钢板做门框、门板、骨架，在门扇内部填充不燃材料，并配以五金件所组成的能满足耐火稳定性、完整性要求的门。

（8）防盗门是指专门安装于入户门外的铁制门，具有安全防盗作用，材料主要有钢、铝合金两种。

## （三）金属卷帘（闸）门清单项目

金属卷帘（闸）门如表2-130所示。

表 2-130　金属卷帘（闸）门（编码：010803）

| 项目编码 | 项目名称 | 项目特征 | 计量单位 | 工程量计算规则 | 工作内容 |
|---|---|---|---|---|---|
| 010803001 | 金属卷帘（闸）门 | 1. 门代号及洞口尺寸；<br>2. 门材质；<br>3. 启动装置品种、规格 | 1. 樘；<br>2. m² | 1. 以樘计量，按设计图示数量计算<br>2. 以平方米计量，按设计图示洞口尺寸以面积计算 | 1. 门运输、安装；<br>2. 启动装置、活动小门、五金 安装 |
| 010803002 | 防火卷帘（闸）门 | | | | |

金属卷帘（闸）门共性问题的说明：

（1）以樘计量，项目特征必须描述洞口尺寸；以平方米计量，项目特征可不描述洞口尺寸。

（2）金属卷闸门是由铝合金或铝合金进一步加工后制成的一种能上卷或向下展开的门，常用于饭店等场合。

（3）防火卷帘门是由板条、导轨、卷轴、手动和电动启闭系统等组成，板条选用钢制C形重叠组合结构。具有结构紧凑、体积小、不占使用面积、造型新颖、刚性强、密封性好等优点。

## （四）厂库房大门、特种门清单项目

厂库房大门、特种门如表2-131所示。

表 2-131　厂库房大门、特种门(编码:010804)

| 项目编码 | 项目名称 | 项目特征 | 计量单位 | 工程量计算规则 | 工作内容 |
|---|---|---|---|---|---|
| 010804001 | 木板大门 | 1. 门代号及洞口尺寸;<br>2. 门框或扇外围尺寸;<br>3. 门框、扇材质;<br>4. 五金种类、规格;<br>5. 防护材料种类 | 1. 樘;<br>2. m² | 1. 以樘计量,按设计图示数量计算;<br>2. 以平方米计量,按设计图示洞口尺寸以面积计算 | 1. 门(骨架)制作、运输;<br>2. 门、五金配件安装;<br>3. 刷防护材料 |
| 010804002 | 钢木大门 | | | | |
| 010804003 | 全钢板大门 | | | 1. 以樘计量,按设计图示数量计算;<br>2. 以平方米计量,按设计图示洞口尺寸以面积计算 | |
| 010804004 | 防护铁丝门 | | | | |
| 010804005 | 金属格栅门 | 1. 门代号及洞口尺寸;<br>2. 门框或扇外围尺寸;<br>3. 门框、扇材质;<br>4. 启动装置的品种、规格 | | 1. 以樘计量,按设计图示数量计算;<br>2. 以平方米计量,按设计图示洞口尺寸以面积计算 | 1. 门安装;<br>2. 启动装置、五金配件安装 |
| 010804006 | 钢质花饰大门 | 1. 门代号及洞口尺寸;<br>2. 门框或扇外围尺寸;<br>3. 门框、扇材质 | | 1. 以樘计量,按设计图示数量计算;<br>2. 以平方米计量,按设计图示门框或扇以面积计算 | 1. 门安装;<br>2. 五金配件安装 |
| 010804007 | 特种门 | | | 1. 以樘计量,按设计图示数量计算;<br>2. 以平方米计量,按设计图示洞口尺寸以面积计算 | |

厂库房大门、特种门共性问题的说明:

(1) 特种门应区分冷藏门、冷冻间门、保温门、变电室门、隔音门、防射线门、人防门、金库门等项目,分别编码列项。

(2) 以樘计量,项目特征必须描述洞口尺寸,没有洞口尺寸必须描述门框或扇外围尺寸;以平方米计量,项目特征可不描述洞口尺寸及框、扇的外围尺寸。

(3) 以平方米计量,无设计图示洞口尺寸,按门框、扇外围以面积计算。

(4) 金属格栅门,又称拉闸门,一般采用薄钢板经机械滚压工艺成型。

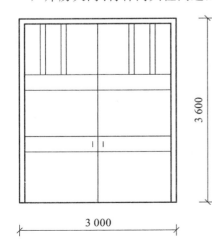

图 2-56　某厂房木板大门示意图

**例 2-33**　如图 2-56 所示,某厂房大门为一木板大门,平开式不带采光窗,有框,二扇门,门口尺寸 3 m×

3.6 m,刷底油一遍、调和漆两遍,计算该木板大门的工程量。

**解** 计算过程如表 2-132 所示。

**表 2-132  计算过程**

| 分部分项工程 | 位　置 | 规　格 | 计算表达式 | 结　果 |
|---|---|---|---|---|
| 木板大门 | 见图 | S | 3×3.6 | 10.8 m² |

编制的分部分项工程项目清单如表 2-133 所示。

**表 2-133  项目清单**

| 序　号 | 项目编码 | 项目名称 | 项目特征 | 计量单位 | 工　程　量 |
|---|---|---|---|---|---|
| 1 | 010804001001 | 木板大门 | 1. 门代号及洞口尺寸:3 m×3.6 m。<br>2. 门框或扇外围尺寸:3 m×3.6 m。<br>3. 门框、扇材质:松木。<br>4. 五金种类、规格:(按图纸说明描述)。<br>5. 防护材料种类:调和漆两遍 | m² | 10.8 |

或者可以编制表 2-134 所示的清单:

**表 2-134  项目清单**

| 序　号 | 项目编码 | 项目名称 | 项目特征 | 计量单位 | 工　程　量 |
|---|---|---|---|---|---|
| 1 | 010804001001 | 木板大门 | 1. 门代号及洞口尺寸:3 m×3.6 m。<br>2. 门框或扇外围尺寸:3 m×3.6 m。<br>3. 门框、扇材质:松木。<br>4. 五金种类、规格:(按图纸说明描述)。<br>5. 防护材料种类:调和漆两遍 | 樘 | 1 |

## （五）其他门清单项目

其他门如表 2-135 所示。

**表 2-135  其他门(编码:010805)**

| 项目编码 | 项目名称 | 项目特征 | 计量单位 | 工程量计算规则 | 工　作　内　容 |
|---|---|---|---|---|---|
| 010805001 | 电子感应门 | 1. 门代号及洞口尺寸;<br>2. 门框或扇外围尺寸;<br>3. 门框、扇材质;<br>4. 玻璃品种、厚度;<br>5. 启动装置的品种、规格;<br>6. 电子配件品种、规格 | 1. 樘;<br>2. m² | 1. 以樘计量,按设计图示数量计算;<br>2. 以平方米计量,按设计图示洞口尺寸以面积计算 | 1. 门安装;<br>2. 启动装置、五金电子配件安装 |
| 010805002 | 旋转门 | | | | |

| 项目编码 | 项目名称 | 项目特征 | 计量单位 | 工程量计算规则 | 工作内容 |
|---|---|---|---|---|---|
| 010805003 | 电子对讲门 | 1. 门代号及洞口尺寸；<br>2. 门框或扇外围尺寸；<br>3. 门材质；<br>4. 玻璃品种、厚度；<br>5. 启动装置的品种、规格；<br>6. 电子配件品种、规格 | 1. 樘；<br>2. m² | 1. 以樘计量，按设计图示数量计算；<br>2. 以平方米计量，按设计图示洞口尺寸以面积计算 | 1. 门安装；<br>2. 启动装置、五金电子配件安装 |
| 010805004 | 电动伸缩门 | | | | |
| 010805005 | 全玻自由门 | 1. 门代号及洞口尺寸；<br>2. 门框或扇外围尺寸；<br>3. 框材质；<br>4. 玻璃品种、厚度 | | | 1. 门安装；<br>2. 五金安装 |
| 010805006 | 镜面不锈钢饰面门 | 1. 门代号及洞口尺寸；<br>2. 门框或扇外围尺寸；<br>3. 框、扇材质；<br>4. 玻璃品种、厚度 | | | |
| 010805007 | 复合材料门 | | | | |

其他门共性问题的说明：

（1）以樘计量，项目特征必须描述洞口尺寸，没有洞口尺寸必须描述门框或扇外围尺寸；以平方米计量，项目特征可不描述洞口尺寸及框、扇的外围尺寸。

（2）以平方米计量，无设计图示洞口尺寸，按门框、扇外围以面积计算。

（3）电子感应门是利用电子感应原理来控制门的关闭及旋转的门。

（4）金属旋转门多用于中、高级民用、公共建筑物，如宾馆、商场、机场、使馆、银行等，用于建筑设施的启闭、控制人流和控制室内温度。

（5）电子对讲门一般用于楼道或单元的大门，门框和门扇用优质冷轧钢板压制而成，门扇分为大小两扇，小扇上设置对讲系统，来客可与住户通话、开启。

（6）电子伸缩门根据电动原理能自动伸缩来控制门的开闭。

（7）全玻门是指门扇芯安装玻璃制作的门。全玻门常用于办公楼、宾馆、公共建筑的大门。全玻自由门（无扇框）即只有上下金属横档，或在角部为安装轴套只装极少一部分金属件。活动门扇的开闭是由地弹簧来实现的。

（8）镜面不锈钢饰面门是采用镜面不锈钢板制作的门。镜面不锈钢板是经高精度研磨不锈钢表面，具有表面细腻、光滑、耐潮、耐腐蚀、易清洁、不易变形和破碎、安装施工方便等特点，但要防范坚硬物划伤表面。

（9）复合材料是由两种或两种以上不同性质的材料，通过物理或化学的方法，在宏观上组成具有新性能的材料。建筑门窗行业目前使用的复合材料有铝塑复合隔热型材、塑钢型材、铝木复合型材、加衬钢的玻璃钢纤维型材等。

## （六）市窗清单项目

木窗如表2-136所示。

表 2-136　木窗（编码：010806）

| 项目编码 | 项目名称 | 项目特征 | 计量单位 | 工程量计算规则 | 工作内容 |
|---|---|---|---|---|---|
| 010806001 | 木质窗 | 1. 窗代号及洞口尺寸；<br>2. 玻璃品种、厚度 | 1. 樘；<br>2. m² | 1. 以樘计量，按设计图示数量计算；<br>2. 以平方米计量，按设计图示洞口尺寸以面积计算 | 1. 窗安装；<br>2. 五金、玻璃安装 |
| 010806002 | 木飘（凸）窗 | | | | |
| 010806003 | 木橱窗 | 1. 窗代号；<br>2. 框截面及外围展开面积；<br>3. 玻璃品种、厚度；<br>4. 防护材料种类 | | 1. 以樘计量，按设计图示数量计算；<br>2. 以平方米计量，按设计图示尺寸以框外围展开面积计算 | 1. 窗制作、运输、安装；<br>2. 五金、玻璃安装；<br>3. 刷防护材料 |
| 010806004 | 木纱窗 | 1. 窗代号及框的外围尺寸；<br>2. 窗纱材料品种、规格 | | 1. 以樘计量，按设计图示数量计算；<br>2. 以平方米计量，按框的外围尺寸以面积计算 | 1. 窗安装；<br>2. 五金安装 |

木窗共性问题的说明：

（1）木质窗应区分木百叶窗、木组合窗、木天窗、木固定窗、木装饰空花窗等项目，分别编码列项。

百叶窗，是由多片百叶片构成的窗。按材料质地分为木质板、PVC空心板和铝合金空心异形板三种。异形木百叶窗，是除矩形木百叶窗以外其他形状木百叶窗的总称。

木组合窗以套插方式将窗框进行横向及竖向组合从而符合设计要求。

固定窗是指将玻璃直接镶嵌在窗框上，不能开启，只能采光及眺望。这种窗构造简单。异形木固定窗是指除矩形木固定窗之外的其他形状的木固定窗。

木装饰空花窗是指对木质门窗进行花饰处理而制作成的具有装饰性的木窗。

（2）以樘计量，项目特征必须描述洞口尺寸，没有洞口尺寸必须描述窗框外围尺寸；以平方米计量，项目特征可不描述洞口尺寸及框的外围尺寸。

（3）以平方米计量，无设计图示洞口尺寸，按窗框外围以面积计算。

（4）木橱窗、木飘（凸）窗以樘计量，项目特征必须描述框截面及外围展开面积。

（5）木窗五金包括折页、插销、风钩、木螺丝、滑轮滑轨（推拉窗）等。

## （七）金属窗清单项目

金属窗如表 2-137 所示。

表 2-137　金属窗（编码：010807）

| 项目编码 | 项目名称 | 项目特征 | 计量单位 | 工程量计算规则 | 工作内容 |
|---|---|---|---|---|---|
| 010807001 | 金属（塑钢、断桥）窗 | 1. 窗代号及洞口尺寸；<br>2. 框、扇材质；<br>3. 玻璃品种、厚度 | | 1. 以樘计量，按设计图示数量计算；<br>2. 以平方米计量，按设计图示洞口尺寸以面积计算 | 1. 窗安装；<br>2. 五金、玻璃安装 |
| 010807002 | 金属防火窗 | | | | |
| 010807003 | 金属百叶窗 | 1. 窗代号及洞口尺寸；<br>2. 框、扇材质；<br>3. 玻璃品种、厚度 | | | |
| 010807004 | 金属纱窗 | 1. 窗代号及框的外围尺寸；<br>2. 框材质；<br>3. 窗纱材料品种、规格 | 1. 樘；<br>2. m² | 1. 以樘计量，按设计图示数量计算；<br>2. 以平方米计量，按框的外围尺寸以面积计算 | 1. 窗安装；<br>2. 五金安装 |
| 010807005 | 金属格栅窗 | 1. 窗代号及洞口尺寸；<br>2. 框外围尺寸；<br>3. 框、扇材质 | | 1. 以樘计量，按设计图示数量计算；<br>2. 以平方米计量，按设计图示洞口尺寸以面积计算 | |
| 010807006 | 金属（塑钢、断桥）橱窗 | 1. 窗代号；<br>2. 框外围展开面积；<br>3. 框、扇材质；<br>4. 玻璃品种、厚度；<br>5. 防护材料种类 | | 1. 以樘计量，按设计图示数量计算；<br>2. 以平方米计量，按设计图示尺寸以框外围展开面积计算 | 1. 窗制作、运输、安装；<br>2. 五金、玻璃安装；<br>3. 刷防护材料 |
| 010807007 | 金属（塑钢、断桥）飘（凸）窗 | 1. 窗代号；<br>2. 框外围展开面积；<br>3. 框、扇材质；<br>4. 玻璃品种、厚度 | | | 1. 窗安装；<br>2. 五金、玻璃安装 |
| 010807008 | 彩板窗 | 1. 窗代号及洞口尺寸；<br>2. 框外围尺寸；<br>3. 框、扇材质；<br>4. 玻璃品种、厚度 | | 1. 以樘计量，按设计图示数量计算；<br>2. 以平方米计量，按设计图示洞口尺寸或框外围以面积计算 | 1. 窗安装；<br>2. 五金、玻璃安装 |
| 010807009 | 复合材料窗 | | | | |

金属窗共性问题的说明：

（1）金属窗应区分金属组合窗、防盗窗等项目，分别编码列项。

（2）以樘计量，项目特征必须描述洞口尺寸，没有洞口尺寸必须描述窗框外围尺寸；以平方米计量，项目特征可不描述洞口尺寸及框的外围尺寸。

（3）以平方米计量，无设计图示洞口尺寸，按窗框外围以面积计算。

（4）金属橱窗、飘（凸）窗以樘计量，项目特征必须描述框外围展开面积。

（5）金属窗五金包括折页、螺丝、执手、卡锁、铰拉、风撑、滑轮、滑轨、拉把、拉手、角码、牛角制等。

（6）百叶窗由许多横条板组成，用以遮光挡雨，还可以通风透气，一般有固定式和活动式两种。金属隔栅窗是一种可以通过设置在底部上的轨道和滑轮沿水平方向做自由伸缩启闭的栅栏窗。彩板窗是采用 0.7～1 mm 厚的彩色涂层钢板在液压自动轧机上轧制而成的型钢，经组角而成的各种规格型号的钢窗。窗、扇、玻璃间的缝隙都是采用特制的胶条为介质的软接触层,有着很好的隔音保温性能。复合材料是由两种或两种以上不同性质的材料,通过物理或化学的方法,在宏观上组成的具有新性能的材料。建筑门窗行业目前使用的复合材料有铝塑复合隔热型材、塑钢型材、铝木复合型材、加衬钢的玻璃钢纤维型材等。

## (八)门窗套清单项目

门窗套如表2-138所示。

表2-138　门窗套(编码:010808)

| 项目编码 | 项目名称 | 项目特征 | 计量单位 | 工程量计算规则 | 工作内容 |
|---|---|---|---|---|---|
| 010808001 | 木门窗套 | 1. 窗代号及洞口尺寸;<br>2. 门窗套展开宽度;<br>3. 基层材料种类;<br>4. 面层材料品种、规格;<br>5. 线条品种、规格;<br>6. 防护材料种类 | 1. 樘;<br>2. m²;<br>3. m | 1. 以樘计量,按设计图示数量计算;<br>2. 以平方米计量,按设计图示尺寸以展开面积计算;<br>3. 以米计量,按设计图示中心以延长米计算 | 1. 清理基层;<br>2. 立筋制作、安装;<br>3. 基层板安装;<br>4. 面层铺贴;<br>5. 线条安装;<br>6. 刷防护材料 |
| 010808002 | 木筒子板 | 1. 筒子板宽度;<br>2. 基层材料种类;<br>3. 面层材料品种、规格;<br>4. 线条品种、规格;<br>5. 防护材料种类 | | | |
| 010808003 | 饰面夹板筒子板 | | | | |
| 010808004 | 金属门窗套 | 1. 窗代号及洞口尺寸;<br>2. 门窗套展开宽度;<br>3. 基层材料种类;<br>4. 面层材料品种、规格;<br>5. 防护材料种类 | | | 1. 清理基层;<br>2. 立筋制作、安装;<br>3. 基层板安装;<br>4. 面层铺贴;<br>5. 刷防护材料 |
| 010808005 | 石材门窗套 | 1. 窗代号及洞口尺寸;<br>2. 门窗套展开宽度;<br>3. 黏结层厚度、砂浆配合比;<br>4. 面层材料品种、规格;<br>5. 线条品种、规格 | | | 1. 清理基层;<br>2. 立筋制作、安装;<br>3. 基层抹灰;<br>4. 面层铺贴;<br>5. 线条安装 |
| 010808006 | 门窗木贴脸 | 1. 门窗代号及洞口尺寸;<br>2. 贴脸板宽度;<br>3. 防护材料种类 | 1. 樘;<br>2. m | 1. 以樘计量,按设计图示数量计算;<br>2. 以米计量,按设计图示尺寸以延长米计算 | 安装 |
| 010808007 | 成品木门窗套 | 1. 门窗代号及洞口尺寸;<br>2. 门窗套展开宽度;<br>3. 门窗套材料品种、规格 | 1. 樘;<br>2. m²;<br>3. m | 1. 以樘计量,按设计图示数量计算;<br>2. 以平方米计量,按设计图示尺寸以展开面积计算;<br>3. 以米计量,按设计图示中心以延长米计算 | 1. 清理基层;<br>2. 立筋制作、安装;<br>3. 板安装 |

**1. 门窗套共性问题的说明**

（1）以樘计量，项目特征必须描述洞口尺寸、门窗套展开宽度。

（2）以平方米计量，项目特征可不描述洞口尺寸、门窗套展开宽度。

（3）以米计量，项目特征必须描述门窗套展开宽度、筒子板及贴脸板宽度。

（4）木门窗套适用于单独门窗套的制作、安装。

**2. 门窗套清单项目解析**

门窗套用于保护和装饰门框及窗框。门窗套包括筒子板和贴脸板，与墙连接在一起。在门窗洞口的两个立面垂直面，过去一般不做抹灰的清水墙面，此面可以凸出外墙形成边框，也可以与外墙齐平，既要立面垂直平整，又要墙缝大小一致、黏结牢固，同时还要满足外墙面平整要求，因此质量要求较高。

木门窗套为木质材料制作的门窗套，适用于单独门窗套的制作、安装。

木筒子板是在门洞口外两侧墙面用五夹板或 20 mm 厚优质木板做成的护壁板。

饰面夹板筒子板是在一些高级装饰的房间中的门窗洞口周边墙面（外门窗在洞口内侧墙面）、过厅门洞的周边或装饰性洞口周围，用装饰板饰面的做法。

金属门窗套是指在窗口处凸出墙面镶一个金属套子，如不锈钢窗套。

石材门窗套的材料比较常见的有天然大理石、花岗岩等。

门窗贴脸：当门窗柜和内墙面齐平时与墙总有一条明显缝口，门窗使用筒子板时，也与墙面存有缝口，为了遮盖此种缝口而装钉的木板盖缝条叫作贴脸，贴脸的作用在于整洁、防止通风，一般用于高级装修。

**例 2-34** 某工程某户居室门窗布置如图 2-57 所示，分户门为成品钢质防盗门，室内门为成品实木带套，⑥轴上 B 轴至 C 轴间为成品塑钢门带窗（无门套）；①轴上 C 轴至 E 轴间为塑钢门，框边安装成品门套，展开宽度为 350 mm；所有窗为成品塑钢窗，具体尺寸详见表 2-139。编制该户居室的门窗、门窗套的分部分项工程量清单。

表 2-139　某户居室门窗表

| 名　　称 | 代　号 | 洞口尺寸 | 备　　注 |
|---|---|---|---|
| 成品钢质防盗门 | FDM-1 | 800 mm×2 100 mm | 含锁、五金 |
| 成品实木门带套 | M-2 | 800 mm×2 100 mm | 含锁、普通五金 |
| | M-4 | 700 mm×2 100 mm | |
| 成品平开塑钢窗 | C-9 | 1 500 mm×1 500 mm | 夹胶玻璃（6＋2.5＋6），型材为钢塑 90 系列，普通五金 |
| | C-12 | 1 000 mm×1 500 mm | |
| | C-15 | 600 mm×1 500 mm | |
| 成品塑钢门带窗 | SMC-2 | 门（700 mm×2 100 mm）、窗（600 mm×1 500 mm） | |
| 成品塑钢门 | SM-1 | 2 400 mm×2 100 mm | |

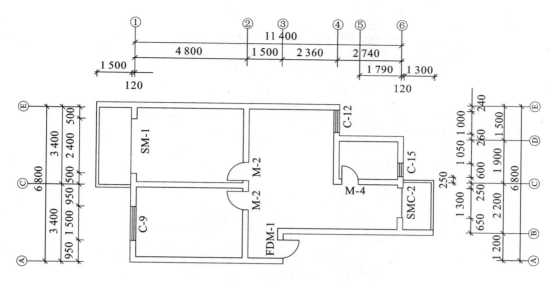

图 2-57　某户居室门窗平面布置图

解　　计算过程如表 2-140 所示。

表 2-140　计算过程

| 分部分项工程 | 位　置 | 规　格 | 计算表达式 | 结　果 |
|---|---|---|---|---|
| 成品钢质防盗门 | 见图 | $S$ | $0.8 \times 2.1$ | 1.68 m² |
| 成品实木门带套 | 见图 | $S$ | $0.8 \times 2.1 \times 2 + 0.7 \times 2.1 \times 1$ | 4.83 m² |
| 成品平开塑钢窗 | 见图 | $S$ | $1.5 \times 1.5 + 1 \times 1.5 + 0.6 \times 1.5 \times 2$ | 5.55 m² |
| 成品塑钢门 | 见图 | $S$ | $0.7 \times 2.1 + 2.4 \times 2.1$ | 6.51 m² |
| 成品门套 | 见图 | $n$ | $n=1$ | 1 樘 |

编制的分部分项工程项目清单如表 2-141 所示。

表 2-141　项目清单

| 序　号 | 项目编码 | 项目名称 | 项目特征 | 计量单位 | 工　程　量 |
|---|---|---|---|---|---|
| 1 | 010802004001 | 防盗门 | 1. 门代号及洞口尺寸:FDM-1(800 mm×2 100 mm)。<br>2. 门框、扇材质:钢质 | m² | 1.68 |
| 2 | 010801002001 | 成品实木门带套 | 门代号及洞口尺寸:M-2(800 mm×2 100 mm)、M-4(700 mm×2 100 mm) | m² | 4.83 |
| 3 | 010807001001 | 成品平开塑钢窗 | 1. 窗代号及洞口尺寸:C-9(1 500 mm×1 500 mm)、C-12(1 000 mm×1 500 mm)、C-15(600 mm×1 500 mm)。<br>2. 框扇材质:塑钢 90 系列。<br>3. 玻璃品种、厚度:夹胶玻璃(6+2.5+6) | m² | 5.55 |
| 4 | 010802001001 | 成品塑钢门 | 1. 门代号及洞口尺寸:SM-1、SMC-2;洞口尺寸详见门窗表。<br>2. 门框、扇材质:塑钢 90 系列。<br>3. 玻璃品种、厚度:夹胶玻璃(6+2.5+6) | m² | 6.51 |

续表

| 序号 | 项目编码 | 项目名称 | 项目特征 | 计量单位 | 工程量 |
|---|---|---|---|---|---|
| 5 | 010808007001 | 成品门套 | 1. 门代号及洞口尺寸:SM-1(2 400 mm×2 100 mm)。<br>2. 门套展开宽度:350 mm。<br>3. 门套材料品种:成品实木门套 | 樘 | 1 |

注:洞口尺寸太多,可描述为"详见门窗表"。

## (九)窗台板清单项目

窗台板如表 2-142 所示。

### 表 2-142　窗台板(编码:010809)

| 项目编码 | 项目名称 | 项目特征 | 计量单位 | 工程量计算规则 | 工作内容 |
|---|---|---|---|---|---|
| 010809001 | 木窗台板 | 1. 基层材料种类;<br>2. 窗台面板材质、规格、颜色;<br>3. 防护材料种类 | m² | 按设计图示尺寸以展开面积计算 | 1. 基层清理;<br>2. 基层制作、安装;<br>3. 窗台板制作、安装;<br>4. 刷防护材料 |
| 010809002 | 铝塑窗台板 | | | | |
| 010809003 | 金属窗台板 | | | | |
| 010809004 | 石材窗台板 | 1. 黏结层厚度、砂浆配合比;<br>2. 窗台板材质、规格、颜色 | | | 1. 基层清理;<br>2. 抹找平层;<br>3. 窗台板制作、安装 |

窗台板清单项目解析:

(1)木窗台板是用木制成的窗台面。为增加室内装饰效果,临时摆设物件,常常有意识地在窗内侧沿处设置窗台板。窗台板宽度是 100~200 mm,厚度为 20~50 mm。

(2)铝塑窗台板是用铝塑材料制成的窗台面。铝塑材料的材质决定了它有塑料盒金属的双重特性,这种材质可制成各种色彩的窗台板,美观、大方、价格适中。

(3)金属窗台板是用金属材料加工而成的窗台面。常用的金属装饰板有不锈钢装饰板、铝合金装饰板、烤漆钢板和复合钢板等。

(4)石材窗台板是用大理石、花岗岩等石材制作而成的窗台面,常用的人造石材有人造花岗岩、大理石和水磨石三种。人造石材具有很好的装饰性,耐腐蚀,耐污染,施工方便,耐久性好,可加工性良好。

## (十)窗帘、窗帘盒、轨清单项目

窗帘、窗帘盒、轨如表 2-143 所示。

### 表 2-143　窗帘、窗帘盒、轨(编码:010810)

| 项目编码 | 项目名称 | 项目特征 | 计量单位 | 工程量计算规则 | 工作内容 |
|---|---|---|---|---|---|
| 010810001 | 窗帘 | 1. 窗帘材质;<br>2. 窗帘高度、宽度;<br>3. 窗帘层数;<br>4. 带幔要求 | 1. m;<br>2. m² | 1. 以米计量,按设计图示尺寸以成活后长度计算;<br>2. 以平方米计量,按图示尺寸以成活后展开面积计算 | 1. 制作、运输;<br>2. 安装 |

续表

| 项目编码 | 项目名称 | 项目特征 | 计量单位 | 工程量计算规则 | 工作内容 |
|---|---|---|---|---|---|
| 010810002 | 木窗帘盒 | 1. 窗帘盒材质、规格；<br>2. 防护材料种类 | m | 按设计图示尺寸以长度计算 | 1. 制作、运输、安装；<br>2. 刷防护材料 |
| 010810003 | 饰面夹板、塑料窗帘盒 | | | | |
| 010810004 | 铝合金窗帘盒 | | | | |
| 010810005 | 窗帘轨 | 1. 窗帘轨材质、规格；<br>2. 轨的数量；<br>3. 防护材料种类 | | | |

**1. 窗帘、窗帘盒、轨共性问题的说明**

（1）窗帘若是双层，项目特征必须描述每层材质。

（2）窗帘以米计量，项目特征必须描述窗帘高度和宽度。

**2. 窗帘、窗帘盒、轨清单项目解析**

窗帘是用布、竹、苇、麻、纱、塑料、金属材料等制作的遮蔽或调节室内光照的挂在窗上的帘子。常用的品种有：布窗帘、纱窗帘、无缝纱帘、遮光帘、隔音窗帘、直立帘、罗马帘、木竹帘、铝百叶、卷帘、窗纱、立式移帘。

窗帘盒是用木质或塑料等材料制成的安装于窗子上方，用以遮挡、支承窗帘杆（轨）、滑轮和拉线等的盒形体。窗帘盒有明、暗两种，明窗帘盒是成品或半成品在施工现场安装完成，暗窗帘盒一般是在房间吊顶安装时，留出窗帘位置，并与吊顶一体完成，只需在吊顶临窗处安装轨道即可。

木窗帘盒是吊挂窗帘而装设于窗户内侧顶上的一种木质长条盒子，有明、暗两种。

窗帘轨（杆）是安装于窗子上方，用于悬挂窗帘的横杆，以便窗帘开合，又可增加窗帘布艺美观性。

# 九、屋面及防水工程

## （一）瓦、型材及其他屋面清单项目

瓦、型材及其他屋面如表 2-144 所示。

表 2-144　瓦、型材及其他屋面（编码：010901）

| 项目编码 | 项目名称 | 项目特征 | 计量单位 | 工程量计算规则 | 工作内容 |
|---|---|---|---|---|---|
| 010901001 | 瓦屋面 | 1. 瓦品种、规格；<br>2. 黏结层砂浆的配合比 | m² | 按设计图示尺寸以斜面积计算。不扣除房上烟囱、风帽底座、风道、小气窗、斜沟等所占面积。小气窗的出檐部分不增加面积 | 1. 砂浆制作、运输、摊铺、养护；<br>2. 安瓦、作瓦脊 |
| 010901002 | 型材屋面 | 1. 型材品种、规格；<br>2. 金属檩条材料品种、规格；<br>3. 接缝、嵌缝材料种类 | | | 1. 檩条制作、运输、安装；<br>2. 屋面型材安装；<br>3. 接缝、嵌缝 |

| 项目编码 | 项目名称 | 项目特征 | 计量单位 | 工程量计算规则 | 工作内容 |
|---|---|---|---|---|---|
| 010901003 | 阳光板屋面 | 1. 阳光板品种、规格；<br>2. 骨架材料品种、规格；<br>3. 接缝、嵌缝材料种类；<br>4. 油漆品种、刷漆遍数 | m² | 按设计图示尺寸以斜面积计算。不扣除屋面面积小于或等于 0.3 m² 的孔洞所占面积 | 1. 骨架制作、运输、安装、刷防护材料、油漆；<br>2. 阳光板安装；<br>3. 接缝、嵌缝 |
| 010901004 | 玻璃钢屋面 | 1. 玻璃钢品种、规格；<br>2. 骨架材料品种、规格；<br>3. 玻璃钢固定方式；<br>4. 接缝、嵌缝材料种类；<br>5. 油漆品种、刷漆遍数 | | | 1. 骨架制作、运输、安装、刷防护材料、油漆；<br>2. 玻璃钢制作、安装；<br>3. 接缝、嵌缝 |
| 010901005 | 膜结构屋面 | 1. 膜布品种、规格；<br>2. 支柱（网架）钢材品种、规格；<br>3. 钢丝绳品种、规格；<br>4. 锚固基座做法；<br>5. 油漆品种、刷漆遍数 | | 按设计图示尺寸以需要覆盖的水平投影面积计算 | 1. 膜布热压胶接；<br>2. 支柱（网架）制作、安装；<br>3. 膜布安装；<br>4. 穿钢丝绳、锚头锚固；<br>5. 锚固基座、挖土、回填；<br>6. 刷防护材料，油漆 |
| 沪 010901006 | 型材构件 | 1. 工程部位；<br>2. 材料规格、品种、类型；<br>3. 接缝、嵌缝材料种类；<br>4. 防火要求 | | 按设计图示尺寸以水平投影面积计算 | 1. 制作；<br>2. 运输；<br>3. 安装；<br>4. 搭拆简易脚手架 |

**1. 瓦、型材及其他屋面共性问题的说明**

型材屋面、阳光板屋面、玻璃钢屋面的柱、梁、屋架，按金属结构工程、木结构工程中相关项目编码列项。

**2. 瓦、型材及其他屋面清单项目解析**

1）瓦屋面（编码 010901001）

（1）特征描述：①瓦品种、规格；②黏结层砂浆的配合比。

（2）计算规则：按设计图示尺寸以斜面积计算，不扣除房上烟囱、风帽底座、风道、小气窗、斜沟等所占面积，小气窗的出檐部分不增加面积，单位为 m²。

（3）工作内容：①砂浆制作、运输、摊铺、养护；②安瓦、作瓦脊。

（4）清单项目说明：①小青瓦、平瓦、琉璃瓦、石棉水泥瓦等按瓦屋面列项；②瓦屋面若是在木基层上铺瓦，项目特征不必描述黏结层砂浆的配合比，瓦屋面铺防水层，按表 2-147 所示的屋面防水及其他中相关项目编码列项。

2）型材屋面（编码 010901002）

（1）特征描述：①型材品种、规格；②金属檩条材料品种、规格；③接缝、嵌缝材料种类。

（2）计算规则：按设计图示尺寸以斜面积计算，不扣除房上烟囱、风帽底座、风道、小气窗、斜沟等所占面积，小气窗的出檐部分不增加面积，单位为 m²。

（3）工作内容：①檩条制作、运输、安装；②屋面型材安装；③接缝、嵌缝。

（4）清单项目说明：压型钢板、金属压型夹芯板按型材屋面列项。

3）膜结构屋面（编码 010901005）

（1）特征描述：①膜布品种、规格；②支柱（网架）钢材品种、规格；③钢丝绳品种、规格；④锚固基座做法；⑤油漆品种、刷漆遍数。

（2）计算规则：按设计图示尺寸以需要覆盖的水平投影面积计算，单位为 m²。

（3）工作内容：①膜布热压胶接；②支柱（网架）制作、安装；③膜布安装；④穿钢丝绳、锚头锚固；⑤锚固基座、挖土、回填；⑥刷防护材料，油漆。

（4）清单项目说明：

膜结构屋面适用于膜布屋面，膜结构可分为充气膜结构和张拉膜结构两大类。充气膜结构是靠室内不断充气，使室内外产生一定压力差（一般在 10～30 mm 水柱之间，1 mm 水柱≈9.8 Pa），室内外的压力差使屋盖膜布受到一定的向上的浮力，从而实现较大的跨度。张拉膜结构则通过柱及钢架支承或钢索张拉成型，其造型非常优美灵活。膜结构所用膜材料由基布和涂层两部分组成。基布主要采用聚酯纤维和玻璃纤维材料，涂层材料主要为聚氯乙烯和聚四氟乙烯。计算工程量时一定要特别注意，不是按照膜的展开面积计算，而是按照需要覆盖的水平投影面积计算，如图 2-58 所示。

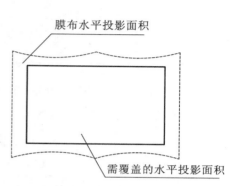

图 2-58 膜结屋面计算示意图

4）型材构件（编码沪 010901006）

（1）特征描述：①工程部位；②材料规格、品种、类型；③接缝、嵌缝材料种类；④防火要求。

（2）计算规则：按设计图示尺寸以水平投影面积计算，单位为 m²。

（3）工作内容：①制作；②运输；③安装；④搭拆简易脚手架。

（4）清单项目说明：本项目为上海市补充清单项目，彩钢夹芯板雨篷，按型材构件项目编码列项。

**例 2-35** 如图 2-59 所示，黏土瓦屋面在挂瓦条上的铺设坡度角为 26°34′，计算斜屋面面积。

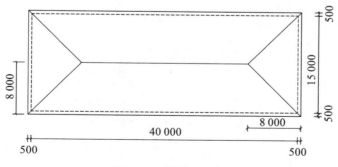

图 2-59 屋面平面图

**解** 计算过程如表 2-145 所示。

**表 2-145 计算过程**

| 分部分项工程 | 位 置 | 规 格 | 计算表达式 | 结 果 |
|---|---|---|---|---|
| 瓦屋面 | 见图 | S | $(40＋0.5＋0.5)×(15＋0.5＋0.5)×\sec26°34'$ | 733.41 m² |

编制的分部分项工程项目清单如表 2-146 所示。

**表 2-146 项目清单**

| 序 号 | 项目编码 | 项目名称 | 项目特征 | 计量单位 | 工 程 量 |
|---|---|---|---|---|---|
| 1 | 010901001001 | 瓦屋面 | 1. 瓦品种、规格:黏土瓦(其他特征按图纸说明描述)。<br>2. 黏结层砂浆的配合比:(按图纸说明描述) | m² | 733.41 |

## (二)屋面防水及其他清单项目

屋面防水及其他如表 2-147 所示。

**表 2-147 屋面防水及其他(编码:010902)**

| 项目编码 | 项目名称 | 项目特征 | 计量单位 | 工程量计算规则 | 工 作 内 容 |
|---|---|---|---|---|---|
| 010902001 | 屋面卷材防水 | 1. 卷材品种、规格、厚度;<br>2. 防水层数;<br>3. 防水层做法 | m² | 1. 斜屋顶(不包括平屋顶找坡)按斜面积计算,平屋顶按水平投影面积计算;<br>2. 不扣除房上烟囱、风帽底座、风道、屋面小气窗和斜沟所占面积;<br>3. 屋面的女儿墙、伸缩缝和天窗等处的弯起部分,并入屋面工程量内 | 1. 基层处理;<br>2. 刷底油;<br>3. 铺油毡卷材、接缝 |
| 010902002 | 屋面涂膜防水 | 1. 防水膜品种;<br>2. 涂膜厚度、遍数;<br>3. 增强材料种类 | | | 1. 基层处理;<br>2. 刷基层处理剂;<br>3. 铺布、喷涂防水层 |
| 010902003 | 屋面刚性层 | 1. 刚性层厚度;<br>2. 混凝土种类;<br>3. 混凝土强度等级;<br>4. 嵌缝材料种类;<br>5. 钢筋规格、型号 | | 按设计图示尺寸以面积计算。不扣除房上烟囱、风帽底座、风道等所占面积 | 1. 基层处理;<br>2. 混凝土制作、运输、铺筑、养护;<br>3. 钢筋制作 |
| 010902004 | 屋面排水管 | 1. 排水管品种、规格;<br>2. 雨水斗、山墙出水口品种、规格;<br>3. 接缝、嵌缝材料种类;<br>4. 油漆品种、刷漆遍数 | m | 按设计图示尺寸以长度计算。如设计未标注尺寸,以檐口至设计室外散水上表面垂直距离计算 | 1. 排水管及配件安装、固定;<br>2. 雨水斗、山墙出水口、雨水篦子安装;<br>3. 接缝、嵌缝;<br>4. 刷漆 |
| 010902005 | 屋面排(透)气管 | 1. 排(透)气管品种、规格;<br>2. 接缝、嵌缝材料种类;<br>3. 油漆品种、刷漆遍数 | | 按设计图示尺寸以长度计算 | 1. 排(透)气管及配件安装、固定;<br>2. 铁件制作、安装;<br>3. 接缝、嵌缝;<br>4. 刷漆 |

续表

| 项目编码 | 项目名称 | 项目特征 | 计量单位 | 工程量计算规则 | 工作内容 |
|---|---|---|---|---|---|
| 010902006 | 屋面(廊、阳台)泄(吐)水管 | 1. 吐水管品种、规格；<br>2. 接缝、嵌缝材料种类；<br>3. 吐水管长度；<br>4. 油漆品种、刷漆遍数 | 根(个) | 按设计图示数量计算 | 1. 水管及配件安装、固定；<br>2. 接缝、嵌缝；<br>3. 刷漆 |
| 010902007 | 屋面天沟、檐沟 | 1. 材料品种、规格；<br>2. 接缝、嵌缝材料种类 | m² | 按设计图示尺寸以展开面积计算 | 1. 天沟材料铺设；<br>2. 天沟配件安装；<br>3. 接缝、嵌缝；<br>4. 刷防护材料 |
| 010902008 | 屋面变形缝 | 1. 嵌缝材料种类；<br>2. 止水带材料种类；<br>3. 盖缝材料；<br>4. 防护材料种类 | m | 按设计图示以长度计算 | 1. 清缝；<br>2. 填塞防水材料；<br>3. 止水带安装；<br>4. 盖缝制作、安装；<br>5. 刷防护材料 |

屋面防水及其他清单项目共性问题的说明：

（1）屋面刚性层无钢筋，其钢筋项目特征不必描述。

（2）屋面找平层按楼地面装饰工程"平面砂浆找平层"项目编码列项。

（3）屋面防水搭接及附加层用量不另行计算，在综合单价中考虑。

（4）屋面保温找坡层按保温、隔热、防腐工程"保温隔热屋面"项目编码列项。

**例 2-36**　如图 2-60 和图 2-61 所示，某屋面防水层为再生橡胶卷材，计算屋面防水卷材的工程量（墙厚 240 mm）。

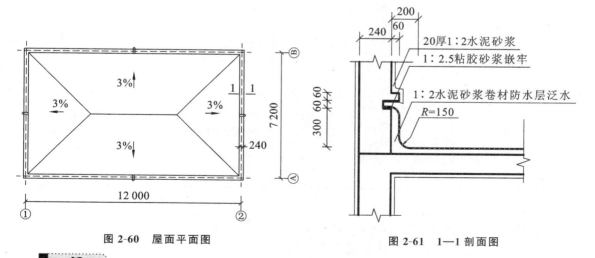

图 2-60　屋面平面图　　　　图 2-61　1—1 剖面图

**解**　计算过程如表 2-148 所示。

表 2-148　计算过程

| 分部分项工程 | 位置 | 规格 | 计算表达式 | 结果 |
|---|---|---|---|---|
| 防水卷材 | 屋面 | S | (12−0.24)×(7.2−0.24)+(12−0.24+7.2−0.24)×2×0.3 | 93.08 m² |

编制的分部分项工程项目清单如表 2-149 所示。

**表 2-149　项目清单**

| 序　号 | 项目编码 | 项目名称 | 项目特征 | 计量单位 | 工　程　量 |
|---|---|---|---|---|---|
| 1 | 010902001001 | 屋面卷材防水 | 1. 卷材品种、规格、厚度:再生橡胶卷材。<br>2. 防水层数:一层。<br>3. 防水层做法:见节点详图 | m² | 93.08 |

## （三）墙面防水、防潮清单项目

墙面防水、防潮如表 2-150 所示。

**表 2-150　墙面防水、防潮（编码:010903）**

| 项目编码 | 项目名称 | 项目特征 | 计量单位 | 工程量计算规则 | 工作内容 |
|---|---|---|---|---|---|
| 010903001 | 墙面卷材防水 | 1. 卷材品种、规格、厚度;<br>2. 防水层数;<br>3. 防水层做法 | m² | 按设计图示尺寸以面积计算 | 1. 基层处理;<br>2. 刷黏结剂;<br>3. 铺防水卷材;<br>4. 接缝、嵌缝 |
| 010903002 | 墙面涂膜防水 | 1. 防水膜品种;<br>2. 涂膜厚度、遍数;<br>3. 增强材料种类 | | | 1. 基层处理;<br>2. 刷基层处理剂;<br>3. 铺布、喷涂防水层 |
| 010903003 | 墙面砂浆防水（防潮） | 1. 防水层做法;<br>2. 砂浆厚度、配合比;<br>3. 钢丝网规格 | | | 1. 基层处理;<br>2. 挂钢丝网片;<br>3. 设置分格缝;<br>4. 砂浆制作、运输、摊铺、养护 |
| 010903004 | 墙面变形缝 | 1. 嵌缝材料种类;<br>2. 止水带材料种类;<br>3. 盖缝材料;<br>4. 防护材料种类 | m | 按设计图示以长度计算 | 1. 清缝;<br>2. 填塞防水材料;<br>3. 止水带安装;<br>4. 盖缝制作、安装;<br>5. 刷防护材料 |

墙面防水、防潮共性问题的说明:

（1）墙面防水搭接及附加层用量不另行计算,在综合单价中考虑。

（2）墙面变形缝,若做双面,工程量乘系数 2。

（3）墙面找平层按墙、柱面装饰与隔断、幕墙工程"立面砂浆找平层"项目编码列项。

**例 2-37**　如图 2-62 所示,计算墙基防潮层工程量,防潮层采用冷底子油一遍,石油沥青两遍。

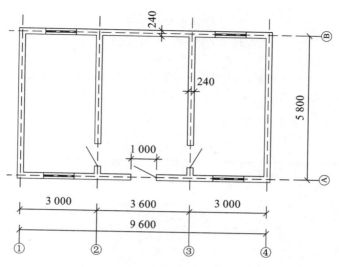

图 2-62　一层平面图

**解**　计算过程如表 2-151 所示。

表 2-151　计算过程

| 分部分项工程 | 位　置 | 规　格 | 计算表达式 | 结　果 |
|---|---|---|---|---|
| 墙基防潮层 | 墙基 | $L_{外中}$ | $(9.6+5.8)×2$ | 30.8 m |
| | | $L_{内净}$ | $(5.8-0.24)×2$ | 11.12 m |
| | | $S$ | $(30.8+11.12)×0.24$ | 10.06 m² |

编制的分部分项工程项目清单如表 2-152 所示。

表 2-152　项目清单

| 序　号 | 项目编码 | 项目名称 | 项目特征 | 计量单位 | 工　程　量 |
|---|---|---|---|---|---|
| 1 | 010903003001 | 墙基防潮层 | 冷底子油一遍,石油沥青两遍 | m² | 10.06 |

**例 2-38**　某工程 SBS 改性沥青卷材防水屋面平面、剖面如图 2-63 所示,其自结构层由

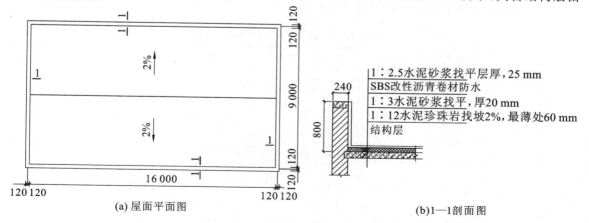

(a) 屋面平面图　　　　　　　　　(b)1—1剖面图

图 2-63　屋面平面、剖面图

下向上的做法为:钢筋混凝土板上用1:2水泥珍珠岩找坡,坡度2‰,最薄处60 mm;保温隔热层上1:3水泥砂浆找平层反边高300 mm,在找平层上刷冷底子油,加热烤铺,贴3 mm厚SBS改性沥青防水卷材一道(反边高300 mm),在防水卷材上抹1:2.5水泥砂浆找平层(反边高300 mm)。不考虑嵌缝,砂浆以中砂为拌和料,女儿墙不计算,未列项目不补充。编制该屋面找平层、保温及卷材防水分部分项工程量清单。

**解** 计算过程如表2-153所示。

表2-153 计算过程

| 分部分项工程 | 位置 | 规格 | 计算表达式 | 结果 |
|---|---|---|---|---|
| 屋面保温 | 见图 | S | 16×9 | 144 m² |
| 屋面卷材防水 | 见图 | S | 16×9+(16+9)×2×0.3 | 159 m² |
| 屋面找平层 | 见图 | S | 16×9+(16+9)×2×0.3 | 159 m² |

编制的分部分项工程项目清单如表2-154所示。

表2-154 项目清单

| 序 号 | 项目编码 | 项目名称 | 项目特征 | 计量单位 | 工 程 量 |
|---|---|---|---|---|---|
| 1 | 011001001001 | 屋面保温 | 1. 材料品种:1:12水泥珍珠岩。<br>2. 保温厚度:最薄处60 mm | m² | 144 |
| 2 | 010902001001 | 屋面卷材防水 | 1. 卷材品种、规格、厚度:3 mm厚SBS改性沥青防水卷材。<br>2. 防水层数:一道。<br>3. 防水层做法:卷材底刷冷底子油、加热烤铺 | m² | 159 |
| 3 | 011101006001 | 屋面砂浆找平层 | 找平层厚度、砂浆配合比:20 mm厚1:3水泥砂浆找平层(防水底层)、25 mm厚1:2.5水泥砂浆找平层(防水面层) | m² | 159 |

## (四)楼(地)面防水、防潮清单项目

楼(地)面防水、防潮如表2-155所示。

表2-155 楼(地)面防水、防潮(编码:010904)

| 项目编码 | 项目名称 | 项目特征 | 计量单位 | 工程量计算规则 | 工作内容 |
|---|---|---|---|---|---|
| 010904001 | 楼(地)面卷材防水 | 1. 卷材品种、规格、厚度;<br>2. 防水层数;<br>3. 防水层做法;<br>4. 反边高度 | m² | 按设计图示尺寸以面积计算。<br>1. 楼(地)面防水:按主墙间净空面积计算,扣除凸出地面的构筑物、设备基础等所占面积,不扣除间壁墙及单个面积小于或等于0.3 m²的柱、垛、烟囱和孔洞所占面积;<br>2. 楼(地)面防水反边高度 | 1. 基层处理;<br>2. 刷黏结剂;<br>3. 铺防水卷材;<br>4. 接缝、嵌缝 |
| 010904002 | 楼(地)面涂膜防水 | 1. 防水膜品种;<br>2. 涂膜厚度、遍数;<br>3. 增强材料种类;<br>4. 反边高度 | | | 1. 基层处理;<br>2. 刷基层处理剂;<br>3. 铺布、喷涂防水层 |

续表

| 项目编码 | 项目名称 | 项目特征 | 计量单位 | 工程量计算规则 | 工作内容 |
|---|---|---|---|---|---|
| 010904003 | 楼(地)面砂浆防水(防潮) | 1. 防水层做法;<br>2. 砂浆厚度、配合比;<br>3. 反边高度 | m² | 小于或等于300 mm的算作地面防水,反边高度大于300 mm的按墙面防水计算 | 1. 基层处理;<br>2. 砂浆制作、运输、摊铺、养护 |
| 010904004 | 楼(地)面变形缝 | 1. 嵌缝材料种类;<br>2. 止水带材料种类;<br>3. 盖缝材料;<br>4. 防护材料种类 | m | 按设计图示以长度计算 | 1. 清缝;<br>2. 填塞防水材料;<br>3. 止水带安装;<br>4. 盖缝制作、安装;<br>5. 刷防护材料 |

楼(地)面防水、防潮共性问题的说明:
(1)楼(地)面防水找平层按楼地面装饰工程"平面砂浆找平层"项目编码列项。
(2)楼(地)面防水搭接及附加层用量不另行计算,在综合单价中考虑。

# 十、保温、隔热、防腐工程

## (一)保温、隔热清单项目

保温、隔热如表2-156所示。

表2-156 保温、隔热(编码:011001)

| 项目编码 | 项目名称 | 项目特征 | 计量单位 | 工程量计算规则 | 工作内容 |
|---|---|---|---|---|---|
| 011001001 | 保温隔热屋面 | 1. 保温隔热材料品种、规格、厚度;<br>2. 隔气层材料品种、厚度;<br>3. 黏结材料种类、做法;<br>4. 防护材料种类、做法 | m² | 按设计图示尺寸以面积计算。扣除面积大于0.3 m²的孔洞及占位面积 | 1. 基层清理;<br>2. 刷黏结材料;<br>3. 铺黏保温层;<br>4. 铺、刷(喷)防护材料 |
| 011001002 | 保温隔热天棚 | 1. 保温隔热面层材料品种、规格、性能;<br>2. 保温隔热材料品种、规格及厚度;<br>3. 黏结材料种类及做法;<br>4. 防护材料种类及做法 | | 按设计图示尺寸以面积计算。扣除面积大于0.3 m²以上的柱、垛、孔洞所占面积,与天棚相连的梁按展开面积计算,并入天棚工程量内 | |
| 011001003 | 保温隔热墙面 | 1. 保温隔热部位;<br>2. 保温隔热方式;<br>3. 踢脚线、勒脚线保温做法;<br>4. 龙骨材料品种、规格;<br>5. 保温隔热面层材料品种、规格、性能; | | 按设计图示尺寸以面积计算。扣除门窗洞口以及面积大于0.3 m²的梁、孔洞所占面积;门窗洞口侧壁以及与墙相连的柱,并入保温墙体工程量内 | 1. 基层清理;<br>2. 刷界面剂;<br>3. 安装龙骨;<br>4. 填贴保温材料;<br>5. 保温板安装;<br>6. 粘贴面层; |

| 项目编码 | 项目名称 | 项目特征 | 计量单位 | 工程量计算规则 | 工作内容 |
|---|---|---|---|---|---|
| 011001004 | 保温柱、梁 | 6. 保温隔热材料品种、规格及厚度；<br>7. 增强网及抗裂防水砂浆种类；<br>8. 黏结材料种类及做法；<br>9. 防护材料种类及做法 | m² | 按设计图示尺寸以面积计算。<br>1. 柱按设计图示柱断面保温层中心线展开长度乘保温层高度以面积计算，扣除面积大于 0.3 m² 的梁所占面积。<br>2. 梁按设计图示梁断面保温层中心线展开长度乘保温层长度以面积计算 | 7. 铺设增强格网、抹抗裂、防水砂浆面层；<br>8. 嵌缝；<br>9. 铺、刷（喷）防护材料 |
| 011001005 | 保温隔热楼地面 | 1. 保温隔热部位；<br>2. 保温隔热材料品种、规格、厚度；<br>3. 隔气层材料品种、厚度；<br>4. 黏结材料种类、做法；<br>5. 防护材料种类、做法 | | 按设计图示尺寸以面积计算。扣除面积大于 0.3 m² 的柱、垛、孔洞等所占面积。门洞、空圈、暖气包槽、壁龛的开口部分不增加面积 | 1. 基层清理；<br>2. 刷黏结材料；<br>3. 铺粘保温层；<br>4. 铺、刷（喷）防护材料 |
| 011001006 | 其他保温隔热 | 1. 保温隔热部位；<br>2. 保温隔热方式；<br>3. 隔气层材料品种、厚度；<br>4. 保温隔热面层材料品种、规格、性能；<br>5. 保温隔热材料品种、规格及厚度；<br>6. 黏结材料种类及做法；<br>7. 增强网及抗裂防水砂浆种类；<br>8. 防护材料种类及做法 | | 按设计图示尺寸以展开面积计算。扣除面积大于 0.3 m² 的孔洞及占位面积 | 1. 基层清理；<br>2. 刷界面剂；<br>3. 安装龙骨；<br>4. 填贴保温材料；<br>5. 保温板安装；<br>6. 粘贴面层；<br>7. 铺设增强格网、抹抗裂防水砂浆面层；<br>8. 嵌缝；<br>9. 铺、刷（喷）防护材料 |

保温、隔热共性问题的说明：

（1）保温隔热装饰面层，按相关标准规定项目编码列项；仅做找平层按楼地面装饰工程"平面砂浆找平层"或墙、柱面装饰与隔断、幕墙工程"立面砂浆找平层"项目编码列项。

（2）柱帽保温隔热应并入天棚保温隔热工程量内。

（3）池槽保温隔热应按其他保温隔热项目编码列项。

（4）保温隔热方式指内保温、外保温、夹芯保温。

（5）保温柱、梁适用于不与墙、天棚相连的独立柱、梁。

图 2-64　保温柱示意图

**例 2-39**　如图 2-64 所示，该柱子采用 65 mm 厚的沥青稻壳板铺贴保温层，柱高 3 m，计算保温柱的工程量。

计算过程如表 2-157 所示。

表 2-157　计算过程

| 分部分项工程 | 位　置 | 规　格 | 计算表达式 | 结　果 |
|---|---|---|---|---|
| 保温柱 | 见图 | S | 3.14×(0.8+0.065)×3 | 8.15 m² |

编制的分部分项工程项目清单如表 2-158 所示。

表 2-158　项目清单

| 项目编码 | 项目名称 | 项目特征 | 计量单位 | 工程量 |
|---|---|---|---|---|
| 011001004001 | 保温柱 | 1. 保温隔热部位:保温柱。<br>2. 保温隔热方式(内保温、外保温、夹芯保温):夹芯保温。<br>3. 踢脚线、勒脚线保温做法:(按图纸说明描述)。<br>4. 龙骨材料品种、规格:(按图纸说明描述)。<br>5. 保温隔热面层材料品种、规格、性能:(按图纸说明描述)。<br>6. 保温隔热材料品种、规格:65 mm 厚沥青稻壳板。<br>7. 增强网及抗裂防水砂浆种类:(按图纸说明描述)。<br>8. 黏结材料种类:(按图纸说明描述)。<br>9. 防护材料种类及做法:(按图纸说明描述) | m² | 8.15 |

**例 2-40**　某工程建筑示意图如图 2-65 所示,该工程外墙保温做法:①基层表面清理;②刷界面砂浆 5 mm;③刷 30 mm 厚胶粉聚苯颗粒;④门窗边保温宽度为 120 mm。编制该工程外墙外保温的分部分项工程量清单。

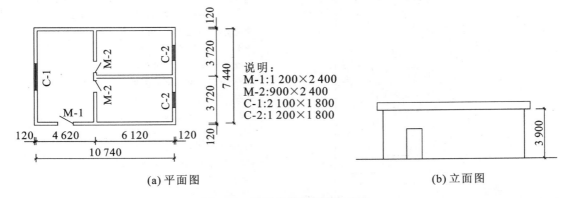

图 2-65　某建筑外墙保温示意图

**解**　计算过程如表 2-159 所示。

表 2-159　计算过程

| 分部分项工程 | 位　置 | 规　格 | 计算表达式 | 结　果 |
|---|---|---|---|---|
| 保温墙面 | 墙面 | S | [(10.74+0.24)+(7.44+0.24)]×2×3.90−(1.2×2.4+2.1×1.8+1.2×1.8×2) | 134.57 m² |
| | 门窗侧边 | S | [(2.1+1.8)×2+(1.2+1.8)×4+(2.4×2+1.2)]×0.12 | 3.10 m² |
| | 合计 | S | 134.57+3.10 | 137.67 m² |

编制的分部分项工程项目清单如表2-160所示。

**表2-160 项目清单**

| 序 号 | 项目编码 | 项目名称 | 项目特征 | 计量单位 | 工 程 量 |
|---|---|---|---|---|---|
| 1 | 011001003001 | 保温墙面 | 1. 保温隔热部位:墙面。<br>2. 保温隔热方式:外保温。<br>3. 保温隔热材料品种、厚度:30 mm厚胶粉聚苯颗粒。<br>4. 基层材料:5 mm厚界面砂浆 | m² | 137.67 |

## （二）防腐面层清单项目

防腐面层如表2-161所示。

**表2-161 防腐面层（编码:011002）**

| 项目编码 | 项目名称 | 项目特征 | 计量单位 | 工程量计算规则 | 工作内容 |
|---|---|---|---|---|---|
| 011002001 | 防腐混凝土面层 | 1. 防腐部位;<br>2. 面层厚度;<br>3. 混凝土种类;<br>4. 胶泥种类、配合比 | m² | 按设计图示尺寸以面积计算。<br>1. 平面防腐:扣除凸出地面的构筑物、设备基础等以及面积大于0.3 m²的孔洞、柱、垛等所占面积,门洞、空圈、暖气包槽、壁龛的开口部分不增加面积。<br>2. 立面防腐:扣除门、窗、洞口以及面积大于0.3 m²的孔洞、梁所占面积,门、窗、洞口侧壁、垛突出部分按展开面积并入墙面积内 | 1. 基层清理;<br>2. 基层刷稀胶泥;<br>3. 混凝土制作、运输、摊铺、养护 |
| 011002002 | 防腐砂浆面层 | 1. 防腐部位;<br>2. 面层厚度;<br>3. 砂浆、胶泥种类、配合比 | | | 1. 基层清理;<br>2. 基层刷稀胶泥;<br>3. 砂浆制作、运输、摊铺、养护 |
| 011002003 | 防腐胶泥面层 | 1. 防腐部位;<br>2. 面层厚度;<br>3. 胶泥种类、配合比 | | | 1. 基层清理;<br>2. 胶泥调制、摊铺 |
| 011002004 | 玻璃钢防腐面层 | 1. 防腐部位;<br>2. 玻璃钢种类;<br>3. 贴布材料的种类、层数;<br>4. 面层材料品种 | | | 1. 基层清理;<br>2. 刷底漆、刮腻子;<br>3. 胶浆配制、涂刷;<br>4. 粘布、涂刷面层 |
| 011002005 | 聚氯乙烯板面层 | 1. 防腐部位;<br>2. 面层材料品种、厚度;<br>3. 黏结材料种类 | | | 1. 基层清理;<br>2. 配料、涂胶;<br>3. 聚氯乙烯板铺设 |
| 011002006 | 块料防腐面层 | 1. 防腐部位;<br>2. 块料品种、规格;<br>3. 黏结材料种类;<br>4. 勾缝材料种类 | | | 1. 基层清理;<br>2. 铺贴块料;<br>3. 胶泥调制、勾缝 |
| 011002007 | 池、槽块料防腐面层 | 1. 防腐池、槽名称;<br>2. 块料品种、规格;<br>3. 黏结材料种类;<br>4. 勾缝材料种类 | | 按设计图示尺寸以展开面积计算 | |

防腐面层共性问题的说明：

防腐踢脚线应按楼地面装饰工程"踢脚线"项目编码列项。

**例 2-41** 如图 2-66 和图 2-67 所示，计算耐酸沥青混凝土地面及踢脚板的工程量，踢脚线高度为 150 mm。

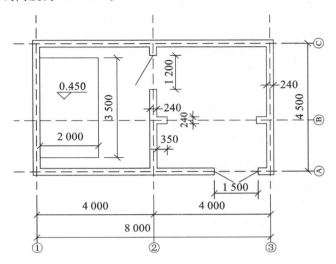

图 2-66 某建筑平面图

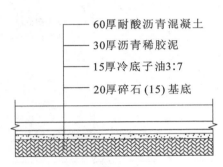

图 2-67 地面做法示意图

**解** 计算过程如表 2-162 所示。

表 2-162 计算过程

| 分部分项工程 | 位 置 | 规 格 | 计算表达式 | 结 果 |
|---|---|---|---|---|
| 耐酸沥青混凝土地面 | 地面 | S | $(8-0.24)\times(4.5-0.24)-0.24\times0.35\times2-3.5\times2-0.24\times(4.5-0.24)+1.2\times0.24$ | 22.16 m² |
| 耐酸沥青混凝土踢脚线 | 踢脚线 | S | $(4.5-0.24+4-0.24)\times2\times0.15+2\times2\times0.15-1.2\times0.15+0.12\times2\times0.15+(4.5-0.24+4.0-0.24)\times2\times0.15-1.2\times0.15-1.5\times0.15+0.12\times2\times0.15+0.35\times0.15\times4+0.12\times0.15\times2$ | 5.15 m² |

编制的分部分项工程项目清单如表 2-163 所示。

表 2-163 项目清单

| 序 号 | 项目编码 | 项目名称 | 项目特征 | 计量单位 | 工 程 量 |
|---|---|---|---|---|---|
| 1 | 011002001001 | 防腐混凝土面层 | 1. 防腐部位：地面。<br>2. 面层厚度：60 mm。<br>3. 混凝土种类：60 厚耐酸沥青混凝土。<br>4. 胶泥种类、配合比：30 mm 厚沥青稀胶泥 | m² | 22.16 |
| 2 | 011105001001 | 防腐混凝土踢脚线 | 1. 踢脚线高度：150 mm。<br>2. 底层厚度、砂浆配合比：15 厚冷底子油 3:7。<br>3. 面层厚度、砂浆配合比：60 厚耐酸沥青混凝土 | m² | 5.15 |

### （三）其他防腐清单项目

其他防腐如表 2-164 所示。

表 2-164　其他防腐（编码：011003）

| 项目编码 | 项目名称 | 项目特征 | 计量单位 | 工程量计算规则 | 工作内容 |
|---|---|---|---|---|---|
| 011003001 | 隔离层 | 1. 隔离层部位；<br>2. 隔离层材料品种；<br>3. 隔离层做法；<br>4. 粘贴材料种类 | m² | 按设计图示尺寸以面积计算。<br>1. 平面防腐：扣除凸出地面的构筑物、设备基础等以及面积大于 0.3 m² 的孔洞、柱、垛等所占面积，门洞、空圈、暖气包槽、壁龛的开口部分不增加面积。<br>2. 立面防腐：扣除门、窗、洞口以及面积大于 0.3 m² 的孔洞、梁所占面积，门、窗、洞口侧壁、垛突出部分按展开面积并入墙面积内 | 1. 基层清理、刷油；<br>2. 煮沥青；<br>3. 胶泥调制；<br>4. 隔离层铺设 |
| 011003002 | 砌筑沥青浸渍砖 | 1. 砌筑部位；<br>2. 浸渍砖规格；<br>3. 胶泥种类；<br>4. 浸渍砖砌法 | m³ | 按设计图示尺寸以体积计算 | 1. 基层清理；<br>2. 胶泥调制；<br>3. 浸渍砖铺砌 |
| 011003003 | 防腐涂料 | 1. 涂刷部位；<br>2. 基层材料类型；<br>3. 刮腻子的种类、遍数；<br>4. 涂料品种、刷涂遍数 | m² | 按设计图示尺寸以面积计算。<br>1. 平面防腐：扣除凸出地面的构筑物、设备基础等以及面积大于 0.3 m² 的孔洞、柱、垛等所占面积，门洞、空圈、暖气包槽、壁龛的开口部分不增加面积。<br>2. 立面防腐：扣除门、窗、洞口以及面积大于 0.3 m² 的孔洞、梁所占面积，门、窗、洞口侧壁、垛突出部分按展开面积并入墙面积内 | 1. 基层清理；<br>2. 刮腻子；<br>3. 刷涂料 |

其他防腐共性问题的说明：

浸渍砖砌法指平砌、立砌。

**例 2-42**　某库房地面做 1:0.533:0.533:3.121 不发火沥青砂浆防腐面层，踢脚线抹 1:0.3:1.5:4 铁屑砂浆，厚度均为 20 mm，踢脚线高度 200 mm，如图 2-68 所示，墙厚均为 240 mm，门洞地面做防腐面层，侧边不做踢脚线。编制该库房工程防腐面层及踢脚线的分部分项工程量清单。

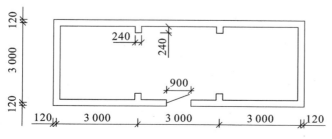

图 2-68　某库房地面面层示意图

**解** 计算过程如表 2-165 所示。

表 2-165 计算过程

| 分部分项工程 | 位 置 | 规 格 | 计算表达式 | 结 果 |
|---|---|---|---|---|
| 防腐砂浆面层 | 见图 | S | (9−0.24)×(4.5−0.24) | 37.32 m² |
| 砂浆踢脚线 | 见图 | L | (9−0.24+0.24×4+4.5−0.24)×2−0.9 | 27.06 m |

注：依据《房屋建筑与装饰工程工程量计算规范》，防腐地面不扣除面积小于或等于 0.3 m² 的垛所占面积，不增加门洞开口部分面积。

编制的分部分项工程项目清单如表 2-166 所示。

表 2-166 项目清单

| 序 号 | 项目编码 | 项目名称 | 项目特征 | 计量单位 | 工 程 量 |
|---|---|---|---|---|---|
| 1 | 011002002001 | 防腐砂浆面层 | 1. 防腐部位:地面。<br>2. 厚度:20 mm。<br>3. 砂浆种类、配合比:不发火沥青砂浆 1:0.533:0.533:3.121 | m² | 37.32 |
| 2 | 011105001001 | 铁屑砂浆踢脚线 | 1. 踢脚线高度:200 mm。<br>2. 厚度、砂浆配合比:20 mm,铁屑砂浆 1:0.3:1.5:4 | m | 27.06 |

# 十一、楼地面装饰工程

## （一）整体面层及找平层清单项目

整体面层及找平层如表 2-167 所示。

表 2-167 整体面层及找平层（编码:011101）

| 项目编码 | 项目名称 | 项目特征 | 计量单位 | 工程量计算规则 | 工作内容 |
|---|---|---|---|---|---|
| 011101001 | 水泥砂浆楼地面 | 1. 找平层厚度、砂浆配合比;<br>2. 素水泥浆遍数;<br>3. 面层厚度、砂浆配合比;<br>4. 面层做法要求 | m² | 按设计图示尺寸以面积计算。扣除凸出地面的构筑物、设备基础、室内铁道、地沟等所占面积,不扣除间壁墙及面积小于或等于 0.3 m² 的柱、垛、附墙烟囱及孔洞所占面积。门洞、空圈、暖气包槽、壁龛的开口部分不增加面积 | 1. 基层清理;<br>2. 抹找平层;<br>3. 抹面层;<br>4. 材料运输 |
| 011101002 | 现浇水磨石楼地面 | 1. 找平层厚度、砂浆配合比;<br>2. 面层厚度、水泥石子浆配合比;<br>3. 嵌条材料种类、规格;<br>4. 石子种类、规格、颜色;<br>5. 颜料种类、颜色;<br>6. 图案要求;<br>7. 磨光、酸洗、打蜡要求 | | | 1. 基层清理;<br>2. 抹找平层;<br>3. 面层铺设;<br>4. 嵌缝条安装;<br>5. 磨光、酸洗、打蜡;<br>6. 材料运输 |

| 项目编码 | 项目名称 | 项目特征 | 计量单位 | 工程量计算规则 | 工作内容 |
|---|---|---|---|---|---|
| 011101003 | 细石混凝土楼地面 | 1. 找平层厚度、砂浆配合比；<br>2. 面层厚度、混凝土强度等级 | | 按设计图示尺寸以面积计算。扣除凸出地面的构筑物、设备基础、室内铁道、地沟等所占面积，不扣除间壁墙及面积小于或等于 0.3 m² 的柱、垛、附墙烟囱及孔洞所占面积。门洞、空圈、暖气包槽、壁龛的开口部分不增加面积 | 1. 基层清理；<br>2. 抹找平层；<br>3. 面层铺设；<br>4. 材料运输 |
| 011101004 | 菱苦土楼地面 | 1. 找平层厚度、砂浆配合比；<br>2. 面层厚度；<br>3. 打蜡要求 | | | 1. 基层清理；<br>2. 抹找平层；<br>3. 面层铺设；<br>4. 打蜡；<br>5. 材料运输 |
| 011101005 | 自流坪楼地面 | 1. 找平层砂浆配合比、厚度；<br>2. 界面剂材料种类；<br>3. 中层漆材料种类、厚度；<br>4. 面漆材料种类、厚度；<br>5. 面层材料种类 | m² | | 1. 基层处理；<br>2. 抹找平层；<br>3. 涂界面剂；<br>4. 涂刷中层漆；<br>5. 打磨、吸尘；<br>6. 镘自流平面漆（浆）；<br>7. 拌和自流平浆料；<br>8. 铺面层 |
| 011101006 | 平面砂浆找平层 | 找平层厚度、砂浆配合比 | | 按设计图示尺寸以面积计算 | 1. 基层清理；<br>2. 抹找平层；<br>3. 材料运输 |
| 沪 011101007 | 涂料楼地面 | 1. 找平层砂浆配合比、厚度；<br>2. 面层材料品种；<br>3. 颜色、图案要求；<br>4. 打蜡要求 | | 按设计图示尺寸以面积计算。扣除凸出地面的构筑物、设备基础、室内管道、地沟等所占面积，不扣除间壁墙及小于或等于 0.3 m² 的柱、垛、附墙烟囱及孔洞所占面积。门洞、空圈、暖气包槽、壁龛的开口部分不增加面积 | 1. 基层清理；<br>2. 抹找平层；<br>3. 刷涂料；<br>4. 打蜡、上光 |

**1. 整体面层及找平层共性问题的说明**

（1）水泥砂浆面层处理是拉毛还是提浆压光应在面层做法要求中描述。

（2）平面砂浆找平层只适用于仅做找平层的平面抹灰。

（3）间壁墙指墙厚小于或等于 120 mm 的墙。

（4）楼地面混凝土垫层另按垫层项目编码列项，除混凝土外的其他材料垫层按垫层项目编码列项。

**2. 整体面层及找平层清单项目解析**

（1）整体面层是指一次性连续铺筑而成的面层，如水泥砂浆面层、细石混凝土面层、水磨石面层等。

（2）水泥、砂子和水的混合物叫水泥砂浆。

（3）细石混凝土一般是指粗骨料最大粒径不大于 15 mm 的混凝土，混凝土是指由胶凝材料（如水泥）、水和骨料等按适当比例配制，经混合搅拌，硬化成型的一种人工石材。

（4）水磨石是将碎石拌入水泥制成混凝土制品后表面磨光的制品，常用来制作地砖、台面、水槽等。

（5）菱苦土楼地面是以菱苦土、氧化镁溶液、木屑、滑石粉及矿物颜料等配制成胶泥，经铺抹压平，养护稳定后，用磨光机磨光打蜡而成。

（6）自流坪为无溶剂、自流平、粒子致密的厚浆型环氧地坪涂料，它是多种材料同水混合而成的液态物质，倒入地面后，这种物质可根据地面的高低不平顺势流动，对地面进行自动找平，并很快干燥，固化后的地面会形成光滑、平整、无缝的新基层。

**例 2-43** 图 2-69 所示为建筑内水泥砂浆地面，墙体厚 240 mm，试计算工程量。

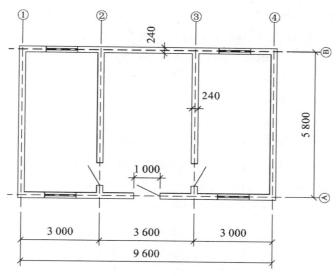

图 2-69　某建筑平面图

**解**　计算过程如表 2-168 所示。

表 2-168　计算过程

| 分部分项工程 | 位　置 | 规　格 | 计算表达式 | 结　果 |
|---|---|---|---|---|
| 水泥砂浆地面 | 1-2/A-B | S | $(3-0.24)\times(5.8-0.24)$ | 15.35 m² |
| | 2-3/A-B | S | $(3.6-0.24)\times(5.8-0.24)$ | 18.68 m² |
| | 3-4/A-B | S | $(3-0.24)\times(5.8-0.24)$ | 15.35 m² |
| | 合计 | S | $15.35+18.68+15.35$ | 49.38 m² |

## （二）块料面层清单项目

块料面层如表 2-169 所示。

表 2-169　块料面层（编码：011102）

| 项目编码 | 项目名称 | 项目特征 | 计量单位 | 工程量计算规则 | 工作内容 |
|---|---|---|---|---|---|
| 011102001 | 石材楼地面 | 1. 找平层厚度、砂浆配合比； | m² | 按设计图示尺寸以面积计算。门洞、空圈、暖气包槽、壁龛的开口部分并入相应的工程量内 | 1. 基层清理；<br>2. 抹找平层；<br>3. 面层铺设、磨边；<br>4. 嵌缝；<br>5. 刷防护材料；<br>6. 酸洗、打蜡；<br>7. 材料运输 |
| 011102002 | 碎石材楼地面 | 2. 结合层厚度、砂浆配合比；<br>3. 面层材料品种、规格、颜色； | | | |
| 011102003 | 块料楼地面 | 4. 嵌缝材料种类；<br>5. 防护层材料种类；<br>6. 酸洗、打蜡要求 | | | |

**1. 块料面层共性问题的说明**

（1）在描述碎石材项目的面层材料特征时可不用描述规格、颜色。

（2）石材、块料与黏结材料的结合面刷防渗材料的种类在防护层材料种类中描述。

（3）本表工作内容中的磨边指施工现场磨边，后面章节工作内容中涉及的磨边含义与此相同。

**2. 块料面层清单项目解析**

（1）石材楼地面是指采用大理石、花岗岩、文化石等石材铺贴而成的楼地面。

（2）块料楼地面是指采用假麻石、陶瓷锦砖、瓷板、面砖等非石材块料铺贴而成的楼地面。

**例 2-44**　试计算图 2-70 所示住宅客厅铺贴大理石地面的工程量。大理石地面做法为：大理石板规格选为 500 mm×500 mm，水泥砂浆铺贴，其中 SM-1 1 800 mm×2 100 mm，FDM-1 900 mm×2 100 mm，M-2 900 mm×2 100 mm，M-4 900 mm×2 100 mm，墙厚均为 240 mm。

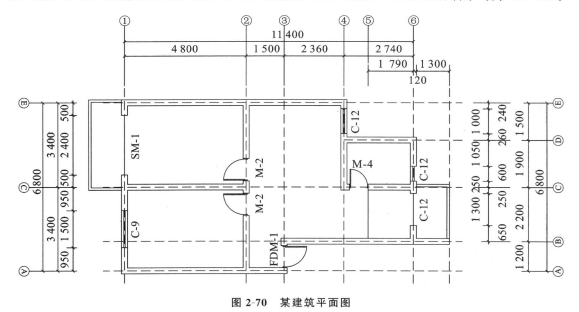

图 2-70　某建筑平面图

**解**　计算过程如表 2-170 所示。

表 2-170　计算过程

| 分部分项工程 | 位　置 | 规　格 | 计算表达式 | 结　果 |
|---|---|---|---|---|
| 大理石地面 | 1-2/C-E | S | $(4.8-0.24)\times(3.4-0.24)+1.8\times0.24$ | 14.84 m² |
| | 1-2/A-C | S | $(4.8-0.24)\times(3.4-0.24)$ | 14.41 m² |
| | 2-4/A-E | S | $(1.5+2.36-0.24)\times(2.2+1.9+1.5-0.24)+(1.5-0.24)\times1.2+0.9\times0.24\times3$ | 21.56 m² |
| | 4-6/C-D | S | $(2.74-0.24)\times(1.9-0.24)$ | 4.15 m² |
| | 4-6/B-C | S | $2.74\times(2.2-0.24)+0.9\times0.24$ | 5.59 m² |
| | 合计 | S | $14.84+14.41+21.56+4.15+5.59$ | 60.55 m² |

## （三）橡塑面层清单项目

橡塑面层如表 2-171 所示。

表 2-171　橡塑面层（编码:011103）

| 项目编码 | 项目名称 | 项目特征 | 计量单位 | 工程量计算规则 | 工作内容 |
|---|---|---|---|---|---|
| 011103001 | 橡胶板楼地面 | 1. 黏结层厚度、材料种类；<br>2. 面层材料品种、规格、颜色；<br>3. 压线条种类 | m² | 按设计图示尺寸以面积计算。门洞、空圈、暖气包槽、壁龛的开口部分并入相应的工程量内 | 1. 基层清理；<br>2. 面层铺贴；<br>3. 压缝条装钉；<br>4. 材料运输 |
| 011103002 | 橡胶板卷材楼地面 | | | | |
| 011103003 | 塑料板楼地面 | | | | |
| 011103004 | 塑料卷材楼地面 | | | | |

**1. 橡塑面层共性问题的说明**

本表项目中如涉及找平层,另按找平层项目编码列项。

**2. 橡塑面层清单项目解析**

橡塑面层是使用橡胶材料及塑料材料作为地面材质的一种楼地面,有块状、卷材及无缝整体等形式。

## （四）其他材料面层清单项目

其他材料面层如表 2-172 所示。

表 2-172　其他材料面层（编码:011104）

| 项目编码 | 项目名称 | 项目特征 | 计量单位 | 工程量计算规则 | 工作内容 |
|---|---|---|---|---|---|
| 011104001 | 地毯楼地面 | 1. 面层材料品种、规格、颜色；<br>2. 防护材料种类；<br>3. 黏结材料种类；<br>4. 压线条种类 | m² | 按设计图示尺寸以面积计算。门洞、空圈、暖气包槽、壁龛的开口部分并入相应的工程量内 | 1. 基层清理；<br>2. 铺贴面层；<br>3. 刷防护材料；<br>4. 装钉压条；<br>5. 材料运输 |

| 项目编码 | 项目名称 | 项目特征 | 计量单位 | 工程量计算规则 | 工作内容 |
|---|---|---|---|---|---|
| 011104002 | 竹、木(复合)地板 | 1. 龙骨材料种类、规格、铺设间距;<br>2. 基层材料种类、规格;<br>3. 面层材料品种、规格、颜色;<br>4. 防护材料种类 | m² | 按设计图示尺寸以面积计算。门洞、空圈、暖气包槽、壁龛的开口部分并入相应的工程量内 | 1. 基层清理;<br>2. 龙骨铺设;<br>3. 基层铺设;<br>4. 面层铺贴;<br>5. 刷防护材料;<br>6. 材料运输 |
| 011104003 | 金属复合地板 | | | | |
| 011104004 | 防静电活动地板 | 1. 支架高度、材料种类;<br>2. 面层材料品种、规格、颜色;<br>3. 防护材料种类 | | | 1. 基层清理;<br>2. 固定支架安装;<br>3. 活动面层安装;<br>4. 刷防护材料;<br>5. 材料运输 |

其他材料面层清单项目解析:

(1)地毯是以棉、麻、毛、丝、草等天然纤维或化学合成纤维类原料,经手工或机械工艺进行编结、栽绒或纺织而成的地面铺设物。

(2)防静电活动地板是指用支架和横梁连接后架空的防静电地板。

## (五)踢脚线清单项目

踢脚线如表2-173所示。

**表2-173 踢脚线(编码:011105)**

| 项目编码 | 项目名称 | 项目特征 | 计量单位 | 工程量计算规则 | 工作内容 |
|---|---|---|---|---|---|
| 011105001 | 水泥砂浆踢脚线 | 1. 踢脚线高度;<br>2. 底层厚度、砂浆配合比;<br>3. 面层厚度、砂浆配合比 | 1. m²;<br>2. m | 1. 以平方米计量,按设计图示长度乘高度以面积计算;<br>2. 以米计量,按延长米计算 | 1. 基层清理;<br>2. 底层和面层抹灰;<br>3. 材料运输 |
| 011105002 | 石材踢脚线 | 1. 踢脚线高度;<br>2. 黏结层厚度、材料种类;<br>3. 面层材料品种、规格、颜色;<br>4. 防护材料种类 | | | 1. 基层清理;<br>2. 底层抹灰;<br>3. 面层铺贴、磨边;<br>4. 擦缝;<br>5. 磨光、酸洗、打蜡;<br>6. 刷防护材料;<br>7. 材料运输 |
| 011105003 | 块料踢脚线 | | | | |
| 011105004 | 塑料板踢脚线 | 1. 踢脚线高度;<br>2. 黏结层厚度、材料种类;<br>3. 面层材料种类、规格、颜色 | | | 1. 基层清理;<br>2. 基层铺贴;<br>3. 面层铺贴;<br>4. 材料运输 |
| 011105005 | 木质踢脚线 | 1. 踢脚线高度;<br>2. 基层材料种类、规格;<br>3. 面层材料品种、规格、颜色 | | | |
| 011105006 | 金属踢脚线 | | | | |
| 011105007 | 防静电踢脚线 | | | | |

**1. 踢脚线共性问题的说明**

石材、块料与黏结材料的结合面刷防渗材料的种类在防护材料种类中描述。

**2. 踢脚线清单项目解析**

在居室设计中,阴角线、腰线、踢脚线起着视觉的平衡作用,利用它们的线形感觉及材质、色彩等在室内相互呼应,可以起到较好的美化装饰效果。踢脚线的另一个作用是它的保护功能。踢脚线,顾名思义就是脚踢得到的墙面区域,所以较易受到冲击。做踢脚线可以更好地使墙体和地面之间结合牢固,减少墙体变形,避免外力碰撞造成破坏。

踢脚线材料区分如下:①水泥、砂子和水的混合物叫水泥砂浆;②石材是指大理石、花岗岩、文化石等;③块料指假麻石、陶瓷锦砖、瓷板、面砖等;④水磨石是将碎石拌入水泥制成混凝土制品后表面磨光的制品,常用来制作地砖、台面、水槽等;⑤能将踢脚线上的静电及时释放的踢脚叫防静电踢脚。

**例 2-45** 某装饰工程地面、墙面、天棚如图 2-71～图 2-74 所示,房间外墙厚度 240 mm,中到中尺寸为 12 000 mm×18 000 mm,800 mm×800 mm 独立柱 4 根,墙体抹灰厚度 20 mm(门窗占位面积 80 m²,门窗洞口侧壁抹灰 15 m²,柱垛展开面积 11 m²),地砖地面施工完成后的尺寸如图所示,为(12-0.24-0.04) m×(18-0.24-0.04) m,吊顶高度 3 600 mm(窗帘盒占位面积 7 m²)。做法:地面 20 mm 厚 1:3 水泥砂浆找平,20 厚 1:2 干性水泥砂浆粘贴玻化砖,玻化砖踢脚线,高度 150 mm(门洞宽度合计 4 m),乳胶漆一底两面,天棚轻钢龙骨石膏板面刮成品腻子面罩乳胶漆一底两面,柱面挂贴 30 mm 厚花岗石板,花岗石板和柱结构面之间的空隙填灌 50 mm厚的 1:3 水泥砂浆。编制该装饰工程地面、墙面、天棚等项目的分部分项工程量清单。

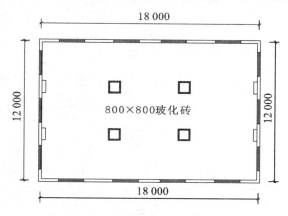

图 2-71 某工程地面示意图

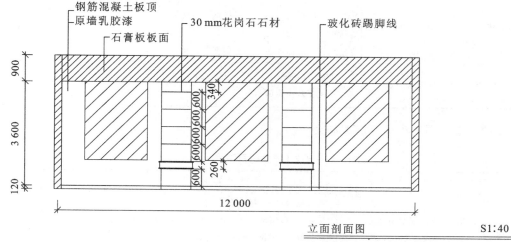

立面剖面图　　　　　　　　　　　S1:40

注:图中尺寸为设计尺寸(以实际放样为准)

图 2-72 某工程大厅立面图

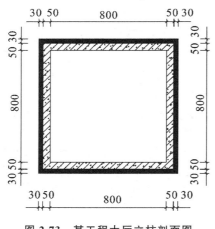

图 2-73 某工程大厅立柱剖面图

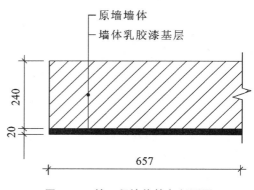

图 2-74 某工程墙体抹灰剖面图

 **解** 计算过程如表 2-174 所示。

表 2-174 计算过程

| 分部分项工程 | 位 置 | 规 格 | 计算表达式 | 结 果 |
|---|---|---|---|---|
| 玻化砖地面 | 见图 | $S$ | $(12-0.24-0.04)\times(18-0.24-0.04)$ | 207.68 m² |
| | 扣柱 | $S$ | $(0.8\times0.8)\times4$ | 2.56 m² |
| | 合计 | $S$ | $207.68-2.56$ | 205.12 m² |
| 玻化砖踢脚线 | 见图 | $L$ | $[(12-0.24-0.04)+(18-0.24-0.04)]\times2-4$ (门洞宽度) | 54.88 m |
| | | $S$ | $54.88\times0.15$ | 8.23 m² |
| 墙面混合砂浆抹灰 | 见图 | $S$ | $[(12-0.24)+(18-0.24)]\times2\times3.6-80$(门窗洞口占位面积)$+$ 11(柱垛展开面积) | 143.54 m² |
| 花岗石柱面 | 见图 | $S$ | $[0.8+(0.05+0.03)\times2]\times4\times3.6\times4$ | 55.30 m² |
| 轻钢龙骨石膏板吊顶天棚 | 见图 | $S$ | 207.68(同地面)$-0.8\times0.8\times4-7$(窗帘盒占位面积) | 198.12 m² |
| 墙面喷刷乳胶漆 | 见图 | $S$ | 143.54(同墙面抹灰)$+15$(门窗洞口侧壁) | 158.54 m² |
| 天棚喷刷乳胶漆 | 见图 | $S$ | $207.68-(0.8+0.05\times2+0.03\times2)\times(0.8+0.05\times2+0.03\times2)\times$ $4-7$(窗帘盒占位面积) | 196.99 m² |

编制的分部分项工程项目清单如表 2-175 所示。

表 2-175 项目清单

| 序 号 | 项目编码 | 项目名称 | 项目特征 | 计量单位 | 工 程 量 |
|---|---|---|---|---|---|
| 1 | 011102001001 | 玻化砖地面 | 1. 找平层厚度、砂浆配合比:20 厚 1:3 水泥砂浆。<br>2. 结合层、砂浆配合比:20 厚 1:2 干硬性水泥砂浆。<br>3. 面层品种、规格、颜色:米色玻化砖(详见设计图纸) | m² | 205.12 |

续表

| 序 号 | 项目编码 | 项目名称 | 项目特征 | 计量单位 | 工程量 |
|---|---|---|---|---|---|
| 2 | 011105003001 | 玻化砖踢脚线 | 1. 踢脚线高度:150。<br>2. 黏结层厚度、材料种类:4厚纯水泥浆(425号水泥中掺20%白乳胶)。<br>3. 面层材料种类:玻化砖面层,白水泥擦缝 | m² | 8.23 |
| 3 | 011201001001 | 墙面混合砂浆抹灰 | 1. 墙体类型:综合。<br>2. 底层厚度、砂浆配合比:9厚1:1:6混合砂浆打底、7厚1:1:6混合砂浆垫层。<br>3. 面层厚度、砂浆配合比:5厚1:0.3:2.5混合砂浆 | m² | 143.54 |
| 4 | 011205001001 | 花岗石柱面 | 1. 柱截面类型、尺寸:800×800矩形柱。<br>2. 安装方式:挂贴,石材与柱结构面之间50的空隙灌填1:3水泥砂浆。<br>3. 缝宽、嵌缝材料种类:密缝,白水泥擦缝 | m² | 55.30 |
| 5 | 011302001001 | 轻钢龙骨石膏板吊顶天棚 | 1. 吊顶形式、吊杆规格、高度:φ6.5吊杆,高度900。<br>2. 龙骨材料种类、规格、中距:轻钢龙骨规格,中距详见设计图纸。<br>3. 面层材料种类、规格:厚纸面石膏板1 200×2 400×12 | m² | 198.12 |
| 6 | 011407001001 | 墙面喷刷乳胶漆 | 1. 基层类型:抹灰面。<br>2. 喷刷涂料部位:内墙面。<br>3. 腻子种类:成品腻子。<br>4. 刮腻子要求:符合施工及验收规范的平整度。<br>5. 涂料品种、喷刷遍数:乳胶漆底漆一遍、面漆两遍 | m² | 158.54 |
| 7 | 011407002001 | 天棚喷刷乳胶漆 | 1. 基层类型:石膏板面。<br>2. 喷刷涂料部位:天棚。<br>3. 腻子种类:成品腻子。<br>4. 刮腻子要求:符合施工及验收规范的平整度。<br>5. 涂料品种、喷刷遍数:乳胶漆底漆一遍、面漆两遍 | m² | 196.99 |

## (六)楼梯面层清单项目

楼梯面层如表2-176所示。

### 表2-176 楼梯面层(编码:011106)

| 项目编码 | 项目名称 | 项目特征 | 计量单位 | 工程量计算规则 | 工作内容 |
|---|---|---|---|---|---|
| 011106001 | 石材楼梯面层 | 1. 找平层厚度、砂浆配合比;<br>2. 黏结层厚度、材料种类;<br>3. 面层材料品种、规格、颜色;<br>4. 防滑条材料种类、规格;<br>5. 勾缝材料种类;<br>6. 防护材料种类;<br>7. 酸洗、打蜡要求 | m² | 按设计图示尺寸以楼梯(包括踏步、休息平台及小于或等于500 mm的楼梯井)水平投影面积计算。楼梯与楼地面相连时,算至梯口梁内侧边沿;无梯口梁者,算至最上一层踏步边沿加300 mm | 1. 基层清理;<br>2. 抹找平层;<br>3. 面层铺贴、磨边;<br>4. 贴嵌防滑条;<br>5. 勾缝;<br>6. 刷防护材料;<br>7. 酸洗、打蜡;<br>8. 材料运输 |
| 011106002 | 块料楼梯面层 | | | | |
| 011106003 | 拼碎块料面层 | | | | |

续表

| 项目编码 | 项目名称 | 项目特征 | 计量单位 | 工程量计算规则 | 工作内容 |
| --- | --- | --- | --- | --- | --- |
| 011106004 | 水泥砂浆楼梯面层 | 1. 找平层厚度、砂浆配合比;<br>2. 面层厚度、砂浆配合比;<br>3. 防滑条材料种类、规格 | | | 1. 基层清理;<br>2. 抹找平层;<br>3. 抹面层;<br>4. 抹防滑条;<br>5. 材料运输 |
| 011106005 | 现浇水磨石楼梯面层 | 1. 找平层厚度、砂浆配合比;<br>2. 面层厚度、水泥石子浆;<br>3. 防滑条材料种类、规格;<br>4. 石子种类、规格、颜色;<br>5. 颜料种类、颜色;<br>6. 磨光、酸洗打蜡要求 | | 按设计图示尺寸以楼梯(包括踏步、休息平台及小于或等于500 mm的楼梯井)水平投影面积计算。楼梯与楼地面相连时,算至梯口梁内侧边沿;无梯口梁者,算至最上一层踏步边沿加300 mm | 1. 基层清理;<br>2. 抹找平层;<br>3. 抹面层;<br>4. 贴嵌防滑条;<br>5. 磨光、酸洗、打蜡;<br>6. 材料运输 |
| 011106006 | 地毯楼梯面层 | 1. 基层种类;<br>2. 面层材料品种、规格、颜色;<br>3. 防护材料种类;<br>4. 黏结材料种类;<br>5. 固定配件材料种类、规格 | m² | | 1. 基层清理;<br>2. 铺贴面层;<br>3. 固定配件安装;<br>4. 刷防护材料;<br>5. 材料运输 |
| 011106007 | 木板楼梯面层 | 1. 基层材料种类、规格;<br>2. 面层材料品种、规格、颜色;<br>3. 黏结材料种类;<br>4. 防护材料种类 | | | 1. 基层清理;<br>2. 基层铺贴;<br>3. 面层铺贴;<br>4. 刷防护材料;<br>5. 材料运输 |
| 011106008 | 橡胶板楼梯面层 | 1. 黏结层厚度、材料种类;<br>2. 面层材料品种、规格、颜色;<br>3. 压线条种类 | | | 1. 基层清理;<br>2. 面层铺贴;<br>3. 压缝条装钉;<br>4. 材料运输 |
| 011106009 | 塑料板楼梯面层 | | | | |

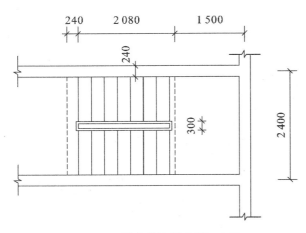

图 2-75　某建筑楼梯平面示意图

## 1. 楼梯面层共性问题的说明

(1)在描述碎石材项目的面层材料特征时可不用描述规格、颜色。

(2)石材、块料与黏结材料的结合面刷防渗材料的种类在防护材料种类中描述。

## 2. 楼梯面层清单项目解析

楼梯面层包括踏步、休息平台以及小于或等于500 mm宽的楼梯井的水平投影面积。

**例 2-46**　图 2-75 所示为某六层房屋楼梯设计图,该建筑物有两个单元,楼梯饰面为大理石,水泥砂浆(1:3)铺贴,楼梯井宽300 mm,试计算该建筑楼梯装饰的工程量。

**解** 计算过程如表 2-177 所示。

表 2-177　计算过程

| 分部分项工程 | 位　　置 | 规　格 | 计算表达式 | 结　　果 |
|---|---|---|---|---|
| 大理石楼梯面层 | 见图 | S | (2.4－0.24)×(0.24＋2.08＋1.5－0.12) | 7.99 m² |

## （七）台阶装饰清单项目

台阶装饰如表 2-178 所示。

表 2-178　台阶装饰（编码：011107）

| 项目编码 | 项目名称 | 项目特征 | 计量单位 | 工程量计算规则 | 工作内容 |
|---|---|---|---|---|---|
| 011107001 | 石材台阶面 | 1. 找平层厚度、砂浆配合比；<br>2. 黏结材料种类；<br>3. 面层材料品种、规格、颜色；<br>4. 勾缝材料种类；<br>5. 防滑条材料种类、规格；<br>6. 防护材料种类 | | | 1. 基层清理；<br>2. 抹找平层；<br>3. 面层铺贴；<br>4. 贴嵌防滑条；<br>5. 勾缝；<br>6. 刷防护材料；<br>7. 材料运输 |
| 011107002 | 块料台阶面 | | | | |
| 011107003 | 拼碎块料台阶面 | | | | |
| 011107004 | 水泥砂浆台阶面 | 1. 找平层厚度、砂浆配合比；<br>2. 面层厚度、砂浆配合比；<br>3. 防滑条材料种类 | m² | 按设计图示尺寸以台阶（包括最上层踏步边沿加 300 mm）水平投影面积计算 | 1. 基层清理；<br>2. 抹找平层；<br>3. 抹面层；<br>4. 抹防滑条；<br>5. 材料运输 |
| 011107005 | 现浇水磨石台阶面 | 1. 找平层厚度、砂浆配合比；<br>2. 面层厚度、水泥石子浆配合比；<br>3. 防滑条材料种类、规格；<br>4. 石子种类、规格、颜色；<br>5. 颜料种类、颜色；<br>6. 磨光、酸洗、打蜡要求 | | | 1. 清理基层；<br>2. 抹找平层；<br>3. 抹面层；<br>4. 贴嵌防滑条；<br>5. 打磨、酸洗、打蜡；<br>6. 材料运输 |
| 011107006 | 剁假石台阶面 | 1. 找平层厚度、砂浆配合比；<br>2. 面层厚度、砂浆配合比；<br>3. 剁假石要求 | | | 1. 清理基层；<br>2. 抹找平层；<br>3. 抹面层；<br>4. 剁假石；<br>5. 材料运输 |

台阶装饰共性问题的说明：

（1）在描述碎石材项目的面层材料特征时可不用描述规格、颜色。

（2）石材、块料与黏结材料的结合面刷防渗材料的种类在防护材料种类中描述。

（3）同一铺贴面上有不同种类、材质的材料，应该分别按相应清单项目编码列项。

**例 2-47** 图 2-76 所示为某建筑物入口处平面图，台阶做水泥砂浆贴地砖面层，试计算项目台阶工程量。

**解** 计算过程如表 2-179 所示。

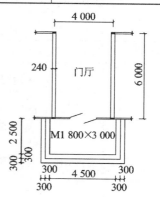

图 2-76　台阶平面图

**表 2-179 计算过程**

| 分部分项工程 | 位 置 | 规 格 | 计算表达式 | 结 果 |
|---|---|---|---|---|
| 台阶地砖面层 | 见图 | S | (2.5+0.3+0.3)×0.3×3×2+(4.5-0.3-0.3)×0.3×3 | 9.09 m² |

## （八）零星装饰项目清单项目

零星装饰项目如表 2-180 所示。

**表 2-180 零星装饰项目（编码：011108）**

| 项目编码 | 项目名称 | 项目特征 | 计量单位 | 工程量计算规则 | 工作内容 |
|---|---|---|---|---|---|
| 011108001 | 石材零星项目 | 1. 工程部位；<br>2. 找平层厚度、砂浆配合比；<br>3. 贴结合层厚度、材料种类；<br>4. 面层材料品种、规格、颜色；<br>5. 勾缝材料种类；<br>6. 防护材料种类；<br>7. 酸洗、打蜡要求 | m² | 按设计图示尺寸以面积计算 | 1. 清理基层；<br>2. 抹找平层；<br>3. 面层铺贴、磨边；<br>4. 勾缝；<br>5. 刷防护材料；<br>6. 酸洗、打蜡；<br>7. 材料运输 |
| 011108002 | 拼碎石材零星项目 | | | | |
| 011108003 | 块料零星项目 | | | | |
| 011108004 | 水泥砂浆零星项目 | 1. 工程部位；<br>2. 找平层厚度、砂浆配合比；<br>3. 面层厚度、砂浆厚度 | | | 1. 清理基层；<br>2. 抹找平层；<br>3. 抹面层；<br>4. 材料运输 |

零星装饰项目共性问题的说明：

（1）楼梯、台阶牵边和侧面镶贴块料面层，不大于 0.5 m² 的少量分散的楼地面镶贴块料面层，应按本表执行。

（2）石材、块料与黏结材料的结合面刷防渗材料的种类在防护材料种类中描述。

# 十二、墙、柱面装饰与隔断、幕墙工程

## （一）墙面抹灰清单项目

墙面抹灰如表 2-181 所示。

**表 2-181 墙面抹灰（编码：011201）**

| 项目编码 | 项目名称 | 项目特征 | 计量单位 | 工程量计算规则 | 工作内容 |
|---|---|---|---|---|---|
| 011201001 | 墙面一般抹灰 | 1. 墙体类型；<br>2. 底层厚度、砂浆配合比；<br>3. 面层厚度、砂浆配合比；<br>4. 装饰面材料种类；<br>5. 分格缝宽度、材料种类 | m² | 按设计图示尺寸以面积计算。扣除墙裙、门窗洞口及单个大于 0.3 m² 的孔洞面积，不扣除踢脚线、挂镜线和墙与构件交接处的面积，门窗洞口和孔洞的侧壁及顶面不增加面积。附墙柱、梁、垛、烟囱侧壁并入相应的墙面面积内。<br>1. 外墙抹灰面积按外墙垂直投影面积计算。 | 1. 基层清理；<br>2. 砂浆制作、运输；<br>3. 底层抹灰；<br>4. 抹面层；<br>5. 抹装饰面；<br>6. 勾分格缝 |
| 011201002 | 墙面装饰抹灰 | | | | |

续表

| 项目编码 | 项目名称 | 项目特征 | 计量单位 | 工程量计算规则 | 工作内容 |
|---|---|---|---|---|---|
| 011201003 | 墙面勾缝 | 1. 勾缝类型;<br>2. 勾缝材料种类 | m² | 2. 外墙裙抹灰面积按其长度乘以高度计算。<br>3. 内墙抹灰面积按主墙间的净长乘以高度计算。<br>(1) 无墙裙的,高度按室内楼地面至天棚底面计算;<br>(2) 有墙裙的,高度按墙裙顶至天棚底面计算;<br>(3) 有吊顶天棚抹灰,高度算至天棚底;<br>4. 内墙裙抹灰面按内墙净长乘以高度计算 | 1. 基层清理;<br>2. 砂浆制作、运输;<br>3. 勾缝 |
| 011201004 | 立面砂浆找平层 | 1. 基层类型;<br>2. 找平层砂浆厚度、配合比 | | | 1. 基层清理;<br>2. 砂浆制作、运输;<br>3. 抹灰找平 |

## 1. 墙面抹灰共性问题的说明

(1) 立面砂浆找平项目适用于仅做找平层的立面抹灰。

(2) 墙面抹石灰砂浆、水泥砂浆、混合砂浆、聚合物水泥砂浆、麻刀石灰浆、石膏灰浆等按本表中墙面一般抹灰列项;墙面水刷石、斩假石、干粘石、假面砖等按本表中墙面装饰抹灰列项。

(3) 飘窗凸出外墙面增加的抹灰并入外墙工程量内。

(4) 有吊顶天棚的内墙面抹灰,抹至吊顶以上部分在综合单价中考虑。

## 2. 墙面抹灰清单项目解析

墙裙是在墙面抹灰中,人群活动比较频繁且常受到碰撞的墙或防潮、防水要求较高的墙体,为保护墙身,常对那些易受碰撞或易受潮的墙面做保护处理的部分,其一般高度为 1.5 m 左右。除了具有一定的装饰目的以外,也具有避免纯色墙体因人身活动摩擦而产生污浊或划痕。因此,在材料选择上常常选用在耐磨性、耐腐蚀性、可擦洗等方面优于原墙面的材质。挂镜线又称为"画镜线",是指钉在居室四周墙壁上部的水平木条,用来悬挂镜框或画幅等。

 **例2-48** 图 2-77 所示为一木龙骨,五合板基层,外包不锈钢板的独立柱,砼柱的结构断面为 $800 \times 800$,柱面尺寸见图,柱脚处做 250 高踢脚线,共 2 根,计算柱面装饰的工程量。

**解** 计算过程如表 2-182 所示。

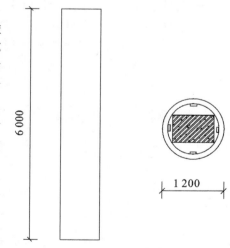

图 2-77 独立柱装饰示意图

表 2-182 计算过程

| 分部分项工程 | 位 置 | 规 格 | 计算表达式 | 结 果 |
|---|---|---|---|---|
| 柱饰面不锈钢 | | S | $3.14 \times 1.2 \times 6 \times 2$ | 45.22 m² |

### （二）柱（梁）面抹灰清单项目

柱（梁）面抹灰如表 2-183 所示。

表 2-183　柱（梁）面抹灰（编码：011202）

| 项目编码 | 项目名称 | 项目特征 | 计量单位 | 工程量计算规则 | 工作内容 |
|---|---|---|---|---|---|
| 011202001 | 柱、梁面一般抹灰 | 1. 柱（梁）体类型；<br>2. 底层厚度、砂浆配合比； | m² | 1. 柱面抹灰：按设计图示柱断面周长乘高度以面积计算；<br>2. 梁面抹灰：按设计图示梁断面周长乘长度以面积计算 | 1. 基层清理；<br>2. 砂浆制作、运输；<br>3. 底层抹灰；<br>4. 抹面层；<br>5. 勾分格缝 |
| 011202002 | 柱、梁面装饰抹灰 | 3. 面层厚度、砂浆配合比；<br>4. 装饰面材料种类；<br>5. 分格缝宽度、材料种类 | | | |
| 011202003 | 柱、梁面砂浆找平 | 1. 柱（梁）体类型；<br>2. 找平的砂浆厚度、配合比 | | | 1. 基层清理；<br>2. 砂浆制作、运输；<br>3. 抹灰找平 |
| 011202004 | 柱面勾缝 | 1. 勾缝类型；<br>2. 勾缝材料种类 | | 按设计图示柱断面周长乘高度以面积计算 | 1. 基层清理；<br>2. 砂浆制作、运输；<br>3. 勾缝 |

柱（梁）面抹灰共性问题的说明：

（1）砂浆找平项目适用于仅做找平层的柱（梁）面抹灰。

（2）柱（梁）面抹石灰砂浆、水泥砂浆、混合砂浆、聚合物水泥砂浆、麻刀石灰浆、石膏灰浆等按本表中柱（梁）面一般抹灰编码列项；柱（梁）面水刷石、斩假石、干粘石、假面砖等按本表中柱（梁）面装饰抹灰项目编码列项。

### （三）零星抹灰清单项目

零星抹灰如表 2-184 所示。

表 2-184　零星抹灰（编码：011203）

| 项目编码 | 项目名称 | 项目特征 | 计量单位 | 工程量计算规则 | 工作内容 |
|---|---|---|---|---|---|
| 011203001 | 零星项目一般抹灰 | 1. 基层类型、部位；<br>2. 底层厚度、砂浆配合比； | m² | 按设计图示尺寸以面积计算 | 1. 基层清理；<br>2. 砂浆制作、运输；<br>3. 底层抹灰；<br>4. 抹面层；<br>5. 抹装饰面；<br>6. 勾分格缝 |
| 011203002 | 零星项目装饰抹灰 | 3. 面层厚度、砂浆配合比；<br>4. 装饰面材料种类；<br>5. 分格缝宽度、材料种类 | | | |
| 011203003 | 零星项目砂浆找平 | 1. 基层类型、部位；<br>2. 找平的砂浆厚度、配合比 | | - | 1. 基层清理；<br>2. 砂浆制作、运输；<br>3. 抹灰找平 |

**1. 零星抹灰共性问题的说明**

（1）零星项目抹石灰砂浆、水泥砂浆、混合砂浆、聚合物水泥砂浆、麻刀石灰浆、石膏灰浆等按本表中零星项目一般抹灰编码列项，水刷石、斩假石、干粘石、假面砖等按本表中零星项目装饰抹灰编码列项。

（2）墙、柱（梁）面小于或等于 0.5 m² 的少量分散的抹灰按本表中零星抹灰项目编码列项。

**2. 零星抹灰清单项目解析**

一些窗台线、门窗套、挑檐、腰线、遮阳板、天沟、雨棚外边线等抹灰展开宽度超过 300 mm 的，以及大便槽、小便槽、洗手池等都属于零星项目，它们的抹灰称为零星抹灰。

窗台线：窗台的下口线。

门窗套：用于保护和装饰门框及窗框。门窗套包括筒子板和贴脸，与墙连接在一起。

挑檐：屋面挑出外墙的部分，主要是为了方便做屋面排水，对外墙也起到保护作用。一般南方多雨，出挑较大，北方少雨，出挑较小。挑檐也起到美观的作用，部分坡屋顶、瓦屋顶不做挑檐，少许无组织排水的平顶也不做挑檐。

腰线：建筑装饰的一种做法，一般指建筑墙上的水平横线，在外墙面上通常是在窗口的上沿或下沿（也可以在其他部位）将砖挑出 60 mm×120 mm，做成一条通长的横带，主要起装饰作用。在卫生间的墙面上用不同花色的瓷砖（有专门的腰线瓷砖）贴一圈横向的线条，也称为腰线。

天沟：屋面排水分有组织排水和无组织排水（自由排水）。有组织排水一般是把雨水集聚到天沟内再由雨水管排下，集聚雨水的沟就被称为天沟。天沟分内天沟和外天沟，内天沟是指在外墙以内的天沟，一般有女儿墙；外天沟是挑出外墙的天沟，一般无女儿墙。天沟多用白铁皮或石棉水泥制成。

## （四）墙面块料面层清单项目

墙面块料面层如表 2-185 所示。

**表 2-185　墙面块料面层（编码：011204）**

| 项目编码 | 项目名称 | 项目特征 | 计量单位 | 工程量计算规则 | 工作内容 |
|---|---|---|---|---|---|
| 011204001 | 石材墙面 | 1. 墙体类型；<br>2. 安装方式；<br>　3. 面层材料品种、规格、颜色；<br>4. 缝宽、嵌缝材料种类；<br>5. 防护材料种类；<br>6. 磨光、酸洗、打蜡要求 | m² | 按镶贴表面积计算 | 1. 基层清理；<br>2. 砂浆制作、运输；<br>3. 黏结层铺贴；<br>4. 面层安装；<br>5. 嵌缝；<br>6. 刷防护材料；<br>7. 磨光、酸洗、打蜡 |
| 011204002 | 拼碎石材墙面 | | | | |
| 011204003 | 块料墙面 | | | | |
| 011204004 | 干挂石材钢骨架 | 1. 骨架种类、规格；<br>2. 防锈漆品种、遍数 | t | 按设计图示以质量计算 | 1. 骨架制作、运输、安装；<br>2. 刷漆 |

**1. 墙面块料面层共性问题的说明**

（1）在描述碎块项目的面层材料特征时可不用描述规格、颜色。

（2）石块、材料与黏结材料的结合面刷防渗材料的种类在防护材料种类中描述。

（3）安装方式可描述为砂浆或黏结剂粘贴、挂贴、干挂等，不论哪种安装方式，都要详细描述与组价相关的内容。

**2. 墙面块料面层清单项目解析**

（1）石材墙面：采用大理石、花岗岩、水磨石、文化石等石材做墙面面层的装饰，是一种高级装饰材料。

（2）拼碎石材墙面：采用碎石、水泥、胶结材料在墙体表面涂刷，形成装饰效果的墙面。

（3）块料墙面：采用陶瓷锦砖、水泥花砖、面砖等非石材材料铺贴在墙表面形成装饰面层。

（4）干挂石材钢骨架：一种只挂不贴的装饰施工方法，与镶贴块料最大的区别在于是否使用水泥砂浆，一般在图纸上有说明。

（5）计算规则中"镶贴表面积"即按实际贴块料的面积计算，凡是粘贴块料的地方，如门窗洞口、凸出墙面柱、梁等都需要计算出块料面积，并入墙面工程量中。

## （五）柱（梁）面镶贴块料清单项目

柱（梁）面镶贴块料如表 2-186 所示。

表 2-186　柱（梁）面镶贴块料（编码：011205）

| 项目编码 | 项目名称 | 项目特征 | 计量单位 | 工程量计算规则 | 工作内容 |
|---|---|---|---|---|---|
| 011205001 | 石材柱面 | 1. 柱截面类型、尺寸；<br>2. 安装方式；<br>3. 面层材料品种、规格、颜色；<br>4. 缝宽、嵌缝材料种类；<br>5. 防护材料种类；<br>6. 磨光、酸洗、打蜡要求 | m² | 按镶贴表面积计算 | 1. 基层清理；<br>2. 砂浆制作、运输；<br>3. 黏结层铺贴；<br>4. 面层安装；<br>5. 嵌缝；<br>6. 刷防护材料；<br>7. 磨光、酸洗、打蜡 |
| 011205002 | 块料柱面 | | | | |
| 011205003 | 拼碎块柱面 | | | | |
| 011205004 | 石材梁面 | 1. 安装方式；<br>2. 面层材料品种、规格、颜色；<br>3. 缝宽、嵌缝材料种类；<br>4. 防护材料种类；<br>5. 磨光、酸洗、打蜡要求 | | | |
| 011205005 | 块料梁面 | | | | |

柱（梁）面镶贴块料共性问题的说明：

（1）在描述碎块项目的面层材料特征时可不用描述规格、颜色。

（2）石材、块料与黏结材料的结合面刷防渗材料的种类在防护材料种类中描述。

（3）柱梁面干挂石材的钢骨架按表 2-185 相应项目编码列项。

## （六）镶贴零星块料清单项目

镶贴零星块料如表 2-187 所示。

表 2-187　镶贴零星块料（编码：011206）

| 项目编码 | 项目名称 | 项目特征 | 计量单位 | 工程量计算规则 | 工作内容 |
|---|---|---|---|---|---|
| 011206001 | 石材零星项目 | 1. 基层类型、部位；<br>2. 安装方式；<br>3. 面层材料品种、规格、颜色；<br>4. 缝宽、嵌缝材料种类；<br>5. 防护材料种类；<br>6. 磨光、酸洗、打蜡要求 | m² | 按镶贴表面积计算 | 1. 基层清理；<br>2. 砂浆制作、运输；<br>3. 面层安装；<br>4. 嵌缝；<br>5. 刷防护材料；<br>6. 磨光、酸洗、打蜡 |
| 011206002 | 块料零星项目 | | | | |
| 011206003 | 拼碎块零星项目 | | | | |

镶贴零星块料共性问题的说明：

（1）在描述碎块项目的面层材料特征时可不用描述规格、颜色。

（2）石材、块料与黏结材料的结合面刷防渗材料的种类在防护材料种类中描述。

（3）零星项目干挂石材的钢骨架按表2-185相应项目编码列项。

（4）墙柱面小于或等于 0.5 m² 的少量分散的镶贴块料面层按本表中零星项目执行。

### （七）墙饰面清单项目

墙饰面如表2-188所示。

表 2-188　墙饰面（编码：011207）

| 项目编码 | 项目名称 | 项目特征 | 计量单位 | 工程量计算规则 | 工作内容 |
|---|---|---|---|---|---|
| 011207001 | 墙面装饰板 | 1. 龙骨材料种类、规格、中距；<br>2. 隔离层材料种类、规格；<br>3. 基层材料种类、规格；<br>4. 面层材料品种、规格、颜色；<br>5. 压条材料种类、规格 | m² | 按设计图示墙净长乘净高以面积计算。扣除门窗洞口及单个面积大于 0.3 m² 的孔洞所占面积 | 1. 基层清理；<br>2. 龙骨制作、运输、安装；<br>3. 钉隔离层；<br>4. 基层铺钉；<br>5. 面层铺贴 |
| 011207002 | 墙面装饰浮雕 | 1. 基层类型墙面装饰；<br>2. 浮雕材料种类；<br>3. 浮雕样式 | | 按设计图示尺寸以面积计算 | 1. 基层清理；<br>2. 材料制作、运输 |

墙饰面清单项目解析：

墙饰面的主要作用是保护墙体，美化室内环境，让被装饰的墙清新环保。根据所用材料不同，墙饰面可以分为涂料饰面、墙纸类饰面、板材类饰面、玻璃类饰面、陶瓷墙砖、石材饰面、金属板饰面等。

### （八）柱（梁）饰面清单项目

柱、梁饰面如表2-189所示。

表 2-189　柱（梁）饰面（编码：011208）

| 项目编码 | 项目名称 | 项目特征 | 计量单位 | 工程量计算规则 | 工作内容 |
|---|---|---|---|---|---|
| 011208001 | 柱（梁）面装饰 | 1. 龙骨材料种类、规格、中距；<br>2. 隔离层材料种类；<br>3. 基层材料种类、规格；<br>4. 面层材料品种、规格、颜色；<br>5. 压条材料种类、规格 | m² | 按设计图示饰面外围尺寸以面积计算。柱帽、柱墩并入相应柱饰面工程量内 | 1. 清理基层；<br>2. 龙骨制作、运输、安装；<br>3. 钉隔离层；<br>4. 基层铺钉；<br>5. 面层铺贴 |
| 011208002 | 成品装饰柱 | 1. 柱截面、高度尺寸；<br>2. 柱材质 | 1. 根；<br>2. m | 1. 以根计量，按设计数量计算；<br>2. 以米计量，按设计长度计算 | 柱运输、固定、安装 |

柱（梁）饰面清单项目解析：

柱（梁）饰面是对柱、梁等表面的装饰。附着在其上面的装饰材料和装饰物是与各表面刚性连接成一体的,它们之间不能产生分离甚至剥落现象。

### (九)幕墙工程清单项目

幕墙工程如表 2-190 所示。

表 2-190　幕墙工程(编码:011209)

| 项目编码 | 项目名称 | 项目特征 | 计量单位 | 工程量计算规则 | 工作内容 |
|---|---|---|---|---|---|
| 011209001 | 带骨架幕墙 | 1. 骨架材料种类、规格、中距;<br>2. 面层材料品种、规格、颜色;<br>3. 面层固定方式;<br>4. 隔离带、框边封闭材料品种、规格;<br>5. 嵌缝、塞口材料种类 | m² | 按设计图示框外围尺寸以面积计算。与幕墙同种材质的窗所占面积不扣除 | 1. 骨架制作、运输、安装;<br>2. 面层安装;<br>3. 隔离带、框边封闭;<br>4. 嵌缝、塞口;<br>5. 清洗 |
| 011209002 | 全玻(无框玻璃)幕墙 | 1. 玻璃品种、规格、颜色;<br>2. 黏结塞口材料种类;<br>3. 固定方式 | | 按设计图示尺寸以面积计算。带肋全玻幕墙按展开面积计算 | 1. 幕墙安装;<br>2. 嵌缝、塞口;<br>3. 清洗 |
| 沪 011209003 | 单元式幕墙 | 1. 面层构件、材料的品种、规格、颜色、尺寸;<br>2. 面层固定方式;<br>3. 隔离带、框边封闭材料品种、规格;<br>4. 嵌缝、塞口材料种类 | | 按设计图示框外围尺寸以面积计算。与幕墙同种材质的窗所占面积不扣除 | 1. 幕墙制作、运输、安装;<br>2. 嵌缝、塞口;<br>3. 清洗 |

**1. 幕墙工程共性问题的说明**

幕墙钢骨架按表 2-185 干挂石材钢骨架编码列项。

**2. 幕墙工程清单项目解析**

1、带骨架幕墙:将骨架和玻璃(铝板)连接构成的幕墙,分为隐框玻璃幕墙、半隐框玻璃幕墙和明框玻璃幕墙。

隐框玻璃幕墙是将玻璃用硅酮结构密封胶(简称结构胶)黏结在铝框上,在大多数情况下,不再加金属连接件。因此,铝框全部隐蔽在玻璃后面,形成大面积全玻璃镜面。

半隐框玻璃幕墙分横隐竖不隐或竖隐横不隐两种。不论哪种半隐框幕墙,均为一对应边用结构胶黏结成玻璃装配组件,而另一对应边采用铝合金镶嵌玻璃装配的方法。换句话讲,玻璃所受各种荷载,有一对应边由结构胶传给铝合金框架,而另一对应边由铝合金型材镶嵌槽传给铝合金框架。

明框玻璃幕墙的玻璃镶嵌在铝框内,成为四边有铝框的幕墙构件,幕墙构件镶嵌在横梁上,形成横梁立柱外露、铝框分格明显的立面。

铝板幕墙是采用优质高强度铝合金板材和龙骨连接构成的幕墙。

(2)全玻(无框玻璃)幕墙:不含骨架,由玻璃肋和玻璃面板构成的玻璃幕墙。

玻璃肋,是用来加强幕墙的抗冲击力强度及抗风压的性能的条状玻璃,垂直于玻璃幕墙,是受力构件,类似带骨架幕墙的骨架,分为单肋、双肋和通肋。带肋全玻幕墙计算时按展开面积计算,即需要计算幕墙本身的量再加上肋玻璃的面积。

## （十）隔断清单项目

隔断如表 2-191 所示。

表 2-191　隔断（编码:011210）

| 项目编码 | 项目名称 | 项目特征 | 计量单位 | 工程量计算规则 | 工作内容 |
|---|---|---|---|---|---|
| 011210001 | 木隔断 | 1. 骨架、边框材料种类、规格；<br>2. 隔板材料品种、规格、颜色；<br>3. 嵌缝、塞口材料品种；<br>4. 压条材料种类 | m² | 按设计图示框外围尺寸以面积计算。不扣除单个面积小于或等于 0.3 m² 的孔洞所占面积；浴厕门的材质与隔断相同时，门的面积并入隔断面积内 | 1. 骨架及边框制作、运输、安装；<br>2. 隔板制作、运输、安装；<br>3. 嵌缝、塞口；<br>4. 装钉压条 |
| 011210002 | 金属隔断 | 1. 骨架、边框材料种类、规格；<br>2. 隔板材料品种、规格、颜色；<br>3. 嵌缝、塞口材料品种 | | | 1. 骨架及边框制作、运输、安装；<br>2. 隔板制作、运输、安装；<br>3. 嵌缝、塞口 |
| 011210003 | 玻璃隔断 | 1. 边框材料种类、规格；<br>2. 玻璃品种、规格、颜色；<br>3. 嵌缝、塞口材料品种 | | 按设计图示框外围尺寸以面积计算。不扣除单个面积小于或等于 0.3 m² 的孔洞所占面积 | 1. 边框制作、运输、安装；<br>2. 玻璃制作、运输、安装；<br>3. 嵌缝、塞口 |
| 011210004 | 塑料隔断 | 1. 边框材料种类、规格；<br>2. 隔板材料品种、规格、颜色；<br>3. 嵌缝、塞口材料品种 | | | 1. 骨架及边框制作、运输、安装；<br>2. 隔板制作、运输、安装；<br>3. 嵌缝、塞口 |
| 011210005 | 成品隔断 | 1. 隔断材料品种、规格、颜色；<br>2. 配件品种、规格 | 1. m²；<br>2. 间 | 1. 以平方米计量，按设计图示框外围尺寸以面积计算；<br>2. 以间计量，按设计间的数量计算 | 1. 隔断运输、安装；<br>2. 嵌缝、塞口 |
| 011210006 | 其他隔断 | 1. 骨架、边框材料种类、规格；<br>2. 隔板材料品种、规格、颜色；<br>3. 嵌缝、塞口材料品种 | m² | 按设计图示框外围尺寸以面积计算。不扣除单个面积小于或等于 0.3 m² 的孔洞所占面积 | 1. 骨架及边框安装；<br>2. 隔板安装；<br>3. 嵌缝、塞口 |

隔断共性问题的说明：

隔断是指专门用于分隔室内空间的立面,应用更加灵活,主要起遮挡作用,一般不做到板下,有的甚至可以移动。它与隔墙最大的区别在于隔墙是做到板下的,即立面的高度不同。

# 十三、天棚工程

## （一）天棚抹灰清单项目

天棚抹灰如表 2-192 所示。

表 2-192　天棚抹灰（编码：011301）

| 项目编码 | 项目名称 | 项目特征 | 计量单位 | 工程量计算规则 | 工作内容 |
|---|---|---|---|---|---|
| 011301001 | 天棚抹灰 | 1. 基层类型；<br>2. 抹灰厚度、材料种类；<br>3. 砂浆配合比 | m² | 按设计图示尺寸以水平投影面积计算。不扣除间壁墙、垛、柱、附墙烟囱、检查口和管道所占的面积，带梁天棚的梁两侧抹灰面积并入天棚面积内，板式楼梯底面抹灰按斜面积计算，锯齿形楼梯底板抹灰按展开面积计算 | 1. 基层清理；<br>2. 底层抹灰；<br>3. 抹面层 |

天棚抹灰清单项目解析：

天棚抹灰是指直接在楼板底部抹石灰砂浆或混合砂浆。按设计图示尺寸以水平投影面积计算。不扣除间壁墙、垛、柱、附墙烟囱、检查口和管道所占的面积，带梁天棚的梁两侧抹灰面积并入天棚面积内，板式楼梯底面抹灰按斜面积计算，锯齿形楼梯底板抹灰按展开面积计算，单位为 m²。其中，间壁墙是指厚度小于 120 mm 的墙，包括隔墙、间壁墙、隔断。隔墙是指根据人们生活、生产活动的需要，将建筑物分隔成不同使用功能空间的墙体；间隔墙是隔墙的一种，墙体较薄，多使用轻质材料，在地面面层做好后再行施工；隔断是指不封顶的间壁墙。

板式楼梯一般由梯段板、休息平台和平台梁组成。其梯段板是一块带踏步的斜板，它承受着梯段的全部荷载，然后通过平台梁将荷载传给墙体或柱子；锯齿形楼梯即梯段板呈阶梯状的楼梯。

## （二）天棚吊顶清单项目

天棚吊顶如表 2-193 所示。

表 2-193　天棚吊顶（编码：011302）

| 项目编码 | 项目名称 | 项目特征 | 计量单位 | 工程量计算规则 | 工作内容 |
|---|---|---|---|---|---|
| 011302001 | 吊顶天棚 | 1. 吊顶形式、吊杆规格、高度；<br>2. 龙骨材料种类、规格、中距；<br>3. 基层材料种类、规格；<br>4. 面层材料品种、规格；<br>5. 压条材料种类、规格；<br>6. 嵌缝材料种类；<br>7. 防护材料种类 | m² | 按设计图示尺寸以水平投影面积计算。天棚面中的灯槽及跌级、锯齿形、吊挂式、藻井式天棚面积不展开计算。不扣除间壁墙、检查口、附墙烟囱、柱垛和管道所占面积，扣除单个面积大于 0.3 m² 的孔洞、独立柱及与天棚相连的窗帘盒所占的面积 | 1. 基层清理、吊杆安装；<br>2. 龙骨安装；<br>3. 基层板铺贴；<br>4. 面层铺贴；<br>5. 嵌缝；<br>6. 刷防护材料 |
| 011302002 | 格栅吊顶 | 1. 龙骨材料种类、规格、中距；<br>2. 基层材料种类、规格；<br>3. 面层材料品种、规格；<br>4. 防护材料种类 | | 按设计图示尺寸以水平投影面积计算 | 1. 基层清理；<br>2. 安装龙骨；<br>3. 基层板铺贴；<br>4. 面层铺贴；<br>5. 刷防护材料 |

| 项目编码 | 项目名称 | 项目特征 | 计量单位 | 工程量计算规则 | 工作内容 |
|---|---|---|---|---|---|
| 011302003 | 吊筒吊顶 | 1. 吊筒形状、规格；<br>2. 吊筒材料种类；<br>3. 防护材料种类 | m² | 按设计图示尺寸以水平投影面积计算 | 1. 基层清理；<br>2. 吊筒制作安装；<br>3. 刷防护材料 |
| 011302004 | 藤条造型悬挂吊顶 | 1. 骨架材料种类、规格； | | | 1. 基层清理；<br>2. 龙骨安装；<br>3. 铺贴面层 |
| 011302005 | 织物软雕吊顶 | 2. 面层材料品种、规格 | | | |
| 011302006 | 装饰网架吊顶 | 网架材料品种、规格 | | | 1. 基层清理；<br>2. 网架制作安装 |

天棚吊顶清单项目解析：

（1）吊顶天棚是指不直接在顶板上做装修，而是采用一些构件做龙骨，悬吊在顶板上，在龙骨下面做面板装修的一种天棚。

（2）格栅吊顶，指主、副龙骨纵横分布组合成的一种天棚，层次分明，立体感强，造型新颖，防火防潮，通风好。

（3）吊筒吊顶，包括木（竹）吊筒、金属吊筒、塑料吊筒及圆形、矩形、扁钟形吊筒等。

（4）藤条造型悬挂吊顶：天棚面层呈条形状的吊顶。

（5）织物软雕吊顶，是指用绢纱、布幔等织物或充气薄膜装饰室内顶棚的一种天棚形式。

（6）网架吊顶，指采用不锈钢管、铝合金管等材料制作成的呈空间网架结构状的吊顶。

（7）计算规则中涉及的"灯槽"是指天棚中凹进去的小槽，作用是安装一些带有装饰效果的灯，形状可以多种多样。

"跌级天棚"是指天棚面层不在同一标高上的天棚。

"锯齿形天棚"是指为了避免灯光直射，由若干个单坡天棚组成的天棚。

"吊挂式天棚"是指在屋顶或上层楼面上悬挂桁架，然后垂直于桁架方向设置主龙骨，在主龙骨上设置吊筋。

"藻井式天棚"是根据形状命名的一种天棚，做成藻井形式，呈向上凸起的形式，形状可以是圆形、矩形或多边形等。

## （三）采光天棚清单项目

采光天棚如表2-194所示。

表2-194　采光天棚（编码：011303）

| 项目编码 | 项目名称 | 项目特征 | 计量单位 | 工程量计算规则 | 工作内容 |
|---|---|---|---|---|---|
| 011303001 | 采光天棚 | 1. 骨架类型；<br>2. 固定类型、固定材料品种、规格；<br>3. 面层材料品种、规格；<br>4. 嵌缝、塞口材料种类 | m² | 按框外围展开面积计算 | 1. 清理基层；<br>2. 面层制安；<br>3. 嵌缝、塞口；<br>4. 清洗 |

采光天棚共性问题的说明：

采光天棚骨架不包括在本节中，应单独按金属结构工程相关项目编码列项。

### （四）天棚其他装饰清单项目

天棚其他装饰如表2-195所示。

表 2-195　天棚其他装饰（编码：011304）

| 项 目 编 码 | 项 目 名 称 | 项 目 特 征 | 计 量 单 位 | 工程量计算规则 | 工 作 内 容 |
|---|---|---|---|---|---|
| 011304001 | 灯带（槽） | 1. 灯带型式、尺寸；<br>2. 格栅片材料品种、规格；<br>3. 安装固定方式 | m² | 按设计图示尺寸以框外围面积计算 | 安装、固定 |
| 011304002 | 送风口、回风口 | 1. 风口材料品种、规格；<br>2. 安装固定方式；<br>3. 防护材料种类 | 个 | 按设计图示数量计算 | 1. 安装、固定；<br>2. 刷防护材料 |

天棚其他装饰清单项目解析：

（1）灯槽是隐藏灯具，改变灯光方向的凹槽，灯槽也称作灯带。嵌顶灯槽与嵌顶灯带附加龙骨的区别在于灯槽是局部，灯带是大部，或者说灯槽是一个灯的，而灯带是通长的。灯槽是一个灯或一组灯，灯带是多个或多组灯组成的。

（2）送风口是指空调管道中间向室内输送空气的管口；回风口又称为吸风口、排风口，是空调管道中间向室外输送空气的管口。

## 十四、油漆、涂料、裱糊工程

### （一）门油漆清单项目

门油漆如表2-196所示。

表 2-196　门油漆（编号：011401）

| 项 目 编 码 | 项 目 名 称 | 项 目 特 征 | 计 量 单 位 | 工程量计算规则 | 工 作 内 容 |
|---|---|---|---|---|---|
| 011401001 | 木门油漆 | 1. 门类型；<br>2. 门代号及洞口尺寸；<br>3. 腻子种类；<br>4. 刮腻子遍数；<br>5. 防护材料种类；<br>6. 油漆品种、刷漆遍数 | 1. 樘；<br>2. m² | 1. 以樘计量，按设计图示数量计量；<br>2. 以平方米计量，按设计图示洞口尺寸以面积计算 | 1. 基层清理；<br>2. 刮腻子；<br>3. 刷防护材料、油漆 |
| 011401002 | 金属门油漆 | | | | 1. 除锈、基层清理；<br>2. 刮腻子；<br>3. 刷防护材料、油漆 |

门油漆共性问题的说明：

（1）木门油漆应区分木大门、单层木门、双层（一玻一纱）木门、双层（单裁口）木门、全玻自由门、半玻自由门、装饰门及有框门或无框门等项目，分别编码列项。

（2）金属门油漆应区分平开门、推拉门、钢制防火门等项目，分别编码列项。

（3）以平方米计量，项目特征可不必描述洞口尺寸。

### （二）窗油漆清单项目

窗油漆如表2-197所示。

**表 2-197  窗油漆（编号：011402）**

| 项目编码 | 项目名称 | 项目特征 | 计量单位 | 工程量计算规则 | 工作内容 |
|---|---|---|---|---|---|
| 011402001 | 木窗油漆 | 1. 窗类型；<br>2. 窗代号及洞口尺寸；<br>3. 腻子种类；<br>4. 刮腻子遍数；<br>5. 防护材料种类；<br>6. 油漆品种、刷漆遍数 | 1. 樘；<br>2. m² | 1. 以樘计量，按设计图示数量计量；<br>2. 以平方米计量，按设计图示洞口尺寸以面积计算 | 1. 基层清理；<br>2. 刮腻子；<br>3. 刷防护材料、油漆 |
| 011402002 | 金属窗油漆 | | | | 1. 除锈、基层清理；<br>2. 刮腻子；<br>3. 刷防护材料、油漆 |

窗油漆共性问题的说明：

（1）木窗油漆应区分单层木门、双层（一玻一纱）木窗、双层框扇（单裁口）木窗、双层框三层（二玻一纱）木窗、单层组合窗、双层组合窗、木百叶窗、木推拉窗等项目，分别编码列项。

（2）金属窗油漆应区分平开窗、推拉窗、固定窗、组合窗、金属隔栅窗等项目，分别编码列项。

（3）以平方米计量，项目特征可不必描述洞口尺寸。

## （三）市扶手及其他板条、线条油漆清单项目

木扶手及其他板条、线条油漆如表 2-198 所示。

**表 2-198  木扶手及其他板条、线条油漆（编号：011403）**

| 项目编码 | 项目名称 | 项目特征 | 计量单位 | 工程量计算规则 | 工作内容 |
|---|---|---|---|---|---|
| 011403001 | 木扶手油漆 | 1. 断面尺寸；<br>2. 腻子种类；<br>3. 刮腻子遍数；<br>4. 防护材料种类；<br>5. 油漆品种、刷漆遍数 | m | 按设计图示尺寸以长度计算 | 1. 基层清理；<br>2. 刮腻子；<br>3. 刷防护材料、油漆 |
| 011403002 | 窗帘盒油漆 | | | | |
| 011403003 | 封檐板、顺水板油漆 | | | | |
| 011403004 | 挂衣板、黑板框油漆 | | | | |
| 011403005 | 挂镜线、窗帘棍、单独木线油漆 | | | | |

**1. 木扶手及其他板条、线条油漆共性问题的说明**

木扶手应区分带托板与不带托板，分别编码列项，若是木栏杆带扶手，木扶手不应单独列项，应包含在木栏杆油漆中。

**2. 木扶手及其他板条、线条油漆清单项目解析**

（1）木扶手即栏杆的顶部用于手依靠的木构件。在栏杆上装木扶手时，一般应在栏杆顶装一块扁铁，而后用螺丝将扶手安装其上，这块扁铁称为托板。木扶手不带托板指的是木扶手与栏杆直接相连。

木扶手应区分带托板与不带托板，分别编码列项，若是木栏杆带扶手，木扶手不应单独列项，应包含在木栏杆油漆中。

（2）封檐板是指堵塞檐口部分的板，封檐是檐口外墙高出屋面将檐口包住的构造做法。

（3）顺水板又称为顺水条，指的是屋面压油毡纸的小木条。

（4）挂镜线用于室内悬挂字画的装饰线，有美化墙面的作用，一般低于顶面 20～30 cm，挂镜线按材质可分为木挂镜线、塑料挂镜线、不锈钢或钛金等金属挂镜线。

（5）单独木线、窗帘棍是用来安装窗帘并使窗帘布悬吊的横杆。

## （四）市材面油漆清单项目

木材面油漆如表 2-199 所示。

**表 2-199　木材面油漆（编号：011404）**

| 项目编码 | 项目名称 | 项目特征 | 计量单位 | 工程量计算规则 | 工作内容 |
|---|---|---|---|---|---|
| 011404001 | 木护墙、木墙裙油漆 | 1. 腻子种类；<br>2. 刮腻子遍数；<br>3. 防护材料种类；<br>4. 油漆品种、刷漆遍数 | m² | 按设计图示尺寸以面积计算 | 1. 基层清理；<br>2. 刮腻子；<br>3. 刷防护材料、油漆 |
| 011404002 | 窗台板、筒子板、盖板、门窗套、踢脚线油漆 | | | | |
| 011404003 | 清水板条天棚、檐口油漆 | | | | |
| 011404004 | 木方格吊顶天棚油漆 | | | | |
| 011404005 | 吸音板墙面、天棚面油漆 | | | | |
| 011404006 | 暖气罩油漆 | | | | |
| 011404007 | 其他木材面 | | | | |
| 011404008 | 木间壁、木隔断油漆 | | | | |
| 011404009 | 玻璃间壁露明墙筋油漆 | | | | |
| 011404010 | 木栅栏、木栏杆（带扶手）油漆 | | | | |
| 011404011 | 衣柜、壁柜油漆 | | | 按设计图示尺寸以油漆部分展开面积计算 | |
| 011404012 | 梁柱饰面油漆 | | | | |
| 011404013 | 零星木装修油漆 | | | | |
| 011404014 | 木地板油漆 | | | 按设计图示尺寸以面积计算。空洞、空圈、暖气包槽、壁龛的开口部分并入相应的工程量内 | |
| 011404015 | 木地板烫硬蜡面 | 1. 硬蜡品种；<br>2. 面层处理要求 | | | 1. 基层清理；<br>2. 烫蜡 |

木材面油漆清单项目解析：

（1）木墙裙是用木龙骨、胶合板、装饰线条构造的护墙设施，在家庭装修中多用于客厅、卧室的墙体装修，一般高度为 900 mm，面板材料胶合板可充分利用。

（2）清水板条天棚是天棚的一种工程做法，将预先刨光的木板条钉在木龙骨下面作为天棚。

（3）暖气罩：老式暖气片外观不美观，在暖气片外部用木工板做的一种装饰。

（4）木地板烫硬蜡面又称白木地板原色烫蜡。一般是在以各种形式铺贴的硬木地板表面上进行烫蜡施工，是一种具有特色的涂饰工艺，具有可塑性、易熔化、不溶于水等特点。

### （五）金属面油漆清单项目

金属面油漆如表 2-200 所示。

**表 2-200　金属面油漆（编号：011405）**

| 项目编码 | 项目名称 | 项目特征 | 计量单位 | 工程量计算规则 | 工作内容 |
|---|---|---|---|---|---|
| 011405001 | 金属面油漆 | 1. 构件名称；<br>2. 腻子种类；<br>3. 刮腻子要求；<br>4. 防护材料种类；<br>5. 油漆品种、刷漆遍数 | 1. t；<br>2. m² | 1. 以吨计量，按设计图示尺寸以质量计算；<br>2. 以平方米计量，按设计展开面积计算 | 1. 基层清理；<br>2. 刮腻子；<br>3. 刷防护材料、油漆 |

## （六）抹灰面油漆清单项目

抹灰面油漆如表2-201所示。

表2-201　抹灰面油漆（编号：011406）

| 项目编码 | 项目名称 | 项目特征 | 计量单位 | 工程量计算规则 | 工作内容 |
|---|---|---|---|---|---|
| 011406001 | 抹灰面油漆 | 1. 基层类型；<br>2. 腻子种类；<br>3. 刮腻子遍数；<br>4. 防护材料种类；<br>5. 油漆品种、刷漆遍数；<br>6. 部位 | m² | 按设计图示尺寸以面积计算 | 1. 基层清理；<br>2. 刮腻子；<br>3. 刷防护材料、油漆 |
| 011406002 | 抹灰线条油漆 | 1. 线条宽度、道数；<br>2. 腻子种类；<br>3. 刮腻子遍数；<br>4. 防护材料种类；<br>5. 油漆品种、刷漆遍数 | m | 按设计图示尺寸以长度计算 | |
| 011406003 | 满刮腻子 | 1. 基层类型；<br>2. 腻子种类；<br>3. 刮腻子遍数 | m² | 按设计图示尺寸以面积计算 | 1. 基层清理；<br>2. 刮腻子 |

抹灰面油漆清单项目解析：

抹灰面是指在水泥砂浆面、混凝土等表面上的油漆涂刷。

（1）抹灰面油漆，最常见的是乳胶漆，它是施工最方便、价格也较适宜的一种油漆。

（2）抹灰线条油漆：在抹灰线条上涂色素，一般常用铅油、调和漆。

（3）满刮腻子：腻子又称为填泥，是一种厚浆状涂料，涂于底漆上或直接涂于物体上，用以清除被涂物表面上高低不平的缺陷，腻子的施工称为刮腻子。此项目只适用于仅做"满刮腻子"的项目。

## （七）喷刷涂料清单项目

喷刷涂料如表2-202所示。

表2-202　喷刷涂料（编号：011407）

| 项目编码 | 项目名称 | 项目特征 | 计量单位 | 工程量计算规则 | 工作内容 |
|---|---|---|---|---|---|
| 011407001 | 墙面喷刷涂料 | 1. 基层类型；<br>2. 喷刷涂料部位；<br>3. 腻子种类；<br>4. 刮腻子要求；<br>5. 涂料品种、喷刷遍数 | m² | 按设计图示尺寸以面积计算 | 1. 基层清理；<br>2. 刮腻子；<br>3. 刷、喷涂料 |
| 011407002 | 天棚喷刷涂料 | | | | |
| 011407003 | 空花格、栏杆刷涂料 | 1. 腻子种类；<br>2. 刮腻子遍数；<br>3. 涂料品种、刷喷遍数 | | 按设计图示尺寸以单面外围面积计算 | |
| 011407004 | 线条刷涂料 | 1. 基层清理；<br>2. 线条宽度；<br>3. 刮腻子遍数；<br>4. 刷防护材料、油漆 | m | 按设计图示尺寸以长度计算 | |

| 项目编码 | 项目名称 | 项目特征 | 计量单位 | 工程量计算规则 | 工作内容 |
|---|---|---|---|---|---|
| 011407005 | 金属构件刷防火涂料 | 1. 喷刷防火涂料构件名称;<br>2. 防火等级要求;<br>3. 涂料品种、喷刷遍数 | 1. m²;<br>2. t | 1. 以吨计量,按设计图示尺寸以质量计算;<br>2. 以平方米计量,按设计展开面积计算 | 1. 基层清理;<br>2. 刷防护材料、油漆 |
| 011407006 | 木材构件喷刷防火涂料 | | m² | 以平方米计量,按设计图示尺寸以面积计算 | 1. 基层清理;<br>2. 刷防火材料 |

喷刷涂料共性问题的说明:

喷刷墙面涂料部位要注明内墙或外墙。

## (八)裱糊清单项目

裱糊如表 2-203 所示。

表 2-203　裱糊(编号:011408)

| 项目编码 | 项目名称 | 项目特征 | 计量单位 | 工程量计算规则 | 工作内容 |
|---|---|---|---|---|---|
| 011408001 | 墙纸裱糊 | 1. 基层类型;<br>2. 裱糊部位;<br>3. 腻子种类;<br>4. 刮腻子遍数;<br>5. 黏结材料种类;<br>6. 防护材料种类;<br>7. 面层材料品种、规格、颜色 | m² | 按设计图示尺寸以面积计算 | 1. 基层清理;<br>2. 刮腻子;<br>3. 面层铺粘;<br>4. 刷防护材料 |
| 011408002 | 织锦缎裱糊 | | | | |

裱糊共性问题的说明:

裱糊是指采用壁纸或墙布等软质卷材裱贴于室内的墙、柱面、顶面及各种装饰造型构件表面的装饰工程。

## (九)其他面层清单项目

其他面层如表 2-204 所示。

表 2-204　其他面层(编号:沪 011409)

| 项目编码 | 项目名称 | 项目特征 | 计量单位 | 工程量计算规则 | 工作内容 |
|---|---|---|---|---|---|
| 沪 011409001 | 饰面花纹 | 1. 基层类型;<br>2. 腻子种类;<br>3. 刮腻子遍数;<br>4. 颜色、花纹要求;<br>5. 防护材料种类;<br>6. 油漆品种、刷漆遍数 | m² | 按设计饰面面积计算 | 1. 基层清理;<br>2. 刮腻子、磨光;<br>3. 刷防护材料、油漆 |
| 沪 011409002 | 贴装饰薄皮 | 1. 基层类型;<br>2. 粘贴部位;<br>3. 黏结材料种类;<br>4. 颜色、花纹要求;<br>5. 防护材料种类;<br>6. 面层材料品种、规格、颜色 | m² | 按设计图示尺寸以面积计算 | 1. 基层清理;<br>2. 刷胶;<br>3. 铺粘面层 |

## 十五、其他装饰工程

### （一）柜类、货架清单项目

柜类、货架如表2-205所示。

**表2-205　柜类、货架（编号：011501）**

| 项目编码 | 项目名称 | 项目特征 | 计量单位 | 工程量计算规则 | 工作内容 |
|---|---|---|---|---|---|
| 011501001 | 柜台 | | | | |
| 011501002 | 酒柜 | | | | |
| 011501003 | 衣柜 | | | | |
| 011501004 | 存包柜 | | | | |
| 011501005 | 鞋柜 | | | | |
| 011501006 | 书柜 | | | | |
| 011501007 | 厨房壁柜 | | | | |
| 011501008 | 木壁柜 | 1. 台柜规格；<br>2. 材料种类、规格；<br>3. 五金种类、规格；<br>4. 防护材料种类；<br>5. 油漆品种、刷漆遍数 | 1. 个；<br>2. m；<br>3. m³ | 1. 以个计量，按设计图示数量计量；<br>2. 以米计量，按设计图示尺寸以延长米计算；<br>3. 以立方米计量，按设计图示尺寸以体积计算 | 1. 台柜制作、运输、安装（安放）；<br>2. 刷防护材料、油漆；<br>3. 五金件安装 |
| 011501009 | 厨房低柜 | | | | |
| 011501010 | 厨房吊柜 | | | | |
| 011501011 | 矮柜 | | | | |
| 011501012 | 吧台背柜 | | | | |
| 011501013 | 酒吧吊柜 | | | | |
| 011501014 | 酒吧台 | | | | |
| 011501015 | 展台 | | | | |
| 011501016 | 收银台 | | | | |
| 011501017 | 试衣间 | | | | |
| 011501018 | 货架 | | | | |
| 011501019 | 书架 | | | | |
| 011501020 | 服务台 | | | | |

柜类、货架共性问题的说明：

厨房壁柜和厨房吊柜以嵌入墙内为壁柜，以支架固定在墙上的为吊柜。

台柜的规格以能分离的成品单体长、宽、高来表示。如：一个组合书柜分上下两部分，下部为独立的矮柜，上部为敞开式的书柜，可以分为上、下两部分标注尺寸。

台柜工程量以"个"计算，即以能分离的同规格的单体个数计算。

柜项目以"个"计算，应按设计图纸或说明，台柜、台面材料（石材、皮革、金属、实木等）、内隔板材料、连件、配件等，均应包括在报价内。

柜台：营业用的台子类器具，式样像柜，用木头、金属、玻璃等制成。

以"个"计量时，必须描述台柜规格。

### （二）压条、装饰线清单项目

压条、装饰线如表2-206所示。

表 2-206　压条、装饰线（编号：011502）

| 项目编码 | 项目名称 | 项目特征 | 计量单位 | 工程量计算规则 | 工作内容 |
|---|---|---|---|---|---|
| 011502001 | 金属装饰线 | 1. 基层类型；<br>2. 线条材料品种、规格、颜色；<br>3. 防护材料种类 | m | 按设计图示尺寸以长度计算 | 1. 线条制作、安装；<br>2. 刷防护材料 |
| 011502002 | 木质装饰线 |  |  |  |  |
| 011502003 | 石材装饰线 |  |  |  |  |
| 011502004 | 石膏装饰线 |  |  |  |  |
| 011502005 | 镜面玻璃线 |  |  |  |  |
| 011502006 | 铝塑装饰线 |  |  |  |  |
| 011502007 | 塑料装饰线 |  |  |  |  |
| 011502008 | GRC 装饰线条 | 1. 基层类型；<br>2. 线条规格；<br>3. 线条安装部位；<br>4. 填充材料种类 |  |  | 线条制作安装 |

压条、装饰线共性问题的说明：

装饰线条是指装饰工程中各平接面、相交面、层次面、对接面衔接口，交接条的收边封口材料。在装饰结构上起固定、连接、加强装饰面的作用。通常分为压条和装饰条两类。

压条、装饰线项目已包括在门扇、墙柱面、天棚等项目内的，不再单独列项。

## （三）扶手、栏杆、栏板装饰清单项目

扶手、栏杆、栏板装饰如表 2-207 所示。

表 2-207　扶手、栏杆、栏板装饰（编码：011503）

| 项目编码 | 项目名称 | 项目特征 | 计量单位 | 工程量计算规则 | 工作内容 |
|---|---|---|---|---|---|
| 011503001 | 金属扶手、栏杆、栏板 | 1. 扶手材料种类、规格；<br>2. 栏杆材料种类、规格；<br>3. 栏板材料种类、规格、颜色；<br>4. 固定配件种类；<br>5. 防护材料种类 | m | 按设计图示以扶手中心线长度（包括弯头长度）计算 | 1. 制作；<br>2. 运输；<br>3. 安装；<br>4. 刷防护材料 |
| 011503002 | 硬木扶手、栏杆、栏板 |  |  |  |  |
| 011503003 | 塑料扶手、栏杆、栏板 |  |  |  |  |
| 011503004 | GRC 栏杆、扶手 | 1. 栏杆的规格；<br>2. 安装间距；<br>3. 扶手类型规格；<br>4. 填充材料种类 |  |  |  |
| 011503005 | 金属靠墙扶手 | 1. 扶手材料种类、规格；<br>2. 固定配件种类；<br>3. 防护材料种类 |  |  |  |
| 011503006 | 硬木靠墙扶手 |  |  |  |  |
| 011503007 | 塑料靠墙扶手 |  |  |  |  |
| 011503008 | 玻璃栏板 | 1. 栏杆玻璃的种类、规格、颜色；<br>2. 固定方式；<br>3. 固定配件种类 |  |  |  |

## （四）暖气罩清单项目

暖气罩如表 2-208 所示。

表 2-208　暖气罩（编码：011504）

| 项目编码 | 项目名称 | 项目特征 | 计量单位 | 工程量计算规则 | 工作内容 |
|---|---|---|---|---|---|
| 011504001 | 饰面板暖气罩 | 1. 暖气罩材质；<br>2. 防护材料种类 | m² | 按设计图示尺寸以垂直投影面积（不展开）计算 | 1. 暖气罩制作、运输、安装；<br>2. 刷防护材料 |
| 011504002 | 塑料板暖气罩 | | | | |
| 011504003 | 金属暖气罩 | | | | |

暖气罩共性问题的说明：

暖气罩骨架可以用钢材、木材、铝合金型材制作，面层可以用钢板、穿孔钢板、铝合金饰面板、塑料面板、软木板、木夹板、钢板网、美格铝网（铝合金花格）制作。

## （五）浴厕配件清单项目

浴厕配件如表 2-209 所示。

表 2-209　浴厕配件（编号：011505）

| 项目编码 | 项目名称 | 项目特征 | 计量单位 | 工程量计算规则 | 工作内容 |
|---|---|---|---|---|---|
| 011505001 | 洗漱台 | 1. 材料品种、规格、颜色；<br>2. 支架、配件品种、规格 | 1. m²；<br>2. 个 | 1. 按设计图示尺寸以台面外接矩形面积计算。不扣除孔洞、挖弯、削角所占面积，挡板、吊沿板面积并入台面面积内；<br>2. 按设计图示数量计算 | 1. 台面及支架运输、安装；<br>2. 杆、环、盒、配件安装；<br>3. 刷油漆 |
| 011505002 | 晒衣架 | | 个 | 按设计图示数量计算 | 1. 台面及支架制作、运输、安装；<br>2. 杆、环、盒、配件安装；<br>3. 刷油漆 |
| 011505003 | 帘子杆 | | | | |
| 011505004 | 浴缸拉手 | | | | |
| 011505005 | 卫生间扶手 | | | | |
| 011505006 | 毛巾杆（架） | | 套 | | 1. 基层安装；<br>2. 玻璃及框制作、运输、安装 |
| 011505007 | 毛巾环 | | 副 | | |
| 011505008 | 卫生纸盒 | | 个 | | |
| 011505009 | 肥皂盒 | | | | |
| 011505010 | 镜面玻璃 | 1. 镜面玻璃品种、规格；<br>2. 框材质、断面尺寸；<br>3. 基层材料种类；<br>4. 防护材料种类 | m² | 按设计图示尺寸以边框外围面积计算 | 1. 基层安装；<br>2. 玻璃及框制作、运输、安装 |
| 011505011 | 镜箱 | 1. 箱体材质、规格；<br>2. 玻璃品种、规格；<br>3. 基层材料种类；<br>4. 防护材料种类；<br>5. 油漆品种、刷漆遍数 | 个 | 按设计图示数量计算 | 1. 基层安装；<br>2. 箱体制作、运输、安装；<br>3. 玻璃安装；<br>4. 刷防护材料、油漆 |

浴厕配件共性问题的说明：

洗漱台多用石质（天然石材、人造石材等）、玻璃等材料制作。

镜面玻璃和灯箱等的基层材料是指材料背后的垫衬材料，如胶合板、油毡等。

镜箱是指以镜面玻璃作主要饰面门，以其他材料，如木、塑料作箱子，用于洗漱间，并可存放化妆品的设施。

以"个"计量时，必须描述台柜规格。

### （六）雨篷、旗杆清单项目

雨篷、旗杆如表 2-210 所示。

表 2-210　雨篷、旗杆（编码：011506）

| 项目编码 | 项目名称 | 项目特征 | 计量单位 | 工程量计算规则 | 工作内容 |
|---|---|---|---|---|---|
| 011506001 | 雨篷吊挂饰面 | 1. 基层类型；<br>2. 龙骨材料种类、规格、中距；<br>3. 面层材料品种、规格；<br>4. 吊顶（天棚）材料品种、规格；<br>5. 嵌缝材料种类；<br>6. 防护材料种类 | m² | 按设计图示尺寸以水平投影面积计算 | 1. 底层抹灰；<br>2. 龙骨基层安装；<br>3. 面层安装；<br>4. 刷防护材料、油漆 |
| 011506002 | 金属旗杆 | 1. 旗杆材料种类、规格；<br>2. 旗杆高度；<br>3. 基础材料种类；<br>4. 基座材料种类；<br>5. 基座面层材料、种类、规格 | 根 | 按设计图示数量计算 | 1. 土石挖、填、运；<br>2. 基础混凝土浇筑；<br>3. 旗杆制作、安装；<br>4. 旗杆台座制作、饰面 |
| 011506003 | 玻璃雨篷 | 1. 玻璃雨篷固定方式；<br>2. 龙骨材料种类、规格、中距；<br>3. 玻璃材料品种、规格；<br>4. 嵌缝材料种类；<br>5. 防护材料种类 | m² | 按设计图示尺寸以水平投影面积计算 | 1. 龙骨基层安装；<br>2. 面层安装；<br>3. 刷防护材料、油漆 |

雨篷、旗杆共性问题的说明：

旗杆的砖砌或混凝土台座包含在旗杆清单项中。

旗杆的高度指旗杆台座上表面至杆顶的尺寸（包括球珠）。

### （七）招牌、灯箱清单项目

招牌、灯箱如表 2-211 所示。

表 2-211　招牌、灯箱（编码：011507）

| 项目编码 | 项目名称 | 项目特征 | 计量单位 | 工程量计算规则 | 工作内容 |
|---|---|---|---|---|---|
| 011507001 | 平面、箱式招牌 | 1. 箱体规格；2. 基层材料种类；3. 面层材料种类；4. 防护材料种类 | m² | 按设计图示尺寸以正立面边框外围面积计算。复杂形的凸凹造型部分不增加面积 | 1. 基层安装；2. 箱体及支架制作、运输、安装；3. 面层制作、安装；4. 刷防护材料、油漆 |
| 011507002 | 竖式标箱 | | | | |
| 011507003 | 灯箱 | | | | |
| 011507004 | 信报箱 | 1. 箱体规格；2. 基层材料种类；3. 面层材料种类；4. 保护材料种类；5. 户数 | 个 | 按设计图示数量计算 | |

招牌、灯箱共性问题的说明：

平面招牌指直接挂钉在建筑物表面的招牌，也称为附贴式招牌，一般突出墙面很少，还可固定在大面积玻璃窗上。

箱式招牌指凸出建筑物表面的招牌，一般凸出建筑物表面 500 mm 左右。

竖挂招牌指竖向的长方形六面体招牌。

## （八）美术字清单项目

美术字如表 2-212 所示。

表 2-212　美术字（编码：011508）

| 项目编码 | 项目名称 | 项目特征 | 计量单位 | 工程量计算规则 | 工作内容 |
|---|---|---|---|---|---|
| 011508001 | 泡沫塑料字 | 1. 基层类型；2. 镂字材料品种、颜色；3. 字体规格；4. 固定方式；5. 油漆品种、刷漆遍数 | 个 | 按设计图示数量计算 | 1. 字制作、运输、安装；2. 刷油漆 |
| 011508002 | 有机玻璃字 | | | | |
| 011508003 | 木质字 | | | | |
| 011508004 | 金属字 | | | | |
| 011508005 | 吸塑字 | | | | |

美术字共性问题的说明：

美术字是指单独字面式招牌，根据材质不同分为有机玻璃字、泡沫塑料字等。

# 十六、拆除工程

## （一）砖砌体拆除清单项目

砖砌体拆除如表 2-213 所示。

表 2-213　砖砌体拆除（编码：011601）

| 项目编码 | 项目名称 | 项目特征 | 计量单位 | 工程量计算规则 | 工作内容 |
|---|---|---|---|---|---|
| 011601001 | 砖砌体拆除 | 1. 砌体名称；<br>2. 砌体材质；<br>3. 拆除高度；<br>4. 拆除砌体的截面尺寸；<br>5. 砌体表面的附着物种类 | 1. m³；<br>2. m | 1. 以立方米计量，按拆除的体积计算；<br>2. 以米计量，按拆除的延长米计算 | 1. 拆除；<br>2. 控制扬尘；<br>3. 清理；<br>4. 建渣场内、外运输 |

砖砌体拆除清单项目解析：

（1）砌体名称指墙、柱、水池等。

（2）砌体表面的附着物种类指抹灰层、块料层、龙骨及装饰面层等。

（3）以米计量，如砖地沟、砖明沟等必须描述拆除部位的截面尺寸；以立方米计量，截面尺寸则不必描述。

（4）拆除砖砌体包括拆除砖砌的墙、柱、水池等各种砖砌结构，砌体表面的抹灰层、块料层、龙骨及装饰面层等附着物包含在砖砌体拆除中。

## （二）混凝土及钢筋混凝土构件拆除清单项目

混凝土及钢筋混凝土构件拆除如表 2-214 所示。

表 2-214　混凝土及钢筋混凝土构件拆除（编码：011602）

| 项目编码 | 项目名称 | 项目特征 | 计量单位 | 工程量计算规则 | 工作内容 |
|---|---|---|---|---|---|
| 011602001 | 混凝土构件拆除 | 1. 构件名称；<br>2. 拆除构件的厚度或规格尺寸；<br>3. 构件表面的附着物种类 | 1. m³；<br>2. m²；<br>3. m | 1. 以立方米计量，按拆除构件的混凝土体积计算；<br>2. 以平方米计量，按拆除部位的面积计算；<br>3. 以米计量，按拆除部位的延长米计算 | 1. 拆除；<br>2. 控制扬尘；<br>3. 清理；<br>4. 建渣场内、外运输 |
| 011602002 | 钢筋混凝土构件拆除 | | | | |
| 沪 011602003 | 全回转清障 | 1. 孔径；<br>2. 孔深 | m³ | 按设计图示尺寸以体积计算 | 1. 钻机就位；<br>2. 钻机空搅；<br>3. 钻进取土；<br>4. 灌液；<br>5. 超声波测试；<br>6. 回填水泥土、拔管 |

混凝土及钢筋混凝土构件拆除共性问题的说明：

（1）以立方米作为计量单位时，可不描述构件的规格尺寸；以平方米作为计量单位时，则应描述构件的厚度；以米作为计量单位时，则必须描述构件的规格尺寸。

（2）构件表面的附着物种类指抹灰层、块料层、龙骨及装饰面层等。

（3）项目中包括拆除素混凝土构件和配筋混凝土构件,构件表面的抹灰层、块料层、龙骨及装饰面层等附着物包含在混凝土及钢筋混凝土构件拆除中。

### （三）市构件拆除清单项目

木构件拆除如表2-215所示。

表2-215　木构件拆除（编码:011603）

| 项目编码 | 项目名称 | 项目特征 | 计量单位 | 工程量计算规则 | 工作内容 |
|---|---|---|---|---|---|
| 011603001 | 木构件拆除 | 1. 构件名称;<br>2. 拆除构件的厚度或规格尺寸;<br>3. 构件表面的附着物种类 | 1. m³;<br>2. m²;<br>3. m | 1. 以立方米计量,按拆除构件的体积计算;<br>2. 以平方米计量,按拆除面积计算;<br>3. 以米计量,按拆除延长米计算 | 1. 拆除;<br>2. 控制场尘;<br>3. 清理;<br>4. 建渣场内、外运输 |

木构件拆除共性问题的说明:

（1）拆除木构件应按木梁、木柱、木楼梯、木屋架、承重木楼板等分别在构件名称中描述。

（2）以立方米作为计量单位时,可不描述构件的规格尺寸;以平方米作为计量单位时,则应描述构件的厚度;以米作为计量单位时,则必须描述构件的规格尺寸。

（3）构件表面的附着物种类指抹灰层、块料层、龙骨及装饰面层等。

### （四）抹灰层拆除清单项目

抹灰层拆除如表2-216所示。

表2-216　抹灰层拆除（编码:011604）

| 项目编码 | 项目名称 | 项目特征 | 计量单位 | 工程量计算规则 | 工作内容 |
|---|---|---|---|---|---|
| 011604001 | 平面抹灰层拆除 | 1. 拆除部位;<br>2. 抹灰层种类 | m² | 按拆除部位的面积计算 | 1. 拆除;<br>2. 控制扬尘;<br>3. 清理;<br>4. 建渣场内、外运输 |
| 011604002 | 立面抹灰层拆除 | | | | |
| 011604003 | 天棚抹灰面拆除 | | | | |

抹灰层拆除共性问题的说明:

（1）单独拆除抹灰层应按本表中的项目编码列项。

（2）抹灰层种类可描述为一般抹灰或装饰抹灰。

（3）对于单独拆除抹灰层的按本项目中的清单项目列项,对于砖砌体、混凝土或木结构的表面的抹灰层拆除可以包含在砖砌体、混凝土或木结构的拆除中。

### （五）块料面层拆除清单项目

块料面层拆除如表2-217所示。

表 2-217　块料面层拆除（编码：011605）

| 项目编码 | 项目名称 | 项目特征 | 计量单位 | 工程量计算规则 | 工作内容 |
|---|---|---|---|---|---|
| 011605001 | 平面块料拆除 | 1. 拆除的基层类型；<br>2. 饰面材料种类 | m² | 按拆除面积计算 | 1. 拆除；<br>2. 控制扬尘；<br>3. 清理；<br>4. 建渣场内、外运输 |
| 011605002 | 立面块料拆除 | | | | |

块料面层拆除共性问题的说明：

（1）如仅拆除块料层，拆除的基层类型不用描述。

（2）拆除的基层类型的描述指砂浆层、防水层、干挂或挂贴所采用的钢骨架层等。

（3）对于砖砌体、混凝土及木结构的表面的块料拆除可以包含在砖砌体、混凝土及木结构的拆除中。

## （六）龙骨及饰面拆除清单项目

龙骨及饰面拆除如表 2-218 所示。

表 2-218　龙骨及饰面拆除（编码：011606）

| 项目编码 | 项目名称 | 项目特征 | 计量单位 | 工程量计算规则 | 工作内容 |
|---|---|---|---|---|---|
| 011606001 | 楼地面龙骨及饰面拆除 | 1. 拆除的基层类型；<br>2. 龙骨及饰面种类 | m² | 按拆除面积计算 | 1. 拆除；<br>2. 控制扬尘；<br>3. 清理；<br>4. 建渣场内、外运输 |
| 011606002 | 墙柱面龙骨及饰面拆除 | | | | |
| 011606003 | 天棚面龙骨及饰面拆除 | | | | |

龙骨及饰面拆除共性问题的说明：

（1）基层类型的描述指砂浆层、防水层等。

（2）如仅拆除龙骨及饰面，拆除的基层类型不用描述。

（3）如只拆除饰面，不用描述龙骨材料种类。

（4）拆除的饰面可以包含龙骨及基层，也可以只包含龙骨，或者仅包含拆除饰面，具体可在项目特征中描述。

## （七）屋面拆除清单项目

屋面拆除如表 2-219 所示。

表 2-219　屋面拆除（编码：011607）

| 项目编码 | 项目名称 | 项目特征 | 计量单位 | 工程量计算规则 | 工作内容 |
|---|---|---|---|---|---|
| 011607001 | 刚性层拆除 | 刚性层厚度 | m² | 按铲除部位的面积计算 | 1. 铲除；<br>2. 控制扬尘；<br>3. 清理；<br>4. 建渣场内、外运输 |
| 011607002 | 防水层拆除 | 防水层种类 | | | |

## （八）铲除油漆涂料裱糊面清单项目

铲除油漆涂料裱糊面如表 2-220 所示。

表 2-220　铲除油漆涂料裱糊面（编码：011608）

| 项目编码 | 项目名称 | 项目特征 | 计量单位 | 工程量计算规则 | 工作内容 |
|---|---|---|---|---|---|
| 011608001 | 铲除油漆面 | 1. 铲除部位名称；<br>2. 铲除部位的截面尺寸 | 1. m²；<br>2. m | 1. 以平方米计量，按铲除部位的面积计算；<br>2. 以米计量，按铲除部位的延长米计算 | 1. 铲除；<br>2. 控制扬尘；<br>3. 清理；<br>4. 建渣场内、外运输 |
| 011608002 | 铲除涂料面 | | | | |
| 011608003 | 铲除裱糊面 | | | | |

铲除油漆涂料裱糊面共性问题的说明：

（1）单独铲除油漆涂料裱糊面的工程按表中的项目编码列项。

（2）铲除部位名称的描述指墙面、柱面、天棚、门窗等。

（3）按米计量，必须描述铲除部位的截面尺寸；以平方米计量时，则不用描述铲除部位的截面尺寸。

## （九）栏杆栏板、轻质隔断隔墙拆除清单项目

栏杆栏板、轻质隔断隔墙拆除如表 2-221 所示。

表 2-221　栏杆栏板、轻质隔断隔墙拆除（编码：011609）

| 项目编码 | 项目名称 | 项目特征 | 计量单位 | 工程量计算规则 | 工作内容 |
|---|---|---|---|---|---|
| 011609001 | 栏杆、栏板拆除 | 1. 栏杆（板）的高度；<br>2. 栏杆、栏板种类 | 1. m²；<br>2. m | 1. 以平方米计量，按拆除部位的面积计算；<br>2. 以米计量，按拆除的延长米计算 | 1. 拆除；<br>2. 控制扬尘；<br>3. 清理；<br>4. 建渣场内、外运输 |
| 011609002 | 隔断隔墙拆除 | 1. 拆除隔墙的骨架种类；<br>2. 拆除隔墙的饰面种类 | m² | 按拆除部位的面积计算 | |

栏杆栏板、轻质隔断隔墙拆除共性问题的说明：

以米计量时，必须在项目特征中描述栏杆（板）的高度；以平方米计量时，不用描述栏杆（板）的高度。

## （十）门窗拆除清单项目

门窗拆除如表 2-222 所示。

表 2-222　门窗拆除（编码：011610）

| 项目编码 | 项目名称 | 项目特征 | 计量单位 | 工程量计算规则 | 工作内容 |
|---|---|---|---|---|---|
| 011610001 | 木门窗拆除 | 1. 室内高度；<br>2. 门窗洞口尺寸 | 1. m²；<br>2. 樘 | 1. 以平方米计量，按拆除面积计算；<br>2. 以樘计量，按拆除樘数计算 | 1. 拆除；<br>2. 控制扬尘；<br>3. 清理；<br>4. 建渣场内、外运输 |
| 011610002 | 金属门窗拆除 | | | | |

门窗拆除共性问题的说明:

门窗拆除以平方米计量,不用描述门窗的洞口尺寸。室内高度指室内楼地面至门窗的上边框。

### (十一)金属构件拆除清单项目

金属构件拆除如表 2-223 所示。

表 2-223　金属构件拆除(编码:011611)

| 项目编码 | 项目名称 | 项目特征 | 计量单位 | 工程量计算规则 | 工作内容 |
|---|---|---|---|---|---|
| 011611001 | 钢梁拆除 | | 1. t;<br>2. m | 1. 以吨计量,按拆除构件的质量计算;<br>2. 以米计量,按拆除延长米计算 | 1. 拆除;<br>2. 控制扬尘;<br>3. 清理;<br>4. 建渣场内、外运输 |
| 011611002 | 钢柱拆除 | 1. 构件名称;<br>2. 拆除构件的规格尺寸 | | | |
| 011611003 | 钢网架拆除 | | t | 按拆除构件的质量计算 | |
| 011611004 | 钢支承、钢墙架拆除 | | 1. t;<br>2. m | 1. 以吨计量,按拆除构件的质量计算;<br>2. 以米计量,按拆除延长米计算 | |
| 011611005 | 其他金属构件拆除 | | | | |

金属构件拆除共性问题的说明:以米计量时,必须描述构件规格尺寸。

### (十二)管道及卫生洁具拆除清单项目

管道及卫生洁具拆除如表 2-224 所示。

表 2-224　管道及卫生洁具拆除(编码:011612)

| 项目编码 | 项目名称 | 项目特征 | 计量单位 | 工程量计算规则 | 工作内容 |
|---|---|---|---|---|---|
| 011612001 | 管道拆除 | 1. 管道种类、材质;<br>2. 管道上的附着物种类 | m | 按拆除管道的延长米计算 | 1. 拆除;<br>2. 控制扬尘;<br>3. 清理;<br>4. 建渣场内、外运输 |
| 011612002 | 卫生洁具拆除 | 卫生洁具种类 | 1. 套;<br>2. 个 | 按拆除的数量计算 | |

### (十三)灯具、玻璃拆除清单项目

灯具、玻璃拆除如表 2-225 所示。

表 2-225　灯具、玻璃拆除(编码:011613)

| 项目编码 | 项目名称 | 项目特征 | 计量单位 | 工程量计算规则 | 工作内容 |
|---|---|---|---|---|---|
| 011613001 | 灯具拆除 | 1. 拆除灯具高度;<br>2. 灯具种类 | 套 | 按拆除的数量计算 | 1. 拆除;<br>2. 控制扬尘;<br>3. 清理;<br>4. 建渣场内、外运输 |
| 011613002 | 玻璃拆除 | 1. 玻璃厚度;<br>2. 拆除部位 | m² | 按拆除的面积计算 | |

灯具、玻璃拆除共性问题的说明:拆除部位的描述指门窗玻璃、隔断玻璃、墙玻璃、家具玻璃等。

（十四）其他构件拆除清单项目

其他构件拆除如表 2-226 所示。

表 2-226　其他构件拆除（编码：011614）

| 项目编码 | 项目名称 | 项目特征 | 计量单位 | 工程量计算规则 | 工作内容 |
|---|---|---|---|---|---|
| 011614001 | 暖气罩拆除 | 暖气罩材质 | 1. 个；<br>2. m | 1. 以个为单位计量，按拆除个数计算；<br>2. 以米为单位计量，按拆除延长米计算 | 1. 拆除；<br>2. 控制扬尘；<br>3. 清理；<br>4. 建渣场内、外运输 |
| 011614002 | 柜体拆除 | 1. 柜体材质。<br>2. 柜体尺寸：长、宽、高 |  |  |  |
| 011614003 | 窗台板拆除 | 窗台板平面尺寸 | 1. 块；<br>2. m | 1. 以块计量，按拆除数量计算；<br>2. 以米计量，按拆除的延长米计算 |  |
| 011614004 | 筒子板拆除 | 筒子板的平面尺寸 |  |  |  |
| 011614005 | 窗帘盒拆除 | 窗帘盒的平面尺寸 | m | 按拆除的延长米计算 |  |
| 011614006 | 窗帘轨拆除 | 窗帘轨的材质 |  |  |  |

其他构件拆除共性问题的说明：双轨窗帘轨拆除按双轨长度分别计算工程量；以"个"计量时，必须描述暖气罩规格尺寸。

（十五）开孔（打洞）清单项目

开孔（打洞）如表 2-227 所示。

表 2-227　开孔（打洞）（编码：011615）

| 项目编码 | 项目名称 | 项目特征 | 计量单位 | 工程量计算规则 | 工作内容 |
|---|---|---|---|---|---|
| 011615001 | 开孔（打洞） | 1. 部位；<br>2. 打洞部位材质；<br>3. 洞尺寸 | 个 | 按数量计算 | 1. 拆除；<br>2. 控制扬尘；<br>3. 清理；<br>4. 建渣场内、外运输 |

开孔（打洞）共性问题的说明：部位可描述为墙面或楼板；打洞部位材质可描述为页岩砖或空心砖或钢筋混凝土等。

# 任务4　措施项目清单的编制

## 一、措施项目清单的相关概念

### （一）措施项目的概念

措施项目（preliminaries），是指为完成工程项目施工，发生于该工程施工准备和施工过程中的技术、生活、安全、环境等方面的项目。

### （二）措施项目清单的组成

《建设工程工程量清单计价规范》GB 50500—2013 中，将措施项目分为总价措施项目（整体措施项目)和单价措施项目(单项措施项目)两部分。

其中总价措施项目费通常被称为"施工组织措施费",是指措施项目中不能计量的且以清单形式列出的项目费用,主要包括:安全文明施工费(环境保护费、文明施工费、安全施工费、临时设施费)、夜间施工增加费、非夜间施工增加费、二次搬运费、冬雨(风)季施工增加费,以及地上、地下设施,建筑物的临时保护设施,已完工程及设备保护费等。其中安全文明施工费(health, safety and environmental provisions)是指在合同履行过程中,承包人按照国家法律、法规、标准等规定,为保证安全施工、文明施工,保护现场内外环境和搭拆临时设施等所采用的措施而发生的费用。并且作为强制性规定,安全文明施工费必须按国家或省级、行业建设主管部门的规定计算,不得作为竞争性费用。总价措施项目列出项目编码、项目名称,未列出项目特征、计量单位和工程量计算规则等项目,编制工程量清单时,应按规范中措施项目规定的项目编码、项目名称确定,一般可以"项"为单位确定工作内容及相关金额。

单价措施项目费通常被称为"施工技术措施费",是指措施项目中能计量的且以清单形式列出的项目费用。单价措施项目在工程量计算规范中列出了项目编码、项目名称、项目特征、计量单位、工程量计算规则等内容,编制工程量清单时,与分部分项工程项目的相关规定一致。主要包括:脚手架工程费、混凝土模板及支架(承)费、垂直运输费、超高施工增加费、大型机械设备进出场及安拆费,以及施工排水、降水费等。

## 二、措施项目清单的相关计算规则

### (一)脚手架工程清单项目

脚手架工程如表 2-228 所示。

表 2-228　脚手架工程(编码:011701)

| 项目编码 | 项目名称 | 项目特征 | 计量单位 | 工程量计算规则 | 工作内容 |
|---|---|---|---|---|---|
| 011701001 | 综合脚手架 | 1. 建筑结构形式;<br>2. 檐口高度 | m² | 按建筑面积计算 | 1. 场内、场外材料搬运;<br>2. 搭、拆脚手架、斜道、上料平台;<br>3. 安全网的铺设;<br>4. 选择附墙点与主体连接;<br>5. 测试电动装置、安全锁等;<br>6. 拆除脚手架后材料的堆放 |
| 011701002 | 外脚手架 | 1. 搭设方式;<br>2. 搭设高度;<br>3. 脚手架材质 | m² | 按所服务对象的垂直投影面积计算 | 1. 场内、场外材料搬运;<br>2. 搭、拆脚手架、斜道、上料平台;<br>3. 安全网的铺设;<br>4. 拆除脚手架后材料的堆放 |
| 011701003 | 里脚手架 | | | 按搭设的水平投影面积计算 | |
| 011701004 | 悬空脚手架 | 1. 搭设方式;<br>2. 悬挑宽度;<br>3. 脚手架材质 | m | 按搭设长度乘以搭设层数以延长米计算 | |
| 011701005 | 挑脚手架 | | | | |
| 011701006 | 满堂脚手架 | 1. 搭设方式;<br>2. 搭设高度;<br>3. 脚手架材质 | m² | 按搭设的水平投影面积计算 | |

续表

| 项目编码 | 项目名称 | 项目特征 | 计量单位 | 工程量计算规则 | 工作内容 |
|---|---|---|---|---|---|
| 011701007 | 整体提升架 | 1. 搭设方式及启动装置；<br>2. 搭设高度 | m² | 按所服务对象的垂直投影面积计算 | 1. 场内、场外材料搬运；<br>2. 选择附墙点与主体连接；<br>3. 搭、拆脚手架、斜道、上料平台；<br>4. 安全网的铺设；<br>5. 测试电动装置、安全锁等；<br>6. 拆除脚手架后材料的堆放 |
| 011701008 | 外装饰吊篮 | 1. 升降方式及启动装置；<br>2. 搭设高度及吊篮型号 | | | 1. 场内、场外材料搬运；<br>2. 吊篮的安装；<br>3. 测试电动装置、安全锁、平衡控制器等；<br>4. 吊篮的拆卸 |
| 沪011701009 | 电梯井脚手架 | 1. 用途；<br>2. 搭设方式；<br>3. 搭设高度；<br>4. 脚手架材质 | 座 | 按设计图示数量以座计算 | 1. 场内外材料搬运；<br>2. 搭、拆脚手架、斜道、上料平台；<br>3. 挖埋地锚、拉缆风绳；<br>4. 拆除脚手架后材料的堆放 |
| 沪011701010 | 防护脚手架 | 1. 用途；<br>2. 搭设方式；<br>3. 搭设高度；<br>4. 脚手架材质 | 1. m；<br>2. m² | 1. 沿街建筑物外侧防护安全笆：按建筑物外侧沿街长度的垂直投影面积计算。<br>2. 钢管水平防护架：按立杆中心线的水平投影面积计算。<br>3. 高压线防护架：按搭设长度以延长米计算 | 1. 场内、场外材料搬运；<br>2. 搭、拆脚手架；<br>3. 拆除脚手架后材料的堆放 |

脚手架工程共性问题的说明：

（1）使用综合脚手架时，不再使用外脚手架、里脚手架等单项脚手架；综合脚手架适用于能够按"建筑面积计算规则"计算建筑面积的建筑工程脚手架，不适用于房屋加层、构筑物及附属工程脚手架。

（2）同一建筑物有不同檐高时，按建筑物竖向切面分别按不同檐高编列清单项目。

（3）整体提升架已包括2 m高的防护架体设施。

（4）脚手架材质可以不描述，但应注明由投标人根据工程实际情况按照国家现行标准《建筑施工扣件式钢管脚手架安全技术规范》（JGJ 130）、《建筑施工附着升降脚手架管理暂行规定》（建建〔2000〕230号）等规范自行确定。

（5）电梯井脚手架以一座电梯为一孔。

（6）建筑物高度小于或等于3.0 m时，应在特征中注明。

（7）防护安全笆适用于高度小于或等于20 m的沿街建筑物。

（8）一般来说，凡能计算建筑面积的且由一个施工单位总承包的工业与民用建筑单位工程，可以按综合脚手架计算；对于不能计算建筑面积而必须搭设脚手架的，或能计算建筑面积但建筑工程和装饰装修工程分别由若干个施工单位承包的单位工程和其他工程项目，可按单项脚手架计算。

### （二）混凝土模板及支架（承）清单项目

混凝土模板及支架（承）如表2-229所示。

表 2-229　混凝土模板及支架（承）（编码：011702）

| 项目编码 | 项目名称 | 项目特征 | 计量单位 | 工程量计算规则 | 工作内容 |
|---|---|---|---|---|---|
| 011702001 | 基础 | 基础类型 | m² | 按模板与现浇混凝土构件的接触面积计算<br>1. 现浇钢筋混凝土墙、板单孔面积小于或等于0.3 m²的孔洞不予扣除，洞侧壁模板亦不增加；单孔面积大于0.3 m²时应予扣除，洞侧壁模板面积并入墙、板工程量内计算<br>2. 现浇框架分别按梁、板、柱有关规定计算；附墙柱、暗梁、暗柱并入墙内工程量内计算<br>3. 柱、梁、墙、板相互连接的重叠部分，均不计算模板面积<br>4. 构造柱按图示外露部分计算模板面积 | 1. 模板制作；<br>2. 模板安装、拆除、整理堆放及场内外运输；<br>3. 清理模板黏结物及模内杂物、刷隔离剂等 |
| 011702002 | 矩形柱 |  |  |  |  |
| 011702003 | 构造柱 |  |  |  |  |
| 011702004 | 异形柱 | 柱截面形状 |  |  |  |
| 011702005 | 基础梁 | 梁截面形状 |  |  |  |
| 011702006 | 矩形梁 | 支承高度 |  |  |  |
| 011702007 | 异形梁 | 1. 梁截面形状；<br>2. 支承高度 |  |  |  |
| 011702008 | 圈梁 |  |  |  |  |
| 011702009 | 过梁 |  |  |  |  |
| 011702010 | 弧形、拱形梁 | 1. 梁截面形状；<br>2. 支承高度 |  |  |  |
| 011702011 | 直形墙 |  |  |  |  |
| 011702012 | 弧形墙 |  |  |  |  |
| 011702013 | 短肢剪力墙、电梯井壁 |  |  |  |  |
| 011702014 | 有梁板 |  |  |  |  |
| 011702015 | 无梁板 |  |  |  |  |
| 011702016 | 平板 |  |  |  |  |
| 011702017 | 拱板 | 支承高度 |  |  |  |
| 011702018 | 薄壳板 |  |  |  |  |
| 011702019 | 空心板 |  |  |  |  |
| 011702020 | 其他板 |  |  |  |  |
| 011702021 | 栏板 |  |  |  |  |
| 011702022 | 天沟、檐沟 | 构件类型 |  | 按模板与现浇混凝土构件的接触面积计算 |  |
| 011702023 | 雨篷、悬挑板、阳台板 | 1. 构件类型；<br>2. 板厚度 |  | 按模板与现浇混凝土构件的接触面积计算 |  |

续表

| 项目编码 | 项目名称 | 项目特征 | 计量单位 | 工程量计算规则 | 工作内容 |
|---|---|---|---|---|---|
| 011702024 | 楼梯 | 类型 | m² | 按楼梯(包括休息平台、平台梁、斜梁和楼层板的连接梁)的水平投影面积计算,不扣除宽度小于或等于500 mm的楼梯井所占面积,楼梯踏步、踏步板、平台梁等侧面模板不另计算,伸入墙内部分亦不增加 | 1. 模板制作;<br>2. 模板安装、拆除、整理堆放及场内外运输;<br>3. 清理模板黏结物及模内杂物、刷隔离剂等 |
| 011702025 | 其他现浇构件 | 构件类型 | | 按模板与现浇混凝土构件的接触面积计算 | |
| 011702026 | 电缆沟、地沟 | 1. 沟类型;<br>2. 沟截面 | | 按模板与电缆沟、地沟接触的面积计算 | |
| 011702027 | 台阶 | 台阶踏步宽 | | 按图示台阶水平投影面积计算,台阶端头两侧不另计算模板面积。架空式混凝土台阶,按现浇楼梯计算 | |
| 011702028 | 扶手 | 扶手断面尺寸 | | 按模板与扶手的接触面积计算 | |
| 011702029 | 散水 | | | 按模板与散水的接触面积计算 | |
| 011702030 | 后浇带 | 后浇带部位 | | 按模板与后浇带的接触面积计算 | |
| 011702031 | 化粪池 | 1. 化粪池部位;<br>2. 化粪池规格 | | 按模板与混凝土接触面积计算 | |
| 011702032 | 检查井 | 1. 检查井部位;<br>2. 检查井规格 | | | |
| 沪011702033 | 池槽 | 池槽外围尺寸 | m³ | 按设计图示外围体积计算 | |
| 沪011702034 | 压顶 | | m³ | 按混凝土实体体积计算 | |
| 沪011702035 | 零星构件 | | m³ | 按混凝土实体体积计算 | |

混凝土模板及支架(承)共性问题的说明:

(1)模板工程指新浇混凝土成型的模板以及支承模板的一整套构造体系,其中,接触混凝土并控制预定尺寸、形状、位置的构造部分称为模板,支持和固定模板的杆件、桁架、连接件、金属附件、工作便桥等构成支承体系,对于滑动模板、自升模板则增设提升动力以及提升架、平台等。模板工程在混凝土施工中是一种临时结构。

(2)原槽浇灌的混凝土基础,不计算模板。

(3)混凝土模板及支承(支架)项目,只适用于以平方米计量,按模板与混凝土构件的接触面积计算。以立方米计量的模板及支承(支架),按混凝土及钢筋混凝土实体项目执行,其综合单价中应包含模板及支承(支架)。

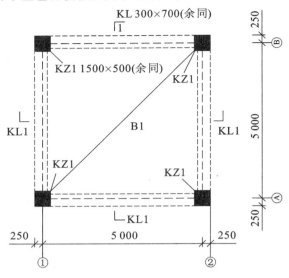

图 2-78 某工程现浇混凝土及钢筋混凝
土柱、梁、板结构示意图

(4)采用清水模板时,应在特征中注明。

(5)若现浇混凝土梁、板支承高度超过 3.6 m 时,项目特征应描述支承高度。

(6)垫层、导墙、基坑混凝土支承等构件的模板按本表中其他现浇构件编码列项。

(7)构筑物模板,按 GB 50860—2013 的相应项目要求编码列项。

 某工程框架结构建筑物某层现浇混凝土及钢筋混凝土柱、梁、板结构图如图 2-78 所示,层高 3.0 m,其中板厚为 120 mm,梁、板顶标高为 +6.00 m,柱的区域部分为 +3.0 m~+6.0 m,不采用清水模板。编制该层现浇混凝土及钢筋混凝土柱、梁、板、模板工程的工程量清单。

**解** 计算过程如表 2-230 所示。

表 2-230 计算过程

| 分部分项工程 | 位 置 | 规 格 | 计算表达式 | 结 果 |
|---|---|---|---|---|
| 矩形柱 | | S | 4×(3×0.5×4−0.3×0.7×2−0.2×0.12×2) | 22.13 m² |
| 矩形梁 | | S | [(5−0.5)×(0.7×2+0.3)]×4−4.5×0.12×4 | 28.44 m² |
| 板 | | S | (5.5−2×0.3)×(5.5−2×0.3)−0.2×0.2×4 | 23.85 m² |

注:根据规范规定,现浇框架结构分别按柱、梁、板计算。

编制的单价措施项目工程量清单如表 2-331 所示。

表 2-331 项目清单

| 序 号 | 项目编码 | 项目名称 | 项目特征 | 计量单位 | 工 程 量 |
|---|---|---|---|---|---|
| 1 | 011702002001 | 矩形柱 | | m² | 22.13 |
| 2 | 011702006001 | 矩形梁 | | m² | 28.44 |
| 3 | 011702014001 | 板 | . | m² | 23.85 |

注:根据规范规定,若现浇混凝土梁、板支承高度超过 3.6 m,项目特征要描述支承高度,否则不描述。

## (三)垂直运输清单项目

垂直运输如表 2-232 所示。

表 2-232    垂直运输(011703)

| 项目编码 | 项目名称 | 项目特征 | 计量单位 | 工程量计算规则 | 工作内容 |
|---|---|---|---|---|---|
| 011703001 | 垂直运输 | 1. 建筑物建筑类型及结构形式；<br>2. 地下室建筑面积；<br>3. 建筑物檐口高度、层数 | 1. m²；<br>2. 天 | 1. 按建筑面积计算；<br>2. 按施工工期日历天数计算 | 1. 垂直运输机械的固定装置、基础制作、安装；<br>2. 行走式垂直运输机械轨道的铺设、拆除、摊销 |
| 沪 011703002 | 基础垂直运输 | 钢筋混凝土基础种类 | m³ | 按钢筋混凝土基础设计图示尺寸的混凝土体积计算 | 1. 垂直运输机械的固定基础制作、安装、拆除；<br>2. 建筑物单位工程合理工期内完成全部工程项目所需的全部垂直运输 |

垂直运输共性问题的说明：

(1) 建筑物的檐口高度是指设计室外地坪至檐口滴水的高度(平屋顶是指屋面板底高度)，突出主体建筑物屋顶的电梯机房、楼梯出口间、水箱间、瞭望塔、排烟机房等不计入檐口高度。

(2) 垂直运输指施工工程在合理工期内所需垂直运输机械。

(3) 同一建筑物有不同檐高时，按建筑物的不同檐高做纵向分割，分别计算建筑面积，以不同檐高分别编码列项。

(4) 地下室与上部建筑物，分别计算建筑面积，分别编码列项

(5) 基础垂直运输中的混凝土基础仅适用满堂基础、独立基础、杯形基础、桩承台基础、带形基础及设备基础。

(6) 建筑物檐口高度小于或等于 3.6 m 时，应在特征中注明。

(7) 轨道式基础(双轨)按轨道(双轨)的长度计算，即两根轨道按一根轨道的长度计算。

(8) 构筑物的垂直运输按 GB 50860—2013 的相应项目要求编码列项。

(9) 垂直运输费指现场所用材料、机具从地面运至相应高度以及工作人员上下工作面等所发生的运输费用。

**例 2-50**　某高层建筑如图 2-79 所示，框剪结构，女儿墙高度为 1.8 m，由总承包公司承

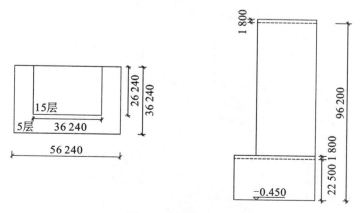

图 2-79　某高层建筑示意图

包,施工组织设计中,垂直运输采用自升式塔式起重机及单笼施工电梯。编制该高层建筑物的垂直运输、超高施工增加的工程量清单。

 计算过程如表 2-233 所示。

表 2-233　计算过程

| 分部分项工程 | 位　置 | 规　格 | 计算表达式 | 结　果 |
|---|---|---|---|---|
| 垂直运输(檐高 94.20 m 以内) | | S | 26.24×36.24×5＋36.24×26.24×15 | 19 018.75 m² |
| 垂直运输(檐高 22.50 m 以内) | | S | (56.24×36.24－36.24×26.24)×5 | 5 436 m² |
| 超高施工增加 | | S | 36.24×26.24×14 | 13 313.13 m² |

编制的单价措施项目工程量清单如表 2-234 所示。

表 2-234　项目清单

| 序　号 | 项目编码 | 项目名称 | 项目特征 | 计量单位 | 工　程　量 |
|---|---|---|---|---|---|
| 1 | 011703001001 | 垂直运输(檐高 94.20 m 以内) | 1. 建筑物建筑类型及结构形式:现浇框架结构。<br>2. 建筑物檐口高度、层数:94.20 m,20 层 | m² | 19 018.75 |
| 2 | 011703001002 | 垂直运输(檐高 22.50 m 以内) | 1. 建筑物建筑类型及结构形式:现浇框架结构。<br>2. 建筑物檐口高度、层数:22.50 m,5 层 | m² | 5 436 |
| 3 | 011704001001 | 超高施工增加 | 1. 建筑物建筑类型及结构形式:现浇框架结构。<br>2. 建筑物檐口高度、层数:94.20 m,20 层 | m² | 13 313.13 |

注:规范规定,同一建筑物有不同檐高时,按建筑物不同檐高做纵向分割,分别计算建筑面积,以不同檐高分别编码列项。

## (四)超高施工增加清单项目

超高施工增加如表 2-234 所示。

表 2-234　超高施工增加(011704)

| 项目编码 | 项目名称 | 项目特征 | 计量单位 | 工程量计算规则 | 工作内容 |
|---|---|---|---|---|---|
| 011704001 | 超高施工增加 | 1. 建筑物建筑类型及结构形式;<br>2. 建筑物檐口高度、层数;<br>3. 单层建筑物檐口高度超过 20 m、多层建筑物超过 6 层部分的建筑面积 | m² | 按建筑物超高部分的建筑面积计算 | 1. 建筑物超高引起的人工工效降低以及由于人工工效降低引起的机械降效;<br>2. 高层施工用水加压水泵的安装、拆除及工作台班;<br>3. 通信联络设备的使用及摊销 |

超高施工增加共性问题的说明:

(1) 单层建筑物檐口高度超过 20 m、多层建筑物超过 6 层时,可按超高部分的建筑面积计算超高施工增加。计算层数时,地下室不计入层数。

(2) 同一建筑物有不同檐高时,可按不同高度分别计算建筑面积,以不同檐高分别编码列项。

（3）超高施工增加是指由于楼层高度增加而降低施工工作效率的补偿费用，一般包括人工及机械的降效。

## （五）大型机械设备进出场及安拆清单项目

大型机械设备进出场及安拆如表2-235所示。

表2-235　大型机械设备进出场及安拆（011705）

| 项目编码 | 项目名称 | 项目特征 | 计量单位 | 工程量计算规则 | 工作内容 |
|---|---|---|---|---|---|
| 011705001 | 大型机械设备进出场及安拆 | 1. 机械设备名称；<br>2. 机械设备规格型号 | 台次 | 按使用机械设备的数量计算 | 1. 安拆费包括施工机械、设备在现场进行安装、拆卸所需人工、材料、机械和试运转的费用以及机械辅助设施的折旧、搭设、拆除等费用；<br>2. 进出场费包括施工机械、设备整体或分体自停放地点运至施工现场或由一施工地点运至另一施工地点所发生的运输、装卸、辅助材料等费用 |

大型机械设备进出场及安拆共性问题的说明：

大型机械设备进出场是指不能或不允许自行行走的施工机械或施工设备，整体或分体自停放地点运至施工现场，或由一施工地点运至另一施工地点的运输、装卸、辅助材料及架线等费用。安拆费用是指施工机械在现场进行安装及拆卸所需的人工、材料、机械和试运转费用及机械辅助设施费用。

## （六）施工排水、降水清单项目

施工排水、降水如表2-236所示。

表2-236　施工排水、降水（011706）

| 项目编码 | 项目名称 | 项目特征 | 计量单位 | 工程量计算规则 | 工作内容 |
|---|---|---|---|---|---|
| 011706001 | 成井 | 1. 成井方式；<br>2. 地层情况；<br>3. 成井直径；<br>4. 井（滤）管类型、直径 | m | 按设计图示尺寸以钻孔深度计算 | 1. 准备钻孔机械、埋设护筒、钻机就位；泥浆制作、固壁；成孔、出渣、清孔等；<br>2. 对接上、下井管（滤管），焊接，安放，下滤料，洗井，连接试抽等 |
| 011706002 | 排水、降水 | 1. 机械规格型号；<br>2. 降排水管规格 | 昼夜 | 按排、降水日历天数计算 | 1. 管道安装、拆除，场内搬运等；<br>2. 抽水、值班、降水设备维修等 |

施工排水、降水共性问题的说明：

排水主要是排出地表水及排出基坑、基槽积水（地下水的涌入、雨水积聚等），施工排水主要是指基础工作面在地下水位以下，为了施工而采取的降水措施，降水一般采用井点降水，施工排水降水分为成井及排水、降水。

相应专项设计不具备时，可按暂估量计算。

## （七）安全文明施工及其他措施项目清单项目

安全文明施工及其他措施项目如表 2-237 所示。

**表 2-237　安全文明施工及其他措施项目（011707）**

| 项目编码 | 名　　称 | 计量单位 | 项目名称 | 工作内容及包含范围 |
|---|---|---|---|---|
| 011707001001 | 环境保护 | 项 | 粉尘控制 | 水泥和其他易飞扬细颗粒建筑材料应密闭存放或采取覆盖等措施；施工现场混凝土搅拌场所应采取封闭、降尘措施 |
| 011707001002 | | | 噪声控制 | |
| 011707001003 | | | 有毒有害气味控制 | |
| 011707001004 | 文明施工 | 项 | 安全警示标志牌 | 在易发伤亡事故（或危险）处设置明显的、符合国家标准要求的安全警示标志牌 |
| 011707001005 | | | 现场围挡 | 1. 现场采用封闭围挡,市容景观道路及主干道的建筑施工现场围挡高度不得低于 2.5 m,其他地区围挡高度不得低于 2 m；<br>2. 建筑工程应当根据工程地点、规模、施工周期和区域文化,设置与周边建筑艺术风格相协调的实体围挡；<br>3. 围挡材料可采用彩色、定型钢板及砖、混凝土砌块等墙体；<br>4. 市政、公路工程可采用统一的、连续的施工围挡；<br>5. 施工现场出入口应当设置实体大门,宽度不得大于 6 m,严禁透视及敞口施工 |
| 011707001006 | | | 各类图板 | 在进门处悬挂工程概况牌、管理人员名单及监督电话牌、安全生产管理目标牌、安全生产保证体系要素分配牌、安全生产隐患公示牌、安全文明施工承诺公示牌、消防保卫牌及施工现场总平面图、文明施工管理网络图、劳动保护管理网络图 |
| 011707001007 | | | 企业标志 | 1. 现场出入的大门应设有企业标识；<br>2. 生活区有适时黑板报或阅报栏；<br>3. 宣传横幅适时醒目 |
| 011707001008 | | | 场容场貌 | 1. 道路畅通；<br>2. 施工现场应设置排水沟及沉淀池,施工污水经沉淀后方可排入市政污水管网和河流；<br>3. 工地地面硬化处理,主干道应适时洒水防止扬尘,清扫路面（包括楼层内）时应先洒水降尘后清扫；<br>4. 裸露的场地和集中堆放的土方应采取覆盖、固化或绿化等措施；<br>5. 施工现场混凝土搅拌场所应采取封闭、降尘措施；<br>6. 食堂设置隔油池,并及时清理；<br>7. 厕所的化粪池应做抗渗处理；<br>8. 现场进出口设置车辆冲洗设备；<br>9. 施工现场大门处设置警卫室,出入人员应当进行登记,所有施工人员应当统一着装、佩戴安全帽和表明身份的胸卡 |

续表

| 项目编码 | 名　称 | 计量单位 | 项目名称 | 工作内容及包含范围 |
|---|---|---|---|---|
| 011707001009 | 文明施工 | 项 | 材料堆放 | 1. 材料、构件、料具等堆放时,悬挂有名称、品种、规格等标牌<br>2. 水泥及其他易飞扬颗粒建筑材料应密闭存放或采取覆盖等措施<br>3. 易燃、易爆和有毒物品分类存放 |
| 011707001010 | | | 现场防火 | 1. 施工现场应当设有消防通道,宽度不得小于3.5 m。<br>　2. 建筑高度超过24 m时,施工单位应落实临时消防水源,设置具有足够扬程的高压水泵。当消防水源不能够满足灭火需要时,应当设置临时消防水箱。<br>　3. 在建工程内设置办公场所和临时宿舍时,应当与施工作业区之间采取有效的防火隔离,并设置安全疏散通道,配备应急照明等消防设施。<br>　4. 高层建筑的主体结构内动用明火进行焊割作业前,应当将供水系统安装至明火作业层,并保证取水正常。<br>　5. 临时搭建的建筑物区域内应当按规定配备消防器材。临时搭建的办公、住宿场所每100 m² 配备两具灭火级别不小于3A 的灭火器;临时油漆间、易燃易爆危险物品仓库等每30 m² 配备两具灭火级别不小于4B 的灭火器 |
| 011707001011 | | | 垃圾清运 | 1. 施工现场应设置密闭式垃圾站,施工垃圾、生活垃圾应分类存放;<br>2. 施工垃圾必须采用相应容器或管道运输 |
| 011707001012 | 临时设施 | 项 | 现场办公设施 | 1. 施工现场应设办公室、宿舍、食堂、厕所、淋浴间、开水房、文体活动室、密闭式垃圾站及梳洗设施等临时设施,临时设施所用建筑材料应符合环保、消防要求;<br>2. 办公区及生活区应设密闭式垃圾容器;<br>3. 施工现场应配备常用药及绷带、止血带、颈托、担架等急救器材 |
| 011707001013 | | | 现场宿舍设施 | 1. 宿舍内应保证有必要的生活空间,室内净高不得小于2.4 m,通道宽度不得小于0.9 m,每间宿舍居住人员不得超过16人;<br>2. 宿舍内应设置生活用品专柜,有条件的宿舍宜设置生活用品储存室;<br>3. 宿舍内应设置垃圾桶,宿舍外宜设置鞋柜或鞋架,生活区内应提供作业人员晾晒衣物的场地 |
| 011707001014 | | | 现场食堂生活设施 | 1. 食堂应设有食品原料储存、材料初加工、烹饪加工、备餐及餐具、工用具清洗消毒等相对独立的专用场地,其中备餐间应单独设立。<br>　2. 食堂墙壁(含天花板)围挡结构的建筑材料应具有耐腐蚀、耐酸碱、耐热、防潮、无毒等特性,表面平整无裂缝,应有1.5 m以上(烹饪间、备餐间应到顶)的瓷砖或其他可清洗的材料制成的墙裙。<br>　3. 食品原料储存区域应保持干燥、通风,食品应分类分架、隔墙离地(至少0.15 m)存放,冰箱(冷库)内温度应符合食品储存卫生要求。<br>　4. 原料加工场地地面应用防水、防滑、无毒、易清洗的材料建造,具有1%~2%的坡度。设有蔬菜、水产品、禽肉类等三类食品清洗池,并有明显标志。 |

| 项目编码 | 名　称 | 计量单位 | 项目名称 | 工作内容及包含范围 |
|---|---|---|---|---|
| 011707001014 | | | 现场食堂生活设施 | 5. 烹调场所地面应铺设防滑地砖、墙壁应铺设瓷砖，炉灶上方应安装有效的脱排油烟机和排气罩，设有烹饪时放置生食品(包括配料)、熟制品的操作台或者货架。<br>6. 备餐间应设有二次更衣设施、备餐台、能开合的食品传递窗及清洗消毒设施，并配备紫外线灭菌灯等空气消毒设施。220 V紫外线灯距地面不得低于 2.5 m，安装数量以 1 W/m³ 计算。备餐间排水沟不得为明沟，备餐台应采用不锈钢材质制成。<br>7. 在烹调场所或专用场所必须设置工用具清洗消毒专用水池和保洁柜。工用具、餐饮具清洗消毒专用水池不得与蔬菜、水产品、禽肉类等食品清洗池混用。水池应采用耐腐蚀、耐磨损、易清洗的无毒材料制成。保洁柜采用不锈钢材质制成，为就餐人员提供餐饮具的食堂，还应根据需要配备足够的餐饮具清洗消毒保洁设施。<br>8. 食堂应配备必要的排风设施和冷藏设施。<br>9. 食堂外应当设置密闭式泔桶，并应及时清运 |
| 011707001015 | 临时设施 | 项 | 现场厕所、浴室、开水房等设施 | 1. 施工现场应设有水冲式或移动式厕所，厕所地面应硬化，门窗应齐全。蹲位之间宜设置隔板，隔板高度不宜低于 0.9 m。<br>2. 厕所大小应根据作业人员的数量设置，高层建筑施工超过 8 层时，每隔 4 层宜设置临时厕所。厕所应设专人负责清扫、消毒，化粪池应及时清掏。<br>3. 淋浴间内应设满足需要的淋浴喷头，可设储衣柜或挂衣架。<br>4. 漱洗设施应设置满足作业人员使用要求的漱洗池，并应使用节水龙头。<br>5. 生活区应设开水炉、电热水器或饮用水保温桶，施工区应配备流动保温水桶。<br>6. 文体活动室应配备电视机、书报、杂志等文体活动设施、用品。<br>7. 施工现场应设专职或兼职保洁员，负责卫生清扫或保洁。<br>8. 办公区和生活区应采取灭鼠、蚊、苍蝇、蟑螂等措施，并定期投放和喷洒药物。<br>9. 炊事人员上岗应穿戴洁净的工作服、工作帽和口罩，并保持个人卫生。<br>10. 食堂的炊具、餐具和公用饮水器具必须清洗消毒 |
| 011707001016 | | | 水泥仓库 | |
| 011707001017 | | | 木工棚、钢筋棚 | |
| 011707001018 | | | 其他库房 | |
| 011707001019 | | | 施工现场临时用电 · 配电线路 | 1. 按 TN-5 系统要求配备五芯电缆、四芯电缆、三芯电缆；<br>2. 按要求架设临时用电线路的电杆、横担、瓷夹、瓷瓶或电缆埋地地沟；<br>3. 对靠近施工现场的外电线路，设置木质、塑料等绝缘体的防护设施 |
| 011707001020 | | | 施工现场临时用电 · 配电箱、开关箱 | 1. 按三级配电要求，配备总配电箱、分配电箱、开关箱三类标准电箱。开关箱应符合一机、一箱、一闸、一漏。三类电箱中的各类电器应是合格品<br>2. 按二级保护要求，选取符合容量要求和质量合格的总配电箱和开关箱中的漏电保护器 |

续表

| 项目编码 | 名 称 | 计量单位 | 项目名称 | 工作内容及包含范围 |
|---|---|---|---|---|
| 011707001021 | 临时设施 | 项 | 接地保护装置 | 施工现场保护零线的重复接地应不少于三处 |
| 011707001022 | | | 供水管线 | |
| 011707001023 | | | 排水管线 | |
| 011707001024 | | | 沉淀池 | |
| 011707001025 | | | 临时道路 | |
| 011707001026 | | | 硬地坪 | |
| 011707001027 | 安全施工 | 项 | 临边洞口交叉高处作业防护 — 楼板、屋面、阳台等临时防护 | 用密目式安全立网封闭,作业层另加两边防护栏杆和0.18 m高的踢脚板,脚手架基础、架体、安全网等应当符合规定 |
| 011707001028 | | | 通道口防护 | 设防护棚,防护棚应为不小于0.05 m厚的木板或两道相距0.5 m的竹笆。两侧应沿栏杆架用密目式安全网封闭。应当采用标准化、定型化防护设施,安全警示标志应醒目 |
| 011707001029 | | | 预留洞口防护 | 用木板全封闭;短边超过1.5 m长的洞口,除封闭外四周还应设有防护栏杆。应当采用标准化、定型化防护设施,安全警示标志应醒目 |
| 011707001030 | | | 电梯井口防护 | 设置定型化、工具化、标准化的防护门;在电梯井内每隔两层(不大于10 m)设置一道安全平网,或每层设置一道硬隔离。应当采用标准化、定型化防护设施,安全警示标志应醒目 |
| 011707001031 | | | 楼梯边防护 | 设1.2 m高的定型化、工具化、标准化的防护栏杆,0.18 m高的踢脚板。应当采用标准化、定型化防护设施,安全警示标志应醒目 |
| 011707001032 | | | 垂直方向交叉作业防护 | 设置防护隔离棚或其他设施 |
| 011707001033 | | | 高空作业防护 | 有悬挂安全带的悬索或其他设施;有操作平台;有上下的梯子或其他形式的通道 |
| 011707001034 | | | 操作平台交叉作业 | 1. 操作平台面积不应超过10 m²,高度不应超过5 m;<br>2. 操作平台满铺竹笆、设置防护栏杆,并应布置登高扶梯;<br>3. 悬挑式钢平台两边各设前后两道斜拉杆或钢丝绳,应设四个经过验算的吊环;<br>4. 钢平台左右两侧必须装置固定的防护栏杆;<br>5. 高层建筑施工或起重设备起重臂回转半径内,按照规定设置安全防护棚 |
| 011707001035 | | | | 作业人员具备必要的安全帽、安全带等安全防护用品 |

安全文明施工及其他措施项目共性问题的说明:

安全文明施工费是按照国家现行的建筑施工安全、施工现场环境与卫生标准和有关规定，购置和更新施工防护用具及设施、改善安全生产条件和作业环境所需要的费用。

# 任务5　其他项目清单的编制

其他项目清单应按照下列内容列项：①暂列金额；②暂估价，包括材料暂估单价、工程设备暂估单价、专业工程暂估价；③计日工；④总承包服务费。

## 一、暂列金额（provisional sum）

暂列金额是招标人在工程量清单中暂定并包括在合同价款中的一笔款项。用于工程合同签订时尚未确定或者不可预见的所需材料、工程设备、服务的采购，施工中可能发生的工程变更、合同约定调整因素出现时的合同价款调整以及发生的索赔、现场签证确认等的费用。

暂列金额应包含与其对应的企业管理费、利润和规费，但不含税金。应根据工程特点按有关计价规定估算，一般可按分部分项工程费和措施项目费之和的10%～15%作为参考。

## 二、暂估价

暂估价是招标人在工程量清单中提供的用于支付必然发生但暂时不能确定价格的材料、工程设备的单价以及专业工程的金额。

暂估价中的材料、工程设备暂估单价应根据工程造价信息或参照市场价格估算，列出明细表；专业工程暂估价应分不同专业，按有关计价规定估算，列出明细表。暂估价按上海市建设行政管理部门的规定执行。

其中材料和工程设备暂估价是此类材料、工程设备本身运至施工现场内的工地地面价。

暂估价数量和拟用项目应当结合工程项目清单中的"暂估价表"予以补充说明。为方便合同管理，需要纳入分部分项工程项目清单项目综合单价中的暂估价应只是材料费，以方便投标人组价。

专业工程的暂估价一般应是综合暂估价，应当包括除规费和税金以外的管理费、利润等取费。总承包招标时，专业工程设计深度往往是不够的，一般需要交由专业设计人设计。国际上，出于提高可建造性考虑，一般由专业承包人负责设计，以发挥其专业技能和专业施工经验的优势。这类专业工程交由专业分包人完成是国际工程的良好实践，目前在我国工程建设领域也已经比较普遍。公开透明地合理确定这类暂估价的实际开支金额的最佳途径就是通过施工总承包人与工程建设项目招标人共同组织的招标。

## 三、计日工（daywork）

计日工是指在施工过程中，承包人完成发包人提出的工程合同范围以外的零星项目或工作，按合同中约定的单价计价的一种方式。

计日工应列出项目名称、计量单位和暂估数量。其中计日工种类和暂估数量应尽可能贴近实际。计日工综合单价均不包括规费和税金，其中：

（1）劳务单价应当包括人工工资、交通费用、各种补贴、劳动安全防护、个人应缴纳的社保费用、手提手动和电动工器具、施工场地内已经搭设的脚手架、水电和低值易耗品费用、现场管理费用、企业管理费和利润。

(2)材料价格包括材料运到现场的价格以及现场搬运、仓储、二次搬运、损耗、保险、企业管理费和利润。

(3)施工机械限于在施工场地(现场)的机械设备,其价格包括租赁或折旧、维修、维护和燃料等消耗品以及操作人员费用,包括承包人企业管理费和利润。

(4)辅助人员按劳务价格另计。

## 四、总承包服务费(main contractor's attendance)

总承包服务费是指总承包人为配合协调发包人进行的专业工程发包,对发包人自行采购的材料、工程设备等进行保管以及施工现场管理、竣工资料汇总整理等服务所需的费用。

总承包服务费应列出服务项目及其内容等,费率可参考以下标准:

(1)招标人仅要求对分包的专业工程进行总承包管理和协调时,按分包的专业工程估算造价的1.5%计算;

(2)招标人要求对分包的专业工程进行总承包管理和协调,并同时要求提供配合服务时,根据招标文件列出的配合服务内容和提出的要求,按分包的专业工程估算造价的3%~5%计算;

(3)招标人自行供应材料的,按招标人供应材料价值的1%计算。

# 任务6 规费、税金项目清单的编制

## 一、规费项目清单的编制

规费(statutory fee)是指根据国家法律、法规规定,由省级政府或省级有关权力部门规定施工企业必须缴纳的,应计入建筑安装工程造价的费用。

规费项目清单应按照下列内容列项:

(1)社会保险费:包括养老保险费、失业保险费、医疗保险费、工伤保险费、生育保险费。

(2)住房公积金。

如出现上述项目以外的未列项目,应根据上海市建设行政管理部门的规定列项。

## 二、税金项目清单的编制

税金(tax)是指增值税,增值税税率为11%。

# 招标控制价的编制

## 任务 1 招标控制价的一般规定

### 一、招标控制价的相关概念

招标控制价(tender sum limit),也称为最高投标限价,是指招标人根据国家或省级、行业建设主管部门颁发的有关计价依据和办法,以及拟定的招标文件和招标工程量清单,结合工程具体情况编制的招标工程的最高投标限价。

(1)国有资金投资的建设工程招标,招标人必须编制最高投标限价。

(2)最高投标限价应由具有编制能力的招标人或受其委托具有相应资质的工程造价咨询人、招标代理机构编制和复核。

(3)工程造价咨询人、招标代理机构接受招标人委托编制最高投标限价,不得再就同一工程接受投标人委托编制投标报价。

(4)最高投标限价按照相应原则进行编制,不应上调或下浮。

(5)当最高投标限价超过批准的概算时,招标人应将其报原概算审批部门审核。

(6)招标人应在发布招标文件时公布招标控制价,同时应将招标控制价及有关资料报送工程所在地或有该工程管辖权的行业管理部门工程造价管理机构备查。

### 二、招标控制价的编制依据

(1)国家标准《建设工程工程量清单计价规范》及专业工程工程量清单计算规范(2013);

(2)国家、行业或本市建设行政管理部门颁发的工程定额和计价办法;

(3)建设工程设计文件及相关资料;

(4)拟定的招标文件及招标工程量清单;

(5)与建设项目相关的标准、规范、技术资料;

(6)施工现场情况、工程特点及常规施工方案;

(7)上海市住房和城乡建设管理委员会建设工程造价信息平台所公布的建设工程造价信息,工程造价信息没有发布的,参照市场价;

(8)上海市建设工程工程量清单计价应用规则;

(9)其他相关资料。

## 三、招标控制价的内容组成

招标控制价（最高投标限价）应由分部分项工程费、措施项目费、其他项目费、规费和税金组成。

## 四、招标控制价的编制规定

（1）属于上海市住房和城乡建设管理委员会建设工程造价信息平台所公布的建设工程市场造价信息范围的价格要素，包括人工工日、原材料及工程设备、施工机械设备以及模板、脚手架等，应按照拟定的招标文件规定的基准月份的造价信息计算；其余价格要素，应参考市场价格信息确定。

（2）企业管理费和利润按照上海市建设行政管理部门的规定计算，费率由工程造价管理部门发布。

（3）人工工日、材料、施工机械台班消耗量按照上海市建设行政管理部门颁发的建设工程定额标准确定。

## 五、招标控制价（最高投标限价）的表格形式

（1）封面，如图3-1所示。

<br>

（工程名称）

# 最高投标限价

<br><br><br>

（招标人）

（建设单位或工程造价咨询人）

年　月　日

**图3-1　封面**

（2）扉页，如图 3-2 所示。

工程报建号：

_____工程

# 最高投标限价

最高投标限价（小写）：_____

（大写）：_____

工程造价咨询人

招标人：_____　　招标代理机构：_____

（单位盖章）　　　　　　　　　　　　　　（单位盖章）

法定代表人　　　　　　　　　　　　　　法定代表人

或其授权人：_____　　或其授权人：_____

（签字或盖章）　　　　　　　　　　　　　（签字或盖章）

编制人：_____　　复核人：_____

（造价人员签字盖专用章）　　　　　　　　（造价工程师签字盖专用章）

编制时间：　　年　月　日　　　　　　　　复核时间：　　年　月　日

图 3-2　扉页

（3）总说明，如图 3-3 所示。

# 总说明

工程名称：                                                   第　页共　页

图 3-3　总说明

（4）最高投标限价汇总表，如表 3-1 所示。

表 3-1　最高投标限价汇总表

工程名称：　　　　　　　　标段：　　　　　　　　　　　　　　第　页共　页

| 序　号 | 汇 总 内 容 | 金额/元 | 其中:材料暂估价/元 |
|---|---|---|---|
| 1 | 单体工程分部分项工程费汇总 | | |
| 1.1 | | | |
| 1.2 | | | |
| 1.3 | | | |
| 1.4 | | | |
| … | … | | |
| 2 | 措施项目费 | | |
| 2.1 | 整体措施费(总价措施费) | | |
| 2.1.1 | 安全防护、文明施工费 | | |
| 2.1.2 | 其他措施项目费 | | |
| 2.2 | 单项措施费(单价措施费) | | |
| 3 | 其他项目费 | | |
| 3.1 | 暂列金额 | | |
| 3.2 | 专业工程暂估价 | | |
| 3.3 | 计日工 | | |
| 3.4 | 总承包服务费 | | |
| 4 | 规费 | | |
| 5 | 税金 | | |
| | 合计＝1＋2＋3＋4＋5 | | |

注:单项工程、单位工程也使用本汇总表。

（5）最高投标限价分部分项工程费汇总表,如表 3-2 所示。

表 3-2　最高投标限价分部分项工程费汇总表

工程名称：　　　　　　　　　　　　　　　　　　　　　页码：

单体工程名称：　　　　　　　　　　　　　　　　　　　第　页共　页

| 序　号 | 分部工程名称 | 金额/元 | 其中:材料及工程设备暂估价/元 |
|---|---|---|---|
| | | | |
| | | | |
| | | | |
| | | | |
| | | | |
| | | | |
| | | | |
| | | | |
| | 合计 | | |

注:群体工程应以单体工程为单位,分别汇总,并填写单体工程名称。

（6）最高投标限价分部分项工程量清单计价表，如表3-3所示。

### 表 3-3　最高投标限价分部分项工程量清单计价表

工程名称：

单体工程名称：　　　　　　　　　　标段：

| 序号 | 项目编码 | 项目名称 | 项目特征描述 | 工程内容 | 计量单位 | 工程量 | 金额/元 | | | | 备注 |
| | | | | | | | 综合单价 | 合价 | 其中 | | |
| | | | | | | | | | 人工费 | 材料及工程设备暂估价 | |
| | | | | | | | | | | | |
| | | | | | | | | | | | |
| | | | | | | | | | | | |
| | | | | | | | | | | | |
| | | | | | | | | | | | |
| | | | | | | | | | | | |
| | | | | | | | | | | | |
| | | | | | | | | | | | |
| | | | | | | | | | | | |
| | | | | | | | | | | | |
| | | | | | | | | | | | |
| | | | | | | | | | | | |
| | | | | | | | | | | | |
| | | 本页小计 | | | | | | | | | |
| | | 合计 | | | | | | | | | |

注：按照规费计算要求，须在表中填写人工费，招标人需以书面形式打印综合单价分析表的，请在备注栏内打√。

（7）最高投标限价分部分项工程量清单综合单价分析表，如表 3-4 所示。

表 3-4　最高投标限价分部分项工程量清单综合单价分析表

工程名称：　　　　　　　　　　　　　　　　　　　　　　　　　　　　　　页码：

单体工程名称：　　　　　　　　标段：　　　　　　　　　　　　　　第　页共　页

| 项目编码 | | 项目名称 | | 工程数量 | | 计量单位 | |
|---|---|---|---|---|---|---|---|
| 清单综合单价组成明细 | | | | | | | |

| 定额编号 | 定额名称 | 定额单位 | 数量 | 单价/元 | | | | 合价/元 | | | |
|---|---|---|---|---|---|---|---|---|---|---|---|
| | | | | 人工费 | 材料费 | 机械费 | 管理费和利润 | 人工费 | 材料费 | 机械费 | 管理费和利润 |
| | | | | | | | | | | | |
| | | | | | | | | | | | |

| 人工单价 | | 小计 | | | | | | | | | |
|---|---|---|---|---|---|---|---|---|---|---|---|
| 元/工日 | | 未计价材料费 | | | | | | | | | |
| 清单项目综合单价 | | | | | | | | | | | |

| 材料费明细 | 主要材料名称、规格、型号 | | 单位 | 数量 | | 单价/元 | 合价/元 | 暂估单价/元 | 暂估合价/元 |
|---|---|---|---|---|---|---|---|---|---|
| | | | | | | | | | |
| | | | | | | | | | |
| | | | | | | | | | |
| | | | | | | | | | |
| | 其他材料费 | | | | | | — | | — |
| | 材料费小计 | | | | | | — | | — |

注：1. 招标文件提供了暂估单价的材料及工程设备，按暂估的单价填入表内"暂估单价"栏及"暂估合价"栏。

　　2. 所有分部分项工程量清单项目，均须编制电子文档形式综合单价分析表。

（8）最高投标限价措施项目清单汇总表，如表 3-5 所示。

表 3-5　最高投标限价措施项目清单汇总表

工程名称：　　　　　　　　　标段：　　　　　　　　　　　　　　　第　页共　页

| 序　　号 | 项 目 名 称 | 金额/元 |
|---|---|---|
| 1 | 整体措施项目（总价措施费） | |
| 1.1 | 安全防护、文明施工费 | |
| 1.2 | 其他措施项目费 | |
| 2 | 单项措施费（单价措施费） | |
| | 合计 | |

（9）最高投标限价总价措施清单计价表，如表3-6所示。

### 表3-6 最高投标限价总价措施清单计价表

工程名称：

单体工程名称：　　　　　　　标段：

页码：

第　页共　页

| 序号 | 项目编码 | 名称 | 计量单位 | 项目名称 | 工作内容及包含范围 | 计算基础 | 费率/（%） | 金额/元 |
|---|---|---|---|---|---|---|---|---|
| 1 | 安全防护、文明施工措施项目 | | | | | | | |
| | | 环境保护 | 项 | | | 分部分项工程费合计数 | | |
| | | 文明施工 | | | | | | |
| | | 临时设施 | | | | | | |
| | | 安全施工 | | | | | | |
| 2 | 其他措施项目费 | | | | | | | |
| | | 夜间施工 | 项 | | | 分部分项工程费合计数 | | |
| | | 非夜间施工照明 | | | | | | |
| | | 二次搬运 | | | | | | |
| | | 冬雨季施工 | | | | | | |
| | | 地上、地下设施、建筑物的临时保护设施 | | | | | | |
| | | 已完工程及设备保护 | | | | | | |
| | | … | | | | | | |
| 合计 | | | | | | | | |

注：项目编码、项目名称和工作内容及包含范围，按照各专业工程工程量清单计算规范要求填写。

（10）最高投标限价单价措施项目清单与计价表，如表 3-7 所示。

表 3-7　最高投标限价单价措施项目清单与计价表

工程名称：　　　　　　　　　标段：　　　　　　　　　　　　第　页共　页

| 序号 | 项目编码 | 项目名称 | 项目特征描述 | 工程内容 | 计量单位 | 工程量 | 金额/元 | | 备注 |
|---|---|---|---|---|---|---|---|---|---|
| | | | | | | | 综合单价 | 合价 | |
| | | | | | | | | | |
| | | | | | | | | | |
| | | | | | | | | | |
| | | | | | | | | | |
| | | | | | | | | | |
| | | | | | | | | | |
| | | | | | | | | | |
| | | | | | | | | | |
| | | | | | | | | | |
| | | | | | | | | | |
| | | | | | | | | | |
| | | | | | | | | | |
| | | | 本页小计 | | | | | | |
| | | | 合计 | | | | | | |

注：招标人需以书面形式打印综合单价分析表的，请在备注栏内打√。

（11）最高投标限价单价措施项目综合单价分析表，如表 3-8 所示。

表 3-8　最高投标限价单价措施项目综合单价分析表

工程名称：　　　　　　　　　　　　　　　　　　　　　　　　　　　　　　页码：

单体工程名称：　　　　　　　　标段：　　　　　　　　　　　　　　　　第　页 共　页

| 项目编码 | | 项目名称 | | 工程数量 | | 计量单位 | |
|---|---|---|---|---|---|---|---|
| | | | | | | | |

清单综合单价组成明细

| 定额编号 | 定额名称 | 定额单位 | 数量 | 单价/元 | | | | 合价/元 | | | |
|---|---|---|---|---|---|---|---|---|---|---|---|
| | | | | 人工费 | 材料费 | 机械费 | 管理费和利润 | 人工费 | 材料费 | 机械费 | 管理费和利润 |
| | | | | | | | | | | | |
| | | | | | | | | | | | |
| 人工单价 | | | 小计 | | | | | | | | |
| 元/工日 | | | | | | | | | | | |
| 清单项目综合单价 | | | | | | | | | | | |

| 材料费明细 | 主要材料名称、规格、型号 | 单位 | 数量 | 单价/元 | 合价/元 |
|---|---|---|---|---|---|
| | | | | | |
| | | | | | |
| | | | | | |
| | | | | | |
| | 其他材料费 | | | — | |
| | 材料费小计 | | | — | |

注：1. 不使用本市或行业建设行政管理部门发布的计价依据，可不填定额项目、编号等。

2. 所有单价措施清单项目，均须编制电子文档形式综合单价分析表。

（12）最高投标限价其他项目清单汇总表，如表 3-9 所示。

表 3-9　最高投标限价其他项目清单汇总表

工程名称：　　　　　　　　　标段：　　　　　　　　　　　　　　　　第　页 共　页

| 序　号 | 项目名称 | 金额/元 | 备　注 |
|---|---|---|---|
| 1 | 暂列金额 | | 填写合计数（详见暂列金额明细表） |
| 2 | 暂估价 | | |
| 2.1 | 材料及工程设备暂估价 | — | 详见材料及工程设备暂估价表 |
| 2.2 | 专业工程暂估价 | | 填写合计数（详见专业工程暂估表） |
| 3 | 计日工 | — | 详见计日工表 |
| 4 | 总承包服务费 | | 填写合计数（详见总承包服务费计价表） |
| … | … | | |
| | 合计 | | |

注：材料及工程设备暂估价此处不汇总，材料及工程设备暂估价进入清单项目综合单价。

（13）最高投标限价暂列金额明细表,如表 3-10 所示。

**表 3-10  最高投标限价暂列金额明细表**

工程名称：                标段：                        第 页 共 页

| 序　号 | 项 目 名 称 | 计 量 单 位 | 暂定金额/元 | 备　注 |
|---|---|---|---|---|
| 1 | | | | |
| 2 | | | | |
| 3 | | | | |
| 4 | | | | |
| 5 | | | | |
| 6 | | | | |
| …… | …… | | | |
| | | | | |
| | | | | |
| 合计 | | | | — |

注:此表由招标人填写,在不能详列情况下,可只列暂列金额总额,投标人应将上述暂列金额计入投标总价中。

（14）最高投标限价材料及工程设备暂估价表,如表 3-11 所示。

**表 3-11  最高投标限价材料及工程设备暂估价表**

工程名称：                标段：                        第 页 共 页

| 序　号 | 项目清单编号 | 名　称 | 规格型号 | 单　位 | 数　量 | 拟发包(采购)方式 | 发包(采购)人 | 单价/元 | 合价/元 |
|---|---|---|---|---|---|---|---|---|---|
| | | | | | | | | | |
| | | | | | | | | | |
| | | | | | | | | | |
| | | | | | | | | | |
| | | | | | | | | | |
| | | | | | | | | | |
| | | | | | | | | | |
| | | | | | | | | | |

注:此表由招标人根据清单项目的拟用材料,按照表格要求填写,投标人应将上述材料及工程设备暂估单价计入工程量清单综合单价报价中。

（15）最高投标限价专业工程暂估价表，如表 3-12 所示。

**表 3-12  最高投标限价专业工程暂估价表**

工程名称：　　　　　　　　　　　标段：　　　　　　　　　　　　　　　　　　　第　页 共　页

| 序　号 | 项 目 名 称 | 拟发包(采购)方式 | 发包(采购)人 | 金额/元 |
|---|---|---|---|---|
|  |  |  |  |  |
|  |  |  |  |  |
|  |  |  |  |  |
|  |  |  |  |  |
|  |  |  |  |  |
|  |  |  |  |  |
|  |  |  |  |  |
| 合计 |  |  |  |  |

注：此表由招标人填写，投标人应将上述专业工程暂估价计入投标总价中。

（16）最高投标限价计日工表，如表 3-13 所示。

**表 3-13  最高投标限价计日工表**

工程名称：　　　　　　　　　　　标段：　　　　　　　　　　　　　　　　　　　第　页 共　页

| 编　号 | 项 目 名 称 | 单　位 | 数　量 | 综 合 单 价 | 合　价 |
|---|---|---|---|---|---|
| 一 | 人工 |  |  |  |  |
| 1 |  |  |  |  |  |
| 2 |  |  |  |  |  |
| 3 |  |  |  |  |  |
| … | … |  |  |  |  |
| 人工小计 |  |  |  |  |  |
| 二 | 材料 |  |  |  |  |
| 1 |  |  |  |  |  |
| 2 |  |  |  |  |  |
| 3 |  |  |  |  |  |
| … | … |  |  |  |  |
| 材料小计 |  |  |  |  |  |
| 三 | 施工机械 |  |  |  |  |  |
| 1 |  |  |  |  |  |
| 2 |  |  |  |  |  |
| 3 |  |  |  |  |  |
| … | … |  |  |  |  |
| 施工机械小计 |  |  |  |  |  |
| 总计 |  |  |  |  |  |

注：此表由编制人根据以往工程施工案例及工程实际情况填报，综合单价应考虑企业管理费、利润和规费因素。

（17）最高投标限价总承包服务费计价表，如表 3-14 所示。

**表 3-14  最高投标限价总承包服务费计价表**

工程名称：　　　　　　　　标段：　　　　　　　　　　　　　　　　第　页共　页

| 序　　号 | 项 目 名 称 | 项目价值/元 | 服 务 内 容 | 费率/(%) | 金额/元 |
|---|---|---|---|---|---|
| 1 | 发包人发包专业工程 | | | | |
| 2 | 发包人供应材料 | | | | |
| … | … | | | | |
| | | | | | |
| | | | | | |
| | | | | | |
| | | | | | |
| | | | | | |
| | | | | | |
| | | | | | |
| | | | | | |
| | | | | | |
| | | | | | |
| | | | | | |
| | | | | | |
| | | | | | |
| | | | | | |
| | | | | | |
| | | | | | |
| | | | | | |
| | | | | | |
| | 合计 | | | | |

注：此表由招标人填写，投标人应将上述专业工程暂估价计入投标总价中。

（18）最高投标限价规费、税金项目清单计价表，如表3-15所示。

**表 3-15 最高投标限价规费、税金项目清单计价表**

工程名称：　　　　　　　标段：　　　　　　　　　　　　　　第　页共　页

| 序　号 | 项目名称 | 计算基础 | 费率/(％) | 金额/元 |
|---|---|---|---|---|
| 1 | 规费 | | | |
| 1.1 | 社会保险费 | 以分部分项工程、单项措施和专业暂估价的人工费为基数，其中，专业暂估价中的人工费按专业暂估价的20％计算 | | |
| 1.1.1 | 管理人员部分 | 以分部分项工程、单项措施和专业暂估价的人工费为基数，其中，专业暂估价中的人工费按专业暂估价的20％计算 | | |
| 1.1.2 | 施工现场作业人员部分 | 以分部分项工程、单项措施和专业暂估价的人工费为基数，其中，专业暂估价中的人工费按专业暂估价的20％计算 | | |
| 1.2 | 住房公积金 | 以分部分项工程、单项措施和专业暂估价的人工费为基数，其中，专业暂估价中的人工费按专业暂估价的20％计算 | | |
| ... | ... | | | |
| 2 | 税金 | 以分部分项工程费、措施项目费、其他项目费、规费之和为基数 | | |
| | | | | |
| 合计 | | | | |

注：在计算税金时，应扣除按规定不计税的工程设备费用。

（19）最高投标限价主要人工、材料、机械及工程设备数量与计价一览表，如表3-16所示。

**表 3-16 最高投标限价主要人工、材料、机械及工程设备数量与计价一览表**

工程名称：　　　　　　　　　　　　　　　　　　　　　　页码：

| 序　号 | 项目编码 | 人工、材料、机械及工程设备名称 | 规格型号 | 单　位 | 数　量 | 金额/元 | |
|---|---|---|---|---|---|---|---|
| | | | | | | 单价 | 合价 |
| | | | | | | | |
| | | | | | | | |
| | | | | | | | |
| | | | | | | | |
| | | | | | | | |
| | | | | | | | |
| | | | | | | | |
| | | | | | | | |
| | | | | | | | |

# 任务 2　招标控制价的计算

## 一、分部分项工程费的计算

$$分部分项工程费 = \sum (分部分项工程量 \times 综合单价) \qquad (3-1)$$

招标控制价(最高投标限价)的分部分项工程费的编制要求如下:

(1)综合单价根据拟定的招标文件和招标工程量清单项目中的特征描述、工作内容及要求确定计算。

(2)综合单价应当包括拟定的招标文件中应由投标人所承担的风险范围及其费用。招标文件中没有明确的,如是工程造价咨询人编制,应提请招标人明确;如是招标人编制,应予明确。

(3)涉及招标工程量清单"材料及工程设备暂估价表"中列出的材料、工程设备,应将此类暂估价本身计入相应子目的综合单价;涉及发包人提供的材料和工程设备,应将该类材料和工程设备供应至现场指定位置的采购供应价本身,计入相应子目的综合单价,其中材料费、工程设备费和施工机具使用费不包含增值税可抵扣进项税额。同时,还应将上述材料和工程设备的安装所需要的辅助材料、安装损耗以及其他必要的辅助工作及其对应的企业管理费及利润计入相应子目的综合单价。

这里所说的综合单价(all-in unit rate),是指完成一个规定清单项目所需的人工费、材料和工程设备费、施工机具使用费和企业管理费、利润以及一定范围内的风险费用。

企业管理费和利润以分部分项工程、单项措施和专业暂估价的人工费为基数,乘以相应费率(见表 3-17)。其中,专业暂估价中的人工费按专业暂估价的 20% 计算。企业管理费中不包含增值税可抵扣进项税额。企业管理费中已包括城市维护建设税、教育费附加、地方教育附加和河道管理费等附加税。

表 3-17　各专业工程企业管理费和利润费率表

| 工　程　专　业 | | 计　算　基　数 | 费率/(%) |
|---|---|---|---|
| 房屋建筑与装饰工程 | | | 20.78～30.98 |
| 通用安装工程 | | | 32.33～36.20 |
| 市政工程 | 土建 | | 28.29～32.93 |
| | 安装 | | 32.33～36.20 |
| 城市轨道交通工程 | 土建 | 分部分项工程、单项措施和专业暂估价的人工费 | 28.29～32.93 |
| | 安装 | | 32.33～36.20 |
| 园林绿化工程 | 种植 | | 42.94～50.68 |
| | 养护 | | 33.30～41.04 |
| 仿古建筑工程(含小品) | | | 29.21～37.99 |
| 房屋修缮工程 | | | 23.16～34.20 |
| 民防工程 | | | 20.78～30.98 |
| 市政管网工程(给水、燃气管道工程) | | | 26.22～34.82 |

（4）综合单价项目应列明计价中所含人工费,综合单价的确定步骤和方法如下:

① 确定计算基础。计算基础主要包括消耗量的指标和生产要素的单价。应结合工程常规施工方案确定完成清单项目需要消耗的各种人工、材料、机械台班的数量。计算时可参照国家、地区、行业定额,并通过调整来确定清单项目的人工、材料、机械台班单位用量。各种人工、材料、机械台班的单价,则应根据询价的结果和市场行情综合确定。

② 分析每一清单项目的工程内容。根据招标文件提供的工程量清单中项目特征的描述,结合施工现场情况和施工方案确定清单项目的工程内容。可参照《房屋建筑与装饰工程工程量计算规范》中提供的工程内容,有些特殊的工程也可能发生规范列表之外的工程内容。

③ 计算工程内容的工程数量与清单单位的含量。每一项工程内容都应根据所选定额工程量计算规则计算其工程数量,当定额的工程量计算规则与清单的工程量计算规则相一致时,可直接以工程量清单中的工程量作为工程内容的工程数量。

当采用清单单位含量计算人工费、材料费、机械使用费时,还需要计算每一计量单位的清单项目所分摊的工程内容的工程数量,即清单单位含量。

$$\text{清单单位含量} = \frac{\text{某工程内容的定额工程量}}{\text{清单工程量}} \qquad (3\text{-}2)$$

④ 分部分项工程人工、材料、机械费用的计算。以完成每一计量单位的清单项目所需的人工、材料、机械用量为基础计算,即:

每一计量单位清单项目某种资源的使用量＝该种资源的定额单位用量×相应定额条目的清单单位含量 

$$\qquad (3\text{-}3)$$

再根据预先确定的各种生产要素的单位价格计算出每一计量单位清单项目的分部分项工程的人工费、材料费与机械使用费。

人工费＝完成单位清单项目所需人工的工日数量×每工日的人工日工资单价 $\qquad (3\text{-}4)$

材料费 $= \sum$ 完成单位清单项目所需各种材料、半成品的数量×各种材料、半成品单价 $\qquad (3\text{-}5)$

机械使用费 $= \sum$ 完成单位清单项目所需各种机械的台班数量×各种机械的台班单价 $\qquad (3\text{-}6)$

当招标人提供的其他项目清单中列示了材料暂估价时,应根据招标提供的价格计算材料费,并在分部分项工程量清单与计价表中表现出来。

⑤ 计算综合单价。企业管理费和利润的计算根据上海市相关文件规定,应按照以人工费为基数的一定费率取费计算。

企业管理费和利润＝人工费×管理费率和利润率 $\qquad (3\text{-}7)$

将人工费、材料费、施工机具使用费、企业管理费和利润五项费用汇总,并考虑合理的风险费用后,即可得到分部分项工程量清单的综合单价。

根据计算出的综合单价,可编制分部分项工程量清单与计价分析表,以及综合单价分析表。

## 二、措施项目费的计算

《建设工程工程量清单计价规范》GB 50500—2013 中,将措施项目分为总价措施项目(整体措施项目)和单价措施项目(单项措施项目)两部分,即应分别计算总价措施项目费和单价措施项目费。其中单价措施项目费的计算方法同分部分项工程费的计算方法,即:

$$单价措施项目费 = \sum（单价措施项目工程量 × 综合单价） \qquad (3-8)$$

其中综合单价的计算方法同分部分项工程费中的综合单价的计算方法，不再赘述。

总价措施项目包括：安全文明施工费（安全防护、文明施工费），夜间施工费，非夜间施工照明费，二次搬运费，冬雨季施工，地上、地下设施，建筑物的临时保护设施，已完工程及设备保护等。

总价措施项目中的安全文明施工费（安全防护、文明施工费）按照原上海市城乡建设和交通委员会《关于印发〈上海市建设工程安全防护、文明施工措施费用管理暂行规定〉的通知》（沪建交〔2006〕445号）①规定施行。市政管网工程参照排水管道工程；房屋修缮工程参照民用建筑（居住建筑多层）；园林绿化工程参照民防工程（15 000 m² 以上）；仿古建筑工程参照民用建筑（居住建筑多层）。

总价措施项目中除了安全文明施工费之外的其他总价措施项目，以分部分项工程费为基数，乘以相应费率（见表3-18）。主要包括：夜间施工，非夜间施工照明，二次搬运，冬雨季施工，地上、地下设施及建筑物的临时保护设施（施工场地内）和已完工程及设备保护等内容。其他措施项目费中不包含增值税可抵扣进项税额。

表 3-18  各专业工程其他措施项目费费率表

| 工 程 专 业 | | 计 算 基 数 | 费率/（%） |
|---|---|---|---|
| 房屋建筑与装饰工程 | | | 1.50～2.37 |
| 通用安装工程 | | | 1.50～2.37 |
| 市政工程 | 土建 | | 1.50～3.75 |
| | 安装 | | |
| 城市轨道交通工程 | 土建 | | 1.40～2.80 |
| | 安装 | | |
| 园林绿化工程 | 种植 | 分部分项工程费 | 1.49～2.37 |
| | 养护 | | — |
| 仿古建筑工程（含小品） | | | 1.49～2.37 |
| 房屋修缮工程 | | | 1.50～2.37 |
| 民防工程 | | | 1.50～2.37 |
| 市政管网工程（给水、燃气管道工程） | | | 1.50～3.75 |

## 三、其他项目费的计算

其他项目费应包括：暂列金额、暂估价、计日工和总承包服务费，应按照下列规定进行计价：

（1）暂列金额应按招标工程量清单中列出的金额填写；

（2）暂估价中的材料、工程设备单价应按招标工程量清单中列出的单价计入综合单价；

（3）暂估价中的专业工程金额应按招标工程量清单中列出的金额填写；

（4）计日工应按招标工程量清单中列出的项目根据工程特点和有关计价依据确定综合单价

---

① 《关于印发〈上海市建设工程安全防护、文明施工措施费用管理暂行规定〉的通知》（沪建交〔2006〕445号）文件参考本书的附录A。

计算;

（5）总承包服务费应根据招标工程量清单列出的内容和要求估算,根据总承包管理和协调工作的不同,计算费率可参考以下标准:

① 招标人仅要求对分包的专业工程进行总承包管理和协调时,按分包的专业工程估算造价的1.5%计算;

② 招标人要求对分包的专业工程进行总承包管理和协调,并同时要求提供配合服务时,根据招标文件列出的配合服务内容和提出的要求,按分包的专业工程估算造价的3%～5%计算;

③ 招标人自行供应材料的,按招标人供应材料价值的1%计算。

## 四、规费的计算

按照上海市相关文件的规定,规费包含社会保险费和住房公积金两项内容,原工程排污费按上海市相关规定应计入建设工程材料价格信息发布的水费价格内。社会保险费和住房公积金应符合上海市现行规定的要求。

社会保险费（包括养老保险费、失业保险费、医疗保险费、生育保险费、工伤保险费）,应以分部分项工程、单项措施和专业暂估价的人工费之和为基数,其中,专业暂估价中的人工费按专业暂估价的20%计算。

招标人在工程量清单招标文件规费项目中列支社会保险费,社会保险费包括管理人员和生产工人的社会保险费,管理人员和生产工人社会保险费取费费率固定统一,社会保险费费率如表3-19所示。

表3-19  社会保险费费率表

| 工程类别 | | 计算基础 | 计算费率 | | |
|---|---|---|---|---|---|
| | | | 管理人员 | 施工现场作业人员 | 合　计 |
| 房屋建筑与装饰工程 | | 分部分项工程、单项措施和专业暂估价的人工费 | 5.21% | 32.04% | 37.25% |
| 通用安装工程 | | | | 32.04% | 37.25% |
| 市政工程 | 土建 | | | 34.33% | 39.54% |
| | 安装 | | | 32.04% | 37.25% |
| 城市轨道交通工程 | 土建 | | | 34.33% | 39.54% |
| | 安装 | | | 32.04% | 37.25% |
| 园林绿化工程 | 种植 | | | 33.00% | 38.21% |
| 仿古建筑工程（含小品） | | | | 32.04% | 37.25% |
| 房屋修缮工程 | | | | 32.04% | 37.25% |
| 民防工程 | | | | 32.04% | 37.25% |
| 市政管网工程（给水、燃气管道工程） | | | | 33.59% | 38.80% |
| 市政养护 | 土建 | | | 36.07% | 41.28% |
| | 机电设备 | | | 34.72% | 39.93% |
| 绿地养护 | | | | 36.07% | 41.28% |

住房公积金以分部分项工程、单项措施和专业暂估价的人工费为基数,乘以相应费率（见表3-20）。其中,专业暂估价中的人工费按专业暂估价的20%计算。

表 3-20　住房公积金费率表

| 工 程 类 别 | | 计 算 基 数 | 费　率 |
|---|---|---|---|
| 房屋建筑与装饰工程 | | 分部分项工程、单项措施和专业暂估价的人工费 | 1.96％ |
| 通用安装工程 | | | 1.59％ |
| 市政工程 | 土建 | | 1.96％ |
| | 安装 | | 1.59％ |
| 城市轨道交通工程 | 土建 | | 1.96％ |
| | 安装 | | 1.59％ |
| 园林绿化工程 | 种植 | | 1.59％ |
| 仿古建筑工程(含小品) | | | 1.81％ |
| 房屋修缮工程 | | | 1.32％ |
| 民防工程 | | | 1.96％ |
| 市政管网工程(给水、燃气管道工程) | | | 1.68％ |
| 市政养护 | 土建 | | 1.96％ |
| | 机电设备 | | 1.59％ |
| 绿地养护 | | | 1.59％ |

## 五、税金(增值税)的计算

增值税即为当期销项税额,当期销项税额＝税前工程造价×增值税税率,增值税税率为 11％。

# 投标报价的编制

## 任务 1  投标报价的一般规定

投标报价是在工程招标发包过程中,由投标人按照招标文件的要求,根据工程特点,并结合自身的施工技术、装备和管理水平,依据有关计价规定自主确定的工程造价,是投标人希望达成工程承包交易的期望价格,它不能高于招标人设定的招标控制价。作为投标计算的必要条件,应预先确定施工方案和施工进度,此外,投标计算还必须与采用的合同形式相协调。报价是投标的关键性工作,报价是否合理直接关系到投标的成败。

### 一、投标报价的相关概念

投标报价(tender sum)是指投标人投标时响应招标文件要求所报出的对已标价工程量清单汇总后标明的总价。投标报价的编制内容同样包括分部分项工程费、措施项目费、其他项目费、规费和税金。

(1) 投标价应由投标人或受其委托具有相应资质的工程造价咨询人编制。

(2) 投标人应依据相关规定自主确定投标报价,但不得违反上海市建设工程工程量清单计价应用规则的强制性条文规定。

(3) 投标报价不得低于工程成本。

(4) 投标人必须按招标工程量清单填报价格。项目编码、项目名称、项目特征、计量单位、工程量必须与招标工程量清单一致。

(5) 投标人的投标报价高于招标控制价(最高投标限价)的应否决其投标。

### 二、投标报价的编制规定

投标报价同招标控制价一样,也由分部分项工程费、措施项目费、其他项目费、规费、税金组成。

投标报价要以招标文件中设定的承发包双方责任划分,作为考虑投标报价费用项目和费用计算的基础,承发包双方的责任划分不同,会导致合同风险不同的分摊,从而导致投标人选择不同的报价;根据工程承发包模式考虑投标报价的费用内容和计算深度。以施工方案、技术措施等作为投标报价计算的基本条件,以反映企业技术和管理水平的企业定额作为计算人工、材料和机械台班消耗量的基本依据,充分利用现场考察、调研成果、市场价格信息和行情资料,编制基础标价,报价计算方法要科学严谨、简明适用。

## 三、投标报价的编制依据

（1）国家或上海市建设或其他行业主管部门颁发的计价办法；

（2）企业定额，国家、行业或上海市建设行政管理部门颁发的工程定额和计价办法；

（3）招标文件、招标工程量清单及其补充通知、答疑纪要；

（4）建设工程设计文件及相关资料；

（5）施工现场情况、工程特点及投标时拟定的施工组织设计或施工方案；

（6）与建设项目相关的标准、规范等技术资料；

（7）市场价格信息或上海市住房和城乡建设管理委员会建设工程造价信息平台所公布的建设工程造价信息；

（8）上海市建设工程工程量清单计价应用规则；

（9）其他的相关资料。

其中企业定额（corporate rate）是指施工企业根据本企业的施工技术、机械装备和管理水平而编制的人工、材料和施工机械台班等的消耗标准。

## 四、投标报价的表格形式

（1）封面，如图 4-1 所示。

<br>

# （工程名称）

<br>

# 投标报价

<br><br>

（投标人）

（施工企业名称）

年　月　日

**图 4-1　封面**

（2）扉页，如图4-2所示。

工程报建号：

# 投标总价

招　标　人：_____

工　程　名　称：_____

投标总价（小写）：_____

　　　　（大写）：_____

投　标　人：_____

（单位盖章）

法定代表人

或其授权人：_____

（签字或盖章）

编　制　人：_____

（造价人员签字盖专用章）

编　制　时　间：　　　　　　　年　月　日

图4-2　扉页

（3）总说明，如图4-3所示。

# 投标报价总说明

工程名称：                                              第　页共　页

图 4-3　总说明

（4）投标报价汇总表，如表4-1所示。

表 4-1  投标报价汇总表

工程名称：　　　　　　　　标段：　　　　　　　　　　　　　　　　第　页共　页

| 序　号 | 汇总内容 | 金额/元 | 其中：材料暂估价/元 |
|---|---|---|---|
| 1 | 单体工程分部分项报价汇总 | | |
| 1.1 | | | |
| 1.2 | | | |
| 1.3 | | | |
| 1.4 | | | |
| … | … | | |
| 2 | 措施项目费 | | |
| 2.1 | 整体措施费（总价措施费） | | |
| 2.1.1 | 安全防护、文明施工费 | | |
| 2.1.2 | 其他措施项目费 | | |
| 2.2 | 单项措施费（单价措施费） | | |
| 3 | 其他项目费 | | |
| 3.1 | 暂列金额 | | |
| 3.2 | 专业工程暂估价 | | |
| 3.3 | 计日工 | | |
| 3.4 | 总承包服务费 | | |
| … | … | | |
| 4 | 规费 | | |
| 5 | 税金 | | |
| | 合计＝1＋2＋3＋4＋5 | | |

（5）投标报价分部分项工程费清单汇总表，如表4-2所示。

表 4-2  投标报价分部分项工程费清单汇总表

工程名称：　　　　　　　　　　　　　　　　　　　　　　　　　页码：

单体工程名称：

| 序　号 | 分部工程名称 | 金额/元 | 其中：材料及工程设备暂估价/元 |
|---|---|---|---|
| | | | |
| | | | |
| | | | |
| | | | |
| | | | |
| | | | |
| | | | |
| | 合计 | | |

注：群体工程应以单体工程为单位，分别汇总，并填写单体工程名称。

（6）投标报价分部分项工程量清单与计价表，如表 4-3 所示。

**表 4-3　投标报价分部分项工程量清单与计价表**

工程名称：　　　　　　　　　　　　　　　　　　　　　　　　　　页码：

单体工程名称：　　　　　　　　　标段：　　　　　　　　　　　第　页 共　页

| 序号 | 项目编码 | 项目名称 | 项目特征描述 | 工程内容 | 计量单位 | 工程量 | 金额/元 | | | | 备注 |
| | | | | | | | 综合单价 | 合价 | 其中 | | |
| | | | | | | | | | 人工费 | 材料及工程设备暂估价 | |
| | | | | | | | | | | | |
| | | | | | | | | | | | |
| | | | | | | | | | | | |
| | | | | | | | | | | | |
| | | | | | | | | | | | |
| | | | | | | | | | | | |
| | | | | | | | | | | | |
| | | | | | | | | | | | |
| | | | | | | | | | | | |
| | | | | | | | | | | | |
| | 本页小计 | | | | | | | | | | |
| | 合计 | | | | | | | | | | |

注：按照规费计算要求，须在表中填写人工费，招标人需以书面形式打印综合单价分析表的，请在备注栏内打√。

（7）投标报价分部分项工程量清单综合单价分析表，如表 4-4 所示。

**表 4-4　投标报价分部分项工程量清单综合单价分析表**

工程名称：　　　　　　　　　　　　　　　　　　　　　　　　　　　　　　　页码：

单体工程名称：　　　　　　　　　　标段：　　　　　　　　　　　　　　　　第　页共　页

| 项目编码 | | 项目名称 | | 工程数量 | | 计量单位 | |
|---|---|---|---|---|---|---|---|
| 清单综合单价组成明细 | | | | | | | |

| 定额编号 | 定额名称 | 定额单位 | 数量 | 单价/元 | | | | 合价/元 | | | |
|---|---|---|---|---|---|---|---|---|---|---|---|
| | | | | 人工费 | 材料费 | 机械费 | 管理费和利润 | 人工费 | 材料费 | 机械费 | 管理费和利润 |
| | | | | | | | | | | | |
| | | | | | | | | | | | |
| 人工单价 | | | 小计 | | | | | | | | |
| 元/工日 | | | 未计价材料费 | | | | | | | | |
| 清单项目综合单价 | | | | | | | | | | | |

| 材料费明细 | 主要材料名称、规格、型号 | 单位 | 数量 | 单价/元 | 合价/元 | 暂估单价/元 | 暂估合价/元 |
|---|---|---|---|---|---|---|---|
| | | | | | | | |
| | | | | | | | |
| | | | | | | | |
| | 其他材料费 | | | — | | — | |
| | 材料费小计 | | | — | | — | |

注：1. 不使用本市或行业建设行政管理部门发布的计价依据，可不填定额项目、编号等。

　　2. 招标文件提供了暂估单价的材料及工程设备，按暂估的单价填入表内"暂估单价"栏及"暂估合价"栏。

　　3. 所有分部分项工程量清单项目，均须编制电子文档形式综合单价分析表。

（8）投标报价措施项目清单汇总表，如表 4-5 所示。

**表 4-5　投标报价措施项目清单汇总表**

工程名称：　　　　　　　　　　标段：　　　　　　　　　　　　　　　　第　页共　页

| 序　号 | 项 目 名 称 | 金额/元 |
|---|---|---|
| 1 | 整体措施项目（总价措施费） | |
| 1.1 | 安全防护、文明施工费 | |
| 1.2 | 其他措施项目费 | |
| 2 | 单项措施费（单价措施费） | |
| 合计 | | |

（9）投标报价安全防护、文明施工清单与计价明细表，如表 4-6 所示。

表 4-6　投标报价安全防护、文明施工清单与计价明细表

工程名称：　　　　　　　　　标段：　　　　　　　　　　　　　　　　　第　页共　页

| 序号 | 项目编码 | 名称 | 计量单位 | 项目名称 | 工作内容及包含范围 | 金额/元 |
|---|---|---|---|---|---|---|
| | | 环境保护 | | | | |
| | | | | | | |
| | | | | | | |
| | | 文明施工 | | | | |
| | | | | | | |
| | | | | | | |
| | | | | | | |
| | | | | | | |
| | | | | | | |
| | | | | | | |
| | | | 项 | | | |
| | | 临时设施 | | | | |
| | | | | | | |
| | | | | | | |
| | | | | | | |
| | | | | | | |
| | | 安全施工 | | | | |
| | | | | | | |
| | | | | | | |
| | | | | | | |
| 合计 | | | | | | |

（10）投标报价其他措施项目清单与计价表，如表 4-7 所示。

**表 4-7　投标报价其他措施项目清单与计价表**

工程名称：

单体工程名称：　　　　　　　　　标段：

页码：

第　页共　页

| 序　号 | 项 目 编 码 | 项 目 名 称 | 工作内容、说明及包含范围 | 金额/元 |
|---|---|---|---|---|
| 1 | | 夜间施工费 | | |
| 2 | | 非夜间施工照明费 | | |
| 3 | | 二次搬运费 | | |
| 4 | | 冬雨季施工 | | |
| 5 | | 地上、地下设施、建筑物的临时保护设施 | | |
| 6 | | 已完工程及设备保护 | | |
| … | … | | | |
| | | 合计 | | |

注：措施项目费用应考虑企业管理费、利润和规费因素。

（11）投标报价单价措施项目清单与计价表，如表 4-8 所示。

**表 4-8　投标报价单价措施项目清单与计价表**

工程名称：　　　　　　　　　标段：　　　　　　　　　第　页共　页

| 序号 | 项目编码 | 项目名称 | 项目特征描述 | 工程内容 | 计量单位 | 工程量 | 金额/元 | | 备注 |
|---|---|---|---|---|---|---|---|---|---|
| | | | | | | | 综合单价 | 合价 | |
| | | | | | | | | | |
| | | | | | | | | | |
| | | | | | | | | | |
| | | | | | | | | | |
| | | | | | | | | | |
| | | | | | | | | | |
| | | | | | | | | | |
| | | | | | | | | | |
| | | | | | | | | | |
| | | | | | | | | | |
| | | | | | | | | | |
| | | | | | | | | | |
| | | | | | | | | | |
| | | | | | | | | | |
| | | | | | 本页小计 | | | | |
| | | | | | 合计 | | | | |

注：招标人需以书面形式打印综合单价分析表的，请在备注栏内打√。

（12）投标报价单价措施项目综合单价分析表，如表4-9所示。

**表4-9 投标报价单价措施项目综合单价分析表**

工程名称：　　　　　　　　　　　　　　　　　　　　　　　　页码：

单体工程名称：　　　　　　　　标段：　　　　　　　　　　第　页共　页

| 项目编码 | | 项目名称 | | 工程数量 | | 计量单位 | |
|---|---|---|---|---|---|---|---|

清单综合单价组成明细

| 定额编号 | 定额名称 | 定额单位 | 数量 | 单价/元 | | | | 合价/元 | | | |
|---|---|---|---|---|---|---|---|---|---|---|---|
| | | | | 人工费 | 材料费 | 机械费 | 管理费和利润 | 人工费 | 材料费 | 机械费 | 管理费和利润 |
| | | | | | | | | | | | |
| | | | | | | | | | | | |
| 人工单价 | | 小计 | | | | | | | | | |
| 元/工日 | | | | | | | | | | | |
| 清单项目综合单价 | | | | | | | | | | | |

| 材料费明细 | 主要材料名称、规格、型号 | 单位 | 数量 | 单价/元 | 合价/元 |
|---|---|---|---|---|---|
| | | | | | |
| | | | | | |
| | | | | | |
| | 其他材料费 | | | — | |
| | 材料费小计 | | | — | |

注：1. 不使用本市或行业建设行政管理部门发布的计价依据，可不填定额项目、编号等。

　　2. 所有单价措施清单项目，均须编制电子文档形式综合单价分析表。

（13）投标报价其他项目清单汇总表，如表4-10所示。

**表4-10 投标报价其他项目清单汇总表**

工程名称：　　　　　　　　标段：　　　　　　　　　　　　　　第　页共　页

| 序　号 | 项目名称 | 金额/元 | 备　注 |
|---|---|---|---|
| 1 | 暂列金额 | | 填写合计数（详见暂列金额明细表） |
| 2 | 暂估价 | | |
| 2.1 | 材料及工程设备暂估价 | — | 详见材料及工程设备暂估价表 |
| 2.2 | 专业工程暂估价 | | 填写合计数（详见专业工程暂估价表） |
| 3 | 计日工 | — | 详见计日工表 |
| 4 | 总承包服务费 | | 填写合计数（详见总承包服务费计价表） |
| … | … | | |
| | 合计 | | |

注：材料及工程设备暂估价此处不汇总，材料及工程设备暂估价进入清单项目综合单价。

（14）投标报价暂列金额明细表，如表 4-11 所示。

**表 4-11　投标报价暂列金额明细表**

工程名称：　　　　　　　　　　标段：　　　　　　　　　　　　　　　　第　页共　页

| 序　　号 | 项 目 名 称 | 计 量 单 位 | 暂定金额/元 | 备　　注 |
|---|---|---|---|---|
| 1 | | | | |
| 2 | | | | |
| 3 | | | | |
| 4 | | | | |
| 5 | | | | |
| 6 | | | | |
| … | … | | | |
| | | | | |
| | | | | |
| | | | | |
| 合计 | | | | — |

注：此表由招标人填写，在不能详列情况下，可只列暂列金额总额，投标人应将上述暂列金额计入投标总价中。

（15）投标报价材料及工程设备暂估价表，如表 4-12 所示。

**表 4-12　投标报价材料及工程设备暂估价表**

工程名称：　　　　　　　　　　标段：　　　　　　　　　　　　　　　　第　页共　页

| 序号 | 项目清单编号 | 名称 | 规格型号 | 单位 | 数量 | 拟发包（采购）方式 | 发包（采购）人 | 单价/元 | 合价/元 |
|---|---|---|---|---|---|---|---|---|---|
| | | | | | | | | | |
| | | | | | | | | | |
| | | | | | | | | | |
| | | | | | | | | | |
| | | | | | | | | | |
| | | | | | | | | | |
| | | | | | | | | | |
| | | | | | | | | | |

注：此表由招标人根据清单项目的拟用材料，按照表格要求填写，投标人应将上述材料及工程设备暂估单价计入工程量清单综合单价报价中。

（16）投标报价专业工程暂估价表，如表 4-13 所示。

### 表 4-13　投标报价专业工程暂估价表

工程名称：　　　　　　　　标段：　　　　　　　　　　　　　　　　　　　第　页　共　页

| 序　号 | 项 目 名 称 | 拟发包(采购)方式 | 发包(采购)人 | 金额/元 |
|---|---|---|---|---|
|  |  |  |  |  |
|  |  |  |  |  |
|  |  |  |  |  |
|  |  |  |  |  |
|  |  |  |  |  |
|  |  |  |  |  |
| 合计 |  |  |  |  |

注：此表由招标人填写，投标人应将上述专业工程暂估价计入投标总价中。

（17）投标报价计日工表，如表 4-14 所示。

### 表 4-14　投标报价计日工表

工程名称：　　　　　　　　标段：　　　　　　　　　　　　　　　　　　　第　页　共　页

| 编　号 | 项 目 名 称 | 单　位 | 数　量 | 综 合 单 价 | 合　价 |
|---|---|---|---|---|---|
| 一 | 人工 |  |  |  |  |
| 1 |  |  |  |  |  |
| 2 |  |  |  |  |  |
| 3 |  |  |  |  |  |
| … | … |  |  |  |  |
| 人工小计 |  |  |  |  |  |
| 二 | 材料 |  |  |  |  |
| 1 |  |  |  |  |  |
| 2 |  |  |  |  |  |
| 3 |  |  |  |  |  |
| … | … |  |  |  |  |
| 材料小计 |  |  |  |  |  |
| 三 | 施工机械 |  |  |  |  |  |
| 1 |  |  |  |  |  |
| 2 |  |  |  |  |  |
| 3 |  |  |  |  |  |
| … | … |  |  |  |  |
| 施工机械小计 |  |  |  |  |  |
| 总计 |  |  |  |  |  |

注：此表由投标人根据以往工程施工案例及工程实际情况填报，综合单价应考虑企业管理费、利润和规费因素。

（18）投标报价总承包服务费计价表，如表 4-15 所示。

**表 4-15　投标报价总承包服务费计价表**

工程名称：　　　　　　　　　标段：　　　　　　　　　第　页　共　页

| 序　号 | 工　程　名　称 | 项目价值/元 | 服　务　内　容 | 费率/(%) | 金额/元 |
|---|---|---|---|---|---|
| 1 | 发包人发包专业工程 | | | | |
| 2 | 发包人供应材料 | | | | |
| … | … | | | | |
| | | | | | |
| | | | | | |
| | | | | | |
| | | | | | |
| | | | | | |
| | | | | | |
| 合计 | | | | | |

（19）投标报价规费、税金项目清单计价表，如表 4-16 所示。

**表 4-16　投标报价规费、税金项目清单计价表**

工程名称：　　　　　　　　标段：　　　　　　　　　第　页　共　页

| 序　号 | 项　目　名　称 | 计　算　基　础 | 费率/(%) | 金额/元 |
|---|---|---|---|---|
| 1 | 规费 | | | |
| 1.1 | 社会保险费 | 以人工费为基数 | | |
| 1.1.1 | 管理人员部分 | 以人工费为基数 | | |
| 1.1.2 | 施工现场作业人员部分 | 以人工费为基数 | | |
| 1.2 | 住房公积金 | 以人工费为基数 | | |
| … | … | | | |
| 2 | 税金 | 以分部分项工程费、措施项目费、其他项目费、规费之和为基数 | | |
| | | | | |
| 合计 | | | | |

注：在计算税金时，应扣除按规定不计税的工程设备费用。

（20）投标报价主要人工、材料、机械及工程设备数量与计价一览表，如表 4-17 所示。

**表 4-17　投标报价主要人工、材料、机械及工程设备数量与计价一览表**

工程名称：　　　　　　　　　　　　　　　　　　　　　　　　　页码：

| 序　　号 | 项 目 编 码 | 人工、材料、机械及工程设备名称 | 规 格 型 号 | 单　　位 | 数　　量 | 金额/元 | |
| --- | --- | --- | --- | --- | --- | --- | --- |
| | | | | | | 单价 | 合价 |
| | | | | | | | |
| | | | | | | | |
| | | | | | | | |
| | | | | | | | |
| | | | | | | | |
| | | | | | | | |
| | | | | | | | |
| | | | | | | | |
| | | | | | | | |
| | | | | | | | |

# 任务 2　投标报价的计算

投标报价的编制内容同样包括分部分项工程费、措施项目费、其他项目费、规费和税金。

## 一、分部分项工程费的计算

$$分部分项工程费 = \sum（分部分项工程量 \times 综合单价）$$

式中，综合单价的计算方法与招标控制价的编制中分部分项工程费用计算式中综合单价的计算方法相同，在此不再赘述。但是应注意以下问题：

（1）综合单价中应包括招标文件中划分的应由投标人承担的风险范围及其费用，招标文件中没有明确的，应提请招标人明确。

（2）分部分项工程项目，应根据招标文件和招标工程量清单项目中的特征描述和工作内容确定综合单价计算。主要分部分项项目，投标报价必须按照招标文件的要求给出详细的综合单价分析，且组价内容必须包括完整的项目工作内容。

## 二、措施项目费的计算

（1）总价措施项目费的计算。措施项目中的总价措施项目金额应根据招标文件及投标时拟定的施工组织设计或施工方案，按上海市建设工程工程量清单计价应用规则的规定自主确定。

其中安全防护、文明施工费应以分部分项工程费为基数,费率应符合《上海市建设工程安全防护、文明施工措施费用管理暂行规定》。

(2)单价措施项目费的计算。措施项目中单价项目的费用计算同分部分项工程项目费用的计算方法,即应根据招标文件和招标工程量清单项目中的特征描述和工作内容确定综合单价计算,综合单价的计算方法不再赘述。

$$单价措施项目费 = \sum(单价措施项目工程量 \times 综合单价)$$

## 三、其他项目费的计算

其他项目费包括暂列金额、暂估价、计日工和总承包服务费等,其中暂估价分为材料工程设备暂估价和专业工程暂估价。其他项目报价应按下列原则确定:

(1)暂列金额应按招标工程量清单中列出的金额填写;

(2)材料、工程设备暂估单价应按招标工程量清单中列出的单价计入综合单价;

(3)专业工程暂估价应直接按招标工程量清单中列出的金额填写;

(4)计日工应按招标工程量清单中列出的项目和数量,自主确定综合单价并计算计日工金额;

(5)总承包服务费应根据招标工程量清单中列出的内容和提出的要求自主确定。

## 四、规费和税金的计算

规费和税金必须按照国家或省级、行业建设主管部门的规定计算,不得作为竞争性费用。

(1)规费的计算。社会保险费包括管理人员和生产工人的社会保险费,投标人在投标时分别填报管理人员和生产工人的社会保险费金额,两项合计后列入评标总价参与评标,社会保险费的计算以人工费为基数,乘以相应的费率。

住房公积金的计算以人工费为基数,乘以相应的费率,上海市公积金的费率如表 4-18 所示。

表 4-18　住房公积金费率表

| 工程类别 | | 计算基数 | 费率 |
|---|---|---|---|
| 房屋建筑与装饰工程 | | | 1.96% |
| 通用安装工程 | | | 1.59% |
| 市政工程 | 土建 | | 1.96% |
| | 安装 | | 1.59% |
| 城市轨道交通工程 | 土建 | | 1.96% |
| | 安装 | | 1.59% |
| 园林绿化工程 | 种植 | 人工费 | 1.59% |
| 仿古建筑工程(含小品) | | | 1.81% |
| 房屋修缮工程 | | | 1.32% |
| 民防工程 | | | 1.96% |
| 市政管网工程(给水、燃气管道工程) | | | 1.68% |
| 市政养护 | 土建 | | 1.96% |
| | 机电设备 | | 1.59% |
| 绿地养护 | | | 1.59% |

（2）税金的计算。增值税即为当期销项税额，当期销项税额＝税前工程造价×增值税税率，增值税税率为11％。

## 五、投标报价的注意事项

招标工程量清单与计价表中列明的所有需要填写单价和合价的项目，投标人均应填写且只允许有一个报价。未填写单价和合价的项目，可视为此项费用已包含在已标价工程量清单的其他项目的单价和合价之中。竣工结算时，此项目不得重新组价予以调整。

投标报价应当与分部分项工程费、措施项目费、其他项目费和规费、税金的合计金额一致。

# 建设工程合同价款管理

## 一、合同价款约定

### （一）一般规定

（1）实行招标发包的建设工程，其承发包合同的工程内容、合同价款及计价方式、合同工期、工程质量标准、项目负责人等主要条款应当与招标文件和中标人的投标文件的内容一致。

（2）不实行招标的工程合同价款，应在发承包双方认可的工程价款基础上，由发承包双方在合同中约定。

（3）实行工程量清单计价的工程，应采用单价合同；建设规模较小，技术难度较低，工期较短，且施工图设计已审查批准的建设工程可采用总价合同；紧急抢险、救灾以及施工技术特别复杂的建设工程可采用成本加酬金合同。

### （二）约定内容

发承包双方应在合同条款中对下列事项进行约定：①预付工程款的数额、支付时间及抵扣方式；②安全文明施工措施费的支付计划、使用要求等；③工程计量与支付工程进度款的方式、数额及时间；④工程价款的调整因素、方法、程序、支付及时间；⑤施工索赔与现场签证的程序、金额确认与支付时间；⑥承担计价风险的内容、范围以及超出约定内容、范围的调整办法；⑦工程竣工价款结算编制与核对、支付及时间；⑧工程质量保证金的数额、预留方式及时间；⑨违约责任以及发生合同价款争议的解决方法及时间；⑩与履行合同、支付价款有关的其他事项等。

合同中没有按照上述要求约定或约定不明的，若发承包双方在合同履行中发生争议，由双方协商确定；当协商不能达成一致时，应按《建设工程工程量清单计价规范》GB 50500—2013 的规定，及上海市建设工程工程量清单计价应用规则的规定执行。

## 二、工程计量

工程计量是指发承包双方根据合同约定，对承包人完成合同工程的数量进行的计算和确认。

### （一）一般规定

（1）工程量必须按照相关工程现行国家计量规范规定的工程量计算规则计算。

（2）工程计量可选择按月或按工程形象进度分段计量，具体计量周期应在合同中约定。

（3）因承包人原因造成的超出合同工程范围施工或返工的工程量，发包人不予计量。如果发包人同意施工的,应当予以计量。

（4）成本加酬金合同应按单价合同计量的规定计量。

（5）没有相关工程国家计量规范,应当按照上海市各专业工程计量规则(含上海市建设工程工程量清单计价应用规则补充计量规则)进行计量。

### （二）单价合同的计量

（1）工程量必须以承包人完成合同工程应予计量的工程量确定。

（2）施工中进行工程计量,当发现招标工程量清单中出现缺项、工程量偏差,或因工程变更引起工程量增减时,应按承包人在履行合同义务中完成的工程量计算。

（3）发承包双方应参照下列条款在合同中进行约定:

① 承包人应当按照合同约定的计量周期和时间向发包人提交当期已完工程量报告。发包人应在收到报告后 7 天内核实,并将核实计量结果通知承包人。发包人未在约定时间内进行核实的,承包人提交的计量报告中所列的工程量应视为承包人实际完成的工程量。

② 发包人认为需要进行现场计量核实时,应在计量前 24 小时通知承包人,承包人应为计量提供便利条件并派人参加。当双方均同意核实结果时,双方应在上述记录上签字确认。承包人收到通知后不派人参加计量,视为认可发包人的计量核实结果。发包人不按照约定时间通知承包人,致使承包人未能派人参加计量,计量核实结果无效。

③ 当承包人认为发包人核实后的计量结果有误时,应在收到计量结果通知后的 7 天内向发包人提出书面意见,并应附上其认为正确的计量结果和详细的计算资料。发包人收到书面意见后,应在 7 天内对承包人的计量结果进行复核后通知承包人。承包人对复核计量结果仍有异议的,按照合同约定的争议解决办法处理。

④ 承包人完成已标价工程量清单中每个项目的工程量并经发包人核实无误后,发承包双方应对每个项目的历次计量报表进行汇总,以核实最终结算工程量,并应在汇总表上签字确认。

### （三）总价合同的计量

（1）采用工程量清单方式招标形成的总价合同,其工程量应按照上述单价合同计量的规定计算。

（2）采用经审定批准的施工图设计文件及其预算方式发包形成的总价合同,除按照工程变更规定的工程量增减外,总价合同各项目的工程量应为承包人用于结算的最终工程量。

（3）总价合同约定的项目计量应以合同工程经审定批准的施工图设计文件为依据,发承包双方应在合同中约定工程计量的形象目标或时间节点进行计量。

（4）发承包双方应参照下列条款在合同中进行约定:

① 承包人应在合同约定的每个计量周期内对已完成的工程进行计量,并向发包人提交达到工程形象目标完成的工程量和有关计量资料的报告。

② 发包人应在收到报告后 7 天内对承包人提交的上述资料进行复核,以确定实际完成的工程量和工程形象目标。对其有异议的,应通知承包人进行共同复核。

## 三、合同价款调整

合同价款调整是指在合同价款调整因素出现后,发承包双方根据合同约定,对合同价款进行变动的提出、计算和确认。

## （一）一般规定

（1）下列事项（但不限于）发生，发承包双方应当按照合同约定调整合同价款：①法律法规变化；②工程变更；③项目特征不符；④工程量清单缺项；⑤工程量偏差；⑥计日工；⑦物价变化；⑧暂估价；⑨不可抗力；⑩提前竣工（赶工补偿）；⑪误期赔偿；⑫索赔；⑬现场签证；⑭暂列金额；⑮发承包双方约定的其他调整事项。

（2）经发承包双方确认调整的合同价款，作为追加（减）合同价款，应与工程进度款或结算款同期支付。

（3）发承包双方应参照下列条款在合同中进行约定：

① 出现合同价款调增事项（不含工程量偏差、计日工、现场签证、索赔）后的 14 天内，承包人应向发包人提交合同价款调增报告并附上相关资料；承包人在 14 天内未提交合同价款调增报告的，应视为承包人对该事项不存在调整价款请求。

② 出现合同价款调减事项（不含工程量偏差、索赔）后的 14 天内，发包人应向承包人提交合同价款调减报告并附相关资料；发包人在 14 天内未提交合同价款调减报告的，应视为发包人对该事项不存在调整价款请求。

③ 发（承）包人应在收到承（发）包人合同价款调增（减）报告及相关资料之日起 14 天内对其核实，予以确认的应书面通知承（发）包人。当有疑问时，应向承（发）包人提出协商意见。发（承）包人在收到合同价款调增（减）报告之日起 14 天内未确认也未提出协商意见的，应视为承（发）包人提交的合同价款调增（减）报告已被发（承）包人认可。发（承）包人提出协商意见的，承（发）包人应在收到协商意见后的 14 天内对其核实，予以确认的应书面通知发（承）包人。承（发）包人在收到发（承）包人的协商意见后 14 天内既不确认也未提出不同意见的，应视为发（承）包人提出的意见已被承（发）包人认可。

④ 发包人与承包人对合同价款调整的不同意见不能达成一致的，只要对发承包双方履约不产生实质影响，双方应继续履行合同义务，直到其按照合同约定的争议解决方式得到处理。

## （二）法律法规变化

（1）招标工程以投标截止日前 28 天、非招标工程以合同签订前 28 天为基准日，其后因国家的法律、法规、规章和政策发生变化引起工程造价增减变化的，发承包双方应按照省级或行业建设行政管理部门或其授权的工程造价管理部门据此发布的规定调整合同价款。

（2）因承包人原因导致工期延误的，按上述条款的调整时间，在合同工程原定竣工时间之后，合同价款调增的不予调整，合同价款调减的予以调整。

## （三）工程变更

工程变更（variation order），是指合同工程实施过程中由发包人提出或由承包人提出经发包人批准的合同工程任何一项工作的增、减、取消或施工工艺、顺序、时间的改变，设计图纸的修改，施工条件的改变，招标工程量清单的错、漏从而引发的合同条件的改变或工程量的增减变化。

（1）因工程变更引起已标价工程量清单项目或其工程数量发生变化时，应按照下列规定调整：

① 已标价工程量清单中有适用于变更工程项目的，应采用该项目的单价；但当工程变更导

致该清单项目的工程数量发生变化，且工程量偏差超过 15％时，该项目单价应按照"工程量偏差"的规定调整。

② 已标价工程量清单中没有适用但有类似于变更工程项目的，可在合理范围内参照类似项目的单价。

③ 已标价工程量清单中没有适用也没有类似于变更工程项目的，应由承包人根据变更工程资料、计算规则和计价办法、上海市住房和城乡建设管理委员会建设工程造价信息平台公布的信息价格和承包人报价浮动率提出变更工程项目的单价，并应报发包人确认后调整。承包人报价浮动率可按下列公式计算：

招标工程：

$$承包人报价浮动率 L = (1 - 中标价/最高投标限价) \times 100\% \tag{5-1}$$

非招标工程：

$$承包人报价浮动率 L = (1 - 报价/施工图预算) \times 100\% \tag{5-2}$$

④ 已标价工程量清单中没有适用也没有类似于变更工程项目，且上海市住房和城乡建设管理委员会建设工程造价信息平台公布的信息价格缺价的，应由承包人根据变更工程资料、计算规则、计价办法和通过市场调查等取得的有合法依据的市场价格提出变更工程项目的单价，并报发包人确认后调整。

（2）工程变更引起施工方案改变并使措施项目发生变化时，承包人提出调整措施项目费的，应事先将拟实施的方案提交发包人确认，并应详细说明与原方案措施项目相比的变化情况。拟实施的方案经发承包双方确认后执行，并应按照下列规定调整措施项目费：

① 安全防护、文明施工费应按照实际发生变化的措施项目依据国家标准《建设工程工程量清单计价规范》GB 50500—2013 的规定，并符合上海市《关于印发〈上海市建设工程安全防护、文明施工措施费用管理暂行规定〉的通知》（沪建交〔2006〕445 号）的规定进行计算。

② 采用单价计算的措施项目费，应按照实际发生变化的措施项目，按已标价工程量清单项目的调整规定确定单价。

③ 按总价（或系数）计算的措施项目费，按照实际发生变化的措施项目调整，但应考虑承包人报价浮动因素，即调整金额按照实际调整金额乘以承包人报价浮动率计算。

如果承包人未事先将拟实施的方案提交给发包人确认，则应视为工程变更不引起措施项目费的调整或承包人放弃调整措施项目费的权利。

（3）当发包人提出的工程变更因非承包人原因删减了合同中的某项原定工作或工程，致使承包人发生的费用或（和）得到的收益不能被包括在其他已支付或应支付的项目中，也未被包含在任何替代的工作或工程中时，承包人有权提出并应得到合理的费用及利润补偿。

## （四）项目特征不符

（1）发包人在招标工程量清单中对项目特征的描述，应被认为是准确的和全面的，并且与实际施工要求相符合。承包人应按照发包人提供的招标工程量清单，根据项目特征描述的内容及有关要求实施合同工程，直到项目被改变为止。

（2）承包人应按照发包人提供的设计图纸实施合同工程，若在合同履行期间出现设计图纸（含设计变更）与招标工程量清单任一项目的特征描述不符，且该变化引起该项目工程造价增减变化的，应按照实际施工的项目特征，按工程变更相关条款的规定重新确定相应工程量清单项目的综合单价,并调整合同价款。

### （五）工程量清单缺项

（1）合同履行期间,由于招标工程量清单中缺项,新增分部分项工程清单项目的,应按照"工程变更"相应条款的规定确定单价,并调整合同价款。

（2）新增分部分项工程清单项目后,引起措施项目发生变化的,应按照"工程变更"中相应条款的规定,在承包人提交的实施方案被发包人批准后调整合同价款。

（3）由于招标工程量清单中措施项目缺项,承包人应将新增措施项目实施方案提交发包人批准后,按照"工程变更"中相应条款的规定调整合同价款。

### （六）工程量偏差

工程量偏差(discrepancy in BQ quantity),是指承包人按照合同工程的图纸(含经发包人批准由承包人提供的图纸)实施,按照现行国家计量规范规定的工程量计算规则计算得到的完成合同工程项目应予计量的工程量与相应的招标工程量清单项目列出的工程量之间出现的量差。

（1）合同履行期间,当应予计算的实际工程量与招标工程量清单出现偏差,且符合下面两条规定时,发承包双方应调整合同价款。

（2）对于任一招标工程量清单项目,当因工程量偏差和工程变更等原因导致工程量偏差超过15%时,可进行调整。当工程量增加15%以上时,增加部分的工程量的综合单价应予调低;当工程量减少15%以上时,减少后剩余部分的工程量的综合单价应予调高。具体增减比例在合同中约定。

（3）当工程量出现上述变化,且该变化引起相关措施项目相应发生变化时,按系数或单一总价方式计价的,工程量增加的措施项目费调增,工程量减少的措施项目费调减。

### （七）计日工

（1）发包人通知承包人以计日工方式实施的零星工作,承包人应予执行。

（2）采用计日工计价的任何一项变更工作,在该项变更的实施过程中,承包人应按合同约定提交下列报表和有关凭证送发包人复核:①工作名称、内容和数量;②投入该工作所有人员的姓名、工种、级别和耗用工时;③投入该工作的材料名称、类别和数量;④投入该工作的施工设备型号、台数和耗用台时;⑤发包人要求提交的其他资料和凭证。

（3）任一计日工项目实施结束后,承包人应按照确认的计日工现场签证报告核实该类项目的工程数量,并应根据核实的工程数量和承包人已标价工程量清单中的计日工单价计算,提出应付价款;已标价工程量清单中没有该类计日工单价的,由发承包双方按"工程变更"的规定商定计日工单价计算。

（4）发承包双方应参照下列条款在合同中进行约定:

① 任一计日工项目持续进行时,承包人应在该项工作实施结束后24小时内向发包人提交有计日工记录汇总的现场签证报告一式三份。发包人在收到承包人提交的现场签证报告后的2天内予以确认并将其中一份返还给承包人,作为计日工计价和支付的依据。发包人逾期未确认也未提出修改意见的,应视为承包人提交的现场签证报告已被发包人认可。

② 每个支付期末,承包人应按照"进度款"支付的相关规定向发包人提交本期间所有计日工记录的签证汇总表,并应说明本期间自己认为有权得到的计日工金额,调整合同价款,列入进度

款支付。

## （八）物价变化

（1）合同履行期间，因人工、材料、工程设备、机械台班价格波动影响合同价款时，可按下面的方法进行调整：

① 由于市场物价波动影响，影响合同价款调整的，应由发承包双方合理分摊：

a.上海市住房和城乡建设管理委员会建设工程造价信息平台所公布的建设工程人工工日价格信息，在招标文件、合同中约定调整的范围内，超过约定的调整幅度；

b.上海市住房和城乡建设管理委员会建设工程造价信息平台所公布的材料、工程设备等工程造价信息，在招标文件、合同中约定调整的范围内，超过约定的调整幅度；

c.上海市住房和城乡建设管理委员会建设工程造价信息平台所公布的施工机械设备造价信息，在招标文件、合同中约定调整的范围内，超过约定的调整幅度。

② 当招标文件、合同中未约定的，发承包双方发生争议时，填写《主要人工、材料、机械及工程设备数量与计价一览表》作为合同附件，按"物价变化"相应条款的规定调整合同价款。

合同没有约定前表作为合同附件的，可结合工程实际情况，协商订立补充合同，或以投标价或合同约定的价格月份对应本市住房和城乡建设管理委员会建设工程造价信息平台所公布的造价信息为基准，与施工期本市住房和城乡建设管理委员会建设工程造价信息平台每月发布的造价信息相比（加权平均法或算术平均法），人工价格的变化幅度原则上大于±3%（含3%下同），钢材价格的变化幅度原则上大于±5%，除人工、钢材以外工程所涉及的其他主要材料、机械价格的变化幅度原则上大于±8%，应调整其超过幅度部分（指与本市住房和城乡建设管理委员会建设工程造价信息平台价格变化幅度的差额）要素价格。调整后的要素价格差额只计税金。

③ 人工、材料、机械、工程设备的价格调整可采用以下公式：

当 $F_{st}/F_{so}-1 > |A_s|$ 时，　　　$F_{sa}=F_{sb}+[F_{st}-F_{so} \times (1+A_s)]$　　　　　(5-3)

其中，$F_{sa}$ 分别为人工、材料、机械、工程设备在约定的施工期（结算期）结算价格；$F_{sb}$ 分别为人工、材料、机械、工程设备在投标后的中标价；$F_{st}$ 分别为人工、材料、机械、工程设备在约定的施工期（结算期）内，市场信息价的算术平均值或者加权平均值；$F_{so}$ 分别为人工、材料、机械、工程设备在招标文件约定基准时间的市场信息价；$A_s$ 分别为人工、材料、机械、工程设备的约定调整幅度。

（2）发承包双方应参照下列条款在合同中进行约定：

① 承包人采购材料和工程设备的，应在合同中约定主要材料、工程设备价格变化的范围或幅度；当没有约定，且材料、工程设备单价变化超过5%时，超过部分的价格应按照上述调价方法进行调整。

② 发生合同工程工期延误的，应按照下列规定确定合同履行期的价格调整：

a. 因非承包人原因导致工期延误的，计划进度日期后续工程的价格，应采用计划进度日期与实际进度日期两者的较高者。

b. 因承包人原因导致工期延误的，计划进度日期后续工程的价格，应采用计划进度日期与实际进度日期两者的较低者。

③ 发包人供应材料和工程设备的，不适用上述条款规定，应由发包人按照实际变化调整，列

入合同工程的工程造价内。

## （九）暂估价

（1）发包人在招标工程量清单中给定暂估价的材料、工程设备属于依法必须招标的，应由发承包双方以招标的方式选择供应商，确定价格，并应以此为依据取代暂估价，调整合同价款。

（2）发包人在招标工程量清单中给定暂估价的材料、工程设备不属于依法必须招标的，应由承包人按照合同约定采购，经发包人确认单价后取代暂估价，调整合同价款。

（3）发包人在工程量清单中给定暂估价的专业工程不属于依法必须招标的，应按照相应条款的规定确定专业工程价款，并应以此为依据取代专业工程暂估价，调整合同价款。

（4）发包人在招标工程量清单中给定暂估价的专业工程，依法必须招标的，应以专业工程发包中标价为依据取代专业工程暂估价，调整合同价款。

## （十）不可抗力

不可抗力（force majeure），是指发承包双方在工程合同签订时不能预见的，对其发生的后果不能避免，并且不能克服的自然灾害和社会性突发事件。

（1）因不可抗力事件导致的人员伤亡、财产损失及其费用增加，发承包双方可参照下列原则分别承担并调整合同价款和工期：

① 合同工程本身的损害、因工程损害导致第三方人员伤亡和财产损失以及运至施工场地用于施工的材料和待安装的设备的损害，应由发包人承担；

② 发包人、承包人人员伤亡应由其所在单位负责，并应承担相应费用；

③ 承包人的施工机械设备损坏及停工损失，应由承包人承担；

④ 停工期间，承包人应发包人要求留在施工场地的必要的管理人员及保卫人员的费用应由发包人承担；

⑤ 工程所需清理、修复费用，应由发包人承担。

（2）不可抗力解除后复工的，若不能按期竣工，应合理延长工期。发包人要求赶工的，赶工费用应由发包人承担。

（3）如果合同没有约定，因不可抗力事件导致的人员伤亡、财产损失按照人员所属及所有权所有各自承担，因不可抗力事件导致费用增加，各自承担。

## （十一）提前竣工（赶工补偿）

提前竣工（赶工）费（early completion(acceleration)cost），是指承包人应发包人的要求而采取加快工程进度措施，使合同工程工期缩短，由此产生的应由发包人支付的费用。

（1）招标人应依据上海市现行的工期定额合理计算工期，压缩的工期天数一般不得超过定额工期的15%，经组织专家论证，工期压缩幅度超过15%（含15%），应在招标文件中明示增加赶工费用。

（2）发包人要求合同工程提前竣工的，应征得承包人同意后与承包人商定采取加快工程进度的措施，并应修订合同工程进度计划。发包人应承担承包人由此增加的提前竣工（赶工补偿）费用。

（3）发承包双方应参照下列条款在合同中进行约定：

发承包双方应在合同中约定提前竣工每日历天应补偿额度，此项费用应作为增加合同价款列入竣工结算文件中,应与结算款一并支付。

## (十二)误期赔偿

误期赔偿费(delay danages),是指承包人未按照合同工程的计划进度施工,导致实际工期超过合同工期(包括经发包人批准的延长工期),承包人应向发包人赔偿损失的费用。

(1)发承包双方应在合同中约定误期赔偿费,并应明确每日历天应赔额度。误期赔偿费应列入竣工结算文件中。

(2)发承包双方应参照下列条款在合同中进行约定:

① 承包人未按照合同约定施工,导致实际进度迟于计划进度的,承包人应加快进度,实现合同工期。

合同工程发生误期,承包人应赔偿发包人由此造成的损失,并应按照合同约定向发包人支付误期赔偿费。即使承包人支付误期赔偿费,也不能免除承包人按照合同约定应承担的任何责任和应履行的任何义务。

② 在工程竣工之前,合同工程内的某单项(位)工程已通过了竣工验收,且该单项(位)工程接收证书中表明的竣工日期并未延误,而是合同工程的其他部分产生了工期延误时,误期赔偿费应按照已颁发工程接收证书的单项(位)工程造价占合同价款的比例幅度予以扣减。

## (十三)索赔

索赔(claim),是指在工程合同履行过程中,合同当事人一方因非己方的原因而遭受损失,按合同约定或法律规定应由对方承担责任,从而向对方提出补偿的要求。

(1)当合同一方向另一方提出索赔时,应有正当的索赔理由和有效证据,并应符合合同的相关约定。

(2)发承包双方应参照下列条款在合同中进行约定:

① 根据合同约定,承包人认为非承包人原因发生的事件造成了承包人的损失,应按下列程序向发包人提出索赔:

a. 承包人应在知道或者应当知道索赔事件发生后28天内,向发包人提交索赔意向通知书,说明发生索赔事件的事由。承包人逾期未发出索赔意向通知书的,丧失索赔的权利。

b. 承包人应在发出索赔意向通知书后28天内,向发包人正式提交索赔通知书。索赔通知书应详细说明索赔理由和要求,并应附必要的记录和证明材料。

c. 索赔事件具有连续影响的,承包人应继续提交延续索赔通知,说明连续影响的实际情况和记录。

d. 在索赔事件影响结束后的28天内,承包人应向发包人提交最终索赔通知书,说明最终索赔要求,并应附必要的记录和证明材料。

② 承包人索赔应按下列程序处理:

a. 发包人收到承包人的索赔通知书后,应及时查验承包人的记录和证明材料。

b. 发包人应在收到索赔通知书或有关索赔的进一步证明材料后的28天内,将索赔处理结果答复承包人,如果发包人逾期未作出答复,视为承包人索赔要求已被发包人认可。

c. 承包人接受索赔处理结果的,索赔款项应作为增加合同价款,在当期进度款中进行支付;承包人不接受索赔处理结果的,应按合同约定的争议解决方式办理。

③ 承包人要求赔偿时,可以选择下列一项或几项方式获得赔偿:

a. 延长工期;

b. 要求发包人支付实际发生的额外费用;

c. 要求发包人支付合理的预期利润;

d. 要求发包人按合同的约定支付违约金。

④ 当承包人的费用索赔与工期索赔要求相关联时,发包人在作出费用索赔的批准决定时,应结合工程延期,综合作出费用索赔和工程延期的决定。

⑤ 发承包双方在按合同约定办理了竣工结算后,应被认为承包人已无权再提出竣工结算前所发生的任何索赔。承包人在提交的最终结清申请中,只限于提出竣工结算后的索赔,提出索赔的期限应由发承包双方最终结清时终止。

⑥ 根据合同约定,发包人认为由于承包人的原因造成发包人的损失,宜按承包人索赔的程序进行索赔。

⑦ 发包人要求索赔时,可以选择下列一项或几项方式获得赔偿:

a. 延长质量缺陷修复期限;

b. 要求承包人支付实际发生的额外费用;

c. 要求承包人按合同的约定支付违约金。

⑧ 承包人应付给发包人的索赔金额可从拟支付给承包人的合同价款中扣除,或由承包人以其他方式支付给发包人。

## (十四)现场签证

现场签证(site instruction),是指发包人现场代表(或其授权的监理人、工程造价咨询人)与承包人现场代表就施工过程中涉及的责任事件所作的签认证明。

(1)承包人应发包人要求完成合同以外的零星项目、非承包人责任事件等工作的,发包人应及时以书面形式向承包人发出指令,并应提供所需的相关资料;承包人在收到指令后,应及时向发包人提出现场签证要求。

(2)现场签证的工作如已有相应的计日工单价,现场签证中应列明完成该类项目所需的人工、材料、工程设备和施工机械台班的数量。如现场签证的工作没有相应的计日工单价,应在现场签证报告中列明完成该签证工作所需的人工、材料、工程设备和施工机械台班的数量及单价。

(3)在施工过程中,当发现合同工程内容因场地条件、地质水文、发包人要求等不一致时,承包人应提供所需的相关资料,并提交发包人签证认可,作为合同价款调整的依据。

(4)发承包双方应参照下列条款在合同中进行约定:

① 承包人应在收到发包人指令后的 7 天内向发包人提交现场签证报告,发包人应在收到现场签证报告后的 48 小时内对报告内容进行核实,予以确认或提出修改意见。发包人在收到承包人现场签证报告后的 48 小时内未确认也未提出修改意见的,应视为承包人提交的现场签证报告已被发包人认可。

② 合同工程发生现场签证事项,未经发包人签证确认,承包人便擅自施工的,除非征得发包人书面同意,否则发生的费用应由承包人承担。

③ 现场签证工作完成后的 7 天内,承包人应按照现场签证内容计算价款,报送发包人确认后,作为增加合同价款,与进度款同期支付。

### （十五）暂列金额

（1）已签约合同价中的暂列金额应由发包人掌握使用。

（2）发包人按照规定支付后，暂列金额余额应归发包人所有。

## 四、合同价款期中支付

### （一）预付款

预付款（advance payment），是指在开工前，发包人按照合同约定，预先支付给承包人用于购买合同工程施工所需的材料、工程设备，以及组织施工机械和人员进场等的款项。

（1）承包人应将预付款专用于合同工程。

（2）包工包料工程的预付款的支付比例不得低于签约合同价（扣除暂列金额）的 10％，不宜高于签约合同价（扣除暂列金额）的 30％。

（3）承包人应在签订合同或向发包人提供与预付款等额的预付款保函后向发包人提交预付款支付申请。

（4）发包人应在收到支付申请的 7 天内进行核实，向承包人发出预付款支付证书，并在签发支付证书后的 7 天内向承包人支付预付款。

（5）发包人没有按合同约定按时支付预付款的，承包人可催告发包人支付；发包人在预付款期满后的 7 天内仍未支付的，承包人可在付款期满后的第 8 天起暂停施工。发包人应承担由此增加的费用和延误的工期，并应向承包人支付合理利润。

（6）预付款应从每一个支付期应支付给承包人的工程进度款中扣回，直到扣回的金额达到合同约定的预付款金额为止。

（7）承包人的预付款保函的担保金额根据预付款扣回的数额相应递减，但在预付款全部扣回之前一直保持有效。发包人应在预付款扣完后的 14 天内将预付款保函退还给承包人。

### （二）安全文明施工费

（1）安全文明施工费包括的内容和使用范围，应符合国家有关文件和计量规范的规定。

（2）发包人应在工程开工后的 28 天内预付不低于当年施工进度计划的安全文明施工费总额的 60％，其余部分应按照提前安排的原则进行分解，并应与进度款同期支付。

（3）发包人没有按时支付安全文明施工费的，承包人可催告发包人支付；发包人在付款期满后的 7 天内仍未支付的，若发生安全事故，发包人应承担相应责任。

（4）承包人对安全文明施工费应专款专用，在财务账目中单独列项备查，不得挪作他用，否则发包人有权要求其限期改正；逾期未改正的，造成的损失和延误的工期应由承包人承担。

### （三）进度款

进度款（interim payment），是指在合同工程施工过程中，发包人按照合同约定对付款周期内承包人完成的合同价款给予支付的款项，也是合同价款期中结算支付。

（1）发承包双方应按照合同约定的时间、程序和方法，根据工程计量结果，办理期中价款结算，支付进度款。

（2）进度款支付周期应与合同约定的工程计量周期一致。

（3）已标价工程量清单中的单价项目，承包人应按工程计量确认的工程量与综合单价计算；

综合单价发生调整的,以发承包双方确认调整的综合单价计算进度款。

(4)已标价工程量清单中的总价项目和总价合同,承包人应按合同中约定的进度款支付分解,分别列入进度款支付申请中的安全防护、文明施工费和本周期应支付的总价项目的金额中。

(5)发包人提供的甲供材料金额,应按照发包人签约提供的单价和数量从进度款支付中扣除,列入本周期应扣减的金额中。

(6)承包人现场签证和得到发包人确认的索赔金额应列入本周期应增加的金额中。

# 五、竣工结算与支付

## (一)一般规定

(1)工程完工后,发承包双方必须在合同约定时间内办理工程竣工结算。

(2)工程竣工结算应由承包人或受其委托具有相应资质的工程造价咨询人编制,并应由发包人或受其委托具有相应资质的工程造价咨询人核对。

## (二)编制与复核

(1)工程竣工结算应根据下列依据编制和复核:①《建设工程工程量清单计价规范》GB 50500—2013;②工程合同;③发承包双方实施过程中已确认的工程量及其结算的合同价款;④发承包双方实施过程中已确认调整后追加(减)的合同价款;⑤建设工程设计文件及相关资料;⑥投标文件;⑦其他依据。

(2)分部分项工程和措施项目中的单价项目应依据发承包双方确认的工程量与已标价工程量清单的综合单价计算;发生调整的,应以发承包双方确认调整的综合单价计算。

(3)措施项目中的总价项目应依据已标价工程量清单的项目和金额计算;发生调整的,应以发承包双方确认调整的金额计算,其中安全文明施工费应按国家或省级、行业建设主管部门相关规定计算。

(4)其他项目应按下列规定计价:①计日工应按发包人实际签证确认的事项计算;②暂估价应按合同价款调整中关于"暂估价"的规定计算;③总承包服务费应依据已标价工程量清单金额计算,发生调整的,应以发承包双方确认调整的金额计算;④索赔费用应依据发承包双方确认的索赔事项和金额计算;⑤现场签证费用应依据发承包双方签证资料确认的金额计算;⑥暂列金额应减去合同价款调整(包括索赔、现场签证)金额计算,如有余额归发包人。

(5)规费和税金应按国家、行业或上海市建设行政管理部门的规定计算。

(6)发承包双方在合同工程实施过程中已经确认的工程计量结果和合同价款,在竣工结算办理中应直接进入结算。

## (三)竣工结算

竣工结算(final account at completion),是指发承包双方依据国家有关法律、法规和标准规定,按照合同约定确定的,包括在履行合同过程中按合同约定进行的合同价款调整,是承包人按合同约定完成了全部承包工作后,发包人应付给承包人的合同总金额。

(1)承包人应当在提交竣工验收报告后,按照合同约定的时间向发包人递交竣工结算报告和完整的结算资料。发包单位或者发包单位委托的造价咨询机构应当在财政部、建设部规定的时间内进行核实,并出具核实意见。有合同约定的除外。

（2）发包人收到承包人递交的竣工结算书后,在合同约定时间内,不核对竣工结算或未提出核对意见的,视为承包人递交的竣工结算书已经认可,发包人应向承包人支付工程结算价款。

（3）承包人在收到发包人提出的核对意见后,在合同约定时间内,不确认也未提出异议的,视为发包人提出的核对意见已经认可,竣工结算办理完毕。

（4）竣工结算办理完毕,发包人应根据确认的竣工结算书在合同约定的时间内向承包人支付工程竣工结算价款。

（5）合同工程竣工结算核对完成,发承包双方签字确认后,发包人不得要求承包人与另一个或多个工程造价咨询人重复核对竣工结算。

### （四）结算款支付

（1）承包人应根据办理的竣工结算文件向发包人提交竣工结算款支付申请。申请应包括下列内容:①竣工结算合同价款总额;②累计已实际支付的合同价款;③应预留的质量保证金;④实际应支付的竣工结算款金额。

其中质量保证金是指发承包双方在工程合同中约定,从应付合同价款中预留,用以保证承包人在缺陷责任期内履行缺陷修复义务的金额;缺陷责任期是指承包人对已交付使用的合同工程承担合同约定的缺陷修复责任的期限。

（2）发包人应在收到承包人提交竣工结算款支付申请后7天内予以核实,向承包人签发竣工结算支付证书。

（3）发包人签发竣工结算支付证书后的14天内,应按照竣工结算支付证书列明的金额向承包人支付结算款。

（4）发包人在收到承包人提交的竣工结算款支付申请后7天内不予核实,不向承包人签发竣工结算支付证书的,视为承包人的竣工结算款支付申请已被发包人认可;发包人应在收到承包人提交的竣工结算款支付申请7天后的14天内,按照承包人提交的竣工结算款支付申请列明的金额向承包人支付结算款。

（5）发包人未按照规定支付竣工结算款的,承包人可催告发包人支付,并有权获得延迟支付的利息。发包人在竣工结算支付证书签发后或者在收到承包人提交的竣工结算款支付申请7天后的56天内仍未支付的,除法律另有规定外,承包人可与发包人协商将该工程折价,也可直接向人民法院申请将该工程依法拍卖。承包人应就该工程折价或拍卖的价款优先受偿。

### （五）质量保证金

（1）发包人应按照合同约定的质量保证金比例从结算款中预留质量保证金。

（2）承包人未按照合同约定履行属于自身责任的工程缺陷修复义务的,发包人有权从质量保证金中扣除用于缺陷修复的各项支出。经查验,工程缺陷属于发包人原因造成的,应由发包人承担查验和缺陷修复的费用。

（3）在合同约定的缺陷责任期终止后,发包人应按照"最终结清"的规定,将剩余的质量保证金返还给承包人。

### （六）最终结清

（1）缺陷责任期终止后,承包人应按照合同约定向发包人提交最终结清支付申请。发包人对最终结清支付申请有异议的,有权要求承包人进行修正和提供补充资料。承包人修正后,应再次向发包人提交修正后的最终结清支付申请。

（2）发包人应在收到最终结清支付申请后的 14 天内予以核实，并应向承包人签发最终结清支付证书。

（3）发包人应在签发最终结清支付证书后的 14 天内，按照最终结清支付证书列明的金额向承包人支付最终结清款。

（4）发包人未在约定的时间内核实，又未提出具体意见的，应视为承包人提交的最终结清支付申请已被发包人认可。

（5）发包人未按期最终结清支付的，承包人可催告发包人支付，并有权获得延迟支付的利息。

（6）最终结清时，承包人被预留的质量保证金不足以抵减发包人工程缺陷修复费用的，承包人应承担不足部分的补偿责任。

（7）承包人对发包人支付的最终结清款有异议的，应按照合同约定的争议解决方式处理。

## 六、合同解除的价款结算与支付

（1）发承包双方协商一致解除合同的，应按照达成的协议办理结算和支付合同价款。

（2）由于不可抗力致使合同无法履行解除合同的，发包人应向承包人支付合同解除之日前已完成工程但尚未支付的合同价款，此外，还应支付下列金额：

① "提前竣工（赶工补偿费）"应由发包人承担的费用。

② 已实施或部分实施的措施项目应付价款。

③ 承包人为合同工程合理订购且已交付的材料和工程设备货款。

④ 承包人撤离现场所需的合理费用，包括员工遣送费和临时工程拆除、施工设备运离现场的费用。

⑤ 承包人为完成合同工程而预期开支的任何合理费用，且该项费用未包括在本款其他各项支付之内。发承包双方办理结算合同价款时，应扣除合同解除之日前发包人应向承包人收回的价款。当发包人应扣除的金额超过了应支付的金额，承包人应在合同解除后的 56 天内将其差额退还给发包人。

（3）因承包人违约解除合同的，发包人应暂停向承包人支付任何价款。发包人应在合同解除后 28 天内核实合同解除时承包人已完成的全部合同价款以及按施工进度计划已运至现场的材料和工程设备货款，按合同约定核算承包人应支付的违约金以及造成损失的索赔金额，并将结果通知承包人。发承包双方应在 28 天内予以确认或提出意见，并应办理结算合同价款。如果发包人应扣除的金额超过了应支付的金额，承包人应在合同解除后的 56 天内将其差额退还给发包人。发承包双方不能就解除合同后的结算达成一致的，按照合同约定的争议解决方式处理。

（4）因发包人违约解除合同的，发包人除应按照上述第（2）条款的规定向承包人支付各项价款外，应按合同约定核算发包人应支付的违约金以及给承包人造成的损失或损害的索赔金额费用。该笔费用应由承包人提出，发包人核实后应在与承包人协商确定后的 7 天内向承包人签发支付证书。协商不能达成一致的，应按照合同约定的争议解决方式处理。

## 七、合同价款争议的解决

### （一）监理或造价工程师暂定

（1）若发包人和承包人之间就工程质量、进度、价款支付与扣除、工期延期、索赔、价款调整等发生任何法律上、经济上或技术上的争议,首先应根据已签约合同的规定,提交合同约定职责范围内的总监理工程师或造价工程师解决,并应抄送另一方。总监理工程师或造价工程师在收到此提交件后 14 天内应将暂定结果通知发包人和承包人。发承包双方对暂定结果认可的,应以书面形式予以确认,暂定结果成为最终决定。

(2)发承包双方在收到总监理工程师或造价工程师的暂定结果通知之后的 14 天内未对暂定结果予以确认也未提出不同意见的,应视为发承包双方已认可该暂定结果。

(3)发承包双方或一方不同意暂定结果的,应以书面形式向总监理工程师或造价工程师提出,说明自己认为正确的结果,同时抄送另一方,此时该暂定结果成为争议。在暂定结果对发承包双方当事人履约不产生实质影响的前提下,发承包双方应实施该结果,直到按照发承包双方认可的争议解决办法被改变为止。

### (二)管理机构的解释或认定

(1)合同价款争议发生后,发承包双方可就工程计价依据的争议以书面形式提请工程造价管理机构对争议以书面文件进行解释或认定。

(2)工程造价管理机构应在收到申请的 10 个工作日内就发承包双方提请的争议问题进行解释或认定。

(3)发承包双方或一方在收到工程造价管理机构书面解释或认定后仍可按照合同约定的争议解决方式提请仲裁或诉讼。除工程造价管理机构的上级管理部门作出了不同的解释或认定,或在仲裁裁决或法院判决中不予采信的外,工程造价管理机构作出的书面解释或认定应为最终结果,并应对发承包双方均有约束力。

### (三)协商和解

(1)合同价款争议发生后,发承包双方任何时候都可以进行协商。协商达成一致的,双方应签订书面和解协议,和解协议对发承包双方均有约束力。

(2)如果协商不能达成一致协议,发包人或承包人都可以按合同约定的其他方式解决争议。

### (四)调解

(1)发承包双方应在合同中约定或在合同签订后共同约定争议调解人,负责双方在合同履行过程中发生争议的调解。

(2)合同履行期间,发承包双方可协议调换或终止任何调解人,但发包人或承包人都不能单独采取行动。除非双方另有协议,在最终结清支付证书生效后,调解人的任期应即终止。

(3)如果发承包双方发生了争议,任何一方可将该争议以书面形式提交调解人,并将副本抄送另一方,委托调解人调解。

(4)发承包双方应按照调解人提出的要求,给调解人提供所需要的资料、现场进入权及相应设施。调解人应被视为不是在进行仲裁人的工作。

(5)调解人应在收到调解委托后 28 天内或由调解人建议并经发承包双方认可的其他期限内提出调解书,发承包双方接受调解书的,经双方签字后作为合同的补充文件,对发承包双方均具有约束力,双方都应立即遵照执行。

(6)当发承包双方中任一方对调解人的调解书有异议时,应在收到调解书后 28 天内向另一方发出异议通知,并应说明争议的事项和理由。但除非并直到调解书在协商和解或仲裁裁决、诉讼判决中作出修改,或合同已经解除,承包人应继续按照合同实施工程。

(7)当调解人已就争议事项向发承包双方提交了调解书,而任一方在收到调解书后28天内均未发出表示异议的通知时,调解书对发承包双方应均具有约束力。

### (五)仲裁、诉讼

(1)发承包双方的协商和解或调解均未达成一致意见,其中的一方已就此争议事项根据合同约定的仲裁协议申请仲裁,应同时通知另一方。

(2)仲裁可在竣工之前或之后进行,但发包人、承包人、调解人各自的义务不得因在工程实施期间进行仲裁而有所改变。当仲裁是在仲裁机构要求停止施工的情况下进行时,承包人应对合同工程采取保护措施,由此增加的费用应由败诉方承担。

(3)在监理或造价工程师暂定、管理机构的解释或认定、和解、调解规定的期限之内,暂定或和解协议或调解书已经有约束力的情况下,当发承包中一方未能遵守暂定或和解协议或调解书时,另一方可在不损害他可能具有的任何其他权利的情况下,将未能遵守暂定或不执行和解协议或调解书达成的事项提交仲裁。

(4)发包人、承包人在履行合同时发生争议,双方不愿和解、调解或者和解、调解不成,又没有达成仲裁协议的,可依法向人民法院提起诉讼。

## 八、工程造价鉴定

### (一)一般规定

(1)在工程合同价款纠纷案件处理中,需作工程造价司法鉴定的,应委托具有相应资质的工程造价咨询人进行。

(2)工程造价咨询人接受委托时提供工程造价司法鉴定服务,应按仲裁、诉讼程序和要求进行,并应符合国家关于司法鉴定的规定。

(3)工程造价咨询人进行工程造价司法鉴定时,应指派专业对口、经验丰富的注册造价工程师承担鉴定工作。

(4)工程造价咨询人应在收到工程造价司法鉴定资料后10天内,根据自身专业能力和证据资料判断能否胜任该项委托,如不能,应辞去该项委托。工程造价咨询人不得在鉴定期满后以上述理由不作出鉴定结论,影响案件处理。

(5)接受工程造价司法鉴定委托的工程造价咨询人或造价工程师如是鉴定项目一方当事人的近亲属或代理人、咨询人以及其他关系可能影响鉴定公正的,应当自行回避;未自行回避,鉴定项目委托人以该理由要求其回避的,必须回避。

(6)工程造价咨询人应当依法出庭接受鉴定项目当事人对工程造价司法鉴定意见书的质询。如确因特殊原因无法出庭的,经审理该鉴定项目的仲裁机关或人民法院准许,可以书面形式答复当事人的质询。

### (二)取证

(1)工程造价咨询人进行工程造价鉴定工作时,应自行收集以下(但不限于)鉴定资料:
① 适用于鉴定项目的法律、法规、规章、规范性文件以及规范、标准、定额;
② 鉴定项目同时期同类型工程的技术经济指标及其各类要素价格等。

（2）工程造价咨询人收集鉴定项目的鉴定依据时,应向鉴定项目委托人提出具体书面要求,其内容包括:①与鉴定项目相关的合同、协议及其附件;②相应的施工图纸等技术经济文件;③施工过程中的施工组织、质量、工期和造价等工程资料;④存在争议的事实及各方当事人的理由;⑤其他有关资料。

（3）工程造价咨询人在鉴定过程中要求鉴定项目当事人对缺陷资料进行补充的,应征得鉴定项目委托人同意,或者协调鉴定项目各方当事人共同签认。

（4）根据鉴定工作需要现场勘验的,工程造价咨询人应提请鉴定项目委托人组织各方当事人对被鉴定项目所涉及的实物标的进行现场勘验。

（5）勘验现场应制作勘验记录、笔录或勘验图表,记录勘验的时间、地点、勘验人、在场人、勘验经过、结果,由勘验人、在场人签名或者盖章确认。绘制的现场图应注明绘制的时间及测绘人姓名、身份等内容。必要时应采取拍照或摄像取证,留下影像资料。

（6）鉴定项目当事人未对现场勘验图表或勘验笔录等签字确认的,工程造价咨询人应提请鉴定项目委托人决定处理意见,并在鉴定意见书中作出表述。

### （三）鉴定

（1）工程造价咨询人在鉴定项目合同有效的情况下应根据合同约定进行鉴定,不得任意改变双方合法的合意。

（2）工程造价咨询人在鉴定项目合同无效或合同条款约定不明确的情况下应根据法律法规、相关国家标准和本规范的规定,选择相应专业工程的计价依据和方法进行鉴定。

（3）工程造价咨询人出具正式鉴定意见书之前,可报请鉴定项目委托人向鉴定项目各方当事人发出鉴定意见书征求意见稿,并指明应书面答复的期限及其不答复的相应法律责任。

（4）工程造价咨询人收到鉴定项目各方当事人对鉴定意见书征求意见稿的书面复函后,应对不同意见认真复核,修改完善后再出具正式鉴定意见书。

（5）工程造价咨询人出具的工程造价鉴定书应包括下列内容:①鉴定项目委托人名称、委托鉴定的内容;②委托鉴定的证据材料;③鉴定的依据及使用的专业技术手段;④对鉴定过程的说明;⑤明确的鉴定结论;⑥其他需说明的事宜;⑦工程造价咨询人盖章及注册造价工程师签名盖执业专用章。

（6）工程造价咨询人应在委托鉴定项目的鉴定期限内完成鉴定工作,如确因特殊原因不能在原定期限内完成鉴定工作时,应按照相应法规提前向鉴定项目委托人申请延长鉴定期限,并应在此期限内完成鉴定工作。

经鉴定项目委托人同意等待鉴定项目当事人提交、补充证据的,质证所用的时间不应计入鉴定期限。

（7）对于已经出具的正式鉴定意见书中有部分缺陷的鉴定结论,工程造价咨询人应通过补充鉴定作出补充结论。

## 九、工程计价资料

（1）发承包双方应当在合同中约定各自在合同工程中现场管理人员的职责范围,双方现场管理人员在职责范围内签字确认的书面文件是工程计价的有效凭证,但如有其他有效证据或经实证证明其是虚假的除外。

① 发承包双方现场管理人员的职责范围。发承包双方的现场管理人员，包括受其委托的第三方人员，如发包人委托的监理人、工程造价咨询人，仍然属于发包人现场管理人员的范畴；管理人员的职责范围应明确在合同中约定，施工过程中如发生人员变动，应及时以书面形式通知对方，涉及合同中约定的主要人员变动需经对方同意的，应事先征求对方的意见，同意后才能更换。

② 现场管理人员签署的书面文件的效力。双方现场管理人员在合同约定的职责范围签署的书面文件是工程计价的有效凭证，如双方现场管理人员对工程计量结果的确认、对现场签证的确认等；双方现场管理人员签署的书面文件如有其他有效证据或经实证证明（如现场测量等）其是虚假的，则应更正。

（2）发承包双方不论在何种场合对与工程计价有关的事项所给予的批准、证明、同意、指令、商定、确定、确认、通知和请求，或表示同意、否定、提出要求和意见等，均应采用书面形式，口头指令不得作为计价凭证。

（3）任何书面文件送达时，应由对方签收，通过邮寄应采用挂号、特快专递传送，或以发承包双方商定的电子传输方式发送，交付、传送或传输至指定的接收人的地址。如接收人通知了另外地址时，随后通信信息应按新地址发送。

（4）发承包双方分别向对方发出的任何书面文件，均应将其抄送现场管理人员，如系复印件应加盖合同工程管理机构印章，证明与原件相同。双方现场管理人员向对方所发任何书面文件，也应将其复印件发送给发承包双方，复印件应加盖其合同工程管理机构印章，证明与原件相同。

（5）发承包双方均应当及时签收另一方送达其指定接收地点的来往信函，拒不签收的，送达信函的一方可以采用特快专递或者公证方式送达，所造成的费用增加（包括被迫采用特殊送达方式所发生的费用）和延误的工期由拒绝签收一方承担。

（6）书面文件和通知不得扣压，一方能够提供证据证明另一方拒绝签收或已送达的，应视为对方已签收并承担相应责任。

在工程实践中，有效文件和资料都要按照相关规定进行存档，且国有投资的项目一般在竣工结算后还要进行审计，所以应注意做好"计价归档"的工作，即所有工程计价中的文件都要根据档案管理的要求留存归档。

# 工程量清单计价技能综合实务

任务要求：

（1）根据图 6-1 所示的给定图纸、《建设工程工程量清单计价规范》、《房屋建筑与装饰工程工程量计算规范》、《上海市建设工程工程量清单计价应用规则》等资料，编制该工程的招标工程量清单。

（2）结合上海地区《上海市建筑和装饰工程预算定额》（SH 01—31—2016），以及当前市场价等相关资料，编制该工程的招标控制价。

（3）查阅相关参考资料，了解适合该工程的常规施工方案，结合上海地区《上海市建筑和装饰工程预算定额》（SH 01—31—2016），以及市场价等相关资料，试编制该工程的投标报价。

建筑设计总说明

一、设计说明

1.××区规划和建设局有关部门于2017年12月17日批准建筑方案，

××区规划和建设局有关部门于2017年12月27日提出初步设计审查意见，

建设单位提供建筑工程设计委托书。

2.工程设计依据的现行国家有关建筑设计标准、规范、规程和规定：

《民用建筑设计通则》GB50352-2005

《建筑设计防火规范》GB50016-2014

《中小学校设计规范》GB50099-2011

《无障碍设计规范》GB50763-2012

《公共建筑节能设计标准》GB50189-2015

《屋面工程技术规范》GB50345-2012

二、项目概况

1.××区××学校教学楼。

2.项目概况详表。

三、设计标高

1.本工程±0.000相当于绝对标高关系详总平面放线图。

2.各层标准标高为建筑完成面标高，屋面标高为结构面标高。

3.本工程标高以m为单位，总平面尺寸以m为单位，其他尺寸以mm为单位。

四、墙体工程

1.墙体的基础部分详见结施图。

2.墙体材料为空心页岩砖，厚度和砌筑材料详见各层建筑平面图。

3.其他未注明的土体材料详结施图。

4.墙体预留洞详建施图和设备图。

5.墙身防潮层：在室内地坪下60 mm处做20 mm厚水泥砂浆内加3%~5%防水剂的墙身防潮层，地坪硬化处防潮层应重叠300 mm，并在高低差埋土一侧墙身做20 mm厚1∶2水泥砂浆内加3%~5%防水剂。

五、屋面工程

1.本工程的屋面防水等级为Ⅱ级，防水层耐用年限为15年。

2.屋面做法详建施3。

3.屋面排水组织见屋面平面图，内排水雨水管见水施图，外排水除图中另有标准外，雨水管的公称直径均为DN100。

六、门窗工程

1.本工程门窗采用塑钢门窗，门窗玻璃选用6 mm厚透明浮法玻璃及FL6-9A+FL6中空玻璃，玻璃的品种及规格由门窗的制作厂家选定且必须满足《建筑玻璃应用技术规程》和《建筑安全玻璃管理规定》及地方主管部门的有关规定。

2.外窗气密性等级不低于《建筑外门窗气密、水密、抗风压性能分级及检测方法》GB/T 7106规定的4级。

3.门窗尺寸、玻璃、颜色见"门窗表"，门窗五金应配备齐全。

4.门窗立面均表示洞口尺寸，门窗加工尺寸要按照装修面厚度由承包商予以调整，所有门窗尺寸及数量均由施工单位核实后方能订货制作。

七、防水工程

1.楼地面：卫生间防水层采用改性沥青一布四涂，反上墙面高1500 mm，水泥砂浆抹面，卫生间设备安装及防水节点参照国标16J914-1部分执行。

2.屋面：3 mm厚SBS改性沥青防水卷材及1.2 mm厚三元乙丙合成高分子防水卷材错缝搭接用于主体屋面。

八、外装修工程

1.外装修设计和做法索引见立面图及外墙详图。

2.承包商进行二次设计的装饰物等，经确认后，向建筑设计单位提供预埋件的设置要求。

3.外装修选用的各项材料，其材质、规格、颜色等，均由施工单位提供样板，经建设和设计单位确认后方可订货。

九、内装修工程

1.内装修工程执行《建筑内部装修设计防火规范》，楼地面部分执行《建筑地面设计规范》。

2.一般装修见装修做法表。

3.楼梯栏杆做法详剖面图引注，扶手栏杆高900 mm，水平段栏杆长度>0.50 m时，扶手高1100 mm，垂直杆件净距≤110 mm且不易攀爬，楼梯扶手每1500 mm长应断开100 mm，以防止攀滑。楼梯顶层水平段下部设100 mm高现浇混凝土。

4.内装修选用的各项材料，均由施工单位制作样板和选择，经确认后进行封样，并据此进行验收。

十、油漆涂料工程

本工程中所有木门面层一律刷浅米黄色油性调和漆两遍；所有外露铁件均除锈后刷红丹防锈漆两道，后刷银色油性调和漆三道。

十一、建筑节能设计

建筑节能设计详见建施2。

十二、其他施工注意事项

1.本工程采用的建筑材料及设备应符合国家有关法规及技术标准规定的质量要求。建筑材料还应严格执行室内装饰装修工程采用材料有害物质限量的国家强制性标准及《民用建筑工程室内环境污染控制规范(2013版)》GB50325-2010的规定，满足环保卫生要求，施工图设计文件交付施工后，任何单位或个人未经设计单位同意不得擅自修改。如发现设计文件错误、遗漏、不详或与现场不符需要修改时，应及时通知设计单位并按设计单位提供的技术通知单施工。除图中注明者外，同时应遵守国家现行的有关建筑工程施工和验收规范以及本施工图所选用标准图集中的相关说明及技术要求。

2.所有外墙雨篷、挑檐、突出外墙的构件、檐口、窗板上下缘等均应做滴水线。

3.图中凡注有坡度或有地漏的楼地面、屋面均应做泼水检验。

4.回填土压实系数XC≥0.94。

5.土建施工时，应与结构、给水排水、电气、燃气、通信、闭路电视等专业密切配合并注意成品保护。

6.图中未尽事宜，按国家现行施工验收规范及质量检验评定标准执行。

项目概况

| 建筑名称 | 学校教学楼 | 建筑层数 | 地上2层 |
|---|---|---|---|
| 建设单位 | ××学校 | 建筑高度 | 7.5 m |
| 建设地址 | | 总建筑面积 | |
| 建筑功能 | 教学楼 | 设计使用年限 | 50年 |
| 建筑设计规模 | 小型 | 建筑结构类别 | 框架结构 |
| 建筑耐火等级 | 二级 | 抗震设防烈度 | 7度 |
| 屋面防水等级 | Ⅱ级 | 地震加速度 | 0.1g |

选用图集目录

| 序号 | 编号 | 名称 | 备注 |
|---|---|---|---|
| 1 | 国标 12J926 | 《无障碍设计》 | 2012年 |
| 2 | 国标 16J914-1 | 《公共建筑卫生间》 | 2016年 |
| 3 | 国标 15J403-1 | 《楼梯 栏杆 栏板(一)》 | 2015年 |
| 4 | 国标 12J304 | 《楼地面建筑构造》 | 2012年 |
| 5 | 国标 12J003 | 《室外工程》 | 2012年 |
| 6 | 国标 12J201 | 《平屋面建筑构造》 | 2012年 |

门窗表

| 类型 | 设计编号 | 洞口尺寸/mm | 数量 | 选用型号 | 备注 |
|---|---|---|---|---|---|
| 门 | M1528 | 1500×2800 | 2 | 厂家图集 | 彩钢平开门 |
| | M1028 | 1000×2800 | 8 | | |
| | M1021 | 1000×2100 | 4 | P6 YJ0-1021 | 木质火板门 |
| | M0921 | 900×2100 | 4 | P6 YJ0-0921 | |
| 窗 | C2421 | 2400×2100 | 12 | 塑钢单框中空玻璃窗 6透明+9空气+6透明 | 塑钢推拉窗 |
| | C0627 | 600×2700 | 6 | 6厚浮法玻璃 | 塑钢上悬窗 |
| | C1510 | 1500×1000 | 4 | 6厚浮法玻璃 | 塑钢推拉窗 |
| | GC1521 | 1500×2100 | 4 | | |
| | GC1515 | 1500×1500 | 4 | | 塑钢推拉窗 |
| | GC0906 | 900×600 | 2 | | |
| 洞口 | D0530 | 500×3000 | 3 | | 设置墙洞 |
| | D3024 | 3000×2400 | 2 | | |

门窗大样表

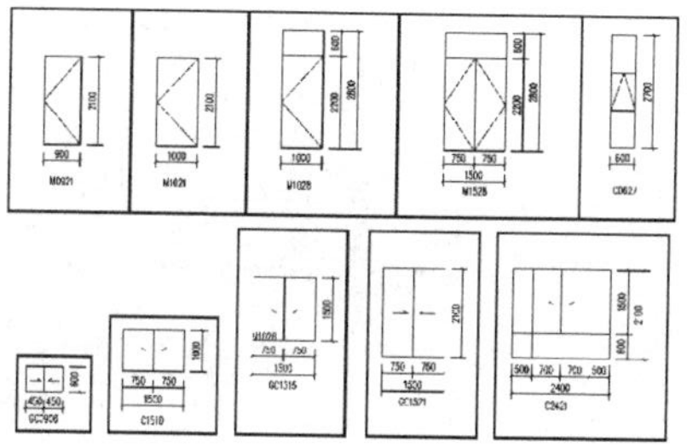


装修说明：

1.楼地面做法（适用于所有楼地面）

地：彩色防滑同质地砖面层；
8厚1∶1水泥砂浆结合层；
刷素水泥浆一道；
60厚C10素混凝土；
100厚碎石垫层；
素土分层@300夯实；

楼：彩色防滑同质地砖面层；
8厚1∶1水泥砂浆结合层；
15厚1∶2.5水泥砂浆找平层；
刷素水泥浆1~2道；
现浇钢筋混凝土楼板。

2.屋面做法

20厚1∶2水泥砂浆；
APP改性沥青防水卷材一层；
20厚1∶2水泥砂浆找平层；
憎水珍珠岩保温层60厚；
丙烯酸脂防水涂料2涂1布；
20厚1∶3水泥砂浆刮平；
现浇钢筋混凝土屋面板。

3.外墙面做法

底涂＋饰面砂浆；
5厚抹面胶浆＋耐碱玻纤网格布（一层）＋锚栓（网布外）；
35厚岩棉板（采用专用粘贴剂、锚栓牢固连接）；
胶粘剂；
0.5厚JS聚合物水泥防水涂料；
12厚DP20水泥砂浆找平；
混凝土界面剂；
钢筋混凝土墙面或砌体墙面。

4.内墙面做法

5厚DP5.0混合砂浆粉面；
15厚DP10混合砂浆打底。

5.顶棚做法

混凝土板底刷界面剂
2厚腻子批平砂光
涂料一底二度

6.踢脚板做法（除注明外，高度均为120 mm）

5厚釉面砖面层，白水泥擦缝
5厚专用胶粘结层，揉挤压实
15厚DP15水泥砂浆打底压实抹平
钢筋混凝土墙或砌块墙面

建施1/6

图6-1 某教学楼施工图

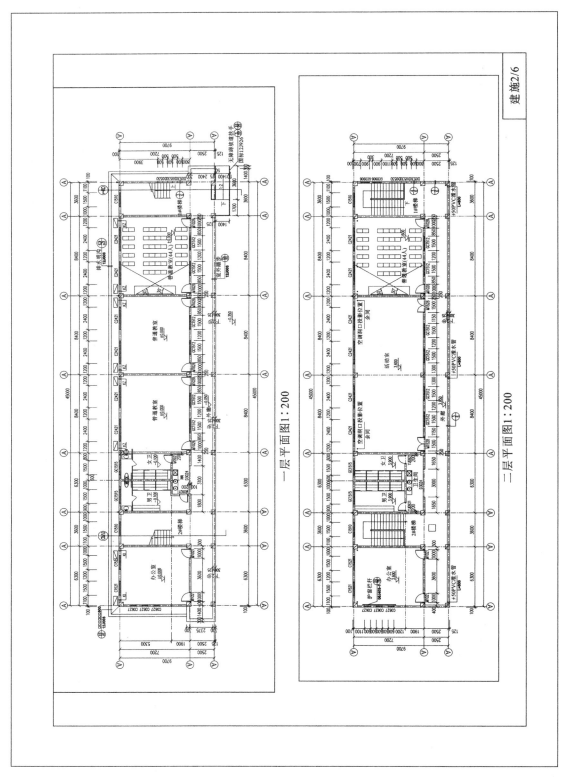

续图6-1

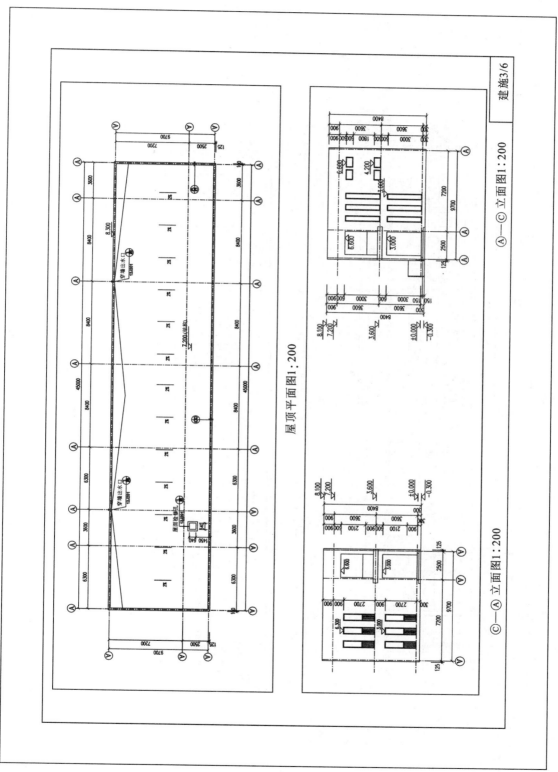

屋顶平面图1:200

Ⓐ—Ⓒ 立面图1:200

Ⓒ—Ⓐ 立面图1:200

建施3/6

续图6-1

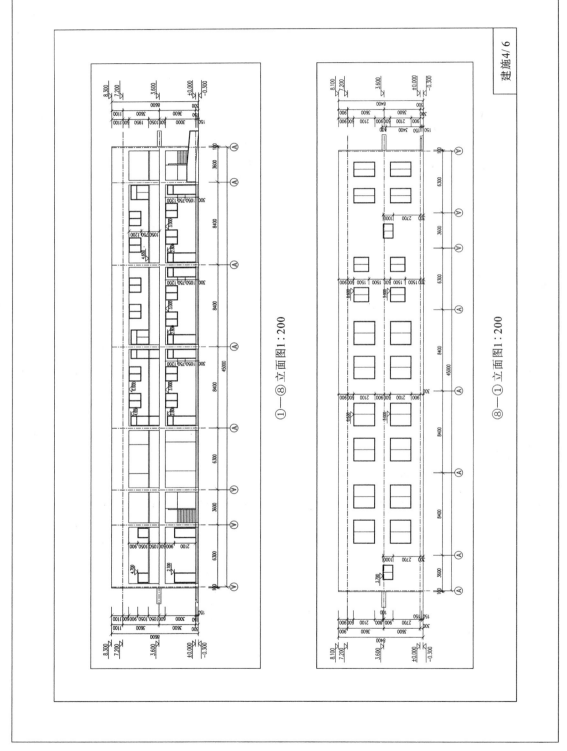

①—⑧立面图1:200

⑧—①立面图1:200

建施4/6

续图 6-1

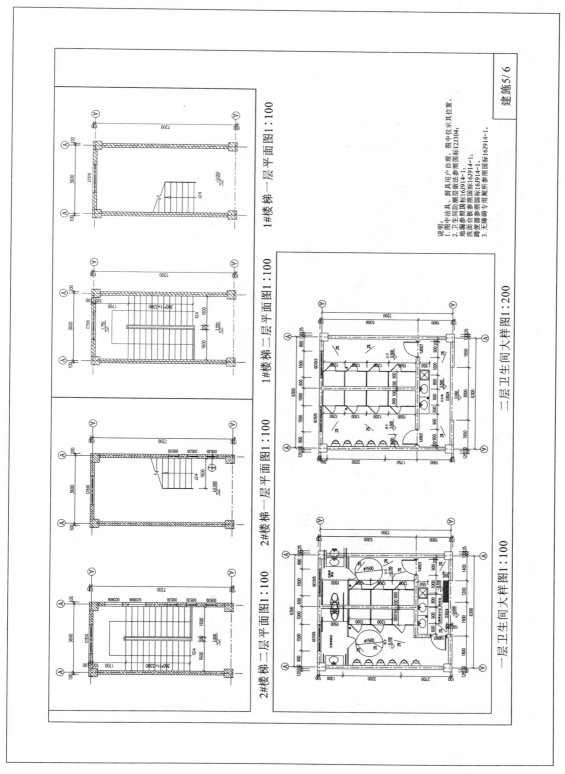

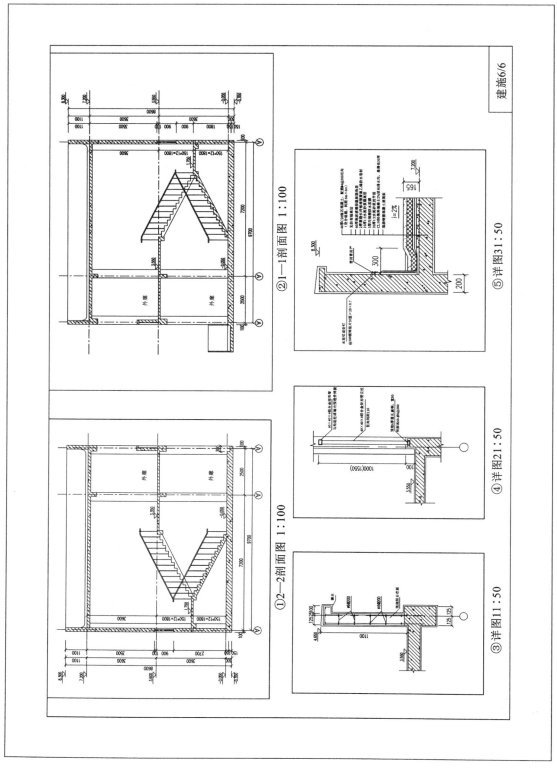

续图 6-1

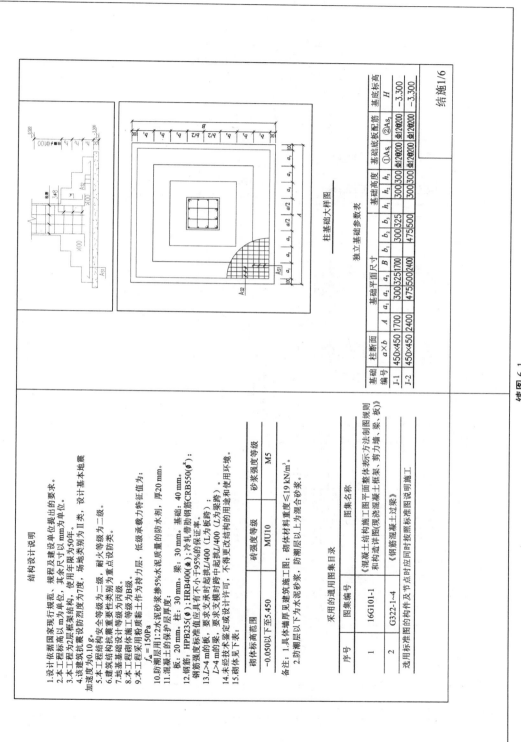

柱基础大样图

独立基础参数表

| 基础编号 | 柱断面 a×b | 基础平面尺寸 | | | | | | | 基础高度 | | | 基础底板配筋 | | 基底标高 H |
|---|---|---|---|---|---|---|---|---|---|---|---|---|---|---|
| | | A | $a_1$ | $a_2$ | B | $b_1$ | $b_2$ | | $h_1$ | $h_2$ | $h_3$ | ①As₁ | ②As₂ | |
| J-1 | 450×450 | 1700 | 300 | 325 | 1700 | 300 | 325 | | 300 | 300 | | Φ12@200 | Φ12@200 | −3.300 |
| J-2 | 450×450 | 2400 | 475 | 500 | 2400 | 475 | 500 | | 300 | 300 | | Φ12@200 | Φ12@200 | −3.300 |

续图 6-1

结施1/6

结构设计说明

1. 设计依据国家现行规范、规程及建设单位提出的要求。
2. 本工程标高以m为单位，其余尺寸以mm为单位。
3. 本工程为2层框架结构。
4. 该建筑抗震设防烈度为7度，使用年限为50年，场地地类别为Ⅱ类，设计基本地震加速度为0.10 g。
5. 本工程结构安全等级为二级，耐火等级为二级。
6. 建筑结构抗震重要性类别为二级。
7. 地基基础设计等级为丙级。
8. 本工程砌体施工质量控制等级为B级。
9. 本工程采用粉质黏土作为持力层，低级承载力特征值为 $f_{ak}=150Pa$
10. 防潮层用1:2水泥砂浆掺5%水泥质量的防水剂，厚20 mm。
11. 混凝土的保护层厚度：
    板：20 mm，柱：30 mm，梁：30 mm，基础：40 mm。
12. 钢筋：HPB235(φ)；HRB400(Φ)；冷轧带肋钢筋CRB550(φ$^R$)；钢筋强度标准值应具有不小于95%的保证率。
13. L>4 m的板。
    L>4 m的梁。要求支模时起拱(L为板跨)。
    要求支模时起拱(L为梁跨)。
14. 本经技术定或更改设计许可，不得更改结构的用途和使用环境。
15. 砌体见下表：

| 砌体标高范围 | 砖强度等级 | 砂浆强度等级 |
|---|---|---|
| −0.050以下至5.450 | MU10 | M5 |

备注：1. 具体墙厚见建筑施工图；砌体材料重度≤19 kN/m³。
2. 防潮层以下为水泥砂浆，防潮层以上为混合砂浆。

采用的通用图集目录

| 序号 | 图集编号 | 图集名称 |
|---|---|---|
| 1 | 16G101-1 | 《混凝土结构施工图平面整体表示方法制图规则和构造详图(现浇混凝土框架、剪力墙、梁、板)》 |
| 2 | G322-1-4 | 《钢筋混凝土过梁》 |

选用标准图的构件及节点时应同时按标准图说明施工

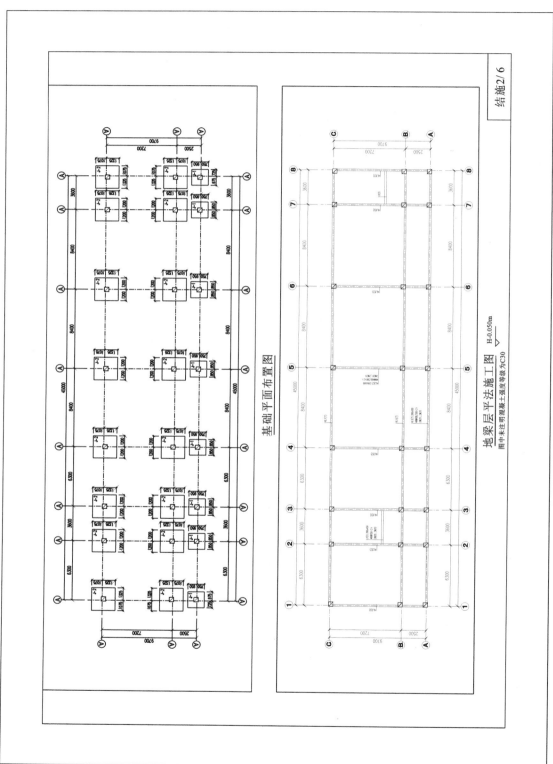

基础平面布置图

地梁层平法施工图 H-0.050m

图中未注明混凝土强度等级为C30

结施2/6

续图 6-1

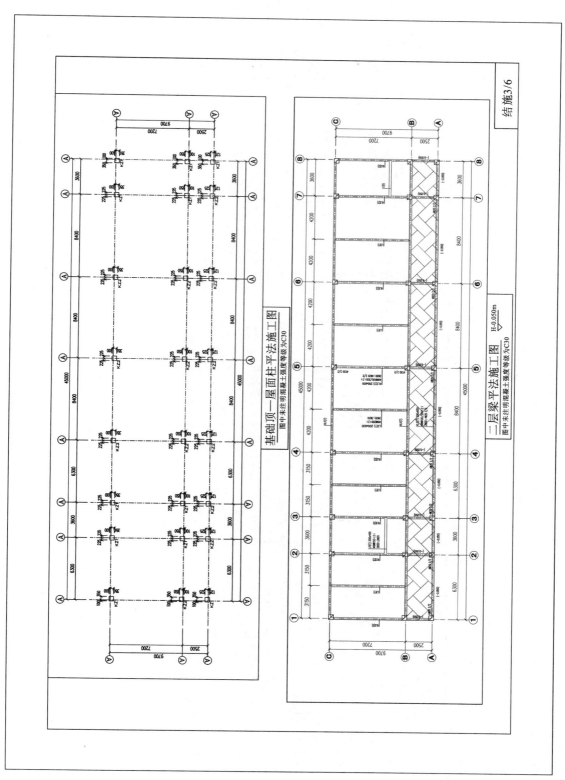

续图 6-1

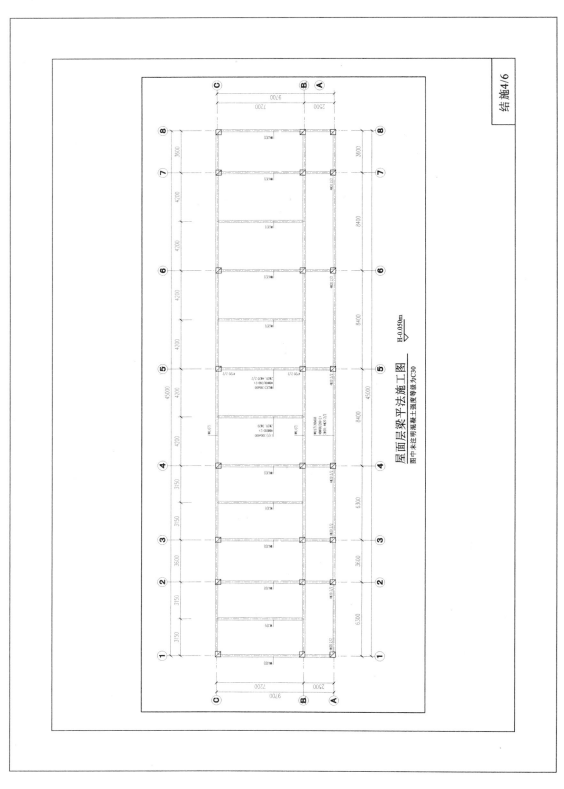

屋面层梁平法施工图

图中未注明混凝土强度等级为C30

H-0.050m

结施4/6

续图6-1

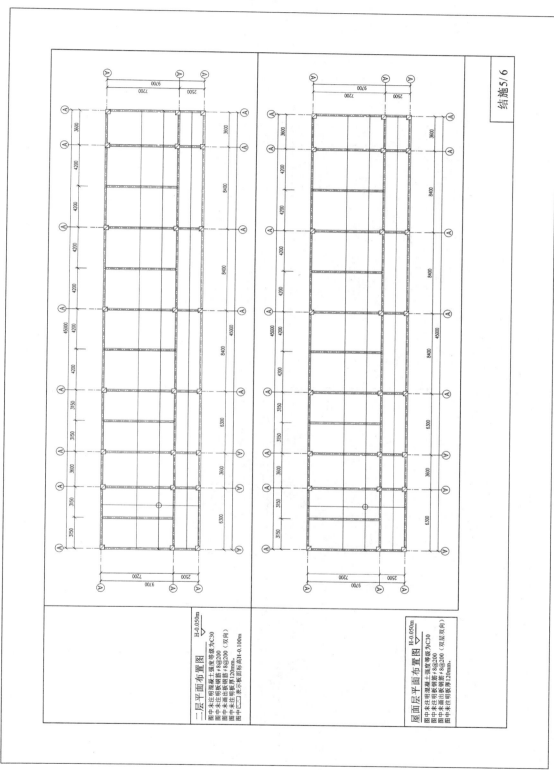

续图 6-1

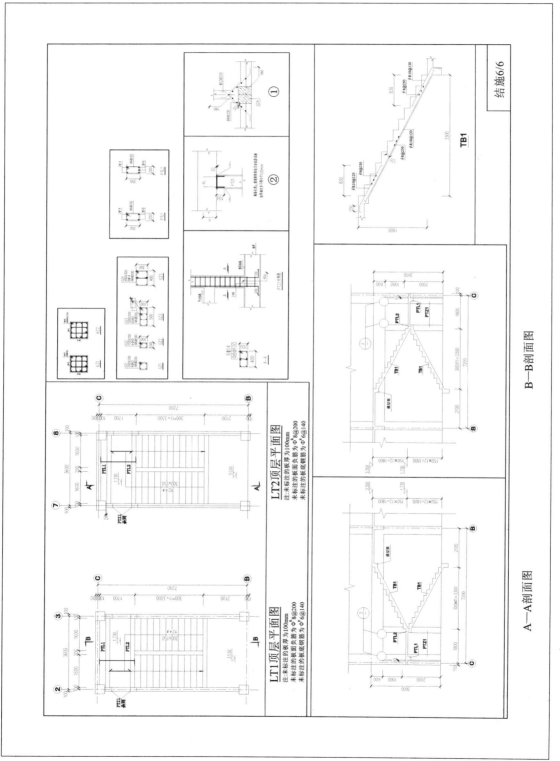

续图 6-1

# 附　　录

## 附录 A　关于印发《上海市建设工程安全防护、文明施工措施费用管理暂行规定》的通知（沪建交〔2006〕445 号）

　　第一条：为加强建设工程安全防护、文明施工的管理，保障施工从业人员的作业条件和生活环境，防止施工安全事故发生，根据有关法律、规章和建设部《建筑工程安全防护、文明施工措施费用及使用管理规定》，结合本市实际，制定本暂行规定。

　　第二条：本暂行规定适用于本市行政区域内的各类新建、扩建、改建的土木建筑工程、管线工程及其相关的设备安装工程、装饰装修工程。

　　第三条：本暂行规定所称的安全防护、文明施工措施费用，是指按照国家现行的建筑施工安全、施工现场环境与卫生标准和有关规定，用于购置和更新施工安全防护用具及设施、改善安全生产条件和作业环境所需要的费用。

　　安全防护、文明施工措施项目清单详见附件一。

　　第四条：对安全防护和文明施工有特殊措施要求，未列入安全防护、文明施工措施项目清单内容的，可结合工程实际情况，依照批准的施工组织设计方案另行立项，一并计入安全防护、文明施工措施费用。

　　危险性较大工程应当按照建设部《建设工程安全生产管理条例》第二十六条所规定的分项内容，根据经专家论证审核通过的安全专项施工方案来确定安全防护、文明施工措施项目内容。

　　第五条：建设单位、设计单位在编制工程概、预算时，应当依照本暂行规定所确定的费率，以及安全防护、文明施工措施项目清单内容，合理确定工程安全防护、文明施工措施费。

　　第六条：依法进行工程招投标的项目，招标人或具有资质的中介机构在编制工程招标文件时，依照本暂行规定所列的安全防护、文明施工措施项目清单内容，结合工程特点，按照常规的施工技术方案，单独开列安全施工、文明施工、环境保护和临时设施等项目的详细清单内容，并参照附件二，指定控制措施项目总报价的费率；对于基坑围护和沿街安全防护设施等有特殊措施要求的，未列入安全防护、文明施工措施项目清单的内容的，应另行标明项目内容。

　　投标人应当按照招标文件的报价要求，根据现行标准规范和招标文件要求，结合工程特点、工期进度、作业环境，以及施工组织设计文件中制定的相应安全防护、文明施工措施方案进行报价。评标人应当对投标人安全防护、文明施工措施和相应的费用报价进行评审，报价不应低于招标文件规定最低费用的 90%，否则按废标处理。

　　第七条：建设单位与施工单位应当在施工合同中明确安全防护、文明施工措施项目总费用，以及费用预付、支付计划、使用要求、调整方式等条款。工程施工合同工期在一年以内的，建设单位预付安全防护、文明施工措施项目费用不得低于该费用总额的 50%；工程施工合同工期在一年以上的（含一年），预付安全防护、文明施工措施费用不得低于该费用总额的 30%。其余费用应当按照施工进度支付；工程施工合同另有明确约定的从约定，但不得低于上述比例。

　　第八条：工程总承包单位对建设工程安全防护、文明施工措施费用的使用负总责。总承包单位应当按照本规定及合同约定及时向分包单位支付安全防护、文明施工措施费用。总承包单位不按本规定和合同约定支付费用,造成分包单位不能及时落实安全防护措施导致发生事故的,由总承包单位负主要责任。

第九条:建设单位申请领取建设工程施工许可证时,应当将施工合同中约定的安全防护、文明施工措施费用支付计划作为保证工程安全的具体措施提交建设行政主管部门。未提交的,建设行政主管部门不予核发施工许可证。

第十条:工程监理单位应当对施工单位落实安全防护、文明施工措施情况进行现场监理。对施工单位已经落实的安全防护、文明施工措施,总监理工程师或者造价工程师应当及时审查并签认所发生的费用。监理单位发现施工单位未落实施工组织设计及专项施工方案中安全防护和文明施工措施的,有权责令其立即整改;对施工单位拒不整改或未按期限要求完成整改的,工程监理单位应当及时向建设单位和建设行政主管部门报告,必要时责令其暂停施工。

第十一条:市、区(县)建设行政主管部门按照职责分工,以安全防护、文明施工措施项目清单内容为依据,对施工现场安全防护、文明施工措施落实情况进行监督检查,并对建设单位支付及施工单位使用安全防护、文明施工措施费用情况进行监督。对未按本暂行规定支付、使用安全防护、文明施工措施费用的行为,由市、区(县)建设行政主管部门,依据国家《建设工程安全生产管理条例》第五十四条、第六十三条规定给予行政处罚。

第十二条:市、区(县)建设行政主管部门的工作人员发生《建筑工程安全防护、文明施工措施费用及使用管理规定》第十五条所列行为的,按照该规定处理。

第十三条:创建文明工地的,可以在原约定的安全防护、文明施工措施费基础上适当提高,由施工单位与建设单位在建设工程承发包合同中约定。

第十四条:其他工程项目安全防护、文明施工措施费用可以参照本暂行规定执行。

第十五条:本暂行规定自 2006 年 10 月 1 日起施行。

附件一  房屋建筑、市政、民防工程安全防护、文明施工措施项目清单,如表 A-1 所示。

表 A-1  房屋建筑、市政、民防工程安全防护、文明施工措施项目清单

| 类　　别 | 项目名称 | 具体要求 | 备　　注 |
|---|---|---|---|
| 文明施工与环境保护 | 安全警示标志牌 | 在易发伤亡事故(或危险)处设置明显的、符合国家标准要求的安全警示标志牌 | |
| | 现场围挡 | (1)现场采用封闭围挡,市容景观道路及主干道的建筑施工现场围挡高度不得低于 2.5 m,其他地区围挡高度不得低于 2 m;<br>(2)建筑工程应当根据工程地点、规模、施工周期和区域文化,设置与周边建筑艺术风格相协调的实体围挡;<br>(3)围挡材料可采用彩色、定型钢板,砼砌块等墙体;<br>(4)市政、公路工程可采用统一的、连续的施工围栏;<br>(5)施工现场出入口应当设置实体大门,宽度不得大于 6 m,严禁透视及敞口施工 | |
| | 各类图板 | 在进门处悬挂工程概况牌、管理人员名单及监督电话牌、安全生产管理目标牌、安全生产隐患公示牌、文明施工承诺公示牌、消防保卫牌、建筑业农民工维权告示牌、施工现场总平面图、文明施工管理网络图、劳动保护管理网络图 | |

| 类　　别 | 项目名称 | 具　体　要　求 | 备　注 |
|---|---|---|---|
| 文明施工与环境保护 | 企业标志 | （1）现场出入的大门应设有企业标识；<br>（2）生活区有适时黑板报或阅报栏；<br>（3）宣传横幅适时醒目 | |
| | 场容场貌 | （1）道路畅通；<br>（2）施工现场应设置排水沟及沉淀池，施工污水经二级沉淀后方可排入市政污水管网和河流；<br>（3）工地地面硬化处理，主干道应适时洒水防止扬尘，清扫路面（包括楼层内）时应先洒水降尘后清扫；<br>（4）裸露的场地和集中堆放的土方应采取覆盖、固化或绿化等措施；<br>（5）施工现场混凝土搅拌场所采取封闭、降尘措施；<br>（6）食堂应设置隔油池，并应及时清理；<br>（7）厕所的化粪池应做抗渗处理；<br>（8）现场进出口处设置车辆冲洗设备；<br>（9）施工现场大门处设置警卫室，出入人员应当进行登记，所有施工人员应当按劳动保护要求统一着装，佩戴安全帽和表明身份的胸卡 | |
| | 材料堆放 | （1）材料、构件、料具等堆放时，悬挂有名称、品种、规格等标牌；<br>（2）水泥和其他易飞扬细颗粒建筑材料应密闭存放或采取覆盖等措施；<br>（3）易燃、易爆和有毒有害物品分类存放 | |
| | 现场防火 | （1）施工现场应当设有消防通道，宽度不得小于 3.5 m；<br>（2）建筑物高度超过 24 m 时，施工单位应当落实临时消防水源，设置具有足够扬程的高压水泵，当消防水源不能够满足灭火需要时，应当增设临时消防水箱；<br>（3）在建工程内设置办公场所和临时宿舍的，应当与施工作业区之间采取有效的防火隔离，并设置安全疏散通道，配备应急照明等消防设施；<br>（4）高层建筑的主体结构内动用明火进行焊割作业前，应当将供水系统安装至明火作业层，并确保取水正常；<br>（5）临时搭建的建筑物区域内应当按规定配备消防器材，临时搭建的办公、住宿场所每 100 m² 配备两具灭火级别不小于 3A 的灭火器，临时油漆间、易燃易爆危险物品仓库等每 30 m² 应配备两具灭火级别不小于 4B 的灭火器 | |
| | 垃圾清运 | （1）施工现场应设置密闭式垃圾站，施工垃圾、生活垃圾应分类存放；<br>（2）施工垃圾必须采用相应容器或管道运输 | |
| 临时设施 | 现场办公生活设施 | （1）施工现场应设置办公室、宿舍、食堂、厕所、淋浴间、开水房、文体活动室、密闭式垃圾站（或容器）及盥洗设施等临时设施，临时设施所用建筑材料应符合环保、消防要求。<br>（2）办公区和生活区应设密闭式垃圾容器。<br>（3）施工现场应配备常用药及绷带、止血带、颈托、担架等急救器材。<br>（4）宿舍内应保证有必要的生活空间，室内净高不得小于 2.4 m，通道宽度不得小于 0.9 m，每间宿舍居住人员不得超过 16 人。<br>（5）宿舍内应设置生活用品专柜，有条件的宿舍宜设置生活用品储藏室。<br>（6）宿舍内应设置垃圾桶、鞋柜或鞋架，生活区内应提供作业人员晾晒衣物的场地。<br>（7）食堂应设有食品原料储存、原料初加工、烹饪加工、备餐（分装、出售）、餐具及工用具清洗消毒等相对独立的专用场地，其中备餐间应单独设立。 | |

| 类 别 | 项目名称 | | 具体要求 | 备 注 |
|---|---|---|---|---|
| 临时设施 | 现场办公生活设施 | | (8) 食堂墙壁(含天花板)围护结构的建筑材料应具有耐腐蚀、耐酸碱、耐热、防潮、无毒等特性,表面平整无裂缝,应有 1.5 m 以上(烹饪间、备餐间应到顶)的瓷砖或其他可清洗的材料制成的墙裙。 | |
| | | | (9) 食品原料储存区域(间)应保持干燥、通风,食品应分类分架、隔墙离地(至少 0.15 m)存放,冰箱(冷库)内温度应符合食品储存卫生要求。 | |
| | | | (10) 原料初加工场地地面应用防水、防滑、无毒、易清洗的材料建造,具有 1%~2% 的坡度。设有蔬菜、水产品、禽肉类等三类食品清洗池,并有明显标志。 | |
| | | | (11) 烹调场所地面应铺设防滑地砖,墙壁应铺设瓷砖,炉灶上方应安装有效的脱排油烟机和排气罩,设有烹饪时放置生食品(包括配料)、熟制品的操作台或者货架。 | |
| | | | (12) 备餐间应设有二次更衣设施、备餐台、能开合的食品传递窗及清洗消毒设施,并配备紫外线灭菌灯等空气消毒设施。220 伏紫外线灯距地面应不低于 2.5 m。备餐间排水沟不得为明沟。备餐台应采用不锈钢材质制成。 | |
| | | | (13) 在烹调场所或专用场所必须设立工用具清洗消毒专用水池和保洁柜。工用具、餐饮具清洗消毒专用水池不得与蔬菜、水产品、禽肉类等食品清洗池混用。水池应采用耐腐蚀、耐磨损、易清洗的无毒材料制成。为就餐人员提供餐饮具的食堂,还应根据需要配备足够的餐饮具清洗消毒保洁设施。 | |
| | | | (14) 食堂应配备必要的排风设施和冷藏设施。 | |
| | | | (15) 食堂外应设置密闭式泔桶,并应及时清运。 | |
| | | | (16) 施工现场应设置水冲式或移动式厕所,厕所地面应硬化,门窗应齐全。蹲位之间宜设置隔板,隔板高度不宜低于 0.9 m。 | |
| | | | (17) 厕所大小应根据作业人员的数量设置。高层建筑施工超过 8 层时,每隔 4 层宜设置临时厕所。厕所应设专人负责清扫、消毒,化粪池应及时清掏。 | |
| | | | (18) 淋浴间内应设置满足需要的淋浴喷头,可设置储衣柜或挂衣架。 | |
| | | | (19) 应设置满足作业人员使用的盥洗池,并应使用节水龙头。 | |
| | | | (20) 生活区应设置开水炉、电热水器或饮用水保温桶,施工区应配备流动保温水桶。 | |
| | | | (21) 文体活动室应配备电视机、书报、杂志等文体活动设施、用品。 | |
| | | | (22) 施工现场应设专职或兼职保洁员,负责卫生清扫和保洁。 | |
| | | | (23) 办公区和生活区应采取灭鼠、蚊、蝇、蟑螂等措施,并应定期投放和喷洒药物。 | |
| | | | (24) 炊事人员上岗应穿戴洁净的工作服、工作帽和口罩,并应保持个人卫生。 | |
| | | | (25) 食堂的炊具、餐具和公用饮水器具必须清洗消毒 | |
| | 施工现场临时用电 | 配电线路 | (1) 按照 TN-S 系统要求配备电缆;<br>(2) 按要求架设临时用电线路的电杆、横担、瓷夹、瓷瓶等或电缆埋地地沟;<br>(3) 对靠近施工现场的外电线路,设置木质、塑料等绝缘体的防护设施 | |
| | | 配电箱、开关箱 | (1) 按三级配电要求,配备总配电箱、分配电箱、开关箱三类标准电箱。开关箱应符合一机、一箱、一闸、一漏。三类电箱中的各类电器应是合格产品。<br>(2) 按二级保护要求,选取符合容量要求和质量合格的漏电保护器 | |
| | | 接地保护装置 | 施工现场保护零线的重复接地应不少于三处 | |

| 类　别 | 项目名称 | 具　体　要　求 | 备　注 |
|---|---|---|---|
| 安全施工 | 楼板、屋面、阳台等临边防护 | 用密目式安全立网封闭,作业层另加两边防护栏杆和0.18 m高的踢脚板。脚手架基础、架体、安全网等应当符合规定 | |
| | 通道口防护 | 设防护棚,防护棚应为不小于0.05 m厚的木板或两道相距0.5 m的竹笆。两侧应沿栏杆架用密目式安全网封闭。应当采用标准化、定型化防护设施,安全警示标志应当醒目 | |
| | 预留洞口防护 | 用木板全封闭;短边超过1.5 m长的洞口,除封闭外四周还应设有防护栏杆。应当采用标准化、定型化防护设施,安全警示标志应当醒目 | |
| | 电梯井口防护 | 设置定型化、标准化的防护门,在电梯井内每隔两层(不大于10 m)设置一道安全平网,或每层设置一道硬隔离;应当采用标准化、定型化防护设施,安全警示标志应当醒目 | |
| | 楼梯边防护 | 设1.2 m高的定型化、标准化的防护栏杆,0.18 m高的踢脚板。安全警示标志应当醒目 | |
| | 垂直方向交叉作业防护 | 设置防护隔离棚或其他设施 | |
| | 高空作业防护 | 有悬挂安全带的悬索或其他设施,有操作平台,有上下的梯子或其他形式的通道 | |
| | 操作平台交叉作业 | (1)操作平台面积不应超过10 m²,高度不应超过5 m;<br>(2)操作平台满铺竹笆,设置防护栏杆,并应布置登高扶梯;<br>(3)悬挑式钢平台两边各设前后两道斜拉杆或钢丝绳,应设置四个经过验算的吊环;<br>(4)钢平台左右两侧必须设置固定的防护栏杆;<br>(5)高层建筑施工或者起重设备起重臂回转半径内,按照规定设置安全防护棚 | |
| | 作业人员具备必要的安全帽、安全带等安全防护用品 | | |

（临边洞口交叉高处作业防护）

附件二　房屋建筑、市政、民防工程安全防护、文明施工措施暂行费率表,如表 A-2～表 A-4 所示。

表 A-2　房屋建筑工程安全防护、文明施工措施费率表

| 项目类别 | | | 费率/(%) | 备　注 |
|---|---|---|---|---|
| 工业建筑 | 厂房 | 单层 | 2.8～3.2 | |
| | | 多层 | 3.2～3.6 | |
| | 仓库 | 单层 | 2.0～2.3 | |
| | | 多层 | 3.0～3.4 | |
| 民用建筑 | 居住建筑 | 低层 | 3.0～3.4 | |
| | | 多层 | 3.3～3.8 | |
| | | 中高层及高层 | 3.0～3.8 | |
| | 公共建筑及综合性建筑 | | 3.3～3.8 | |
| | 独立设备安装工程 | | 1.0～1.15 | |

注:1. 居住建筑包括住宅、宿舍、公寓。

2. 安全防护、文明施工措施费,以国家标准《建设工程工程量清单计价规范》的分部分项工程量清单价合计(综合单价)为基数乘以相应的费率计算费用。作为控制安全防护、文明施工措施的最低总费用。

3. 对深基坑围护、施工排水降水、脚手架、混凝土和钢筋混凝土模板及支架等危险性较大工程的措施项目和对沿街安全防护设施、夜间施工、二次搬运、大型机械设备进出场及安拆、已完工程及设备保护、垂直运输机械等措施费用等其他措施项目,依照批准的施工组织设计方案,仍按国家《建设工程工程量清单计价规范》的有关规定报价。一并计入施工措施费。

表 A-3　市政基础设施工程安全防护、文明施工措施费率表

| 项 目 类 别 | | 费率/(%) | 备　　注 |
|---|---|---|---|
| 道路工程 | | 2.2~2.6 | |
| 道路交通管理设施工程 | | 1.8~2.2 | |
| 桥涵及护岸工程 | | 2.6~3.0 | |
| 排水管道工程 | | 2.4~2.8 | |
| 排水构筑物工程 | 泵站 | 2.2~2.6 | |
| | 污水处理厂 | 2.2~2.6 | |
| 轨道交通工程 | 地铁车站 | 2.2~2.6 | |
| | 区间隧道 | 1.2~1.8 | |
| 越江隧道工程 | | 1.2~1.8 | |

注:1. 安全防护、文明施工措施费,以国家《建设工程工程量清单计价规范》的分部分项工程量清单价合计(综合单价)为基数乘以相应的费率计算费用。作为控制安全防护、文明施工措施的最低总费用。

2. 对未列入安全防护、文明施工措施费清单内容的夜间施工、二次搬运、大型机械设备进出场及安拆、脚手架、已完工程及设备保护、垂直运输机械等措施费用,仍按国家《建设工程工程量清单计价规范》的有关规定报价。

表 A-4　民防工程安全防护、文明施工措施费率表

| 序　　号 | 项 目 类 别 | | 费率/(%) | 备　　注 |
|---|---|---|---|---|
| 1 | 民防工程 | 2 000 m² 以内 | 3.49~4.22 | |
| 2 | | 5 000 m² 以内 | 2.13~2.58 | |
| 3 | | 8 000 m² 以内 | 1.82~2.21 | |
| 4 | | 10 000 m² 以内 | 1.63~1.98 | |
| 5 | | 15 000 m² 以内 | 1.49~1.81 | |
| 6 | | 15 000 m² 以上 | 1.31~1.59 | |
| 7 | 独立装饰装修工程 | | 2.0~72.3 | |

注:1. 项目类别中的面积是指民防工程建筑面积。

2. 安全防护、文明施工措施费,以国家《人防工程工程量清单计价办法》的分部分项工程量清单合计(综合单价)为基础乘以相应的费率计算费用。作为控制安全防护、文明施工措施的最低总费用。

3. 对未列入安全防护、文明施工措施费清单内容的夜间施工、二次搬运、大型机械设备进出场及安拆、混凝土、钢筋混凝土模板及支架、脚手架、已完工程及设备保护、施工排水降水、垂直水平运输机械、内部施工照明等措施费用,仍按国家《人防工程工程量清单计价办法》的有关规定报价。

# 附录 B　关于实施建筑业营业税改增值税调整本市建设工程计价依据的通知(沪建市管〔2016〕42 号)

为推进本市建筑业营改增工作的顺利实施,根据住房城乡建设部办公厅《关于做好建筑业营改增建设工程计价依据调整准备工作的通知》(建办标〔2016〕4 号),财政部、国家税务总局《关

于全面推开营业税改征增值税试点的通知》(财税〔2016〕36 号),以及市住房城乡建设管理委《关于做好本市建筑业建设工程计价依据调整工作的通知》(沪建标定〔2016〕257 号)等规定,经研究和测算,现将本市建设工程计价依据调整内容通知如下:

一、本市建设工程工程量清单计价、定额计价均采用"价税分离"原则,工程造价可按以下公式计算:工程造价=税前工程造价×(1+11%)。其中,11%为建筑业增值税税率,税前工程造价为人工费、材料费、施工机具使用费、企业管理费、利润和规费之和,各费用项目均以不包含增值税可抵扣进项税额的价格计算。

二、上海市建筑建材业市场管理总站在本市建设工程造价信息平台动态发布不包含增值税可抵扣进项税额的建设工程材料、施工机具价格信息,并同时公布各类材料价格折算率。

三、城市维护建设税、教育费附加、地方教育费附加、河道管理费等附加税费计入企业管理费中。

四、2016 年 5 月 1 日起进行招标登记的建设工程应执行增值税计价规则。2016 年 5 月 1 日前发布的招标文件应当明确本次招标的税金计取方式。

五、《建筑工程施工许可证》注明的合同开工日期在 2016 年 4 月 30 日后的建筑工程项目,未取得《建筑工程施工许可证》的,建筑工程承包合同注明的开工日期在 2016 年 4 月 30 日后的建筑工程项目,应执行增值税计价规则。

六、符合《关于全面推开营业税改征增值税试点的通知》(财税〔2016〕36 号)中"建筑工程老项目"要求,且选择简易计税方法计税的建筑工程项目,可参照执行原计价依据(营业税)。

附件一　最高投标限价相关费率取费标准(增值税)如下。

一、分部分项工程费、单项措施费

(一)材料费和施工机具使用费

材料费、工程设备费和施工机具使用费中不包含增值税可抵扣进项税额。

(二)企业管理费和利润

企业管理费和利润以分部分项工程、单项措施和专业暂估价的人工费为基数,乘以相应费率(见表 B-1)。其中,专业暂估价中的人工费按专业暂估价的 20%计算。企业管理费中不包含增值税可抵扣进项税额。企业管理费中已包括城市维护建设税、教育费附加、地方教育附加和河道管理费等附加税。

表 B-1　各专业工程企业管理费和利润费率表

| 工程专业 | | 计算基数 | 费率/(%) |
|---|---|---|---|
| 房屋建筑与装饰工程 | | | 20.78～30.98 |
| 通用安装工程 | | | 32.33～36.20 |
| 市政工程 | 土建 | | 28.29～32.93 |
| | 安装 | | 32.33～36.20 |
| 城市轨道交通工程 | 土建 | 分部分项工程、单项措施和专业暂估价的人工费 | 28.29～32.93 |
| | 安装 | | 32.33～36.20 |
| 园林绿化工程 | 种植 | | 42.94～50.68 |
| | 养护 | | 33.30～41.04 |
| 仿古建筑工程(含小品) | | | 29.21～37.99 |
| 房屋修缮工程 | | | 23.16～34.20 |
| 民防工程 | | | 20.78～30.98 |
| 市政管网工程(给水、燃气管道工程) | | | 26.22～34.82 |

二、措施项目中的总价措施费

（一）安全防护、文明施工费

经测算，房屋建筑与装饰、设备安装、市政、城市轨道交通、民防工程，按照原上海市城乡建设和交通委员会《关于印发〈上海市建设工程安全防护、文明施工措施费用管理暂行规定〉的通知》（沪建交〔2006〕445号）相关规定施行。市政管网工程参照排水管道工程；房屋修缮工程参照民用建筑（居住建筑多层）；园林绿化工程参照民防工程（15 000 m² 以上）；仿古建筑工程参照民用建筑（居住建筑多层）。

（二）其他措施项目费

其他措施项目费以分部分项工程费为基数，乘以相应费率（见表 B-2）。主要包括：夜间施工，非夜间施工照明，二次搬运，冬雨季施工，地上、地下设施及建筑物的临时保护设施（施工场地内）和已完工程及设备保护等内容。其他措施项目费中不包含增值税可抵扣进项税额。

表 B-2　各专业工程其他措施项目费费率表

| 工程专业 | | 计算基数 | 费率/(%) |
|---|---|---|---|
| 房屋建筑与装饰工程 | | 分部分项工程费 | 1.50～2.37 |
| 通用安装工程 | | | 1.50～2.37 |
| 市政工程 | 土建 | | 1.50～3.75 |
| | 安装 | | |
| 城市轨道交通工程 | 土建 | | 1.40～2.80 |
| | 安装 | | |
| 园林绿化工程 | 种植 | | 1.49～2.37 |
| | 养护 | | — |
| 仿古建筑工程（含小品） | | | 1.49～2.37 |
| 房屋修缮工程 | | | 1.50～2.37 |
| 民防工程 | | | 1.50～2.37 |
| 市政管网工程（给水、燃气管道工程） | | | 1.50～3.75 |

三、规费

（一）社会保险费和住房公积金

社会保险费和住房公积金应符合本市现行规定的要求。

（二）排污费

工程排污费按本市相关规定计入建设工程材料价格信息发布的水费价格内。

四、增值税

增值税即为当期销项税额，当期销项税额＝税前工程造价×增值税税率，增值税税率为 11%。

五、构筑物工程

构筑物工程的企业管理费和利润、总价措施费、规费按相应专业费率分别执行。

附件二　上海市建设工程施工费用计算规则（增值税）如下。

一、直接费

（一）调整直接费定义

直接费指施工过程中的耗费，构成工程实体和部分有助于工程形成的各项费用（包括人工费、材料费、工程设备费和施工机具使用费），直接费中不包含增值税可抵扣进项税额。

（二）调整人工费

将原人工费内容中的社会保险基金、住房公积金等归入规费项目内，危险作业意外伤害保险费、职工福利费、工会经费和职工教育经费等归入施工管理费项目内，其他内容及计算方法不变。

（三）调整机械使用费

机械使用费更改为施工机具使用费。原机械使用费内容中的养路费或道路建设车辆通行费取消。

（四）符合《上海市建设工程工程量清单计价应用规则》的规定

人工费、材料费、工程设备费和施工机具使用费等各项费用内容的组成，应与《上海市建设工程工程量清单计价应用规则》中的人工、材料、工程设备费和施工机具使用费等内容组成相统一。

二、综合费用

综合费用更名为企业管理费和利润。

施工管理费更名为企业管理费。

企业管理费和利润的内容组成与《上海市建设工程工程量清单计价应用规则》中的企业管理费和利润内容组成相统一。企业管理费中不包含增值税可抵扣进项税额。企业管理费中已包括城市维护建设税、教育费附加、地方教育附加和河道管理费等附加税。

各专业工程的企业管理费和利润，均以直接费中的人工费为基数，乘以相应的费率计算。

各专业工程的企业管理费和利润费率应在合同中约定。

三、安全防护、文明施工措施费

经测算，安全防护、文明施工措施费的内容仍按照原上海市城乡建设和交通委员会《关于印发〈上海市建设工程安全防护、文明施工措施费用管理暂行规定〉的通知》（沪建交〔2006〕445号）相关规定执行。安全防护、文明施工措施费的计算基数，以直接费与企业管理费和利润之和为基数，乘以相应的费率计算。

四、施工措施费

施工措施费中不包含增值税可抵扣进项税额。

五、规费

社会保障费更名为社会保险费，社会保险费包括养老、失业、医疗、生育和工伤保险费。

调整社会保险费和住房公积金的计算方法，均以直接费中的人工费为基数，乘以相应的费率计算。

工程排污费按本市相关规定计入建设工程材料价格信息发布的水费价格内。

河道管理费归入企业管理费和利润内。

六、增值税

增值税即为当期销项税额，当期销项税额＝税前工程造价×增值税税率，增值税税率为11%。

各建设工程施工费用计算规则如表B-3～表B-11所示。

#### 表 B-3 建筑和装饰工程施工费用计算程序表

| 序号 | 项 | 目 | 计 算 式 | 备 注 |
|---|---|---|---|---|
| (1) | 直接费 | 人工、材料、设备、施工机具使用费 | 按预算定额子目规定计算 | 建筑和装饰工程预算定额、说明,材料、设备、施工机具使用费中不含增值税 |
| (2) | | 其中:人工费 | | |
| (3) | 企业管理费和利润 | | (2)×合同约定费率 | |
| (4) | 安全防护、文明施工措施费 | | [(1)+(3)]×相应费率 | 按照(沪建交〔2006〕445 号)文件相应费率 |
| (5) | 施工措施费 | | 按规定计算 | 由双方合同约定 |
| (6) | 小计 | | (1)+(3)+(4)+(5) | |
| (7) | 人工、材料、设备、施工机具价差 | | 结算期信息价-[中标期信息价×(1+风险系数)] | 由双方合同约定,材料、设备、施工机具使用费中不含增值税 |
| (8) | 规费 | 社会保险费 | (2)×费率 | |
| (9) | | 住房公积金 | (2)×费率 | |
| (10) | 增值税 | | [(6)+(7)+(8)+(9)]×增值税税率 | 增值税税率:11% |
| (11) | 费用合计 | | (6)+(7)+(8)+(9)+(10) | |

注:1. 结算期信息价指工程施工期(结算期)工程造价信息平台发布的市场信息价的平均价(算术平均或加权平均价);

2. 中标期信息价指工程中标期对应工程造价信息平台发布的市场信息价。

#### 表 B-4 安装工程施工费用计算程序表

| 序号 | 项 | 目 | 计 算 式 | 备 注 |
|---|---|---|---|---|
| (1) | 直接费 | 人工、材料、设备、施工机具使用费 | 按预算定额子目规定计算 | 安装工程预算定额、说明,材料、设备、施工机具使用费中不含增值税 |
| (2) | | 其中:人工费 | | |
| (3) | 企业管理费和利润 | | (2)×合同约定费率 | |
| (4) | 安全防护、文明施工措施费 | | 按规定计算 | 按照(沪建交〔2006〕445 号)文件相应规定执行 |
| (5) | 施工措施费 | | 按规定计算 | 由双方合同约定 |
| (6) | 小计 | | (1)+(3)+(4)+(5) | |
| (7) | 人工、材料、设备、施工机具价差 | | 结算期信息价-[中标期信息价×(1+风险系数)] | 由双方合同约定,材料、设备、施工机具使用费中不含增值税 |
| (8) | 规费 | 社会保险费 | (2)×费率 | |
| (9) | | 住房公积金 | (2)×费率 | |
| (10) | 增值税 | | [(6)+(7)+(8)+(9)]×增值税税率 | 增值税税率:11% |
| (11) | 费用合计 | | (6)+(7)+(8)+(9)+(10) | |

注:1. 结算期信息价指工程施工期(结算期)工程造价信息平台发布的市场信息价的平均价(算术平均或加权平均价)。

2. 中标期信息价指工程中标期对应工程造价信息平台发布的市场信息价。

表 B-5　市政和轨道交通工程施工费用计算程序表

| 序号 | 项　目 | | 计　算　式 | 备　注 |
|---|---|---|---|---|
| (1) | 直接费 | 人工、材料、设备、施工机具使用费 | 按预算定额子目规定计算 | 市政、轨道交通工程预算定额、说明,材料、设备、施工机具使用费中不含增值税 |
| (2) | | 其中:人工费 | | |
| (3) | 企业管理费和利润 | | (2)×合同约定费率 | |
| (4) | 安全防护、文明施工措施费 | | [(1)+(3)]×相应费率 | 按照(沪建交〔2006〕445号)文件相应费率 |
| (5) | 施工措施费 | | 按规定计算 | 由双方合同约定 |
| (6) | 小计 | | (1)+(3)+(4)+(5) | |
| (7) | 人工、材料、设备、施工机具价差 | | 结算期信息价—[中标期信息价×(1+风险系数)] | 由双方合同约定,材料、设备、施工机具使用费中不含增值税 |
| (8) | 规费 | 社会保险费 | (2)×费率 | |
| (9) | | 住房公积金 | (2)×费率 | |
| (10) | 增值税 | | [(6)+(7)+(8)+(9)]×增值税税率 | 增值税税率:11% |
| (11) | 费用合计 | | (6)+(7)+(8)+(9)+(10) | |

注:1. 结算期信息价指工程施工期(结算期)工程造价信息平台发布的市场信息价的平均价(算术平均或加权平均价)。

　　2. 中标期信息价指工程中标期对应工程造价信息平台发布的市场信息价。

表 B-6　市政安装和轨道交通安装工程施工费用计算程序表

| 序号 | 项　目 | | 计　算　式 | 备　注 |
|---|---|---|---|---|
| (1) | 直接费 | 人工、材料、设备、施工机具使用费 | 按预算定额子目规定计算 | 市政、轨道交通预算定额、说明,材料、设备、施工机具使用费中不含增值税 |
| (2) | | 其中:人工费 | | |
| (3) | 企业管理费和利润 | | (2)×合同约定费率 | |
| (4) | 安全防护、文明施工措施费 | | 按规定计算 | 按照(沪建交〔2006〕445号)文件相应规定执行 |
| (5) | 施工措施费 | | 按规定计算 | 由双方合同约定 |
| (6) | 小计 | | (1)+(3)+(4)+(5) | |
| (7) | 人工、材料、设备、施工机具价差 | | 结算期信息价—[中标期信息价×(1+风险系数)] | 由双方合同约定,材料、设备、施工机具使用费中不含增值税 |
| (8) | 规费 | 社会保险费 | (2)×费率 | |
| (9) | | 住房公积金 | (2)×费率 | |
| (10) | 增值税 | | [(6)+(7)+(8)+(9)]×增值税税率 | 增值税税率:11% |
| (11) | 费用合计 | | (6)+(7)+(8)+(9)+(10) | |

注:1. 市政安装工程包括道路交通管理设施工程中的交通标志、信号设施、值勤亭、交通隔离设施、排水构筑物设备安装工程。

　　2. 轨道交通安装工程包括电力牵引、通信、信号、电气安装、环控及给排水、消防及自动控制、其他运营设备安装工程。

　　3. 结算期信息价指工程施工期(结算期)工程造价信息平台发布的市场信息价的平均价(算术平均或加权平均价)。

　　4. 中标期信息价指工程中标期对应工程造价信息平台发布的市场信息价。

表 B-7　民防工程施工费用计算程序表

| 序号 | 项目 | | 计 算 式 | 备 注 |
|---|---|---|---|---|
| (1) | 直接费 | 人工、材料、设备、施工机具使用费 | 按预算定额子目规定计算 | 民防工程预算定额、说明,材料、设备、施工机具使用费中不含增值税 |
| (2) | | 其中:人工费 | | |
| (3) | 企业管理费和利润 | | (2)×合同约定费率 | |
| (4) | 安全防护、文明施工措施费 | | [(1)+(3)]×相应费率 | 按照(沪建交〔2006〕445 号)文件相应费率 |
| (5) | 施工措施费 | | 按规定计算 | 由双方合同约定 |
| (6) | 小计 | | (1)+(3)+(4)+(5) | |
| (7) | 人工、材料、设备、施工机具价差 | | 结算期信息价-[中标期信息价×(1+风险系数)] | 由双方合同约定,材料、设备、施工机具使用费中不含增值税 |
| (8) | 规费 | 社会保险费 | (2)×费率 | |
| (9) | | 住房公积金 | (2)×费率 | |
| (10) | 增值税 | | [(6)+(7)+(8)+(9)]×增值税税率 | 增值税税率:11% |
| (11) | 费用合计 | | (6)+(7)+(8)+(9)+(10) | |

注:1. 结算期信息价指工程施工期(结算期)工程造价信息平台发布的市场信息价的平均价(算术平均或加权平均价)。

　　2. 中标期信息价指工程中标期对应工程造价信息平台发布的市场信息价。

表 B-8　公用管线工程施工费用计算程序表

| 序号 | 项目 | | 计 算 式 | 备 注 |
|---|---|---|---|---|
| (1) | 直接费 | 人工、材料、设备、施工机具使用费 | 按预算定额子目规定计算 | 公用管线工程预算定额、说明,材料、设备、施工机具使用费中不含增值税 |
| (2) | | 其中:人工费 | | |
| (3) | 企业管理费和利润 | | (2)×合同约定费率 | |
| (4) | 安全防护、文明施工措施费 | | [(1)+(3)]×2.4%~2.8% | |
| (5) | 施工措施费 | | 按规定计算 | 由双方合同约定 |
| (6) | 小计 | | (1)+(3)+(4)+(5) | |
| (7) | 人工、材料、施工机具价差 | | 结算期信息价-[中标期信息价×(1+风险系数)] | 由双方合同约定,材料、设备、施工机具使用费中不含增值税 |
| (8) | 规费 | 社会保险费 | (2)×费率 | |
| (9) | | 住房公积金 | (2)×费率 | |
| (10) | 增值税 | | [(6)+(7)+(8)+(9)]×增值税税率 | 增值税税率:11% |
| (11) | 费用合计 | | (6)+(7)+(8)+(9)+(10) | |

注:1. 结算期信息价指工程施工期(结算期)工程造价信息平台发布的市场信息价的平均价(算术平均或加权平均价)。

　　2. 中标期信息价指工程中标期对应工程造价信息平台发布的市场信息价。

**表 B-9 园林建筑(仿古、小品)工程施工费用计算程序表**

| 序号 | 项 目 | | 计 算 式 | 备 注 |
|---|---|---|---|---|
| (1) | 直接费 | 人工、材料、设备、施工机具使用费 | 按预算定额子目规定计算 | 园林工程预算定额、说明,材料、设备、施工机具使用费中不含增值税 |
| (2) | | 其中:人工费 | | |
| (3) | 企业管理费和利润 | | (2)×合同约定费率 | |
| (4) | 安全防护、文明施工措施费 | | [(1)+(3)]×3.3%~3.8% | |
| (5) | 施工措施费 | | 按规定计算 | 由双方合同约定 |
| (6) | 小计 | | (1)+(3)+(4)+(5) | |
| (7) | 人工、材料、设备、施工机具价差 | | 结算期信息价-[中标期信息价×(1+风险系数)] | 由双方合同约定,材料、设备、施工机具使用费中不含增值税 |
| (8) | 规费 | 社会保险费 | (2)×费率 | |
| (9) | | 住房公积金 | (2)×费率 | |
| (10) | 增值税 | | [(6)+(7)+(8)+(9)]×增值税税率 | 增值税税率:11% |
| (11) | 费用合计 | | (6)+(7)+(8)+(9)+(10) | |

注:1. 结算期信息价指工程施工期(结算期)工程造价信息平台发布的市场信息价的平均价(算术平均或加权平均价)。

2. 中标期信息价指工程中标期对应工程造价信息平台发布的市场信息价。

**表 B-10 园林绿化(种植、养护)工程施工费用计算程序表**

| 序号 | 项 目 | | 计 算 式 | 备 注 |
|---|---|---|---|---|
| (1) | 直接费 | 人工、材料、设备、施工机具使用费 | 按预算定额子目规定计算 | 园林工程预算定额、说明,材料、设备、施工机具使用费中不含增值税 |
| (2) | | 其中:人工费 | | |
| (3) | 企业管理费和利润 | | (2)×合同约定费率 | |
| (4) | 安全防护、文明施工措施费 | | [(1)+(3)]×1.31%~1.59% | |
| (5) | 施工措施费 | | 按规定计算 | 由双方合同约定 |
| (6) | 小计 | | (1)+(3)+(4)+(5) | |
| (7) | 人工、材料、设备、施工机具价差 | | 结算期信息价-[中标期信息价×(1+风险系数)] | 由双方合同约定,材料、设备、施工机具使用费中不含增值税 |
| (8) | 规费 | 社会保险费 | (2)×费率 | 种植 |
| (9) | | | | 养护 |
| | | 住房公积金 | (2)×费率 | 种植 |
| (10) | 增值税 | | [(6)+(7)+(8)+(9)]×增值税税率 | 养护 增值税税率:11% |
| (11) | 费用合计 | | (6)+(7)+(8)+(9)+(10) | |

注:1. 结算期信息价指工程施工期(结算期)工程造价信息平台发布的市场信息价的平均价(算术平均或加权平均价)。

2. 中标期信息价指工程中标期对应工程造价信息平台发布的市场信息价。

表 B-11  房屋修缮工程施工费用计算程序表

| 序号 | 项 目 | | 计 算 式 | 备 注 |
|---|---|---|---|---|
| (1) | 直接费 | 人工、材料、设备、施工机具使用费 | 按预算定额子目规定计算 | 房屋修缮工程预算定额、说明，材料、设备、施工机具使用费中不含增值税 |
| (2) | | 其中:人工费 | | |
| (3) | 企业管理费和利润 | | (2)×合同约定费率 | |
| (4) | 安全防护、文明施工措施费 | | [(1)+(3)]×3.3%～3.8% | |
| (5) | 施工措施费 | | 按规定计算 | 由双方合同约定 |
| (6) | 小计 | | (1)+(3)+(4)+(5) | |
| (7) | 人工、材料、设备、施工机具价差 | | 结算期信息价－[中标期信息价×(1+风险系数)] | 由双方合同约定,材料、设备、施工机具使用费中不含增值税 |
| (8) | 规费 | 社会保险费 | (2)×费率 | |
| (9) | | 住房公积金 | (2)×费率 | |
| (10) | 增值税 | | [(6)+(7)+(8)+(9)]×增值税税率 | 增值税税率:11% |
| (11) | 费用合计 | | (6)+(7)+(8)+(9)+(10) | |

注:1. 结算期信息价指工程施工期(结算期)工程造价信息平台发布的市场信息价的平均价(算术平均或加权平均价)。

2. 中标期信息价指工程中标期对应工程造价信息平台发布的市场信息价。

## 附件三  建设工程概算定额费用计算规则(增值税)如下。

一、直接费

(一)调整直接费定义

直接费指施工过程中的耗费,构成工程实体的定额(包括说明)规定的各项费用累计之和(包括人工费、材料费、工程设备费、施工机具使用费和零星项目费),直接费中不包含增值税可抵扣进项税额。

(二)调整人工费

将原人工费内容中的社会保险基金、住房公积金等归入规费项目内,危险作业意外伤害保险费、职工福利费、工会经费和职工教育经费等归入施工管理费项目内,其他内容及计算方法不变。

(三)调整机械使用费

机械使用费更改为施工机具使用费。原机械使用费内容中的养路费或道路建设车辆通行费取消。

二、管理费、利润

管理费更名为企业管理费。

管理费、利润合并为企业管理费和利润。

企业管理费和利润的内容组成与《上海市建设工程工程量清单计价应用规则》中的企业管理费和利润内容组成相统一。企业管理费中不包含增值税可抵扣进项税额。企业管理费中已包括城市维护建设税、教育费附加、地方教育附加和河道管理费等附加税。

各专业工程的企业管理费和利润,均以直接费中的人工费为基数,乘以相应的费率(见表B-12)计算。

表 B-12　各专业工程企业管理费和利润费率表

| 工 程 专 业 | | 计 算 基 数 | 费率/(%) |
|---|---|---|---|
| 房屋建筑与装饰工程 | | | 30.98 |
| 通用安装工程 | | | 36.2 |
| 市政工程 | 土建 | | 32.93 |
| | 安装 | | 36.20 |
| 城市轨道交通工程 | 土建 | | 32.93 |
| | 安装 | 人工费 | 36.20 |
| 园林绿化工程 | 种植 | | 50.68 |
| | 养护 | | 41.04 |
| 仿古建筑工程(含小品) | | | 37.99 |
| 房屋修缮工程 | | | 34.20 |
| 民防工程 | | | 30.98 |
| 市政管网工程(给水、燃气管道工程) | | | 34.82 |

三、安全防护、文明施工措施费

经测算,安全防护、文明施工措施费的内容仍按照原上海市城乡建设和交通委员会《关于印发〈上海市建设工程安全防护、文明施工措施费用管理暂行规定〉的通知》(沪建交〔2006〕445号)相关规定执行。安全防护、文明施工措施费的计算基数,以直接费与企业管理费和利润之和为基数,乘以相应的费率计算。

四、施工措施费

施工措施费中不包含增值税可抵扣进项税额。

各专业工程其他措施项目费费率表如表B-13所示。

表 B-13　各专业工程其他措施项目费费率表

| 工 程 专 业 | | 计 算 基 数 | 费率/(%) |
|---|---|---|---|
| 房屋建筑与装饰工程 | | | 2.37 |
| 通用安装工程 | | | 2.37 |
| 市政工程 | 土建 | | 3.75 |
| | 安装 | | |
| 城市轨道交通工程 | 土建 | | 2.80 |
| | 安装 | 直接费 | |
| 园林绿化工程 | 种植 | | 2.37 |
| | 养护 | | — |
| 仿古建筑工程(含小品) | | | 2.37 |
| 房屋修缮工程 | | | 2.37 |
| 民防工程 | | | 2.37 |
| 市政管网工程(给水、燃气管道工程) | | | 3.75 |

五、规费

社会保障费更名为社会保险费,社会保险费包括养老、失业、医疗、生育和工伤保险费。

调整社会保险费和住房公积金的计算方法,均以直接费中的人工费为基数,乘以相应的费率计算。

工程排污费按本市相关规定计入建设工程材料价格信息发布的水费价格内。

河道管理费归入企业管理费和利润内。

六、增值税

增值税即为当期销项税额,当期销项税额＝税前工程造价×增值税税率,增值税税率11%。

各建设工程概算费用计算规则如表 B-14～表 B-21 所示。

表 B-14　建筑和装饰工程概算费用计算表

| 序号 | 项　目 | | 计　算　式 | 备　注 |
|---|---|---|---|---|
| (1) | 直接费 | 工、料、机费 | 按概算定额子目规定计算 | 包括说明 |
| (2) | | 其中:人工费 | | |
| (3) | | 零星工程费 | (1)×费率 | |
| (4) | 企业管理费和利润 | | (2)×费率 | |
| (5) | 安全防护、文明施工措施费 | | [(1)+(3)+(4)]×费率 | |
| (6) | 施工措施费 | | [(1)+(3)+(4)]×费率(或按拟建工程计取) | |
| (7) | 小计 | | (1)+(3)+(4)+(5)+(6) | |
| (8) | 规费 | 社会保险费 | (2)×费率 | |
| (9) | | 住房公积金 | (2)×费率 | |
| (10) | 增值税 | | [(7)+(8)+(9)]×增值税税率 | 增值税税率:11% |
| (11) | 费用合计 | | (7)+(8)+(9)+(10) | |

表 B-15　安装工程概算费用计算表

| 序号 | 项　目 | | 计　算　式 | 备　注 |
|---|---|---|---|---|
| (1) | 直接费 | 工、料、机费 | 按概算定额子目规定计算 | 包括说明 |
| (2) | | 其中:人工费 | | |
| (3) | | 零星工程费 | (1)×费率 | |
| (4) | 企业管理费和利润 | | (2)×费率 | |
| (5) | 安全防护、文明施工措施费 | | [(1)+(3)+(4)]×费率 | |
| (6) | 施工措施费 | | [(1)+(3)+(4)]×费率(或按拟建工程计取) | |
| (7) | 小计 | | (1)+(3)+(4)+(5)+(6) | |
| (8) | 规费 | 社会保险费 | (2)×费率 | |
| (9) | | 住房公积金 | (2)×费率 | |
| (10) | 增值税 | | [(7)+(8)+(9)]×增值税税率 | 增值税税率:11% |
| (11) | 费用合计 | | (7)+(8)+(9)+(10) | |

### 表 B-16　市政工程概算费用计算程序表（土建）

| 序号 | 项　目 | | 计　算　式 | 备　注 |
|---|---|---|---|---|
| (1) | 直接费 | 工、料、机费 | 按概算定额子目规定计算 | 包括说明 |
| (2) | | 其中：人工费 | | |
| (3) | | 零星工程费 | (1)×费率 | |
| (4) | 企业管理费和利润 | | (2)×费率 | |
| (5) | 安全防护、文明施工措施费 | | [(1)+(3)+(4)]×费率 | |
| (6) | 施工措施费 | | [(1)+(3)+(4)]×费率（或按拟建工程计取） | |
| (7) | 小计 | | (1)+(3)+(4)+(5)+(6) | |
| (8) | 规费 | 社会保险费 | (2)×费率 | |
| (9) | | 住房公积金 | (2)×费率 | |
| (10) | 增值税 | | [(7)+(8)+(9)]×增值税税率 | 增值税税率：11% |
| (11) | 费用合计 | | (7)+(8)+(9)+(10) | |

### 表 B-17　市政工程概算费用计算程序表（安装）

| 序号 | 项　目 | | 计　算　式 | 备　注 |
|---|---|---|---|---|
| (1) | 直接费 | 工、料、机费 | 按概算定额子目规定计算 | 包括说明 |
| (2) | | 其中：人工费 | | |
| (3) | | 零星工程费 | (1)×费率 | |
| (4) | 企业管理费和利润 | | (2)×费率 | |
| (5) | 安全防护、文明施工措施费 | | [(1)+(3)+(4)]×费率 | |
| (6) | 施工措施费 | | [(1)+(3)+(4)]×费率（或按拟建工程计取） | |
| (7) | 小计 | | (1)+(3)+(4)+(5)+(6) | |
| (8) | 规费 | 社会保险费 | (2)×费率 | |
| (9) | | 住房公积金 | (2)×费率 | |
| (10) | 增值税 | | [(7)+(8)+(9)]×增值税税率 | 增值税税率：11% |
| (11) | 费用合计 | | (7)+(8)+(9)+(10) | |

### 表 B-18　绿化栽植工程概算计算表

| 序号 | 项　目 | | 计　算　式 | 备　注 |
|---|---|---|---|---|
| (1) | 直接费 | 工、料、机费 | 按概算定额子目规定计算 | 包括说明 |
| (2) | | 其中：人工费 | | |
| (3) | | 零星工程费 | (1)×费率 | |
| (4) | 企业管理费和利润 | | (2)×费率 | |
| (5) | 安全防护、文明施工措施费 | | [(1)+(3)+(4)]×费率 | |
| (6) | 施工措施费 | | [(1)+(3)+(4)]×费率（或按拟建工程计取） | |
| (7) | 小计 | | (1)+(3)+(4)+(5)+(6) | |
| (8) | 规费 | 社会保险费 | (2)×费率 | |
| (9) | | 住房公积金 | (2)×费率 | |
| (10) | 增值税 | | [(7)+(8)+(9)]×增值税税率 | 增值税税率：11% |
| (11) | 费用合计 | | (7)+(8)+(9)+(10) | |

表 B-19　园林建筑工程概算计算表

| 序号 | 项　目 | | 计　算　式 | 备　注 |
|---|---|---|---|---|
| (1) | 直接费 | 工、料、机费 | 按概算定额子目规定计算 | 包括说明 |
| (2) | | 其中:人工费 | | |
| (3) | | 零星工程费 | (1)×费率 | |
| (4) | 企业管理费和利润 | | (2)×费率 | |
| (5) | 安全防护、文明施工措施费 | | [(1)+(3)+(4)]×费率 | |
| (6) | 施工措施费 | | [(1)+(3)+(4)]×费率(或按拟建工程计取) | |
| (7) | 小计 | | (1)+(3)+(4)+(5)+(6) | |
| (8) | 规费 | 社会保险费 | (2)×费率 | |
| (9) | | 住房公积金 | (2)×费率 | |
| (10) | 增值税 | | [(7)+(8)+(9)]×增值税税率 | 增值税税率:11% |
| (11) | 费用合计 | | (7)+(8)+(9)+(10) | |

表 B-20　民防工程概算费用计算表

| 序号 | 项　目 | | 计　算　式 | 备　注 |
|---|---|---|---|---|
| (1) | 直接费 | 工、料、机费 | 按概算定额子目规定计算 | 包括说明 |
| (2) | | 其中:人工费 | | |
| (3) | | 零星工程费 | (1)×费率 | |
| (4) | 企业管理费和利润 | | (2)×费率 | |
| (5) | 安全防护、文明施工措施费 | | [(1)+(3)+(4)]×费率 | |
| (6) | 施工措施费 | | [(1)+(3)+(4)]×费率(或按拟建工程计取) | |
| (7) | 小计 | | (1)+(3)+(4)+(5)+(6) | |
| (8) | 规费 | 社会保险费 | (2)×费率 | |
| (9) | | 住房公积金 | (2)×费率 | |
| (10) | 增值税 | | [(7)+(8)+(9)]×增值税税率 | 增值税税率:11% |
| (11) | 费用合计 | | (7)+(8)+(9)+(10) | |

表 B-21　公用管线工程概算费用计算表

| 序号 | 项　目 | | 计　算　式 | 备　注 |
|---|---|---|---|---|
| (1) | 直接费 | 工、料、机费 | 按概算定额子目规定计算 | 包括说明 |
| (2) | | 其中:人工费 | | |
| (3) | | 零星工程费 | (1)×费率 | |
| (4) | 企业管理费和利润 | | (2)×费率 | |
| (5) | 安全防护、文明施工措施费 | | [(1)+(3)+(4)]×费率 | |
| (6) | 施工措施费 | | [(1)+(3)+(4)]×费率(或按拟建工程计取) | |
| (7) | 小计 | | (1)+(3)+(4)+(5)+(6) | |
| (8) | 规费 | 社会保险费 | (2)×费率 | |
| (9) | | 住房公积金 | (2)×费率 | |
| (10) | 增值税 | | [(7)+(8)+(9)]×增值税税率 | 增值税税率:11% |
| (11) | 费用合计 | | (7)+(8)+(9)+(10) | |

附件四　市政养护定额费用计算规则(增值税)如下。

一、直接费

(一)调整直接费定义

直接费包括人工费、材料费、工程设备费和施工机具使用费,直接费中不包含增值税可抵扣进项税额。

(二)调整人工费

将原人工费内容中的社会保险基金、住房公积金等归入规费项目内,危险作业意外伤害保险费、职工福利费、工会经费和职工教育经费等归入施工管理费项目内,其他内容及计算方法不变。

(三)调整机械使用费

机械使用费更改为施工机具使用费。原机械使用费内容中的养路费或道路建设车辆通行费取消。

二、施工管理费、利润

施工管理费更名为企业管理费。

施工管理费、利润合并为企业管理费和利润。

企业管理费和利润的内容组成与《上海市建设工程工程量清单计价应用规则》中的企业管理费和利润内容组成相统一。企业管理费中不包含增值税可抵扣进项税额。企业管理费中已包括城市维护建设税、教育费附加、地方教育附加和河道管理费等附加税。上海市建筑建材业市场管理总站在本市建设工程造价信息平台定期发布企业管理费和利润费率。

各专业工程的企业管理费和利润,均以直接费中的人工费为基数,乘以相应的费率计算。

三、安全防护、文明施工措施费

经测算,安全防护、文明施工措施费的内容仍按照原上海市城乡建设和交通委员会《关于印发〈上海市建设工程安全防护、文明施工措施费用管理暂行规定〉的通知》(沪建交〔2006〕445 号)相关规定执行。安全防护、文明施工措施费的计算基数,以直接费与企业管理费和利润之和为基数,乘以相应的费率计算。

四、施工措施费

施工措施费中不包含增值税可抵扣进项税额。上海市建筑建材业市场管理总站在本市建设工程造价信息平台定期发布施工措施费费率。

五、规费

社会保障费更名为社会保险费,社会保险费包括养老、失业、医疗、生育和工伤保险费。

调整社会保险费和住房公积金的计算方法,均以直接费中的人工费为基数,乘以相应的费率计算。

工程排污费按本市相关规定计入建设工程材料价格信息发布的水费价格内。

河道管理费归入企业管理费和利润内。

六、增值税

增值税即为当期销项税额,当期销项税额=税前工程造价×增值税税率,增值税税率11%。

市政养护维修工程费用计算规则如表 B-22～表 B-29 所示。

表 B-22　城市道路养护维修工程费用计算程序表

| 序　号 | 项　目 | | 计　算　式 |
|---|---|---|---|
| (1) | 直接费 | 人工、材料、设备、机具费 | 按预算定额规定计算 |
| (2) | | 其中:人工费 | |
| (3) | 企业管理费和利润 | | (2)×费率 |
| (4) | 安全防护文明施工措施费 | | (2)×费率 |
| (5) | 施工措施费 | | (2)×费率 |
| (6) | 小计 | | (1)+(2)+(3)+(4)+(5) |
| (7) | 规费 | 社会保险费 | (2)×费率 |
| (8) | | 住房公积金 | (2)×费率 |
| (9) | 增值税 | | [(6)+(7)+(8)]×11% |
| (10) | 费用合计 | | (6)+(7)+(8)+(9) |

表 B-23　城市快速路养护维修工程费用计算程序表(土建)

| 序　号 | 项　目 | | 计　算　式 |
|---|---|---|---|
| (1) | 直接费 | 人工、材料、设备、机具费 | 按预算定额规定计算 |
| (2) | | 其中:人工费 | |
| (3) | 企业管理费和利润 | | (2)×费率 |
| (4) | 安全防护文明施工措施费 | | (2)×费率 |
| (5) | 施工措施费 | | (2)×费率 |
| (6) | 小计 | | (1)+(2)+(3)+(4)+(5) |
| (7) | 规费 | 社会保险费 | (2)×费率 |
| (8) | | 住房公积金 | (2)×费率 |
| (9) | 增值税 | | [(6)+(7)+(8)]×11% |
| (10) | 费用合计 | | (6)+(7)+(8)+(9) |

表 B-24　城市快速路养护维修工程费用计算程序表(安装)

| 序　号 | 项　目 | | 计　算　式 |
|---|---|---|---|
| (1) | 直接费 | 人工、材料、设备、机具费 | 按预算定额规定计算 |
| (2) | | 其中:人工费 | |
| (3) | 企业管理费和利润 | | (2)×费率 |
| (4) | 安全防护文明施工措施费 | | (2)×费率 |
| (5) | 施工措施费 | | (2)×费率 |
| (6) | 小计 | | (1)+(2)+(3)+(4)+(5) |

续表

| 序　号 | 项　目 | | 计　算　式 |
|---|---|---|---|
| (7) | 规费 | 社会保险费 | (2)×费率 |
| (8) | | 住房公积金 | (2)×费率 |
| (9) | 增值税 | | [(6)+(7)+(8)]×11% |
| (10) | 费用合计 | | (6)+(7)+(8)+(9) |

**表 B-25　黄浦江大桥(斜拉桥)养护维修工程费用计算程序表(土建)**

| 序　号 | 项　目 | | 计　算　式 |
|---|---|---|---|
| (1) | 直接费 | 人工、材料、设备、机具费 | 按预算定额规定计算 |
| (2) | | 其中:人工费 | |
| (3) | 企业管理费和利润 | | (2)×费率 |
| (4) | 安全防护文明施工措施费 | | (2)×费率 |
| (5) | 施工措施费 | | (2)×费率 |
| (6) | 小计 | | (1)+(2)+(3)+(4)+(5) |
| (7) | 规费 | 社会保险费 | (2)×费率 |
| (8) | | 住房公积金 | (2)×费率 |
| (9) | 增值税 | | [(6)+(7)+(8)]×11% |
| (10) | 费用合计 | | (6)+(7)+(8)+(9) |

**表 B-26　黄浦江大桥(斜拉桥)养护维修工程费用计算程序表(安装)**

| 序　号 | 项　目 | | 计　算　式 |
|---|---|---|---|
| (1) | 直接费 | 人工、材料、设备、机具费 | 按预算定额规定计算 |
| (2) | | 其中:人工费 | |
| (3) | 企业管理费和利润 | | (2)×费率 |
| (4) | 安全防护文明施工措施费 | | (2)×费率 |
| (5) | 施工措施费 | | (2)×费率 |
| (6) | 小计 | | (1)+(2)+(3)+(4)+(5) |
| (7) | 规费 | 社会保险费 | (2)×费率 |
| (8) | | 住房公积金 | (2)×费率 |
| (9) | 增值税 | | [(6)+(7)+(8)]×11% |
| (10) | 费用合计 | | (6)+(7)+(8)+(9) |

**表 B-27　越江隧道养护维修工程费用计算程序表(土建)**

| 序　号 | 项　目 | | 计　算　式 |
|---|---|---|---|
| (1) | 直接费 | 人工、材料、设备、机具费 | 按预算定额规定计算 |
| (2) | | 其中:人工费 | |
| (3) | 企业管理费和利润 | | (2)×费率 |
| (4) | 安全防护文明施工措施费 | | (2)×费率 |
| (5) | 施工措施费 | | (2)×费率 |
| (6) | 小计 | | (1)+(2)+(3)+(4)+(5) |

续表

| 序 号 | 项 目 | | 计 算 式 |
|---|---|---|---|
| (7) | 规费 | 社会保险费 | (2)×费率 |
| (8) | | 住房公积金 | (2)×费率 |
| (9) | 增值税 | | [(6)+(7)+(8)]×11% |
| (10) | 费用合计 | | (6)+(7)+(8)+(9) |

表 B-28　越江隧道养护维修工程费用计算程序表（安装）

| 序 号 | 项 目 | | 计 算 式 |
|---|---|---|---|
| (1) | 直接费 | 人工、材料、设备、机具费 | 按预算定额规定计算 |
| (2) | | 其中：人工费 | |
| (3) | 企业管理费和利润 | | (2)×费率 |
| (4) | 安全防护文明施工措施费 | | (2)×费率 |
| (5) | 施工措施费 | | (2)×费率 |
| (6) | 小计 | | (1)+(2)+(3)+(4)+(5) |
| (7) | 规费 | 社会保险费 | (2)×费率 |
| (8) | | 住房公积金 | (2)×费率 |
| (9) | 增值税 | | [(6)+(7)+(8)]×11% |
| (10) | 费用合计 | | (6)+(7)+(8)+(9) |

表 B-29　城市综合管廊养护维修工程费用计算程序表

| 序 号 | 项 目 | | 计 算 式 |
|---|---|---|---|
| (1) | 直接费 | 人工、材料、设备、机具费 | 按预算定额规定计算 |
| (2) | | 其中：人工费 | |
| (3) | 企业管理费和利润 | | (2)×费率 |
| (4) | 安全防护文明施工措施费 | | (2)×费率 |
| (5) | 施工措施费 | | (2)×费率 |
| (6) | 小计 | | (1)+(2)+(3)+(4)+(5) |
| (7) | 规费 | 社会保险费 | (2)×费率 |
| (8) | | 住房公积金 | (2)×费率 |
| (9) | 增值税 | | [(6)+(7)+(8)]×11% |
| (10) | 费用合计 | | (6)+(7)+(8)+(9) |

# 附录 C　关于调整本市建设工程造价中社会保险费及住房公积金费率的通知（沪建市管〔2017〕105 号）

为进一步减轻企业负担，增强企业活力，促进就业稳定，按照人力资源社会保障部、财政部

《关于阶段性降低失业保险费率有关问题的通知》(人社部发〔2017〕14 号)、市人民政府《关于调整本市城镇职工社会保险费比例的通知》(沪府发〔2017〕48 号)、市住房和城乡建设管理委员会《关于社会保险费取费和缴费核付办法的通知》(沪建建管〔2017〕899 号)的相关要求,现对本市建设工程造价中社会保险费及住房公积金费率调整如下:

1. 采用工程量清单计价进行招标的施工项目,最高投标限价中的社会保险费及住房公积金以分部分项工程、单项措施和专业暂估价的人工费为基数,乘以相应费率。其中,专业暂估价中的人工费按专业暂估价的 20％计算。招标人在工程量清单招标文件规费项目中列支社会保险费,社会保险费包括管理人员和施工现场作业人员的社会保险费,管理人员和施工现场作业人员社会保险费取费费率固定统一。投标人在投标时分别填报管理人员和施工现场作业人员的社会保险费金额,两项合计后列入评标总价参与评标。

2. 初步设计概算、施工图预算、市政养护和绿地养护的社会保险费及住房公积金以直接费中的人工费为基数,乘以相应费率。

3. 水务工程(含水利和城镇给排水工程)相关费率由市水务工程造价管理部门另行发布。

4. 本通知自 2017 年 12 月 15 日起施行。凡 2017 年 12 月 15 日起进行招标登记的建设工程应执行本文件费率。原《关于调整本市建设工程造价中社会保险费及住房公积金费率的通知》(沪建市管〔2016〕43 号)同时废止。

附件一　社会保险费费率表,如表 C-1 所示。

表 C-1　社会保险费费率表

| 工程类别 | | 计算基础 | 计算费率 | | |
|---|---|---|---|---|---|
| | | | 管理人员 | 施工现场作业人员 | 合　计 |
| 房屋建筑与装饰工程 | | 分部分项工程、单项措施和专业暂估价的人工费 | 5.21％ | 32.04％ | 37.25％ |
| 通用安装工程 | | | | 32.04％ | 37.25％ |
| 市政工程 | 土建 | | | 34.33％ | 39.54％ |
| | 安装 | | | 32.04％ | 37.25％ |
| 城市轨道交通工程 | 土建 | | | 34.33％ | 39.54％ |
| | 安装 | | | 32.04％ | 37.25％ |
| 园林绿化工程 | 种植 | | | 33.00％ | 38.21％ |
| 仿古建筑工程(含小品) | | | | 32.04％ | 37.25％ |
| 房屋修缮工程 | | | | 32.04％ | 37.25％ |
| 民防工程 | | | | 32.04％ | 37.25％ |
| 市政管网工程(给水、燃气管道工程) | | | | 33.59％ | 38.80％ |
| 市政养护 | 土建 | | | 36.07％ | 41.28％ |
| | 机电设备 | | | 34.72％ | 39.93％ |
| 绿地养护 | | | | 36.07％ | 41.28％ |

附件二　住房公积金费率表,如表 C-2 所示。

表 C-2　住房公积金费率表

| 工程类别 | | 计算基数 | 费率 |
|---|---|---|---|
| 房屋建筑与装饰工程 | | | 1.96% |
| 通用安装工程 | | | 1.59% |
| 市政工程 | 土建 | | 1.96% |
| | 安装 | | 1.59% |
| 城市轨道交通工程 | 土建 | | 1.96% |
| | 安装 | | 1.59% |
| 园林绿化工程 | 种植 | 人工费 | 1.59% |
| 仿古建筑工程(含小品) | | | 1.81% |
| 房屋修缮工程 | | | 1.32% |
| 民防工程 | | | 1.96% |
| 市政管网工程(给水、燃气管道工程) | | | 1.68% |
| 市政养护 | 土建 | | 1.96% |
| | 机电设备 | | 1.59% |
| 绿地养护 | | | 1.59% |

# 附录 D　上海市建设工程各类材料中含增值税率的折算率(试行)

为适应国家税制改革要求,满足建筑业"营改增"建设工程计价的需要,根据上海市住房和城乡建设管理委员会《关于做好本市建筑业营改增建设工程计价依据调整工作的通知》沪建标定〔2016〕257 号、上海市建筑建材业市场管理总站《关于实施建筑业营业税改增值税调整本市建设工程计价依据的通知》沪建市管〔2016〕42 号等文件的规定,经研究和测算,编制与发布上海市建设工程各类材料中含增值税率的折算率(试行),供各有关单位参考。

编制依据:

住房和城乡建设部办公厅《关于做好建筑业营改增建设工程计价依据的调整准备工作的通知》(建办标〔2016〕4 号),财政部、国家税务总局《关于全面推开营业税改征增值税试点的通知》(财税〔2016〕36 号),国家税务总局发布的各类增值税率汇总表,即《2015 增值税税目税率表》。

编制方法:

1. 一般纳税人,按"二票"制进行测算,即:货物除税价=货物含税价/(1+增值税率 17%或 13%)+运输含税价/(1+增值税率 11%),增值税率折算率=(货物含税价/货物除税价)-1。

2. 简易征收按"一票"制考虑,即简易征收按国税局公布的征收率。

3. 小规模纳税人暂时不予以考虑,根据实际情况自行确定。

4. 苗木按自产自销免增值税考虑,苗木贸易商如果作为一般纳税人,按农产品 13%增值税率。

三、除税价计算方法

1. 折算率是材料、施工机具含税价换算除税价的参考依据。

2. 一般纳税人按"二票"制计税,除税价=含税价/(1+增值税率折算率)。

3. 一般纳税人按"一票"制计税,除税价＝含税价/(1＋增值税率)。

4. 实行简易征收计税,除税价＝含税价/(1＋征收率)。

## 四、增值税率折算率

增值税率折算率如表 D-1 所示。

表 D-1　增值税率折算率

| 类别编码 | 类别名称 | 折算率 | 范围说明 |
|---|---|---|---|
| 01 | 黑色及有色金属 | | 1. 包含金属和以金属为基础的合金材料<br>2. 黑色金属是指铁和以铁为基础的合金,包括钢铁、钢铁合金、铸铁等<br>3. 有色金属是指黑色金属以外的所有金属及其合金,包括铜、铝、钛、锌等 |
| 0101 | 钢筋 | 16.93% | 包含钢筋、加工钢筋、成型钢筋、预应力钢筋、钢筋网片、热轧带肋钢筋、热轧光圆钢筋等 |
| 0103 | 钢丝 | 16.95% | 包含钢丝、冷拔低碳钢丝、镀锌低碳钢丝、高强钢丝、不锈钢软态钢丝、铁绑线、拉线等 |
| 0105 | 钢丝绳 | 16.95% | 包含钢丝绳、镀锌钢丝绳、不锈钢丝绳、钢丝绳套等 |
| 0107 | 钢绞线、钢丝束 | 16.95% | 包含钢绞线、预应力钢绞线、镀锌钢绞线、喷涂塑钢绞线、无黏结钢丝、钢索、镀铝锌钢绞线等 |
| 0109 | 圆钢 | 16.93% | 包含圆钢、镀锌圆钢、不锈钢圆钢、热轧圆方钢、不锈钢压棍等 |
| 0111 | 方钢 | 16.93% | 包含方钢、热轧方钢等 |
| 0113 | 扁钢 | 16.93% | 包含扁钢、热轧镀锌扁钢、不锈钢扁钢等 |
| 0115 | 型钢 | 16.93% | 包含 H 型钢、薄壁 H 型钢、T 型钢等 |
| 0117 | 工字钢 | 16.93% | 包含工字钢、工字钢连接板等 |
| 0119 | 槽钢 | 16.93% | 包含热轧槽钢、冷弯卷边槽钢等 |
| 0121 | 角钢 | 16.93% | 包含等边角钢、等边镀锌角钢、不等边角钢、连接角钢等 |
| 0123 | 冷弯钢材 | 16.93% | 包含冷弯型钢、轻型角钢、C 型钢等 |
| 0127 | 其他型钢 | 16.93% | 包含钢窗料、内框料、外框料、披水板、梃料、芯子料、T 铁角、T 型钢、密闭条框等 |
| 0129 | 钢板 | 钢板 16.92%<br>不锈钢 16.95%<br>彩钢板 16.91% | 包含钢板、热轧钢板、镀锌薄钢板、不锈钢板、花纹钢板、彩涂钢板、镀锌瓦楞钢板、彩色压型钢板、钢底板、双层钢板、铸铁垫板、铁盖板等 |
| 0131 | 钢带 | 16.93% | 包含钢带、热轧钢带、冷轧钢带等 |
| 0135 | 铜板 | 16.98% | 包含铜板、紫铜板、纯铜板、铜镜面板等 |
| 0137 | 铜带材 | 16.98% | 包含铜条、扁铜、铜角条、紫铜带等 |
| 0139 | 铜棒材 | 16.98% | 包含圆形黄铜棒材、圆形紫铜棒材、铜质压棍、铜质压板等 |
| 0141 | 铜线材 | 16.98% | 包含黄铜线、纯铜丝等 |
| 0143 | 铝板(带)材 | 16.97% | 包含铝板材、铝板材 L、电化铝板、铝带、铝包带等 |
| 0147 | 铝线材 | 16.97% | 包含铝绑线、铝丝等 |
| 0149 | 铝型材 | 16.97% | 包含电化角铝、槽铝、工字铝、阳角铝、角铝、铝栅等 |
| 0151 | 铝合金建筑型材 | 16.97% | 包含铝合金主材、铝合金方管、铝合金框料、铝合金格栅窗等 |
| 0153 | 铅材 | 16.96% | 包含铅板、青铅、封铅、铅粉、黑铅粉等 |
| 0155 | 钛材 | 16.99% | 包含钛板、钛合金板、钛锌板等 |

| 类别编码 | 类别名称 | 折算率 | 范围说明 |
|---|---|---|---|
| 0159 | 锌材 | 16.96% | 包含锌丝、锌、锌粉、纯锌线等 |
| 0161 | 其他金属材料 | 16.96% | 包含钨棒、铈钨棒、合金棒、铈钨极棒、锡、锡纸等 |
| 0163 | 金属原材料 | 16.93% | 包含铸铁、硅铁、磷铁、铸钢、钢屑、废钢、碳钢、夹具用钢材等 |
| 02 | 橡胶、塑料及非金属 |  | 包括非金属和以非金属为基础的复合材料,包括橡胶、塑料、石墨、玻璃钢、棉毛丝麻化纤等 |
| 0201 | 橡胶板 | 16.32% | 包括橡胶板、耐酸橡胶板、耐油橡胶板、石棉橡胶板、结皮海绵橡胶板、预硫化橡胶板等 |
| 0203 | 橡胶条、带 | 16.32% | 包含橡皮条、橡胶条、橡胶密封条、氯丁橡胶条、密封胶条、帘布橡胶条、自黏性橡胶带、聚氯乙烯橡胶黏带、三元乙丙卷材搭接带等 |
| 0205 | 橡胶圈 | 16.32% | 包含橡胶圈、橡胶垫圈、橡胶密封圈、石棉橡胶垫圈、承插式铸铁管橡胶圈、预应力混凝土管胶圈、橡皮护套圈等 |
| 0207 | 其他橡胶材料 | 16.32% | 包含橡皮、耐热胶垫、氯丁橡胶、聚硫橡胶、橡胶塞、橡皮膜、橡胶囊、橡胶黑胶布、橡胶柱塞、联轴橡皮套、橡胶黑套、橡皮球胆等 |
| 0209 | 塑料薄膜/布 | 16.32% | 包含聚氯乙烯薄膜、塑料布、聚氯乙烯布等 |
| 0211 | 塑料板 | 16.91% | 包含塑料板、聚氯乙烯板、聚氯乙烯波形板、塑料排水板等 |
| 0213 | 塑料带 | 16.91% | 包含塑料带、聚氯乙烯带、塑料打包带、塑料薄膜包带、密封塑料带、塑料扎带等 |
| 0215 | 塑料棒 | 16.91% | 包含硬聚氯乙烯棒、塑料焊条等 |
| 0217 | 有机玻璃 | 16.91% | 包含有机玻璃板、有机玻璃片、有机玻璃管等 |
| 0219 | 其他塑料材料 | 16.91% | 包括尼龙帽、尼龙绳、尼龙卡带、热缩端帽、发泡聚乙烯、海绵条、聚四氟乙烯盘根、塑料透光片等 |
| 0223 | 石墨碳素制品 | 16.91% | 包括条、粉、块、棒、浸渍石墨板、碳纤维增强复合材料等 |
| 0227 | 棉毛及其制品 | 16.91% | 包含棉布、帆布、篷布、白布、棉席被类制品、毡类制品、土工布、卡其布、机织布、装饰布等 |
| 0229 | 丝麻及其制品 | 16.91% | 包含绳、布、袋、丝、刀等 |
| 0231 | 化纤及其制品 | 16.91% | 包含无纺布、聚酯布、丙纶绳、编织袋、复合硅酸铝绳、聚氯乙烯单丝等 |
| 0233 | 草制品 | 16.91% | 包含草绳、草袋、草帘、草垫、芦席等 |
| 0235 | 其他非金属材料 | 16.91% | 包含皮革、合成革等 |
| 03 | 五金制品 |  | 日常生活和工业生产中使用的辅助性、配件性的金属制成品 |
| 0301 | 紧固件 | 16.84% | 包含铆钉、木螺钉、螺钉、螺栓、六角螺栓连母垫等 |
| 0303 | 门窗五金 | 冷轧钢 16.85%<br>不锈钢 16.92%<br>铜质 16.95% | 包含锁、窗帘架、闭门器、执手、撑档、铰链、地弹簧、碰珠、轨道、滑轮、钢插销、门轧头、眼、风钩、角码等 |
| 0305 | 家具五金 | 不锈钢 16.95%<br>铜质 16.96% | 包含钢丝弹簧、拉手、抽屉锁等 |
| 0307 | 水暖及卫浴五金 | 铸铁 16.84%<br>不锈钢 16.85%<br>铜质 16.87%<br>塑料 16.78% | 包含水嘴、地漏、存水弯、排水栓、冲洗阀、角阀、水箱进水阀、自来水接水阀、配件、排水配件、自落水箱芯子、手压阀等 |
| 0311 | 切割抛光五金 | 16.84% | 包含砂轮片、金刚磨石、研磨砂、抛光片、砂布(纸)等 |

续表

| 类别编码 | 类别名称 | 折算率 | 范围说明 |
|---|---|---|---|
| 0313 | 低值易耗品 | 16.96% | 包含焊条、焊丝、焊剂、焊粉、焊锡、松香、焊锡膏、铅焊料、焊片、防火易熔片、飞溅净等 |
| 0315 | 其他五金 | 16.41% | 包括圆钉、道钉、轴承、铁丝网、钢板网、镀锌铁丝、保温钉、瓦楞钩钉、钢丝绳轧头、卸扣、铁脚等 |
| 0321 | 钻切凿五金 | 16.85% | 包含钻头、切割锯片、刀片、锯条、风镐凿子、钢钎、钢凿、乌钢头、钻杆等 |
| 0323 | 钢筋接头、锚具及钢筋保护帽 | 16.84% | 包含冷压钢筋套筒、锥螺纹套筒、锚栓螺杆、锚固螺栓等 |
| 04 | 水泥、砖瓦灰砂石及混凝土制品 | | 此类包含水泥、砂、石子、石料、砖、瓦等地方材料,还包括由上述材料组合成的混凝土制品材料 |
| 0401 | 水泥 | 16.55% | 包含水泥、普通硅酸盐水泥、硅酸盐水泥、乳胶水泥、无收缩水泥、S型瞬凝水泥、石棉水泥、双快水泥等 |
| 0403 | 砂 | 3% | 包含黄砂、绿豆砂、金刚砂、石英砂、重晶砂、刚玉砂、砾石砂、硼砂、山砂、充填砂等 |
| 0405 | 石子 | 3% | 包含石子、碎石、道碴、黄石、卵石、粗料石、片石、弹片石等 |
| 0407 | 轻骨料 | 16.57% | 包含陶粒、矿碴、石屑、白云石屑、碎砖等 |
| 0409 | 灰、粉、土等掺和填充料 | 16.36% | 包含各种灰、粉、土、石灰水渣、石灰下脚、石膏、香糊等 |
| 0411 | 石料 | 16.35% | 包含毛石、圆柱石料、方整石板、块石、小方石等 |
| 0413 | 砌砖 | 16.83% | 包含黏土烧结普通砖、蒸压灰砂砖、望板砖等 |
| 0415 | 砌块 | 16.83% | 包含蒸压砂加气混凝土砌块、混凝土模卡砌块、硅酸盐密实砌块、生态植被混凝土砌块等 |
| 0417 | 瓦 | 16.85% | 包含中瓦、平瓦、板瓦、脊瓦、主瓦、塑料波浪瓦、玻璃钢瓦、聚氯乙烯树脂瓦、彩色玻纤沥青瓦等 |
| 0427 | 水泥及混凝土预制品 | 16.81% | 包含轻集料混凝土多孔墙板混凝土板、玻璃纤维增强水泥墙板、预制混凝土石、路缘石、下水嘴水窨、小盖、大盖、弯头、基础、标桩、标石、垫块、上覆板等 |
| 0429 | 钢筋混凝土预制件 | 16.81% | 包含钢筋混凝土预制件、桩、柱、梁、板、门式刚架、屋架、组合屋架、檩条、支承、天窗架端壁、阳台、雨篷、挑檐、槽、人孔口圈、管片等 |
| 05 | 木、竹基层材料及其制品 | | 木材包括天然木材和人造木材,竹材包括天然竹材和人造竹材 |
| 0501 | 原木 | 12.98% | 包含原木、树棍等 |
| 0503 | 锯材 | 16.93% | 包含成材、方材、中小方装修料、木方、板材、毛板、板方材、板条、方木、企口板、硬木成材、硬木方材、垫木、沥青枕木、防腐木、挂瓦条、梯形板、博风板、封檐板等 |
| 0505 | 胶合板 | 16.92% | 包含胶合板、装饰夹板、装饰皮等 |
| 0507 | 纤维板 | 16.92% | 包含纤维板、中密度纤维板、中密度板、穿孔纤维板等 |
| 0509 | 细木工板 | 16.92% | 包含各类细木工板等 |
| 0511 | 空心木板 | 16.92% | 包含空心木板、人字木等 |

| 类别编码 | 类别名称 | 折算率 | 范围说明 |
|---|---|---|---|
| 0513 | 刨花板 | 16.92% | 包含刨花板、定向刨花板等 |
| 0515 | 其他人造木板 | 16.92% | 包含木丝板等 |
| 0523 | 木制台类及货架 | 16.92% | 包含恒电位仪木架、展台、书架等 |
| 0525 | 其他木制品 | 16.92% | 包含方木台、圆木台、椭圆木台、方板、木桩、木盖板、三角木、扬声器木盒、木屋面板、软木板、硬木插片、木台型、木楼楞、地横木、木屋架等 |
| 0531 | 竹材 | 12.97% | 包含毛竹、竹顶撑、竹横楞、厘竹、竹编模等 |
| 0533 | 竹板 | 16.92% | 包含竹笆、天然和人造竹板等 |
| 0535 | 竹制品 | 16.92% | 包含竹桩、竹片、半圆竹片、竹笋、竹篾、塑篾等 |
| 06 | 玻璃及玻璃制品 | | 按照性能划分,包含浮法玻璃、钢化玻璃、夹层玻璃、镀膜玻璃等 |
| 0601 | 浮法玻璃 | 16.86% | 包含平板玻璃、磨砂玻璃等 |
| 0605 | 钢化玻璃 | 16.86% | 包含平面型钢化玻璃、曲面型钢化玻璃等 |
| 0609 | 夹层玻璃 | 16.91% | 包含平夹层玻璃、弯夹层玻璃等 |
| 0611 | 中空玻璃 | 16.92% | 包含钢化中空玻璃、钢化镀膜中空玻璃等 |
| 0621 | 镀膜玻璃 | 16.86% | 包含镀膜吸热玻璃、镀膜节能玻璃等 |
| 0625 | 艺术装饰玻璃 | 16.86% | 包括彩绘玻璃、压花玻璃、雕刻玻璃等 |
| 0641 | 镭射玻璃 | 16.86% | 包含单层镭射玻璃、夹层镭射玻璃等 |
| 0651 | 玻璃砖 | 16.86% | 包含普通玻璃砖、钢化玻璃砖、空心玻璃砖等 |
| 0655 | 玻璃镜 | 16.87% | 包含玻璃镜、车边镜面玻璃等 |
| 07 | 墙砖、地砖、地板、地毯类材料 | | 包括建筑面砖及市政地面砖,地板包括各种铺地板材 |
| 0701 | 陶瓷内墙砖 | 16.72% | 包含金属面砖、釉面砖压条、釉面砖腰线、釉面砖阴阳角线、压头线等 |
| 0703 | 陶瓷外墙砖 | 16.72% | 包含无釉毛面砖、彩釉面砖、波形瓦砖等 |
| 0705 | 陶瓷地砖 | 16.72% | 包含彩釉地砖、玻化墙地砖、陶板、缸砖、缸砖防滑条等 |
| 0707 | 陶瓷马赛克 | 16.72% | 又叫陶瓷锦砖,包含钢化玻璃地砖、玻璃锦砖等 |
| 0729 | 地毯 | 16.91% | 包含地毯、防静电地毯、地毯烫带等 |
| 0713 | 实木地板 | 16.97% | 包含松木毛地板、平口松木地板、平口硬木地板、硬木拼花地板、小条地板等 |
| 0719 | 塑料地板 | 16.97% | 包含塑料卷材、塑料块料等 |
| 0723 | 复合地板 | 16.97% | 又称叠压地板或强化复合地板 |
| 0725 | 防静电地板 | 16.97% | 包含防静电地板、防静电木质活动地板、防静电铝质活动地板等 |
| 08 | 装饰石材及石材制品 | | 包含天然石材和人造石材、石材制品 |
| 0801 | 大理石 | 16.87% | 包含大理石板、碎拼大理石石料等 |
| 0803 | 花岗石 | 16.94% | 包含花岗岩板、碎拼花岗岩石料、花岗岩、石板、石条等 |
| 0805 | 青石(石灰石) | 16.94% | 包含石灰石等 |
| 0807 | 砂岩 | 16.94% | 包含玄武岩、玄武岩板等 |
| 0809 | 麻石 | 16.94% | 包含凸凹麻石、麻石砖等 |
| 0811 | 人造石板材 | 16.87% | 包含铸石板、人造大理石等 |
| 0815 | 水磨石板 | 16.87% | 包含水磨石板等 |
| 0817 | 石材加工制品 | 16.87% | 包含笋石、圆凳、石台等 |

续表

| 类别编码 | 类别名称 | 折算率 | 范围说明 |
|---|---|---|---|
| 0819 | 石材艺术制品 | 16.87% | 包含太湖石、黄蜡石、龟纹石、斧劈石、湖石峰等 |
| 09 | 墙面、天棚及屋面饰面材料 | | 包括天花装饰板、墙面装饰板材、天棚装饰板材及屋面板等 |
| 0901 | 石膏装饰板 | 16.65% | 包含石膏装饰板、石膏吸音饰面板、纸面石膏板、石膏刨花板等 |
| 0905 | 金属装饰板 | 16.77% | 包含铝合金、不锈钢等板材等 |
| 0907 | 矿物棉装饰板 | 16.65% | 包含矿棉装饰板、岩棉装饰板等 |
| 0909 | 塑料装饰板 | 16.90% | 包含聚氯乙烯条板、塑料装饰扣板等 |
| 0911 | 复合装饰板 | 16.75% | 包含防火板、哑光防火板、镜面玲珑胶板、铝塑板等 |
| 0915 | 纤维水泥装饰板 | 16.76% | 包含纤维水泥装饰板、纤维水泥压力板、纤维无机不燃板等 |
| 0917 | 珍珠岩装饰板 | 16.75% | 包含聚合珍珠岩板、高强度珍珠岩板、树脂珍珠岩板、水泥珍珠岩板等 |
| 0919 | 硅酸钙装饰板 | 16.65% | 包含石棉硅酸钙板、无石棉硅酸钙板等 |
| 0923 | 其他装饰板 | 16.75% | 包含轻质吸音板、玻镁平板、稻草板等 |
| 0925 | 轻质复合板 | 16.45% | 包含石膏空心板、石膏实心板条、彩钢夹芯板、彩钢板外墙转角收边板、钢丝网架夹芯板、高强石膏聚苯乙烯复合板等 |
| 0931 | 壁纸 | 16.78% | 包含墙纸、金属墙纸等 |
| 0933 | 壁布 | 16.78% | 包含装饰布、丝绒面、织锦缎、丝绸、化纤装饰贴墙布、羊毛壁布等 |
| 0935 | 金、银箔制品 | 16.75% | 包含赤金箔、库金箔、铜箔、铝箔、铜箔带、铝箔带等 |
| 0939 | 屏风、隔断 | 16.82% | 包含活动塑料隔断、浴厕隔断、塑料隔断等 |
| 10 | 龙骨、龙骨配件 | | 龙骨包含轻钢龙骨、铝合金龙骨、木龙骨、石膏龙骨等 |
| 1001 | 轻钢龙骨 | 16.71% | 包含轻钢横龙骨、轻钢通贯龙骨、轻钢小龙骨等 |
| 1003 | 铝合金龙骨 | 16.80% | 包含铝合金龙骨、T形插接龙骨等 |
| 1007 | 烤漆龙骨 | 16.80% | 包含烤漆主龙骨、烤漆次龙骨、烤漆沿边龙骨等 |
| 1013 | 轻钢、型钢龙骨配件 | 16.71% | 包含连接件、卡托、T吊件、龙骨挂件、支承卡子、角托、支托、主接插件、垂直吊挂件等 |
| 1015 | 铝合金龙骨配件 | 16.80% | 包含条板龙骨T吊件、格栅龙骨T吊件、吊挂件、挂插件等 |
| 11 | 门窗及楼梯制品 | | 门窗包含木门窗、钢门窗、不锈钢门窗、铝合金门窗等。 |
| 1101 | 木门窗 | 贴面木16.70% / 实木16.90% | 包含无亮门框、百叶门框、拼接门扇、镶板门扇、夹板门扇、玻璃门扇、实木装饰门、玻璃窗、木百叶窗等 |
| 1103 | 钢门窗 | 16.90% | 包含钢门、空腹折叠门、钢窗等 |
| 1105 | 彩钢门窗 | 16.90% | 包含彩钢半玻门、彩钢板推拉门、彩钢板平开窗、彩钢板推拉窗、彩钢板固定窗等 |
| 1107 | 不锈钢门窗 | 16.90% | 包含不锈钢门窗、不锈钢防盗窗等 |
| 1109 | 铝合金门窗 | 16.90% | 包含铝合金推拉门、铝合金平开窗等 |
| 1111 | 塑钢、塑铝门窗 | 16.90% | 包含塑钢平开门、无亮塑钢门、塑铝平开窗等 |
| 1117 | 其他门窗 | 16.97% | 包含全封闭活动门、半封闭活动门、钢窗铁栅、空腹扯门、空腹花饰安全门等 |
| 1119 | 全玻门、自动门 | 16.40% | 包含无框玻璃门、全玻璃旋转门、电子感应自动玻璃门、电动伸缩门等 |
| 1121 | 纱门、纱窗 | 16.85% | 包含纱门扇、钢纱门、纱窗扇、一玻一纱窗等 |

| 类别编码 | 类别名称 | 折算率 | 范围说明 |
|---|---|---|---|
| 1123 | 特种门 | 16.89% | 包含钢板防盗门、密闭门、防爆门、防射线钢门、屏蔽门、电子对讲门、冷藏库门等 |
| 1125 | 卷帘、拉闸 | 16.90% | 包含封闭式卷帘门、空腹式卷帘门、网格式卷帘门、卷帘门活动小门、铝合金卷帘门等 |
| 1126 | 窗帘 | 16.93% | 包含垂直窗帘、布艺窗帘、百叶窗帘等 |
| 1127 | 钢楼梯 | 16.77% | 包含钢楼梯、楼梯梁、梯段、休息平台等 |
| 1129 | 木楼梯 | 16.84% | 包含普通楼梯、木楼梯等 |
| 1137 | 电启动装置 | 16.91% | 包含卷帘门电动装置、自动门电子感应装置、电动伸缩门自动装置等 |
| 12 | 装饰线条、装饰件栏杆、扶手及其他 | | 包含各种装饰线条、栏杆栏板、旗杆、美术字、标志牌、招牌、灯箱等 |
| 1201 | 木质装饰线条 | 16.81% | 包含木线条、顶角条、贴脸、踢脚板、防滑条、卡条、压条、压板、收口条等 |
| 1203 | 金属装饰线条 | 16.81% | 包含铝条、铝合金角线、铜嵌条、金属条、踢脚板、不锈钢条、镀铬钢压条、金属压板、压棍脚等 |
| 1205 | 石材装饰线条 | 16.84% | 包含石材装饰线条、踢脚线等 |
| 1207 | 石膏装饰线条 | 16.84% | 包含石膏装饰线条、石膏顶角线等 |
| 1209 | 塑料装饰线条 | 16.87% | 包含压条、踢脚线、角条、塑料线条等 |
| 1211 | 复合材料装饰线条 | 16.87% | 包含铝塑线条、铝镁曲版条等 |
| 1213 | 玻璃钢装饰线条 | 16.84% | 包含玻璃钢圆柱、玻璃钢半圆柱等 |
| 1221 | 栏杆、栏板 | 16.75% | 包含铁栏杆、钢管栏杆、烤漆栏杆、镀铬栏杆、钢平台格栅等 |
| 1223 | 扶手 | 16.75% | 包含塑料扶手、不锈钢扶手等 |
| 1235 | 艺术装饰制品 | 16.68% | 包含石膏柱帽、石膏柱身、石膏柱脚等 |
| 1237 | 旗杆 | 16.87% | 包含无缝钢管旗杆、焊管旗杆等 |
| 1239 | 装饰字 | 16.87% | 包含金属装饰字、木装饰字、泡沫塑料装饰字等 |
| 1241 | 招牌、灯箱 | 16.87% | 包含立体广告灯箱等 |
| 13 | 涂料及防腐防水材料 | | 涂料主要包含内墙涂料、外墙涂料、地面涂料、木器涂料、道路涂料等 |
| 1301 | 通用涂料 | 16.87% | 包含调和漆、复白油、醇酸清漆、酚醛磁漆、底漆、喷漆、清油、酚醛耐酸漆等 |
| 1303 | 建筑涂料 | 16.90% | 包含乳液涂料、内外墙乳胶漆、自流平水泥粉料、地坪环氧树脂等 |
| 1305 | 功能性涂料 | 16.87% | 包含黑漆、铅油、厚漆、防锈漆、防火涂料、耐酸漆、耐火漆、防霉涂料、防腐涂料、石棉漆、防腐油、冷底子油、煤焦油、沥青漆、环氧富锌底漆、防水涂料等 |
| 1307 | 木器涂料 | 16.90% | 包含虫胶漆片、酚醛清漆、聚氨酯漆、灰油、广漆、地板漆、水晶地板漆等 |
| 1309 | 金属涂料 | 16.95% | 包含银粉漆、金属涂料、硅基金属漆、聚氨酯氟碳面漆等 |
| 1311 | 道路、桥梁涂料 | 16.95% | 包含抗滑表层、热熔标线涂料、氯化橡胶面漆、氯化橡胶标线漆、氯化橡胶耐磨标线漆等 |
| 1313 | 工业设备涂料 | 16.87% | 包含过氯乙烯树脂、快速固化重防腐漆、耐油防静电底漆、防静电漆固化剂、沥青船底漆、糠醇树脂、酚醛烟囱漆、硅酸锌涂料、特种涂料等 |
| 1315 | 其他专用涂料 | 16.80% | 包含塑料漆等 |

| 类别编码 | 类别名称 | 折算率 | 范围说明 |
|---|---|---|---|
| 1321 | 耐酸砖、板 | 16.87% | 包含耐酸瓷板、耐酸砖等 |
| 1331 | 沥青 | 16.80% | |
| 1333 | 防水卷材 | 16.87% | 包含油毡纸、防水卷材、聚氯乙烯-橡胶共混卷材、热熔橡胶复合防水卷材、氯磺化聚乙烯卷材等 |
| 1335 | 防水密封材料 | 16.87% | 包含防水粉、防水浆、油膏、密封胶、嵌缝剂、嵌缝膏、玛碲脂、氯丁胶沥青胶液、金属密封垫、防水胶布、胶泥带等 |
| 1337 | 止水材料 | 16.96% | 包含洞口止水环、止水带、水膨性止水腻子条、可卸式止水铁框、止水胶片等 |
| 1339 | 其他防腐防水材料 | 16.95% | 包含聚乙烯防腐布、长效防腐脂等 |
| 1341 | 堵漏、灌浆、补强材料 | 16.87% | 包含灌孔浆料、堵漏王等 |
| 14 | 油品、化工原料及胶黏材料 | | |
| 1401 | 油料 | 16.92% | 包含桐油、生桐油、熟桐油、亚麻籽油、熟亚麻籽油、甘油、金胶油、绿油等 |
| 1403 | 燃料油 | 16.92% | 包含汽油、航空汽油、柴油、煤油、重油、轻油等 |
| 1405 | 溶剂油、绝缘油 | 16.90% | 包含溶剂油、松香水、香蕉水、橡胶溶解剂油、变压器油、电缆油等 |
| 1407 | 润滑油 | 16.92% | 包含机油、润滑油、润滑冷却液、液压油、汽轮机油、齿轮油、锭子油、透平油、松节油、压缩机油、真空泵油、汽缸油、汽油机油等 |
| 1409 | 润滑脂、蜡 | 16.90% | 包含黄油、钙基润滑脂、盾尾油脂、电力复合脂、白蜡、砂蜡、石蜡、上光蜡、地板蜡、凡士林等 |
| 1421 | 树脂 | 16.90% | 包含环氧树脂、修补树脂、粘浸树脂、呋喃树脂、脲醛树脂、酚醛树脂、聚酰胺树脂、双酚不饱和聚酯树脂、固化剂、树脂底料等 |
| 1423 | 颜料 | 16.90% | 包含铸石粉、红丹粉、广告粉、颜料、氧化铁红、氧化铬绿、氧化铁黑、氧化铁黄、银粉、瓷粉、磁粉等 |
| 1431 | 无机化工原料 | 16.96% | 包含盐酸、硝酸、硫酸、过硫酸铵、草酸、冰醋酸、磷酸、硼酸、硅酸钠、轻质碳酸钙、碳酸氢钠、烧碱、石黄、石碱、氨水、氟化钠、氟硅酸钠、氟化氢铵、溴化钾、氧化铅、氯化锌、重铬酸钾、一氧化铅、二硫化钼、三氯化铁、二氯乙烷、三氯乙烯、三氯甲烷、四氯化碳、六氟化硫、乙二胺四乙酸、六亚甲基四胺、混合液、氯化钠、除盐水、电石等 |
| 1433 | 有机化工原料 | 16.68% | 包含乙醇、乙二胺、乙酸乙酯、丁醇、丙酮、甲苯、对苯二酚、醋酸乙酯、呋喃粉、过氯化苯甲酰、过氧化环己酮二丁酯、聚乙烯醇、环烷酸钴苯乙烯、柠檬酸、硬脂酸、低分子聚酰胺、桐油钙松香、酚酞等 |
| 1435 | 化工剂类 | 16.90% | 包含催干剂、隔离剂、脱模剂、脱化剂、脱漆剂、促进剂、微膨胀剂、缓凝剂、减水剂、减磨剂、降阻剂、添加剂、外加剂、防水剂、木钙、耦合剂、漂白粉、洗洁精、洗涤剂、除锈剂、酸洗材料、酸洗膏、研磨膏、抛光粉、上光剂、打光剂、氰凝浆液、塑料薄膜溶液、无机盐铝防水剂、消泡剂、微沫剂、增强剂、稀释剂、盐酸缓蚀剂、氟碳保护剂、渗透剂、化学试剂等 |
| 1437 | 化工填料 | 16.90% | 包含干填料、湿填料、软填料、密封材料、铁屑填料、环氧树脂填料等 |
| 1439 | 工业气体 | 15.30% | 包含氧气、液化气、乙炔气、氨气、氮气、氢气、氩气、三氯乙烷、丙烷、置换气体等 |

| 类别编码 | 类别名称 | 折算率 | 范围说明 |
|---|---|---|---|
| 1441 | 胶黏剂 | 16.90% | 包含黏结剂、胶水、白胶、大力胶、牛皮胶、骨胶、生胶、熟胶、胶霸、胶浆、胶料、胶黏剂、黏合剂、密封胶等 |
| 1443 | 胶黏制品 | 16.92% | 包含胶布、胶带、胶布带、贴缝带、双面胶、压敏胶黏带、DY卷材搭接带等 |
| 15 | 绝热(保温)、耐火材料 | | 包含矿棉类、珍珠岩、蛭石、泡沫橡胶、泡沫玻璃、硅酸盐等保温材料及耐火砖和一些不定性、定性耐火材料 |
| 1501 | 石棉及其制品 | 16.44% | 包含石棉、石棉绒、石棉粉、石棉灰、普通石棉布、石棉板、石棉垫、石棉纸、石棉编绳、石棉水泥硅藻土涂抹料、石棉盘根、石棉瓦、玻璃布等 |
| 1503 | 岩棉及其制品 | 16.44% | 包含岩棉板、铝箔岩棉板、岩棉管壳等 |
| 1505 | 矿渣棉及其制品 | 16.44% | 包含矿渣棉、沥青矿渣棉、矿渣棉板等 |
| 1507 | 玻璃棉及其制品 | 16.44% | 包含超细玻璃棉、沥青玻璃棉、离心玻璃棉板、铝箔离心玻璃棉套管、玻璃布等 |
| 1509 | 膨胀珍珠岩及其制品 | 16.67% | 包含膨胀珍珠岩、沥青珍珠岩块等 |
| 1511 | 膨胀蛭石及其制品 | 16.67% | 包含膨胀蛭石、水泥膨胀蛭石等 |
| 1513 | 泡沫橡胶(塑料)及其制品 | 16.75% | 包含泡沫、海绵橡胶密封条、密封胶条、密封毛条、封口垫、密封垫、闭孔乳胶海绵、发泡聚苯乙烯、泡沫塑料板、胶粉聚苯颗粒、膨胀聚苯板、聚苯乙烯保温瓦、聚氨酯泡沫板、可发性聚氨酯泡沫塑料等 |
| 1515 | 泡沫玻璃及其制品 | 16.80% | 包含泡沫玻璃板、泡沫玻璃瓦块、泡沫玻璃保温板等 |
| 1519 | 硅藻土及其制品 | 16.82% | 包含硅藻土粉、硅藻土隔热砖、硅藻土隔热碎块等 |
| 1523 | 其他绝热材料 | 16.64% | 包含杂毛毡、保温制品等 |
| 1531 | 黏土质耐火砖 | 16.67% | 包含黏土质格子砖、轻质耐火砖、致密性黏土耐火砖、耐碱黏土砖等 |
| 1533 | 硅质耐火砖 | 16.61% | 包含硅线石砖、硅质格子砖、硅质耐火砖、硅质隔热耐火砖、碳化硅砖等 |
| 1535 | 铝质耐火砖 | 16.45% | 包含高铝格子砖、高铝质耐火砖、高铝质隔热耐火砖、磷酸结合高铝砖、抗剥落高铝砖、氧化铝隔热砖、铝碳化硅砖等 |
| 1539 | 镁质耐火砖 | 16.46% | 包含镁质耐火砖、镁铬砖、镁铝砖、镁碳砖等 |
| 1541 | 刚玉砖 | 16.77% | 包含刚玉砖、电熔锆刚玉砖、泡沫刚玉轻质砖等 |
| 1543 | 其他耐火砖 | 16.66% | 包含锆英石砖、红柱石砖、焦油白云石砖、堇青石砖、莫来石砖、耐碱隔热砖、炭砖等 |
| 1551 | 耐火泥、砂、石 | 16.89% | 包含刚玉质耐火泥、高铝质耐火泥、硅线石火泥、硅质火泥、堇青质火泥、铝碳化硅火泥、镁质火泥、耐火土、耐火砖碎末、黏土质耐火泥等 |
| 1553 | 不定形耐火材料 | 16.68% | 包含镁铬质捣打料、镁铬质耐火浇注料、轻质不定形耐火材料、碳化硅质耐火捣打料等 |
| 1555 | 耐火纤维及其制品 | 16.56% | 包含高硅布、高硅氧棉、耐火纤维棉、耐火纤维毡、黑玻璃丝带、玻璃丝、玻璃纤维板等 |
| 1557 | 耐火粉、骨料 | 16.66% | 包含高铝生料粉、高铝熟料粉、碳化硅粉、刚玉粉、电极糊、细缝糊等 |
| 1559 | 其他耐火材料 | 16.79% | 包含阻火圈、耐火隔板、耐火塑料、耐火可塑料、卤水块等 |
| 16 | 吸声及抗辐射材料 | | 区别于装饰板材,这里主要指具有吸声功能的装饰成品材料及吸声散材、防辐射材料等 |
| 1601 | 木质吸声板 | 16.92% | 包含槽木吸声板和孔木吸声板 |

| 类别编码 | 类别名称 | 折算率 | 范围说明 |
|---|---|---|---|
| 1603 | 复合吸声板 | 16.65% | 包括矿棉吸声板、珍珠岩复合吸声板、吸音材料等 |
| 1605 | 隔声棉 | 16.50% | 包含玻璃棉、矿棉、岩棉等 |
| 1611 | 无损探伤材料 | 16.78% | 包含磁粉、X光透视用铅板、软胶片、增感纸、显影剂、定影剂、荧光渗透探伤剂、超声波探伤头、塑料暗袋等 |
| 17 | 管材 | | 包含金属管材、非金属管材和复合管材三类 |
| 1701 | 焊接钢管 | 16.87% | 包含焊接钢管、合金钢裂化管、有缝低温钢管等 |
| 1703 | 镀锌钢管 | 16.90% | 包含镀锌焊接钢管、绝缘镀锌焊接钢管、镀锌铁管等 |
| 1705 | 不锈钢管 | 16.90% | 包含不锈钢管、不锈钢焊接钢管、不锈钢无缝钢管、不锈钢方管等 |
| 1707 | 无缝钢管 | 16.90% | 包含无缝钢管、冷轧碳钢无缝钢管、冷轧合金无缝钢管、防腐无缝钢管等 |
| 1709 | 异型钢管 | 16.90% | 包含方钢管、矩形管等 |
| 1711 | 铸铁管 | 16.87% | 包含单承弯铸铁管90°、铸铁坑管、铸铁排水管、铸铁管、硅铁管等 |
| 1713 | 铝管 | 16.93% | 包含铝管、硬铝管、铝合金扁管、铝合金方管、铝合金L管、铝合金U管、导向铝管等 |
| 1715 | 铜管、铜合金管 | 16.98% | 包含铜管、紫铜管、纯铜拉制管、黄铜拉制管等 |
| 1717 | 铅管 | 16.97% | 包含纯铅管、铜板卷管、铜缓冲管等 |
| 1719 | 金属软管 | 16.90% | 包含金属软管、金属进水软管、不锈钢耐压金属软管、法兰式金属软管、抱箍式铝质软管等 |
| 1721 | 金属波纹管 | 16.90% | 包含波纹管、不锈钢波纹管等 |
| 1723 | 衬里管 | 16.88% | 包含衬塑不锈钢管、卷板涂衬钢管、承插式涂衬铸铁管、防腐钢制渐缩管等 |
| 1725 | 塑料管 | 16.87% | 包括硬塑料管、硬聚氯乙烯排水管、PVB-U加筋管、聚乙烯给水管、无规共聚聚丙烯冷水管、酚醛塑料管、塑料测斜管、塑料注浆阀管、输水软管、注浆管等 |
| 1727 | 橡胶管 | 16.88% | 包括橡胶管、夹布输油胶管、抽水管、橡胶保护套管、阀门加油管、胶质输气管、燃气送气管、胶管、皮管等 |
| 1728 | 复合管 | 16.88% | 包含复合管给水管、铝塑复合管、PP-R不锈钢复合管、铜塑复合管、复合多孔管等 |
| 1729 | 混凝土管 | 16.65% | 包含混凝土管、挤压管、透水管、离心管、悬辊管、推立模管、承插管、企口管、水泥管、石棉水泥管等 |
| 1731 | 其他管材 | 16.88% | 包含钛管、玻璃钢夹砂管、陶土管、玻璃钢管、中压抽水管、搪瓷钢管、石墨管、玻璃钢排水管、高压皮龙管、蒸汽盘管、伴热管、黄蜡管、挠性管、升降管、铁皮管、导向管、量油管、进出油管等 |
| 18 | 管件及管道用器材 | | 1. 管件包含铸铁管件、钢管管件、不锈钢管件、塑料管件、复合管件等;<br>2. 管道附件包含过滤器、阻火器、视镜、套管、管道支吊架 |
| 1801 | 铸铁管件 | 16.90% | 包含短管、管件、三通、套筒、丁字管、平插、平承、接口附件、管帽、插堵、铸铁清扫口、铸铁喷射接口、接轮、弯管、熟铁内螺丝、单牙、铸铁弯头、铸铁水斗等 |
| 1803 | 钢管管件 | 16.85% | 包含钢制管件、异径管管件、弯头、三通、接头、弯头、套筒、对焊管件、四通、螺丝、卷管管件、弯管、防漏夹等 |

| 类别编码 | 类别名称 | 折算率 | 范围说明 |
|---|---|---|---|
| 1805 | 不锈钢管件 | 16.94% | 包含不锈钢板卷管管件、不锈钢管件、不锈钢管接头零件等 |
| 1807 | 铜、铜合金管件 | 16.96% | 包含铜管接头零件、铜管内外螺丝、铜制管堵、铜板卷管管件、黄铜卡套式管件等 |
| 1809 | 塑料管件 | 16.97% | 包含管接头、管件、管堵、三通、硬聚氯乙烯雨水斗、接头零件、活接套筒、弯头等 |
| 1811 | 钢塑复合管件 | 16.94% | 包含钢塑 PE 外接头、不锈钢衬塑复合管接头零件、电熔 PE 钢塑转换接头等 |
| 1815 | 管接头 | 16.94% | 包含接头零件、燃气螺纹、镀管帽、管堵、汽包补芯、汽包对丝、汽包托钩、法兰接头、接头固定夹、管接头、盖堵等 |
| 1817 | 阻火器 | 不锈钢 16.93% | 包含防火器、波纹阻火器、管道阻火器等 |
| | | 铸铁 16.50% | |
| 1819 | 过滤器 | 铜 16.90% | 包含过滤器、钢制过滤器、螺纹过滤器、法兰过滤器等 |
| | | 铸铁 16.85% | |
| 1821 | 补偿器及软接头 | 16.90% | 包含可曲挠橡胶接头、伸缩接头、煤气通用补偿器、补偿式弯管、渐缩管等 |
| 1823 | 视镜 | 16.92% | 包含透镜垫、窥视盖等 |
| 1825 | 管卡、管箍 | 16.90% | 包含吊管卡子、U 形钢卡、铸铁管墙箍、钢抱箍、夹箍、吊线抱箍、钢套管夹头、管箍、T 形接口钢套环、撑脚卡箍、熟铁吊箍、管子托钩、钩钉等 |
| 1827 | 管道支架、吊架 | 16.94% | 包含固定支架、风管支架、风管处馈线悬挂支架、镀锌角钢抱箍支架、托架、支架、吊架、管枕等 |
| 1829 | 套管 | 16.94% | 包含充油膏接头套管、钢套管、镀锌钢管保护管、塑料套管、聚氯乙烯套管、热熔热缩套管、线号套管、防火套管、隔离套管、户内铜体穿墙套管等 |
| 1831 | 其他管件 | 16.92% | 包含连接件、铝板卷管管件、陶土管接头零件、玻璃钢短管、玻璃钢弯头、连接器、回转接头、胶管夹头、玻璃钢水斗、塑料阳台落水篦子头、塑料雨水管矩形三通、塑料半圆形檐钩等 |
| 19 | 阀门 | | 包含民用及工业管道的通用类阀门 |
| 1901 | 截止阀 | 铸铁 16.92% | 包含螺纹截止阀、法兰截止阀、承插焊接截止阀等 |
| | | 铜质 16.98% | |
| | | 不锈钢 16.95% | |
| 1903 | 闸阀 | 铸铁 16.92% | 包含螺纹闸阀、法兰闸阀、双平楔式闸阀、承插式暗杆楔式闸阀等 |
| | | 铜质 16.98% | |
| | | 不锈钢 16.95% | |
| 1905 | 球阀 | 铸铁 16.92% | 包含球阀、螺纹球阀、法兰球阀、球阀 TQ04H、全铜由任球阀等 |
| | | 铜质 16.98% | |
| | | 不锈钢 16.95% | |
| 1907 | 蝶阀 | 铸铁 16.92% | 包含蝶阀、手动蝶阀、消防阀门等 |
| | | 铜质 16.98% | |
| | | 不锈钢 16.95% | |

| 类别编码 | 类别名称 | 折算率 | 范围说明 |
|---|---|---|---|
| 1909 | 止回阀 | 铸铁 16.92%<br>铜质 16.98%<br>不锈钢 16.95% | 包含螺纹止回阀、法兰止回阀、螺纹底阀、法兰底阀等 |
| 1911 | 安全阀 | 铸铁 16.92%<br>铜质 16.98%<br>不锈钢 16.95% | 包含弹簧安全阀、安全阀门等 |
| 1913 | 调节阀 | 铸铁 16.92%<br>铜质 16.98%<br>不锈钢 16.95% | 包含调节阀、调节阀（铸钢）等 |
| 1917 | 疏水阀 | 铸铁 16.92%<br>铜质 16.98%<br>不锈钢 16.95% | 包含法兰疏水阀、螺纹疏水阀等 |
| 1923 | 旋塞阀 | 铸铁 16.92%<br>铜质 16.98%<br>不锈钢 16.95% | 包含旋塞阀、内螺纹旋塞阀、油封旋塞阀等 |
| 1925 | 隔膜阀 | 铸铁 16.92%<br>铜质 16.98%<br>不锈钢 16.95% | 包含隔膜阀、搪瓷隔膜阀等 |
| 1927 | 减压阀 | 铸铁 16.92%<br>铜质 16.98%<br>不锈钢 16.95% | 包含螺纹减压阀、法兰减压阀、法兰比例减压阀、活塞式减压阀等 |
| 1928 | 电磁阀 | 铸铁 16.92%<br>铜质 16.98%<br>不锈钢 16.95% | 包含真空电磁阀、液用电磁阀、消防电磁阀等 |
| 1929 | 减温减压阀 | 铸铁 16.92%<br>铜质 16.98%<br>不锈钢 16.95% | 包含法兰减温减压阀、焊接电磁减温减压阀等 |
| 1933 | 水位控制阀 | 铸铁 16.92%<br>铜质 16.98%<br>不锈钢 16.95% | 包含液压水位控制阀、角式消声水位控制阀等 |
| 1937 | 浮球阀 | 铸铁 16.92%<br>铜质 16.98%<br>不锈钢 16.95% | 包含浮球阀、铜浮球阀、螺纹浮球阀、法兰浮球阀、高水箱浮球阀等 |
| 1938 | 塑料阀门 | 16.91% | 包含塑料闸阀、塑料球阀、塑料截止阀等 |
| 1939 | 陶瓷阀门 | 16.94% | 包含自动排气阀、防污隔断阀等 |
| 20 | 法兰及其垫片 | | 1. 法兰包含钢制法兰、铸铁法兰、铜法兰、塑料法兰等；<br>2. 垫片包含金属垫片、非金属垫片 |

续表

| 类别编码 | 类别名称 | 折算率 | 范围说明 |
|---|---|---|---|
| 2001 | 钢制法兰 | 16.81% | 品种包含螺纹法兰、平焊法兰、对焊法兰、平焊合金钢法兰、碳钢活动法兰、铸铁法兰、钢法兰、喷射井点腰子钢法兰、外螺纹铜环松套钢法兰等 |
| 2003 | 不锈钢法兰 | 16.87% | 包含平焊不锈钢法兰、对焊不锈钢法兰等 |
| 2005 | 铸铁法兰 | 16.84% | 包含螺纹铸铁法兰、铸铁汽包法兰、铸铁法兰压盖等 |
| 2007 | 铜法兰 | 16.90% | 包含全铜法兰等 |
| 2009 | 塑料法兰 | 16.69% | 包含塑料法兰等 |
| 2011 | 其他法兰 | 16.84% | 包含铝合金法兰、沟槽式法兰、塑钢转换法兰、铸铁抽水缸压兰等 |
| 2021 | 盲板 | 16.88% | 包含钢制法兰盖、盲板、钢制内盲板、法兰盲板等 |
| 2031 | 金属垫片 | 16.98% | 包含垫片、钢板垫片、止退垫片、高压铝平垫片、铜垫片、镀铬垫片、不锈钢垫片等 |
| 2033 | 非金属垫片 | 16.94% | 包含法兰用垫片、法兰橡胶垫片、聚四氟乙烯垫片等 |
| 2035 | 其他垫片 | 16.94% | 包含T形胶垫、耐热胶垫等 |
| 21 | 洁具及燃气器具 |  | 1. 洁具包含卫生洗浴器具、生活排泄物收集器具、室内给排水器具、浴室家具、相应的洁具配件等；2. 燃气器具包含燃气管道一些燃气装置及燃气专用附件 |
| 2101 | 浴缸、浴盆 | 16.97% | 包含搪瓷浴缸、陶瓷浴缸、塑料浴缸、玛瑙浴缸、玻璃钢浴缸、亚克力浴缸、按摩浴缸等 |
| 2103 | 净身盆、器(妇洗盆) | 16.97% | 包含陶瓷净身盆、玛瑙净身盆等 |
| 2105 | 淋浴器 | 16.97% | 包含单管铜淋浴器、双管铜淋浴器、莲蓬喷头、浴缸明式双连水嘴、浴缸明式三连水嘴等 |
| 2107 | 淋浴间、淋浴屏 | 16.97% | 包含淋浴房、整体淋浴室等 |
| 2109 | 洗脸盆、洗手盆 | 16.97% | 包含洗脸盆、瓷面盆、瓷水盆、磨石子水盆、洗手盆等 |
| 2113 | 洗涤盆、化验盆 | 16.97% | 包含洗涤盆、陶瓷化验盆等 |
| 2115 | 大便器 | 16.97% | 包含坐式大便器、连体坐便器、带水箱坐便器、自闭式冲洗坐便器、蹲式大便器、倒便器等 |
| 2117 | 小便器 | 16.97% | 包含小便器、挂式小便器、立式小便器、尿坑头子等 |
| 2125 | 卫生器具用水箱 | 16.97% | 包含陶瓷水箱、大便槽自动冲水箱、小便槽自动冲水箱、大便槽自动冲洗水箱托架等 |
| 2131 | 其他卫生洁具 | 铜质16.97% / 不锈钢16.95% | 包含肥皂盘、毛巾架、毛巾环、卫生纸盒、洗涤盆托架、不锈钢浴帘杆、不锈钢毛巾杆、浴缸拉手、卫生纸架、吊水球铜丝等 |
| 2143 | 消毒器、消毒锅 | 不锈钢16.96% | 包含消毒器、消毒锅等 |
| 2145 | 饮水器 | 16.20% | 包含饮水器等 |
| 2147 | 厨用隔油器 | 16.94% | 包含油过滤器、地埋式隔油器、嵌挂式隔油器等 |
| 2151 | 抽水缸(凝水器) | 16.94% | 包含铸铁抽水缸、碳钢抽水缸、抽水缸防护罩等 |
| 2153 | 调压装置 | 16.94% | 包含箱式调压器、雷诺式调压器、调压器备件包等 |
| 2155 | 燃气管道专用附件 | 16.94% | 包含放散装置、煤气铜由任开关、燃气计量表接头、燃气嘴、支承圈、主副点火器、PE凝水缸等 |

| 类别编码 | 类别名称 | 折算率 | 范围说明 |
|---|---|---|---|
| 22 | 采暖及通风空调器材 | | 1. 采暖器材包含散热器及其配件、小型容器等<br>2. 通风器材包含风管、空调和风管的调节阀、空调电气控制器、风口、风帽及罩类、消声器等材料 |
| 2201 | 铸铁散热器 | 16.87% | 包含长翼型铸铁散热器、柱翼型铸铁散热器等 |
| 2203 | 钢制散热器 | 16.87% | 包含闭式钢制散热器、板式钢制散热器、壁式钢制散热器、柱式钢制散热器等 |
| 2211 | 散热器专用配件 | 16.87% | 包含自动排气阀、快速排气阀KP-10、自动透气阀、手动放风阀、风管止回阀、密闭式斜插板阀、上通阀等 |
| 2221 | 集气罐 | 16.69% | 包含卧式集气罐、立式集气罐等 |
| 2223 | 集热器 | 16.87% | 包含太阳能集热器、液体集热器等 |
| 2227 | 膨胀水箱 | 16.87% | 包含补给水箱、膨胀水箱、钢制矩形水箱、钢制圆形水箱等 |
| 2241 | 风口 | 16.69% | 包含百叶风口、条缝型风口、旋转风口、活动篦式风口、网式风口、钢制圆形送吸风口、柚木风口等 |
| 2243 | 散流器 | 16.69% | 包含方形、圆形、矩形等散流器 |
| 2245 | 风管、风道 | 16.69% | 包含玻璃钢风管、复合玻纤板风管、不燃型无机复合风管、柔性软风管、风管、高压风管等 |
| 2247 | 风帽 | 16.69% | 包含圆伞形风帽、筒形风帽、预制风帽等 |
| 2249 | 罩类 | 16.69% | 包含防雨罩、调压箱罩等 |
| 2251 | 风口过滤器、过滤网 | 16.69% | 包含金属过滤网、尼龙过滤网等 |
| 2253 | 调节阀 | 16.69% | 包含调节阀、重力式防火阀、防火阀、柔性软风管阀门、电动组合风阀、自动排气阀等 |
| 2255 | 消声器 | 16.69% | 包含消声器、片式消声器、矿棉管式消声器、阻抗复合式消声器、卡普隆管式消声器、聚酯泡沫管式消声器、弧形声流式消声器等 |
| 2257 | 减震器 | 16.87% | 包含减震器、减震吊架、减震垫等 |
| 2259 | 静压箱 | 16.69% | 包含静压箱等 |
| 23 | 消防器材 | | 1. 灭火和报警两大部分<br>2. 灭火器材有灭火器、消火栓、灭火系统<br>3. 报警器材有消防报警装置、智能控制模块、烟感器、探测器等 |
| 2303 | 消火栓 | 16.98% | 包含地下式消火栓、地上式消火栓、室外消火栓、消火栓底座带弯头等 |
| 2305 | 消防水泵接合器 | 16.98% | 包含地上式消防水泵接合器、地下式消防水泵接合器、墙壁式消防水泵接合器等 |
| 2307 | 消防箱、柜 | 16.98% | 包含木制消火栓箱、玻璃钢消防箱、钢制消防柜等 |
| 2311 | 泡沫发生器、比例混合器 | 16.98% | 包含泡沫发生器、压力储罐式泡沫比例混合器、平衡压力式泡沫比例混合器、环泵式负压比例混合器、管线式负压比例混合器等 |
| 2313 | 水流指示器 | 16.98% | 包含螺纹式水流指示器、法兰式水流指示器等 |
| 2317 | 灭火散材 | 16.98% | 包含防火堵料、无机防火堵料等 |
| 2319 | 消防水枪 | 16.98% | 包含消火栓水枪、直流水枪、开花水枪等 |
| 2321 | 消防喷头 | 16.98% | 包含喷头、玻璃球洒水喷头等 |
| 2323 | 软管卷盘、水龙带及接口 | 16.98% | 包含消火栓接口、消火栓水龙带、尼龙水带等 |

| 类别编码 | 类别名称 | 折算率 | 范围说明 |
|---|---|---|---|
| 2325 | 灭火装置专用阀门 | 16.98% | 包含湿式报警阀、选择阀等 |
| 2329 | 隔膜式气压水罐 | 16.85% | 包含隔膜气压水罐等 |
| 2337 | 探测器 | 16.97% | 包含探测器、温感探测器、光电烟感探测器等 |
| 2339 | 火灾报警、灭火控制品 | 16.97% | 包含报警控制器、联动控制器、报警联动一体机、报警器、湿式报警装置、警铃等 |
| 2340 | 现场模块 | 16.97% | 包含控制模块、短路隔离器等 |
| 2341 | 其他报警器材 | 16.97% | 包含报警接口、报警按钮、手动报警按钮、重复显示器、壁挂式音响、吸顶式扬声器等 |
| 2343 | 消防通信广播器材 | 16.97% | 包含广播分配器、消防广播控制柜等 |
| 24 | 仪表及自动化控制 | | 包含对流量、力量、质量、功率、温度、距离等物理现象进行计量、检测的仪器以及连接和支持这些仪器的专业配件 |
| 2401 | 水表 | 16.91% | 包含湿式水表 LXS、法兰式水表等 |
| 2403 | 燃气表 | 16.82% | 包含工业用罗茨表、膜式燃气表等 |
| 2404 | 电度表 | 16.58% | 包含单相电度表、三相电度表等 |
| 2407 | 电工测量仪表 | 16.94% | 包含交流电压表、电流表、电位测量箱、恒电位仪、兆欧表等 |
| 2409 | 温度测量仪表 | 16.84% | 包含温度计、铂电阻温度针、测温笔、插座、温度计插座、温度计套管、管状热电偶、热电偶等 |
| 2411 | 压力仪表 | 16.89% | 包含压力表、弹簧压力表、耐酸压力表、燃气测压表、钢筋应力计、弦式渗压针、弦式土压力盒、气压表等 |
| 2413 | 差压、流量仪表 | 16.87% | 包含流量计、浮子流量计、转子流量计、气体腰轮流量计、气体涡轮流量计等 |
| 2417 | 物位检测仪表 | 16.90% | 包含浮标液面计、水位计、超声波水位仪等 |
| 2425 | 物性检测仪表 | 16.75% | 包含混凝土应变计、温度分析仪等 |
| 2433 | 工业计算机器材 | 16.98% | 包含光盘、针式色带、相色带、喷墨打印机墨盒、碳粉、喷墨头、复印机墨盒、激光打印机墨粉等 |
| 2459 | 仪表专用管件 | 16.89% | 包含仪表接头、压力表开关带弯管等 |
| 2463 | 仪表专用阀门 | 16.87% | 包含压力表旋塞等 |
| 2469 | 其他仪表及自控器材 | 16.85% | 包含应变预埋件、取压部件、取压短管、取源部件等 |
| 25 | 灯具、光源 | | 包含室内灯具、室外灯具、装饰灯具及一些特殊场合使用的专用灯具 |
| 2501 | 光源 | 16.96% | 包含白炽灯、灯泡、碘钨灯、灯管、发光二极管等 |
| 2505 | 吊灯(装饰花灯) | 16.90% | 包含软线吊灯、吊链吊灯、吊杆式组合灯、蜡烛灯、串珠灯、内藏组合式灯等 |
| 2507 | 吸顶灯 | 16.90% | 包含圆球罩灯、吸顶半扁罩灯、半圆吸顶灯、球形吸顶灯、方形吸顶灯、矩形吸顶灯等 |
| 2509 | 壁灯 | 16.90% | 包含单罩、双罩、四罩等多种类型壁灯 |
| 2511 | 筒灯 | 16.93% | 包含筒灯、直筒灯、牛眼灯等 |
| 2515 | 格栅灯(荧光灯盘) | 16.90% | 包含链吊式荧光灯具、吊杆组合式荧光灯、嵌入式荧光灯单管、发光棚荧光灯等 |
| 2517 | 射灯 | 16.93% | 包含射灯、导轨式射灯、吸顶式射灯等 |

| 类别编码 | 类别名称 | 折算率 | 范围说明 |
|---|---|---|---|
| 2521 | 其他室内灯具 | 16.93% | 包含成套灯具、混光灯具等 |
| 2525 | 泛光灯、投光灯 | 16.90% | 包含投光灯等 |
| 2527 | 地埋灯 | 16.93% | 包含地埋灯等 |
| 2529 | 草坪灯 | 16.89% | 包含墙壁式草坪灯、立柱式草坪灯等 |
| 2533 | 庭院、广场、道路、景观灯 | 16.89% | 包含庭院灯、固定式广场灯、升降式广场灯、道路照明灯、平型罩风雨灯等 |
| 2535 | 标志、应急灯 | 16.90% | 包含指示灯、标志灯等 |
| 2537 | 信号灯 | 16.90% | 包含闪灯、信号灯、交通信号灯等 |
| 2541 | 水下灯 | 16.89% | 包含简易型彩灯、密封型彩灯、游泳池壁灯、幻光型彩灯、喷水池彩灯等 |
| 2543 | 厂矿、场馆用灯 | 16.90% | 包含仓库灯、厂房照明灯、防潮灯、防爆灯、增安型防爆灯、密闭安全灯、防水防尘灯等 |
| 2545 | 医院专用灯 | 16.89% | 包含无影灯、病房暗脚灯、病房指示灯、紫外线杀菌灯等 |
| 2547 | 歌舞厅灯 | 16.89% | 包含星灯、边界灯、变色转盘灯、泡泡发生灯、维纳斯旋转彩灯、十二头幻影转彩灯等多种类型 |
| 2551 | 灯头、灯座、灯罩 | 16.96% | 包含瓷灯头、插口灯座、插口平灯座、瓷螺口平灯座、荧光灯灯座、声控座灯头、吸顶圆球灯罩、吸顶半扁灯罩等 |
| 2555 | 启辉器、镇流器 | 16.93% | 包含启辉器、镇流器等 |
| 2561 | 其他灯具及附件 | 16.96% | 包含灯钩、日光灯吊钩、灯链、导轨、抱箍、灯架、灯杆、灯片、舞厅彩控器等 |
| 26 | 开关、插座 | | 包含电气用开关及插座 |
| 2601 | 拉线开关 | 16.87% | 包含拉线开关、防水拉线开关等 |
| 2603 | 扳把开关 | 16.87% | 包含平开关等 |
| 2605 | 普通面板开关 | 16.87% | 包含暗开关、86型开关、照明开关等 |
| 2609 | 电子感应开关 | 16.90% | 包含延时开关、声控延时开关、红外线感应自动开关等 |
| 2611 | 调速面板开关 | 16.90% | 包含电子风量调节开关等 |
| 2613 | 插卡取电开关 | 16.95% | 包含插卡式开关、光电式开关等 |
| 2615 | 门铃、电铃开关 | 16.95% | 包含门铃、电铃等 |
| 2617 | 自复位开关 | 16.87% | 包含自复位开关等 |
| 2621 | 按钮开关 | 16.87% | 包含按钮、紧急开关、防水按钮、成套按钮等 |
| 2631 | 面板、边框、盖板 | 16.87% | 包含暗开关面板、开关盒盖板、开关盒、插座盒、开关接线板、暗开关盒、镀锌开关盒等 |
| 2641 | 电源插座 | 16.87% | 包含插座、明插座、三极四眼明插座、AC30单相二极插座、安全型继电器插座、成套插座等 |
| 2645 | 电源插头 | 16.87% | 包含三极、二极扁脚插头等 |
| 2649 | 其他开关 | 16.90% | 包含微动开关、带指示灯开关、水银开关、紧急开关、卷闸开关、压力开关等 |
| 27 | 保险、绝缘及电热材料 | | 1. 保险材料包括保险器、片、盖、带等保险器材，熔断器，避雷针，避雷器等；<br>2. 绝缘材料包含绝缘子、绝缘布、绝缘板等绝缘材料 |

续表

| 类别编码 | 类别名称 | 折算率 | 范围说明 |
|---|---|---|---|
| 2701 | 熔断器、熔断丝 | 16.95% | 包含熔断器、HG 熔断器连熔芯、HR5 刀熔开关、高压熔断丝、熔断器板、熔断器座、熔丝等 |
| 2703 | 保险器材 | 16.92% | 包含保险丝、击穿保险器、易熔片等 |
| 2705 | 避雷器材 | 16.92% | 包含避雷器、避雷器底座、避雷器连接板、氧化锌避雷器压板、避雷针、引下线等 |
| 2706 | 接地装置 | 16.95% | 包含接地挂环、接地体、接地母线、接地线、扁铜接地网、接地极、接地棒等 |
| 2707 | 漏电保护器材 | 16.92% | 包含 DPN 漏电保护器、C45ELE 漏电保护器、C45ELM 漏电保护器、漏电自动开关等 |
| 2709 | 高压绝缘子 | 16.95% | 包含绝缘子、电车绝缘子、蝶式绝缘子等 |
| 2711 | 低压绝缘子 | 16.95% | 包含棒式绝缘子、针式绝缘子、高压线路针式绝缘子、刚性悬挂针式绝缘子、拉紧绝缘子、三沟绝缘子等 |
| 2713 | 绝缘穿墙套管、瓷套管 | 16.95% | 包含直瓷管、穿墙套管等 |
| 2715 | 瓷绝缘散材 | 16.95% | 包含瓷接头、弯角瓷瓶、蝶式瓷瓶、瓷吊线盒等 |
| 2717 | 绝缘布、绝缘带 | 16.95% | 包含黑胶布、黄蜡带、黄漆布带、绝缘胶带、丝绸绝缘布等 |
| 2719 | 绝缘板、绝缘箔 | 16.95% | 包含绝缘板、酚醛层压板、胶木板、胶塑板、绝缘缓冲垫片等 |
| 2725 | 其余绝缘材料 | 16.95% | 包含绝缘垫、青壳纸、沥青绝缘胶、绝缘纸、磁环、绝缘管垫、绝缘棒夹环、绝缘支承总成、两眼绝缘拉板等 |
| 2731 | 电热材料 | 16.95% | 包含电阻丝、镍铬电阻丝、电炉丝、伴热电缆等 |
| 28 | 电线电缆及光纤光缆 | | 1. 包含电力系统用电线电缆及信息传输用电线电缆；2. 电力系统电线电缆包括裸电线、汇流排、电力电缆分支电缆、电磁线、电气装备电线电缆等；3. 信息传输系统包含通信电缆、广播电视电缆、光纤缆、数据电缆、电磁线、电力通信或其他复合电缆等 |
| 2801 | 裸电线 | 16.95% | 包含裸铜线、绞线、软铜线、银铜导线、银铜接触线、双沟型铜电车线、铝线等 |
| 2803 | 电气装备用电线电缆 | 16.95% | 包含绝缘导线、塑料铜芯线、阻燃塑料导线、橡皮铜芯线、绝缘铝芯线、音响线、补偿导线、极性交叉回流线、电热器检查接线等 |
| 2811 | 电力电缆 | 16.88% | 包含电缆、护套电力电缆、护套控制电缆、软电缆、局用电缆、随行电缆、软电缆、重型橡套电缆、电打火电缆线、铅包电缆等 |
| 2821 | 市内电话电缆 | 16.88% | 包含市话电缆、电话室内护套线、室外电话线、室内电话线等 |
| 2825 | 光纤光缆 | 16.88% | 包含光纤、铠装光缆、光缆接头、感温光纤等 |
| 2827 | 信号电缆 | 16.88% | 包含屏蔽线、屏蔽双绞电缆线、控向信号线、对称电缆、预制控制信号电缆、屏蔽控制电缆、控制电缆等 |
| 2829 | 同轴通信电缆 | 16.88% | 包含同轴电缆、同轴软线、射频同轴电缆、视频同轴电缆、漏泄同轴电缆、导线等 |
| 2831 | 计算机用电缆 | 16.88% | 包含双绞线、塑料绝缘跳线、系统电缆等 |
| 2841 | 特种电缆 | 16.88% | 包含过轨绝缘电缆、矿物绝缘电缆等 |

| 类别编码 | 类别名称 | 折算率 | 范围说明 |
|---|---|---|---|
| 2843 | 其他电线电缆 | 16.88% | 包含气缆、管缆、塑料绝缘屏蔽电线、探头线、RGB线、VGA线、塑料绝缘屏蔽软线等 |
| 29 | 电气线路敷设材料 | | 包含在电气线路敷设的过程中起到铺设、架设、支承、固定、连接、引导、外围保护等作用的各种材料 |
| 2901 | 电缆桥架 | 16.67% | 包含电缆桥架、槽式电缆桥架、托盘电缆桥架、接线铜梗等 |
| 2902 | 电缆桥架连接件及附件 | 16.85% | 包含托臂包括连接螺栓、电缆托板、双电缆槽盖板、电缆固定架、电缆压盖、区间电缆支架、电缆托架等 |
| 2903 | 线槽及其连接件 | 16.79% | 包括线槽、复合材料电缆槽、钢线槽、光电缆保护钢槽、走线槽道、墙壁槽板、汇线槽等 |
| 2905 | 母线槽及其连接件 | 16.93% | 包含插接母线槽、母线槽进线箱、母线槽连螺栓配套、母线等 |
| 2906 | 电线、电缆套管及其管件 | 16.81% | 包括电线管、镀锌钢导管、穿线管、进线管、电线管外接头、易弯塑料管入盒接头及锁扣、管卡子、塑料护口等 |
| 2907 | 电缆头 | 16.59% | 包含电缆接头、橡塑电缆热缩终端头、交联单芯中间头、铜芯电缆中间接管、矿物绝缘电缆终端头、漏缆固定接头等 |
| 2909 | 接线端子 | 16.59% | 包含铜接线端子、端子箱、紫铜接头、铜端头、冷压接线环、铝压接连接管、钳压管、铜桥等 |
| 2911 | 接线盒（箱） | 16.59% | 包含接线盒、分线盒、接线箱盖板、保安配线箱、保护箱、电缆交接箱、电缆热缩接续盒、防磁电缆接续盒、进出线盒等 |
| 2913 | 母线金具 | 16.72% | 包含母线金具、母线拉紧装置、母线衬垫等 |
| 2915 | 变电金具 | 16.72% | 包含T形线夹、引线总成等 |
| 2917 | 线路金具 | 16.72% | 包含线夹、避雷线悬垂吊架、汇流排、镀锌U形环、钢线双向膨胀锁、尽头拉环、尽头锚线箍、抗拉锚固件、夹板、特种悬吊、电线卡子、通电支承总成、接头支架、配线架、调谐单元托架、交接间配线架等 |
| 2919 | 电杆、塔 | 16.34% | 包含木电杆、水泥电杆、钢电杆、直杆、导电杆、天线及配套件、天线架底座等 |
| 2921 | 杆塔固定件 | 16.43% | 包含端子板、木杆镀锌角钢杆顶支座、水泥杆轧头、拉力环、心形环、定位环等 |
| 2923 | 杆塔支承横担及附件 | 16.60% | 包含镀锌角钢横担、双挑横担、U形镀锌角钢架、终端转角墙担、馈线横担铁压板、地横木等 |
| 2925 | 线路连接附件 | 16.87% | 包含固定夹板、铜接线柱、终端电缆盒、固定角钢、电缆挂钩、接线铜梗、光缆接续器材、压线帽等 |
| 2927 | 其他线路敷设材料 | 16.88% | 包含滑触线拉紧装置、滑触线、并线器、型钢排等 |
| 30 | 弱电及信息类器材 | | 包含广播电视、通信设备、建筑智能化设备所用到的材料 |
| 3001 | 安防报警器材 | 16.90% | 包含警铃、直探头、斜探头、报警器、报警灯、入侵警号、无线报警探测器、报警控制器、探测器开关、报警终端装置、安全防护门、电视插座等 |
| 3002 | 门禁系统器材 | 16.96% | 包含电子锁、门磁开关、IC卡等 |
| 3003 | 监控显示器材 | 16.94% | 包含盒式磁带、分配器等 |

| 类别编码 | 类别名称 | 折算率 | 范围说明 |
|---|---|---|---|
| 3007 | 广播线路、移动通信器材 | 16.98% | 包含对讲机、电话、消防电话、有线对话、电话出线盒、电话插座、电话背板、电话插孔、电话机箱、电话机座等 |
| 3009 | 有线电视、卫星电视器材 | 16.95% | 包含ART音频连接器、光纤耦合器、光纤耦合器条、话筒连接器、通信插孔、插头等 |
| 3011 | 信息插座插头器材 | 16.88% | 包含分支器、用户终端盒、音频连接盒、音视频插头、电视插座等 |
| 3013 | 计算机网络系统器材 | 16.98% | 包含光纤信息插座、水晶头、跳线连接器、接续子、尾纤等 |
| 3017 | 扩声、音乐背景器材 | 16.94% | 包含开关控制箱等 |
| 3021 | 其他弱电及信息类器材 | 16.94% | 包含模块箱、地址码板、模块式信息语音插座、感温电缆接入设备等 |
| 31 | 仿古建筑材料 | | 包括仿古建筑所用的琉璃砖、琉璃瓦件、黏土砖、黏土瓦、木质品、油饰、彩画裱糊等材料 |
| 3103 | 琉璃瓦件 | 16.30% | 包含底瓦、筒瓦、盖瓦、过桥瓦、正脊、普通顶帽、滴水、沟头、合角纹、翘角等 |
| 3105 | 琉璃人、兽材料 | 16.30% | 包含琉璃走兽、琉璃套兽等 |
| 3107 | 其余琉璃仿古材料 | 16.30% | 包含琉璃窗（小钱鼓窗）、琉璃凤纹花窗等 |
| 3109 | 黏土砖（黑活瓦件） | 16.30% | 包含望砖、城砖、方砖、大金砖、双开砖、嵌砖、花脊砖、三开砖、压脊砖等 |
| 3111 | 黏土瓦件 | 16.30% | 包含沟头瓦、滴水瓦、黄瓜环底、龙吻、葫芦顶、纹头、云头、哺龙头、方脚头、雌毛脊头等 |
| 3117 | 仿古油饰、彩画材料 | 16.30% | 包含面粉、血料、银珠等 |
| 3119 | 裱糊材料 | 16.30% | 包含麦丽纸、高丽纸等 |
| 3123 | 其余仿古材料 | 16.30% | 包含碎缸片、预制古式栏杆、预制古式零件、预制吴王靠件等 |
| 32 | 园林绿化 | | |
| 3201 | 乔木 | 免税 | 包含落叶乔木、常绿乔木 |
| 3203 | 灌木 | 免税 | 包含地栽灌木、盆栽灌木、袋装灌木 |
| 3205 | 藤本植物 | 免税 | 包含各种沿立面生长的藤本植物 |
| 3207 | 地被植物 | 免税 | 包含各种沿地面生长的草本植物 |
| 3209 | 棕榈科植物 | 免税 | 包含地栽棕榈、盆栽棕榈 |
| 3211 | 观赏竹类 | 免税 | 包含孝顺竹、紫竹、箬竹、红竹、乌哺鸡竹、金镶玉竹、菲白竹等 |
| 33 | 成型构件及加工件 | | 包含按图集或与设备安装配套加工的各种金属、混凝土、木质等制品 |
| 3301 | 钢结构制作件 | 16.80% | 包含钢柱、钢管柱套、钢梁、钢檩条、墙筋、钢支架、钢支承、轻钢结构件、硬横梁、垂直压板、钢轨、固定槽钢等 |
| 3305 | 铸铁及铁构件 | 16.84% | 包含铸铁壳体、铸铁砖、铸铁坨、铸铁盖等 |
| 3307 | 压力容器构件 | 16.84% | 包含气柜、分气缸、贮油罐、油缓冲罐、分气罐、填料密封装置等 |
| 3311 | 水箱 | 16.40% | 包含水箱、圆形钢板水箱、矩形水箱、补给水箱、喷射井点水箱等 |
| 3321 | 变形缝 | 16.97% | 包含桥梁板式橡胶伸缩缝、板式橡胶伸缩缝、梳形钢板伸缩缝等 |
| 3323 | 翻边短管 | 16.80% | 包含不锈钢翻边短管、铝翻边短管、铜翻边短管等 |
| 3333 | 机械设备安装用加工件 | 16.80% | 包含铁榫、铁楔、铸铁件、预埋件、垫铁、垫板、挡板、交叉器、连线夹板、螺纹墙眼、机加工件、四角连接片、小拉板、双叉连接器、夹具等 |

续表

| 类别编码 | 类别名称 | 折 算 率 | 范 围 说 明 |
|---|---|---|---|
| 3335 | 装置设备附件 | 16.80% | 包含通气孔、透光孔、排污孔、搅拌器孔、单盘顶人孔、量油帽、试验人孔盖板、积水罐带盖、带芯铰链人孔等 |
| 3339 | 预制烟囱、烟道 | 16.84% | 包含烟囱、预制排气道等 |
| 3341 | 其他成型制品 | 16.84% | 包含接缝变化装置、嵌墙水表箱、住宅煤气表箱等 |
| 34 | 电极及劳保用品等其他材料 | | 包括电极材料、火工材料、无损探伤用耗材、文具、劳保用品、燃料等零散材料 |
| 3401 | 电极材料 | 16.74% | 包含石墨阳极、阴阳极钢棒、高硅铁阳极、硫酸铜参比电极、车站参比电极、区间参比电极等 |
| 3403 | 火工材料 | 16.74% | 包含芒硝等 |
| 3405 | 纸、笔 | 17% | 包含标签纸、草板纸、打字机用纸、复印机用纸、描图纸、无毛纸、油浸薄纸、粉笔、铅笔、绘图仪墨水、增感纸等 |
| 3407 | 劳保用品 | 17% | 包含肥皂、肥皂粉、洗衣粉、塑料手套、橡塑分支手套等 |
| 3409 | 零星施工用料 | 17% | 包含棉纱头、木屑、揩布、回丝、脱脂棉、白绸、浸油纱带、电池、乒乓球等 |
| 3411 | 水电、煤炭、木柴 | 水：13%<br>电：17%<br>煤：12.84%<br>木柴：16.92% | 包含水、蒸馏水、电、煤、烟煤、木炭、塘柴、松烟等 |
| 3413 | 号牌、铭牌 | 16.88% | 包含标志牌、电缆标牌、警告牌、号码牌、位号牌等 |
| 35 | 周转材料及五金工具 | | 包含模板、脚手架、胎具、模具及施工过程中使用的五金工具 |
| 3501 | 模板 | 钢模板 16.94%<br>钢大模板 16.94%<br>木模板成材 16.92%<br>机制板模板 16.92%<br>其他模板 16.92% | 包含钢模板、全钢大模板、木模板成材、穴模、压模材料、纸模材料等 |
| 3502 | 模板附件 | 16.94% | 包含钢模支承、钢模钢连杆、模板木支承、钢模零配件、钢模零星卡具等 |
| 3503 | 脚手架及其配件 | 钢管、支承 16.07%<br>钢管扣件 16.75%<br>配件 16.75% | 包含脚手架、脚手杆、木支承、扣件、顶托、交叉支承、护栏立杆、水平架、连墙杆、上人铁梯等 |
| 3505 | 围护、运输类周转材料 | 16.60% | 包含安全网、围护墙板、钢围檩、移动式路栏等 |
| 3507 | 胎具、模具类周转材料 | 16.94% | 包含成型钢模具、管片钢模具、焊接模具、铝热焊模具等 |
| 3509 | 其余周转材料 | 槽钢钢板桩 16.90%<br>路基箱 16.84%<br>筒、管等：16.93% | 1. 包含钢板桩、支承、路基箱、铁撑柱、过道桥板、喷射管、紧急排水管等；<br>2. 包含铁撑柱、井架等边角钢、钢护筒、钢板井管、走道板、泥浆箱、接头管、进风套筒、泵管、灌浆管、导管、钢桩帽摊销、钢拖头、回扩器、滚轮等 |
| 36 | 道路桥梁专用材料 | | 包括路面构件、管井及其构件、沟槽、道路专用接头、防撞隔离装置、交通标志、交通设施用器材等 |

| 类别编码 | 类别名称 | 折算率 | 范围说明 |
|---|---|---|---|
| 3601 | 道路管井、沟、槽等构件 | 16.67% | 包含雨水进水口盖、水井、窨井、水井盖座、窨井盖、窨井盖座、铸铁窨井雨污水座、铸铁茄里盖、铸铁窨井盖、盖板等 |
| 3603 | 土工格栅 | 16.84% | 包含加筋带、土工格栅等 |
| 3605 | 路面砖 | 16.66% | 包含预制混凝土人行道板、彩色预制块、水泥砖、倍力砖等 |
| 3607 | 路面天然石沟件 | 16.68% | 包含路牙石、侧缘石、仿天然石盲道等 |
| 3609 | 广场砖 | 16.66% | 包含广场砖等 |
| 3613 | 隔离装置 | 16.88% | 包含机非隔离栏、封闭人行分隔栏、固定式车行分隔栏、活动式车行分隔栏等 |
| 3621 | 交通(安全)标志 | 16.88% | 包含标志板、标志器、反光材料、分界标志牌、T杆、F杆、直杆、弯杆等 |
| 3625 | 交通岗亭 | 16.84% | 包含小型值勤亭、中型值勤亭、大型值勤亭等 |
| 3627 | 护栏、防护栏、隔离栅 | 16.88% | 包含施工护栏、隔离栅、防护网等 |
| 3629 | 其他交通设施 | 16.88% | 包含减速板等 |
| 3631 | 路桥接口材料 | 16.88% | 包含支座、弹性底座、聚四氟乙烯滑板等 |
| 37 | 轨道交通专用材料 | | |
| 3701 | 钢轨 | 16.88% | 包含轻轨、重轨、钢轨、焊接轨、旧钢轨等 |
| 3705 | 轨枕(岔枕) | 16.83% | 包含木枕、木岔枕、混凝土岔枕、线用混凝土枕、交叉渡线、混凝土支承块、弹性支承块等 |
| 3707 | 道岔 | 16.88% | 包含单开道岔、复式交分道岔等 |
| 3709 | 轨道用辅助材料 | 16.88% | 包含钢柱、门形架、支承块、调节器、钢轨连接线、垫板、普通轨距杆、支承架、轨底卡、接插件、铁座、垫块、锥形堵块、接头螺栓连母垫、调整螺丝、钢轨扣件等 |
| 3711 | 轨道用工器具 | 16.55% | 包含卡轨器、制动轨卡、冲洗栓箱等 |
| 3721 | 道口信号器材 | 16.68% | 包含信号机、信标支架、信号机引入管、信号机梯子、信号机托架、色灯信号机镀锌梯子等 |
| 3723 | 信号线路连接附件 | 16.60% | 包含腕臂、底座、腕臂吊柱、定位索底座、承锚抱箍、定位索抱箍、定位索线夹、固定底座、导流接线板、开关长连接板、中间扣板、终端头卡子、半圆管衬垫、单耳连接器、单支悬吊槽钢、连接板、挂板、跳线肩架、终端支架等 |
| 3725 | 车载定位装置 | 16.80% | 配件包含定位管支承、定位管、定位器、软定位器等 |
| 3727 | 其他轨道信号器材 | 16.88% | 包含防爬器、电缆交接箱、接线模块、卡接模块、卡接保安装置、卡接式接线模块、挂墙式模拟盘等 |
| 3733 | 接触网零配件 | 16.80% | 包含联板、调相座、压管、长定位立柱、环杆、爪线环、平行线叉子、悬挂支架、馈线支架、双承力索锚固线夹、悬吊滑轮、套管双耳、铁坠陀、地线棒等 |
| 80 | 砼、砂浆及其他配合比材料 | | 包含由胶凝材料、骨料材料、外加剂、水硬化或气硬化而成混凝土、砂浆及垫层用材料 |
| 8001 | 水泥砂浆 | 16.60% | 包含水泥砂浆、白水泥砂浆等 |
| 8003 | 石灰砂浆 | 16.60% | 包含石灰砂浆、石灰石膏浆、麻刀石灰砂浆、纸筋石灰砂浆、麻刀石灰浆、厂拌粉煤灰三渣、厂拌水泥稳定碎石等 |
| 8005 | 混合砂浆 | 16.60% | 包含混合砂浆、水泥石灰砂浆、水泥石灰麻刀浆等 |

| 类别编码 | 类别名称 | 折算率 | 范围说明 |
|---|---|---|---|
| 8007 | 特种砂浆 | 16.64% | 包含环氧砂浆、沥青砂浆、耐热砂浆、耐油砂浆、泡沫玻璃抹面砂浆、珍珠岩砂浆、玄武岩砂浆、重晶石砂浆等 |
| 8009 | 其他砂浆 | 16.21% | 包含石膏干混砂浆、水玻璃耐酸砂浆、石膏空心板砌筑砂浆、高强珍珠岩板粘贴灰浆、砂加气砼砌块专用黏结砂浆等 |
| 8011 | 灰浆、水泥浆 | 16.90% | 包含水泥浆、石膏浆、聚合物胶浆、无收缩灰浆、抗裂抹面胶浆、薄层灰泥底批、纸筋浆等 |
| 8013 | 石子浆 | 16.21% | 包含白水泥石子浆、水泥蛭石、白水泥白石屑浆、白水泥彩色石子浆、水泥白石屑浆、水泥白石子浆等 |
| 8015 | 胶泥、脂、油 | 16.98% | 包含胶泥、硅质耐酸胶泥、聚氯乙烯胶泥、沥青稀胶泥、磷质胶泥、水玻璃稀胶泥等 |
| 8021 | 普通混凝土 | 3.00% | 包含现拌现浇混凝土、预拌混凝土、防磨混凝土、喷射混凝土等 |
| 8023 | 轻骨料混凝土 | 3.00% | 包含陶粒混凝土、炉(煤)渣混凝土、轻质混凝土、矿渣混凝土等 |
| 8025 | 沥青混凝土 | 16.65% | 包含砂粒式沥青混凝土、改性沥青混凝土、耐酸沥青混凝土等 |
| 8027 | 特种混凝土 | 16.70% | 包含保温、耐油、耐火、重晶石、磷酸盐、水玻璃耐酸、钢纤维等 |
| 8031 | 灰土垫层 | 16.98% | 包含灰土垫层、厂拌石灰土等 |
| 8033 | 多合土垫层 | 16.98% | 包含碎砖三合土、石灰矿渣、水泥石灰炉渣等 |

# 附录 E　营业税改征增值税试点实施办法

## 第一章　纳税人和扣缴义务人

**第一条**　在中华人民共和国境内(以下称境内)销售服务、无形资产或者不动产(以下称应税行为)的单位和个人,为增值税纳税人,应当按照本办法缴纳增值税,不缴纳营业税。

单位,是指企业、行政单位、事业单位、军事单位、社会团体及其他单位。

个人,是指个体工商户和其他个人。

**第二条**　单位以承包、承租、挂靠方式经营的,承包人、承租人、挂靠人(以下统称承包人)以发包人、出租人、被挂靠人(以下统称发包人)名义对外经营并由发包人承担相关法律责任的,以该发包人为纳税人。否则,以承包人为纳税人。

**第三条**　纳税人分为一般纳税人和小规模纳税人。

应税行为的年应征增值税销售额(以下称应税销售额)超过财政部和国家税务总局规定标准的纳税人为一般纳税人,未超过规定标准的纳税人为小规模纳税人。

年应税销售额超过规定标准的其他个人不属于一般纳税人。年应税销售额超过规定标准但不经常发生应税行为的单位和个体工商户可选择按照小规模纳税人纳税。

**第四条**　年应税销售额未超过规定标准的纳税人,会计核算健全,能够提供准确税务资料的,可以向主管税务机关办理一般纳税人资格登记,成为一般纳税人。

会计核算健全,是指能够按照国家统一的会计制度规定设置账簿,根据合法、有效凭证核算。

**第五条**　符合一般纳税人条件的纳税人应当向主管税务机关办理一般纳税人资格登记。具体登记办法由国家税务总局制定。

除国家税务总局另有规定外,一经登记为一般纳税人后,不得转为小规模纳税人;

**第六条** 中华人民共和国境外(以下称境外)单位或者个人在境内发生应税行为,在境内未设有经营机构的,以购买方为增值税扣缴义务人。财政部和国家税务总局另有规定的除外。

**第七条** 两个或者两个以上的纳税人,经财政部和国家税务总局批准可以视为一个纳税人合并纳税。具体办法由财政部和国家税务总局另行制定。

**第八条** 纳税人应当按照国家统一的会计制度进行增值税会计核算。

### 第二章 征税范围

**第九条** 应税行为的具体范围,按照本办法所附的《销售服务、无形资产、不动产注释》执行。

**第十条** 销售服务、无形资产或者不动产,是指有偿提供服务、有偿转让无形资产或者不动产,但属于下列非经营活动的情形除外:

(一)行政单位收取的同时满足以下条件的政府性基金或者行政事业性收费。

1. 由国务院或者财政部批准设立的政府性基金,由国务院或者省级人民政府及其财政、价格主管部门批准设立的行政事业性收费;

2. 收取时开具省级以上(含省级)财政部门监(印)制的财政票据;

3. 所收款项全额上缴财政。

(二)单位或者个体工商户聘用的员工为本单位或者雇主提供取得工资的服务。

(三)单位或者个体工商户为聘用的员工提供服务。

(四)财政部和国家税务总局规定的其他情形。

**第十一条** 有偿,是指取得货币、货物或者其他经济利益。

**第十二条** 在境内销售服务、无形资产或者不动产,是指:

(一)服务(租赁不动产除外)或者无形资产(自然资源使用权除外)的销售方或者购买方在境内;

(二)所销售或者租赁的不动产在境内;

(三)所销售自然资源使用权的自然资源在境内;

(四)财政部和国家税务总局规定的其他情形。

**第十三条** 下列情形不属于在境内销售服务或者无形资产:

(一)境外单位或者个人向境内单位或者个人销售完全在境外发生的服务。

(二)境外单位或者个人向境内单位或者个人销售完全在境外使用的无形资产。

(三)境外单位或者个人向境内单位或者个人出租完全在境外使用的有形动产。

(四)财政部和国家税务总局规定的其他情形。

**第十四条** 下列情形视同销售服务、无形资产或者不动产:

(一)单位或者个体工商户向其他单位或者个人无偿提供服务,但用于公益事业或者以社会公众为对象的除外。

(二)单位或者个人向其他单位或者个人无偿转让无形资产或者不动产,但用于公益事业或者以社会公众为对象的除外。

(三)财政部和国家税务总局规定的其他情形。

### 第三章 税率和征收率

**第十五条** 增值税税率:

(一)纳税人发生应税行为,除本条第(二)项、第(三)项、第(四)项规定外,税率为6%。

（二）提供交通运输、邮政、基础电信、建筑、不动产租赁服务，销售不动产，转让土地使用权，税率为 11％。

（三）提供有形动产租赁服务，税率为 17％。

（四）境内单位和个人发生的跨境应税行为，税率为零。具体范围由财政部和国家税务总局另行规定。

**第十六条**　增值税征收率为 3％，财政部和国家税务总局另有规定的除外。

### 第四章　应纳税额的计算

#### 第一节　一般性规定

**第十七条**　增值税的计税方法，包括一般计税方法和简易计税方法。

**第十八条**　一般纳税人发生应税行为适用一般计税方法计税。

一般纳税人发生财政部和国家税务总局规定的特定应税行为，可以选择适用简易计税方法计税，但一经选择，36 个月内不得变更。

**第十九条**　小规模纳税人发生应税行为适用简易计税方法计税。

**第二十条**　境外单位或者个人在境内发生应税行为，在境内未设有经营机构的，扣缴义务人按照下列公式计算应扣缴税额：

$$应扣缴税额＝购买方支付的价款÷（1＋税率）×税率$$

#### 第二节　一般计税方法

**第二十一条**　一般计税方法的应纳税额，是指当期销项税额抵扣当期进项税额后的余额。应纳税额计算公式：

$$应纳税额＝当期销项税额－当期进项税额$$

当期销项税额小于当期进项税额不足抵扣时，其不足部分可以结转下期继续抵扣。

**第二十二条**　销项税额，是指纳税人发生应税行为按照销售额和增值税税率计算并收取的增值税额。销项税额计算公式：

$$销项税额＝销售额×税率$$

**第二十三条**　一般计税方法的销售额不包括销项税额，纳税人采用销售额和销项税额合并定价方法的，按照下列公式计算销售额：

$$销售额＝含税销售额÷（1＋税率）$$

**第二十四条**　进项税额，是指纳税人购进货物、加工修理修配劳务、服务、无形资产或者不动产，支付或者负担的增值税额。

**第二十五条**　下列进项税额准予从销项税额中抵扣：

（一）从销售方取得的增值税专用发票（含税控机动车销售统一发票，下同）上注明的增值税额。

（二）从海关取得的海关进口增值税专用缴款书上注明的增值税额。

（三）购进农产品，除取得增值税专用发票或者海关进口增值税专用缴款书外，按照农产品收购发票或者销售发票上注明的农产品买价和 13％的扣除率计算的进项税额。计算公式为：

$$进项税额＝买价×扣除率$$

买价，是指纳税人购进农产品在农产品收购发票或者销售发票上注明的价款和按照规定缴纳的烟叶税。

购进农产品，按照《农产品增值税进项税额核定扣除试点实施办法》抵扣进项税额的除外。

（四）从境外单位或者个人购进服务、无形资产或者不动产，自税务机关或者扣缴义务人取得的解缴税款的完税凭证上注明的增值税额。

　　**第二十六条**　纳税人取得的增值税扣税凭证不符合法律、行政法规或者国家税务总局有关规定的,其进项税额不得从销项税额中抵扣。

　　增值税扣税凭证,是指增值税专用发票、海关进口增值税专用缴款书、农产品收购发票、农产品销售发票和完税凭证。

　　纳税人凭完税凭证抵扣进项税额的,应当具备书面合同、付款证明和境外单位的对账单或者发票。资料不全的,其进项税额不得从销项税额中抵扣。

　　**第二十七条**　下列项目的进项税额不得从销项税额中抵扣:

　　(一)用于简易计税方法计税项目、免征增值税项目、集体福利或者个人消费的购进货物、加工修理修配劳务、服务、无形资产和不动产。其中涉及的固定资产、无形资产、不动产,仅指专用于上述项目的固定资产、无形资产(不包括其他权益性无形资产)、不动产。

　　纳税人的交际应酬消费属于个人消费。

　　(二)非正常损失的购进货物,以及相关的加工修理修配劳务和交通运输服务。

　　(三)非正常损失的在产品、产成品所耗用的购进货物(不包括固定资产)、加工修理修配劳务和交通运输服务。

　　(四)非正常损失的不动产,以及该不动产所耗用的购进货物、设计服务和建筑服务。

　　(五)非正常损失的不动产在建工程所耗用的购进货物、设计服务和建筑服务。

　　纳税人新建、改建、扩建、修缮、装饰不动产,均属于不动产在建工程。

　　(六)购进的旅客运输服务、贷款服务、餐饮服务、居民日常服务和娱乐服务。

　　(七)财政部和国家税务总局规定的其他情形。

　　本条第(四)项、第(五)项所称货物,是指构成不动产实体的材料和设备,包括建筑装饰材料和给排水、采暖、卫生、通风、照明、通讯、煤气、消防、中央空调、电梯、电气、智能化楼宇设备及配套设施。

　　**第二十八条**　不动产、无形资产的具体范围,按照本办法所附的《销售服务、无形资产或者不动产注释》执行。

　　固定资产,是指使用期限超过 12 个月的机器、机械、运输工具以及其他与生产经营有关的设备、工具、器具等有形动产。

　　非正常损失,是指因管理不善造成货物被盗、丢失、霉烂变质,以及因违反法律法规造成货物或者不动产被依法没收、销毁、拆除的情形。

　　**第二十九条**　适用一般计税方法的纳税人,兼营简易计税方法计税项目、免征增值税项目而无法划分不得抵扣的进项税额,按照下列公式计算不得抵扣的进项税额:

　　不得抵扣的进项税额＝当期无法划分的全部进项税额×(当期简易计税方法计税项目销售额＋免征增值税项目销售额)÷当期全部销售额

　　主管税务机关可以按照上述公式依据年度数据对不得抵扣的进项税额进行清算。

　　**第三十条**　已抵扣进项税额的购进货物(不含固定资产)、劳务、服务,发生本办法第二十七条规定情形(简易计税方法计税项目、免征增值税项目除外)的,应当将该进项税额从当期进项税额中扣减;无法确定该进项税额的,按照当期实际成本计算应扣减的进项税额。

　　**第三十一条**　已抵扣进项税额的固定资产、无形资产或者不动产,发生本办法第二十七条规定情形的,按照下列公式计算不得抵扣的进项税额:

　　不得抵扣的进项税额＝固定资产、无形资产或者不动产净值×适用税率固定资产、无形资产或者不动产净值,是指纳税人根据财务会计制度计提折旧或摊销后的余额。

第三十二条　纳税人适用一般计税方法计税的,因销售折让、中止或者退回而退还给购买方的增值税额,应当从当期的销项税额中扣减;因销售折让、中止或者退回而收回的增值税额,应当从当期的进项税额中扣减。

第三十三条　有下列情形之一者,应当按照销售额和增值税税率计算应纳税额,不得抵扣进项税额,也不得使用增值税专用发票:

(一)一般纳税人会计核算不健全,或者不能够提供准确税务资料的。

(二)应当办理一般纳税人资格登记而未办理的。

### 第三节　简易计税方法

第三十四条　简易计税方法的应纳税额,是指按照销售额和增值税征收率计算的增值税额,不得抵扣进项税额。应纳税额计算公式:

$$应纳税额＝销售额×征收率$$

第三十五条　简易计税方法的销售额不包括其应纳税额,纳税人采用销售额和应纳税额合并定价方法的,按照下列公式计算销售额:

$$销售额＝含税销售额÷(1＋征收率)$$

第三十六条　纳税人适用简易计税方法计税的,因销售折让、中止或者退回而退还给购买方的销售额,应当从当期销售额中扣减。扣减当期销售额后仍有余额造成多缴的税款,可以从以后的应纳税额中扣减。

### 第四节　销售额的确定

第三十七条　销售额,是指纳税人发生应税行为取得的全部价款和价外费用,财政部和国家税务总局另有规定的除外。

价外费用,是指价外收取的各种性质的收费,但不包括以下项目:

(一)代为收取并符合本办法第十条规定的政府性基金或者行政事业性收费。

(二)以委托方名义开具发票代委托方收取的款项。

第三十八条　销售额以人民币计算。

纳税人按照人民币以外的货币结算销售额的,应当折合成人民币计算,折合率可以选择销售额发生的当天或者当月1日的人民币汇率中间价。纳税人应当在事先确定采用何种折合率,确定后12个月内不得变更。

第三十九条　纳税人兼营销售货物、劳务、服务、无形资产或者不动产,适用不同税率或者征收率的,应当分别核算适用不同税率或者征收率的销售额;未分别核算的,从高适用税率。

第四十条　一项销售行为如果既涉及服务又涉及货物,为混合销售。从事货物的生产、批发或者零售的单位和个体工商户的混合销售行为,按照销售货物缴纳增值税;其他单位和个体工商户的混合销售行为,按照销售服务缴纳增值税。

本条所称从事货物的生产、批发或者零售的单位和个体工商户,包括以从事货物的生产、批发或者零售为主,并兼营销售服务的单位和个体工商户在内。

第四十一条　纳税人兼营免税、减税项目的,应当分别核算免税、减税项目的销售额;未分别核算的,不得免税、减税。

第四十二条　纳税人发生应税行为,开具增值税专用发票后,发生开票有误或者销售折让、中止、退回等情形的,应当按照国家税务总局的规定开具红字增值税专用发票;未按照规定开具红字增值税专用发票的,不得按照本办法第三十二条和第三十六条的规定扣减销项税额或者销售额。

**第四十三条** 纳税人发生应税行为,将价款和折扣额在同一张发票上分别注明的,以折扣后的价款为销售额;未在同一张发票上分别注明的,以价款为销售额,不得扣减折扣额。

**第四十四条** 纳税人发生应税行为价格明显偏低或者偏高且不具有合理商业目的的,或者发生本办法第十四条所列行为而无销售额的,主管税务机关有权按照下列顺序确定销售额:

(一)按照纳税人最近时期销售同类服务、无形资产或者不动产的平均价格确定。

(二)按照其他纳税人最近时期销售同类服务、无形资产或者不动产的平均价格确定。

(三)按照组成计税价格确定。组成计税价格的公式为:

$$组成计税价格 = 成本 \times (1 + 成本利润率)$$

成本利润率由国家税务总局确定。

不具有合理商业目的,是指以谋取税收利益为主要目的,通过人为安排,减少、免除、推迟缴纳增值税税款,或者增加退还增值税税款。

### 第五章 纳税义务、扣缴义务发生时间和纳税地点

**第四十五条** 增值税纳税义务、扣缴义务发生时间为:

(一)纳税人发生应税行为并收讫销售款项或者取得索取销售款项凭据的当天;先开具发票的,为开具发票的当天。

收讫销售款项,是指纳税人销售服务、无形资产、不动产过程中或者完成后收到款项。

取得索取销售款项凭据的当天,是指书面合同确定的付款日期;未签订书面合同或者书面合同未确定付款日期的,为服务、无形资产转让完成的当天或者不动产权属变更的当天。

(二)纳税人提供建筑服务、租赁服务采取预收款方式的,其纳税义务发生时间为收到预收款的当天。

(三)纳税人从事金融商品转让的,为金融商品所有权转移的当天。

(四)纳税人发生本办法第十四条规定情形的,其纳税义务发生时间为服务、无形资产转让完成的当天或者不动产权属变更的当天。

(五)增值税扣缴义务发生时间为纳税人增值税纳税义务发生的当天。

**第四十六条** 增值税纳税地点为:

(一)固定业户应当向其机构所在地或者居住地主管税务机关申报纳税。总机构和分支机构不在同一县(市)的,应当分别向各自所在地的主管税务机关申报纳税;经财政部和国家税务总局或者其授权的财政和税务机关批准,可以由总机构汇总向总机构所在地的主管税务机关申报纳税。

(二)非固定业户应当向应税行为发生地主管税务机关申报纳税;未申报纳税的,由其机构所在地或者居住地主管税务机关补征税款。

(三)其他个人提供建筑服务,销售或者租赁不动产,转让自然资源使用权,应向建筑服务发生地、不动产所在地、自然资源所在地主管税务机关申报纳税。

(四)扣缴义务人应当向其机构所在地或者居住地主管税务机关申报缴纳扣缴的税款。

**第四十七条** 增值税的纳税期限分别为1日、3日、5日、10日、15日、1个月或者1个季度。纳税人的具体纳税期限,由主管税务机关根据纳税人应纳税额的大小分别核定。以1个季度为纳税期限的规定适用于小规模纳税人、银行、财务公司、信托投资公司、信用社,以及财政部和国家税务总局规定的其他纳税人。不能按照固定期限纳税的,可以按次纳税。

纳税人以 1 个月或者 1 个季度为 1 个纳税期的，自期满之日起 15 日内申报纳税；以 1 日、3 日、5 日、10 日或者 15 日为 1 个纳税期的，自期满之日起 5 日内预缴税款，于次月 1 日起 15 日内申报纳税并结清上月应纳税款。

扣缴义务人解缴税款的期限，按照前两款规定执行。

## 第六章　税收减免的处理

**第四十八条**　纳税人发生应税行为适用免税、减税规定的，可以放弃免税、减税，依照本办法的规定缴纳增值税。放弃免税、减税后，36 个月内不得再申请免税、减税。

纳税人发生应税行为同时适用免税和零税率规定的，纳税人可以选择适用免税或者零税率。

**第四十九条**　个人发生应税行为的销售额未达到增值税起征点的，免征增值税；达到起征点的，全额计算缴纳增值税。

增值税起征点不适用于登记为一般纳税人的个体工商户。

**第五十条**　增值税起征点幅度如下：

（一）按期纳税的，为月销售额 5 000—20 000 元（含本数）。

（二）按次纳税的，为每次（日）销售额 300—500 元（含本数）。

起征点的调整由财政部和国家税务总局规定。省、自治区、直辖市财政厅（局）和国家税务局应当在规定的幅度内，根据实际情况确定本地区适用的起征点，并报财政部和国家税务总局备案。

对增值税小规模纳税人中月销售额未达到 2 万元的企业或非企业性单位，免征增值税。2017 年 12 月 31 日前，对月销售额 2 万元（含本数）至 3 万元的增值税小规模纳税人，免征增值税。

## 第七章　征收管理

**第五十一条**　营业税改征的增值税，由国家税务局负责征收。纳税人销售取得的不动产和其他个人出租不动产的增值税，国家税务局暂委托地方税务局代为征收。

**第五十二条**　纳税人发生适用零税率的应税行为，应当按期向主管税务机关申报办理退（免）税，具体办法由财政部和国家税务总局制定。

**第五十三条**　纳税人发生应税行为，应当向索取增值税专用发票的购买方开具增值税专用发票，并在增值税专用发票上分别注明销售额和销项税额。

属于下列情形之一的，不得开具增值税专用发票：

（一）向消费者个人销售服务、无形资产或者不动产。

（二）适用免征增值税规定的应税行为。

**第五十四条**　小规模纳税人发生应税行为，购买方索取增值税专用发票的，可以向主管税务机关申请代开。

**第五十五条**　纳税人增值税的征收管理，按照本办法和《中华人民共和国税收征收管理法》及现行增值税征收管理有关规定执行。

附：销售服务、无形资产、不动产注释

附：

### 销售服务、无形资产、不动产注释

一、销售服务

销售服务，是指提供交通运输服务、邮政服务、电信服务、建筑服务、金融服务、现代服务、生活服务。

（一）交通运输服务。

交通运输服务，是指利用运输工具将货物或者旅客送达目的地，使其空间位置得到转移的业务活动。包括陆路运输服务、水路运输服务、航空运输服务和管道运输服务。

1. 陆路运输服务。

陆路运输服务，是指通过陆路（地上或者地下）运送货物或者旅客的运输业务活动，包括铁路运输服务和其他陆路运输服务。

（1）铁路运输服务，是指通过铁路运送货物或者旅客的运输业务活动。

（2）其他陆路运输服务，是指铁路运输以外的陆路运输业务活动。包括公路运输、缆车运输、索道运输、地铁运输、城市轻轨运输等。

出租车公司向使用本公司自有出租车的出租车司机收取的管理费用，按照陆路运输服务缴纳增值税。

2. 水路运输服务。

水路运输服务，是指通过江、河、湖、川等天然、人工水道或者海洋航道运送货物或者旅客的运输业务活动。

水路运输的程租、期租业务，属于水路运输服务。

程租业务，是指运输企业为租船人完成某一特定航次的运输任务并收取租赁费的业务。

期租业务，是指运输企业将配备有操作人员的船舶承租给他人使用一定期限，承租期内听候承租方调遣，不论是否经营，均按天向承租方收取租赁费，发生的固定费用均由船东负担的业务。

3. 航空运输服务。

航空运输服务，是指通过空中航线运送货物或者旅客的运输业务活动。

航空运输的湿租业务，属于航空运输服务。

湿租业务，是指航空运输企业将配备有机组人员的飞机承租给他人使用一定期限，承租期内听候承租方调遣，不论是否经营，均按一定标准向承租方收取租赁费，发生的固定费用均由承租方承担的业务。

航天运输服务，按照航空运输服务缴纳增值税。

航天运输服务，是指利用火箭等载体将卫星、空间探测器等空间飞行器发射到空间轨道的业务活动。

4. 管道运输服务。

管道运输服务，是指通过管道设施输送气体、液体、固体物质的运输业务活动。

无运输工具承运业务，按照交通运输服务缴纳增值税。

无运输工具承运业务，是指经营者以承运人身份与托运人签订运输服务合同，收取运费并承担承运人责任，然后委托实际承运人完成运输服务的经营活动。

（二）邮政服务。

邮政服务，是指中国邮政集团公司及其所属邮政企业提供邮件寄递、邮政汇兑和机要通信等邮政基本服务的业务活动。包括邮政普遍服务、邮政特殊服务和其他邮政服务。

1. 邮政普遍服务。

邮政普遍服务，是指函件、包裹等邮件寄递，以及邮票发行、报刊发行和邮政汇兑等业务活动。

函件,是指信函、印刷品、邮资封片卡、无名址函件和邮政小包等。

包裹,是指按照封装上的名址递送给特定个人或者单位的独立封装的物品,其重量不超过五十千克,任何一边的尺寸不超过一百五十厘米,长、宽、高合计不超过三百厘米。

2. 邮政特殊服务。

邮政特殊服务,是指义务兵平常信函、机要通信、盲人读物和革命烈士遗物的寄递等业务活动。

3. 其他邮政服务。

其他邮政服务,是指邮册等邮品销售、邮政代理等业务活动。

(三)电信服务。

电信服务,是指利用有线、无线的电磁系统或者光电系统等各种通信网络资源,提供语音通话服务,传送、发射、接收或者应用图像、短信等电子数据和信息的业务活动。包括基础电信服务和增值电信服务。

1. 基础电信服务。

基础电信服务,是指利用固网、移动网、卫星、互联网,提供语音通话服务的业务活动,以及出租或者出售带宽、波长等网络元素的业务活动。

2. 增值电信服务。

增值电信服务,是指利用固网、移动网、卫星、互联网、有线电视网络,提供短信和彩信服务、电子数据和信息的传输及应用服务、互联网接入服务等业务活动。

卫星电视信号落地转接服务,按照增值电信服务缴纳增值税。

(四)建筑服务。

建筑服务,是指各类建筑物、构筑物及其附属设施的建造、修缮、装饰,线路、管道、设备、设施等的安装以及其他工程作业的业务活动。包括工程服务、安装服务、修缮服务、装饰服务和其他建筑服务。

1. 工程服务。

工程服务,是指新建、改建各种建筑物、构筑物的工程作业,包括与建筑物相连的各种设备或者支柱、操作平台的安装或者装设工程作业,以及各种窑炉和金属结构工程作业。

2. 安装服务。

安装服务,是指生产设备、动力设备、起重设备、运输设备、传动设备、医疗实验设备以及其他各种设备、设施的装配、安置工程作业,包括与被安装设备相连的工作台、梯子、栏杆的装设工程作业,以及被安装设备的绝缘、防腐、保温、油漆等工程作业。

固定电话、有线电视、宽带、水、电、燃气、暖气等经营者向用户收取的安装费、初装费、开户费、扩容费以及类似收费,按照安装服务缴纳增值税。

3. 修缮服务。

修缮服务,是指对建筑物、构筑物进行修补、加固、养护、改善,使之恢复原来的使用价值或者延长其使用期限的工程作业。

4. 装饰服务。

装饰服务,是指对建筑物、构筑物进行修饰装修,使之美观或者具有特定用途的工程作业。

5. 其他建筑服务。

其他建筑服务,是指上列工程作业之外的各种工程作业服务,如钻井(打井)、拆除建筑物或者构筑物、平整土地、园林绿化、疏浚(不包括航道疏浚)、建筑物平移、搭脚手架、爆破、矿山穿孔、表面附着物(包括岩层、土层、沙层等)剥离和清理等工程作业。

(五)金融服务。

金融服务,是指经营金融保险的业务活动。包括贷款服务、直接收费金融服务、保险服务和金融商品转让。

1. 贷款服务。

贷款,是指将资金贷与他人使用而取得利息收入的业务活动。

各种占用、拆借资金取得的收入,包括金融商品持有期间(含到期)利息(保本收益、报酬、资金占用费、补偿金等)收入、信用卡透支利息收入、买入返售金融商品利息收入、融资融券收取的利息收入,以及融资性售后回租、押汇、罚息、票据贴现、转贷等业务取得的利息及利息性质的收入,按照贷款服务缴纳增值税。

融资性售后回租,是指承租方以融资为目的,将资产出售给从事融资性售后回租业务的企业后,从事融资性售后回租业务的企业将该资产出租给承租方的业务活动。

以货币资金投资收取的固定利润或者保底利润,按照贷款服务缴纳增值税。

2. 直接收费金融服务。

直接收费金融服务,是指为货币资金融通及其他金融业务提供相关服务并且收取费用的业务活动。包括提供货币兑换、账户管理、电子银行、信用卡、信用证、财务担保、资产管理、信托管理、基金管理、金融交易场所(平台)管理、资金结算、资金清算、金融支付等服务。

3. 保险服务。

保险服务,是指投保人根据合同约定,向保险人支付保险费,保险人对于合同约定的可能发生的事故因其发生所造成的财产损失承担赔偿保险金责任,或者当被保险人死亡、伤残、疾病或者达到合同约定的年龄、期限等条件时承担给付保险金责任的商业保险行为。包括人身保险服务和财产保险服务。

人身保险服务,是指以人的寿命和身体为保险标的的保险业务活动。

财产保险服务,是指以财产及其有关利益为保险标的的保险业务活动。

4. 金融商品转让。

金融商品转让,是指转让外汇、有价证券、非货物期货和其他金融商品所有权的业务活动。

其他金融商品转让包括基金、信托、理财产品等各类资产管理产品和各种金融衍生品的转让。

(六)现代服务。

现代服务,是指围绕制造业、文化产业、现代物流产业等提供技术性、知识性服务的业务活动。包括研发和技术服务、信息技术服务、文化创意服务、物流辅助服务、租赁服务、鉴证咨询服务、广播影视服务、商务辅助服务和其他现代服务。

1. 研发和技术服务。

研发和技术服务,包括研发服务、合同能源管理服务、工程勘察勘探服务、专业技术服务。

(1)研发服务,也称技术开发服务,是指就新技术、新产品、新工艺或者新材料及其系统进行研究与试验开发的业务活动。

(2)合同能源管理服务,是指节能服务公司与用能单位以契约形式约定节能目标,节能服务公司提供必要的服务,用能单位以节能效果支付节能服务公司投入及其合理报酬的业务活动。

(3)工程勘察勘探服务,是指在采矿、工程施工前后,对地形、地质构造、地下资源蕴藏情况进行实地调查的业务活动。

（4）专业技术服务，是指气象服务、地震服务、海洋服务、测绘服务、城市规划、环境与生态监测服务等专项技术服务。

2. 信息技术服务。

信息技术服务，是指利用计算机、通信网络等技术对信息进行生产、收集、处理、加工、存储、运输、检索和利用，并提供信息服务的业务活动。包括软件服务、电路设计及测试服务、信息系统服务、业务流程管理服务和信息系统增值服务。

（1）软件服务，是指提供软件开发服务、软件维护服务、软件测试服务的业务活动。

（2）电路设计及测试服务，是指提供集成电路和电子电路产品设计、测试及相关技术支持服务的业务活动。

（3）信息系统服务，是指提供信息系统集成、网络管理、网站内容维护、桌面管理与维护、信息系统应用、基础信息技术管理平台整合、信息技术基础设施管理、数据中心、托管中心、信息安全服务、在线杀毒、虚拟主机等业务活动。包括网站对非自有的网络游戏提供的网络运营服务。

（4）业务流程管理服务，是指依托信息技术提供的人力资源管理、财务经济管理、审计管理、税务管理、物流信息管理、经营信息管理和呼叫中心等服务的活动。

（5）信息系统增值服务，是指利用信息系统资源为用户附加提供的信息技术服务。包括数据处理、分析和整合、数据库管理、数据备份、数据存储、容灾服务、电子商务平台等。

3. 文化创意服务。

文化创意服务，包括设计服务、知识产权服务、广告服务和会议展览服务。

（1）设计服务，是指把计划、规划、设想通过文字、语言、图画、声音、视觉等形式传递出来的业务活动。包括工业设计、内部管理设计、业务运作设计、供应链设计、造型设计、服装设计、环境设计、平面设计、包装设计、动漫设计、网游设计、展示设计、网站设计、机械设计、工程设计、广告设计、创意策划、文印晒图等。

（2）知识产权服务，是指处理知识产权事务的业务活动。包括对专利、商标、著作权、软件、集成电路布图设计的登记、鉴定、评估、认证、检索服务。

（3）广告服务，是指利用图书、报纸、杂志、广播、电视、电影、幻灯、路牌、招贴、橱窗、霓虹灯、灯箱、互联网等各种形式为客户的商品、经营服务项目、文体节目或者通告、声明等委托事项进行宣传和提供相关服务的业务活动。包括广告代理和广告的发布、播映、宣传、展示等。

（4）会议展览服务，是指为商品流通、促销、展示、经贸洽谈、民间交流、企业沟通、国际往来等举办或者组织安排的各类展览和会议的业务活动。

4. 物流辅助服务。

物流辅助服务，包括航空服务、港口码头服务、货运客运场站服务、打捞救助服务、装卸搬运服务、仓储服务和收派服务。

（1）航空服务，包括航空地面服务和通用航空服务。

航空地面服务，是指航空公司、飞机场、民航管理局、航站等向在境内航行或者在境内机场停留的境内外飞机或者其他飞行器提供的导航等劳务性地面服务的业务活动。包括旅客安全检查服务、停机坪管理服务、机场候机厅管理服务、飞机清洗消毒服务、空中飞行管理服务、飞机起降服务、飞行通讯服务、地面信号服务、飞机安全服务、飞机跑道管理服务、空中交通管理服务等。

通用航空服务，是指为专业工作提供飞行服务的业务活动，包括航空摄影、航空培训、航空测量、航空勘探、航空护林、航空吊挂播撒、航空降雨、航空气象探测、航空海洋监测、航空科学实验等。

（2）港口码头服务，是指港务船舶调度服务、船舶通讯服务、航道管理服务、航道疏浚服务、灯塔管理服务、航标管理服务、船舶引航服务、理货服务、系解缆服务、停泊和移泊服务、海上船舶溢油清除服务、水上交通管理服务、船只专业清洗消毒检测服务和防止船只漏油服务等为船只提供服务的业务活动。

港口设施经营人收取的港口设施保安费按照港口码头服务缴纳增值税。

（3）货运客运场站服务，是指货运客运场站提供货物配载服务、运输组织服务、中转换乘服务、车辆调度服务、票务服务、货物打包整理、铁路线路使用服务、加挂铁路客车服务、铁路行包专列发送服务、铁路到达和中转服务、铁路车辆编解服务、车辆挂运服务、铁路接触网服务、铁路机车牵引服务等业务活动。

（4）打捞救助服务，是指提供船舶人员救助、船舶财产救助、水上救助和沉船沉物打捞服务的业务活动。

（5）装卸搬运服务，是指使用装卸搬运工具或者人力、畜力将货物在运输工具之间、装卸现场之间或者运输工具与装卸现场之间进行装卸和搬运的业务活动。

（6）仓储服务，是指利用仓库、货场或者其他场所代客贮放、保管货物的业务活动。

（7）收派服务，是指接受寄件人委托，在承诺的时限内完成函件和包裹的收件、分拣、派送服务的业务活动。

收件服务，是指从寄件人收取函件和包裹，并运送到服务提供方同城的集散中心的业务活动。

分拣服务，是指服务提供方在其集散中心对函件和包裹进行归类、分发的业务活动。

派送服务，是指服务提供方从其集散中心将函件和包裹送达同城的收件人的业务活动。

5. 租赁服务。

租赁服务，包括融资租赁服务和经营租赁服务。

（1）融资租赁服务，是指具有融资性质和所有权转移特点的租赁活动。即出租人根据承租人所要求的规格、型号、性能等条件购入有形动产或者不动产租赁给承租人，合同期内租赁物所有权属于出租人，承租人只拥有使用权，合同期满付清租金后，承租人有权按照残值购入租赁物，以拥有其所有权。不论出租人是否将租赁物销售给承租人，均属于融资租赁。

按照标的物的不同，融资租赁服务可分为有形动产融资租赁服务和不动产融资租赁服务。

融资性售后回租不按照本税目缴纳增值税。

（2）经营租赁服务，是指在约定时间内将有形动产或者不动产转让他人使用且租赁物所有权不变更的业务活动。

按照标的物的不同，经营租赁服务可分为有形动产经营租赁服务和不动产经营租赁服务。

将建筑物、构筑物等不动产或者飞机、车辆等有形动产的广告位出租给其他单位或者个人用于发布广告，按照经营租赁服务缴纳增值税。

车辆停放服务、道路通行服务（包括过路费、过桥费、过闸费等）等按照不动产经营租赁服务缴纳增值税。

水路运输的光租业务、航空运输的干租业务，属于经营租赁。

光租业务，是指运输企业将船舶在约定的时间内出租给他人使用，不配备操作人员，不承担运输过程中发生的各项费用，只收取固定租赁费的业务活动。

干租业务，是指航空运输企业将飞机在约定的时间内出租给他人使用，不配备机组人员，不承担运输过程中发生的各项费用,只收取固定租赁费的业务活动。

6. 鉴证咨询服务。

鉴证咨询服务,包括认证服务、鉴证服务和咨询服务。

(1)认证服务,是指具有专业资质的单位利用检测、检验、计量等技术,证明产品、服务、管理体系符合相关技术规范、相关技术规范的强制性要求或者标准的业务活动。

(2)鉴证服务,是指具有专业资质的单位受托对相关事项进行鉴证,发表具有证明力的意见的业务活动。包括会计鉴证、税务鉴证、法律鉴证、职业技能鉴定、工程造价鉴证、工程监理、资产评估、环境评估、房地产土地评估、建筑图纸审核、医疗事故鉴定等。

(3)咨询服务,是指提供信息、建议、策划、顾问等服务的活动。包括金融、软件、技术、财务、税收、法律、内部管理、业务运作、流程管理、健康等方面的咨询。

翻译服务和市场调查服务按照咨询服务缴纳增值税。

7. 广播影视服务。

广播影视服务,包括广播影视节目(作品)的制作服务、发行服务和播映(含放映,下同)服务。

(1)广播影视节目(作品)制作服务,是指进行专题(特别节目)、专栏、综艺、体育、动画片、广播剧、电视剧、电影等广播影视节目和作品制作的服务。具体包括与广播影视节目和作品相关的策划、采编、拍摄、录音、音视频文字图片素材制作、场景布置、后期的剪辑、翻译(编译)、字幕制作、片头、片尾、片花制作、特效制作、影片修复、编目和确权等业务活动。

(2)广播影视节目(作品)发行服务,是指以分账、买断、委托等方式,向影院、电台、电视台、网站等单位和个人发行广播影视节目(作品)以及转让体育赛事等活动的报道及播映权的业务活动。

(3)广播影视节目(作品)播映服务,是指在影院、剧院、录像厅及其他场所播映广播影视节目(作品),以及通过电台、电视台、卫星通信、互联网、有线电视等无线或者有线装置播映广播影视节目(作品)的业务活动。

8. 商务辅助服务。

商务辅助服务,包括企业管理服务、经纪代理服务、人力资源服务、安全保护服务。

(1)企业管理服务,是指提供总部管理、投资与资产管理、市场管理、物业管理、日常综合管理等服务的业务活动。

(2)经纪代理服务,是指各类经纪、中介、代理服务。包括金融代理、知识产权代理、货物运输代理、代理报关、法律代理、房地产中介、职业中介、婚姻中介、代理记账、拍卖等。

货物运输代理服务,是指接受货物收货人、发货人、船舶所有人、船舶承租人或者船舶经营人的委托,以委托人的名义,为委托人办理货物运输、装卸、仓储和船舶进出港口、引航、靠泊等相关手续的业务活动。

代理报关服务,是指接受进出口货物的收、发货人委托,代为办理报关手续的业务活动。

(3)人力资源服务,是指提供公共就业、劳务派遣、人才委托招聘、劳动力外包等服务的业务活动。

(4)安全保护服务,是指提供保护人身安全和财产安全,维护社会治安等的业务活动。包括场所住宅保安、特种保安、安全系统监控以及其他安保服务。

9. 其他现代服务。

其他现代服务,是指除研发和技术服务、信息技术服务、文化创意服务、物流辅助服务、租赁服务、鉴证咨询服务、广播影视服务和商务辅助服务以外的现代服务。

（七）生活服务。

生活服务，是指为满足城乡居民日常生活需求提供的各类服务活动。包括文化体育服务、教育医疗服务、旅游娱乐服务、餐饮住宿服务、居民日常服务和其他生活服务。

1. 文化体育服务。

文化体育服务，包括文化服务和体育服务。

（1）文化服务，是指为满足社会公众文化生活需求提供的各种服务。包括：文艺创作、文艺表演、文化比赛，图书馆的图书和资料借阅，档案馆的档案管理，文物及非物质遗产保护，组织举办宗教活动、科技活动、文化活动，提供游览场所。

（2）体育服务，是指组织举办体育比赛、体育表演、体育活动，以及提供体育训练、体育指导、体育管理的业务活动。

2. 教育医疗服务。

教育医疗服务，包括教育服务和医疗服务。

（1）教育服务，是指提供学历教育服务、非学历教育服务、教育辅助服务的业务活动。

学历教育服务，是指根据教育行政管理部门确定或者认可的招生和教学计划组织教学，并颁发相应学历证书的业务活动。包括初等教育、初级中等教育、高级中等教育、高等教育等。

非学历教育服务，包括学前教育、各类培训、演讲、讲座、报告会等。

教育辅助服务，包括教育测评、考试、招生等服务。

（2）医疗服务，是指提供医学检查、诊断、治疗、康复、预防、保健、接生、计划生育、防疫服务等方面的服务，以及与这些服务有关的提供药品、医用材料器具、救护车、病房住宿和伙食的业务。

3. 旅游娱乐服务。

旅游娱乐服务，包括旅游服务和娱乐服务。

（1）旅游服务，是指根据旅游者的要求，组织安排交通、游览、住宿、餐饮、购物、文娱、商务等服务的业务活动。

（2）娱乐服务，是指为娱乐活动同时提供场所和服务的业务。

具体包括：歌厅、舞厅、夜总会、酒吧、台球、高尔夫球、保龄球、游艺（包括射击、狩猎、跑马、游戏机、蹦极、卡丁车、热气球、动力伞、射箭、飞镖）。

4. 餐饮住宿服务。

餐饮住宿服务，包括餐饮服务和住宿服务。

（1）餐饮服务，是指通过同时提供饮食和饮食场所的方式为消费者提供饮食消费服务的业务活动。

（2）住宿服务，是指提供住宿场所及配套服务等的活动。包括宾馆、旅馆、旅社、度假村和其他经营性住宿场所提供的住宿服务。

5. 居民日常服务。

居民日常服务，是指主要为满足居民个人及其家庭日常生活需求提供的服务，包括市容市政管理、家政、婚庆、养老、殡葬、照料和护理、救助救济、美容美发、按摩、桑拿、氧吧、足疗、沐浴、洗染、摄影扩印等服务。

6. 其他生活服务。

其他生活服务，是指除文化体育服务、教育医疗服务、旅游娱乐服务、餐饮住宿服务和居民日常服务之外的生活服务。

二、销售无形资产

销售无形资产,是指转让无形资产所有权或者使用权的业务活动。无形资产,是指不具实物形态,但能带来经济利益的资产,包括技术、商标、著作权、商誉、自然资源使用权和其他权益性无形资产。

技术,包括专利技术和非专利技术。

自然资源使用权,包括土地使用权、海域使用权、探矿权、采矿权、取水权和其他自然资源使用权。

其他权益性无形资产,包括基础设施资产经营权、公共事业特许权、配额、经营权(包括特许经营权、连锁经营权、其他经营权)、经销权、分销权、代理权、会员权、席位权、网络游戏虚拟道具、域名、名称权、肖像权、冠名权、转会费等。

三、销售不动产

销售不动产,是指转让不动产所有权的业务活动。不动产,是指不能移动或者移动后会引起性质、形状改变的财产,包括建筑物、构筑物等。

建筑物,包括住宅、商业营业用房、办公楼等可供居住、工作或者进行其他活动的建造物。

构筑物,包括道路、桥梁、隧道、水坝等建造物。

转让建筑物有限产权或者永久使用权的,转让在建的建筑物或者构筑物所有权的,以及在转让建筑物或者构筑物时一并转让其所占土地的使用权的,按照销售不动产缴纳增值税。

# 参 考 文 献

[1] 谢洪学,等.建设工程工程量清单计价规范:GB 50500—2013[S].北京:中国计划出版社,2013.

[2] 四川省建设工程造价管理总站,住房和城乡建设部标准定额研究所.房屋建筑与装饰工程工程量计算规范:GB 50854—2013[S].北京:中国计划出版社,2013.

[3] 规范编制组.2013建设工程计价计量规范辅导[M].北京:中国计划出版社,2013.

[4] 吴佐民,房春艳.房屋建筑与装饰工程工程量计算规范图解[M].北京:中国建筑工业出版社,2016.

[5] 全国造价工程师执业资格考试培训教材编审委员会.全国造价工程师执业资格考试培训教材:建设工程计价[M].北京:中国计划出版社,2017.

[6] 袁建新.工程造价概论[M].北京:中国建筑工业出版社,2012.